德安資訊PMS系統

旅館管理實務與應用

ERP學會｜旅館資訊系統應用師認證教材

旅館資訊系統認證

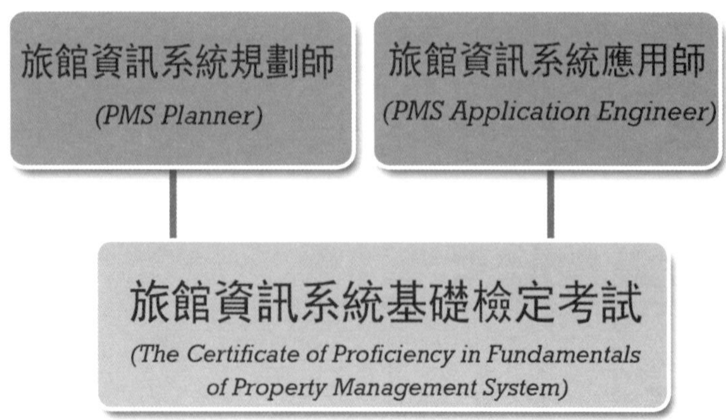

中華企業資源規劃學會/國立中央大學 ERP 中心

由國立中央大學所推動成立的「中華企業資源規劃學會」於 2002 年 1 月 26 日舉辦成立大會，其宗旨為促進以企業資源規劃(Enterprise Resource Planning, ERP)為基礎的企業電子化(Electronic Business,EB)與電子商務(Electronic Commerce, EC)之學術研究並推廣相關領域的實務應用藉以提昇專業的人才水準。

證照設立緣由

服務業於臺灣所占之國立生產毛額（GDP）比例逐年成長，而旅館住宿又為其中重要的行業別，加上國外來台旅客逐年創下新高，除了服務的品質與熱誠外，提供良好的軟硬體服務更是提升住宿旅客滿意度的必要措施。

旅館資訊系統之本質，其實與企業資源規劃理念相同，皆是「即時與整合」，不只單一是套資料處理軟體，更可以有效運用資源協助事業體進行經營決策。

國內已有許多教育單位建立專門職業系所，培育相關的服務與管理人才，若能再透過學習旅館資訊系統之實際操作，必能更加瞭解服務管理的方式進而提高服務品質，再透過資源最有效的應用精簡成本有效的運用所有資源。

旅館資訊系統應用師 證照簡介

旅館資訊系統應用師證照簡介

Application Engineer of Property Management System in Front Office Module for Athena Hotel ERP System(A6)

證照設立之目標

一、 迅速且大量的培育旅館業 e 化專業人員。
二、 經由考試設計教學內容，提供學員進修管道。
三、 提供企業 e 化所需人員：
1. 軟體基本流程操作
2. E 化專案 key user
3. 軟體操作諮詢

鑑定模組

前檯系統

認證廠商

德安資訊

報名資格

一、 基本資格：有志從事旅館資訊系統應用與管理相關工作者
二、 實務經驗：無須具備

報名費用

新台幣貳仟元整。

團報優惠：二十人以上享有六折優惠

考試方式

100 題單選題、每題 1 分，70 分及格，答錯不倒扣，考試時間 120 分鐘

發證單位

中華企業資源規劃學會

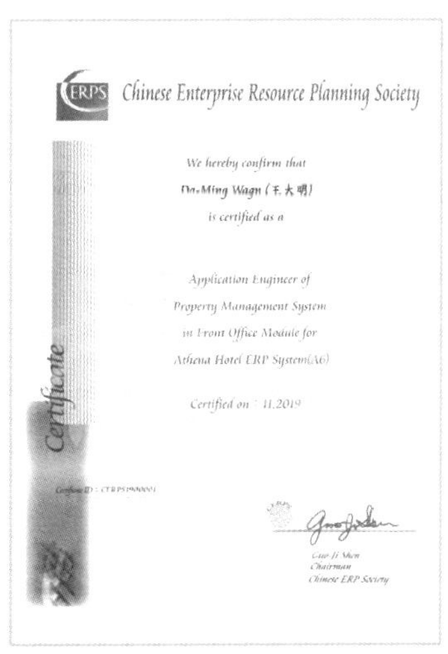

ERPS Chinese Enterprise Resource Planning Society

Certificate

We hereby confirm that
Da-Ming Wagn (王大明)
is certified as a

Application Engineer of
Property Management System
in Front Office Module for
Athena Hotel ERP System(A6)

Certified on : 11.2019

Guo-Ji Shen
Chairman
Chinese ERP Society

你想深入淺出地學習如何倚賴電腦系統完成旅館的經營與日常運作嗎？本書以口語化說故事的方式跟讀者輕鬆的溝通何謂旅館、旅館如何接待客戶、如何利用電腦提供客戶更好的服務。要能寫出這樣一本敘述輕鬆卻理論與實務兼具的教科書需要怎麼樣的作者呢？當然是一位學問淵博又兼具實務經驗的好老師。

王文生博士是一位同時兼具商業經營知識與旅館管理實務的教授。因此當ERP學會與德安資訊計畫合寫一本對莘莘學子說明德安的系統如何可以協助旅館經營實務的教科書時，學會的同仁很自然就推薦王博士。而王博士也願意在其忙碌的教學時程中加入此一額外的負擔。

個人與王博士的結緣則更早於其在中央大學企管系攻讀博士期間。那時常常有一位氣質優雅嫻靜的學生坐在台下聽課。他常常會在下課時面帶笑容來與我打招呼，並說明自己是來旁聽或上課。那時就很好奇是什麼樣的環境可以孕育出這樣一位風度翩翩、不疾不徐的學者。後來更深入的接觸才知道他其實在美國就業過，有很多人生歷練。而他的歷練中有很多部分就是在旅館業。因此發現他對於幫忙教授餐飲的知識給餐旅相關科系的老師與學生時，特別得心應手。

這次與德安資訊合作撰寫本書，是希望讓旅館業相關的學子們能夠學習旅館e化系統，並能藉由操作的學習，對企業e化有更深的認識，也希望未來能利用e化系統提升旅館的經營績效與競爭力。而這樣的理念與一般企業使用ERP系統的目的很是契合，因此ERP學會特別商請有實務經驗、管理知識與ERP教學經驗的王文生博士來撰寫此書。

書本是智慧的結晶，但不是智慧，智慧留存在作者的心中，因此希望同學讀本書時能花時間體會字裡行間的意義，並領悟其中的微言大義。這樣方能不辜負王博士的一番付出。青青子衿，悠悠我心。企盼大家能從中體悟到旅館管理的意涵，如此方不辜負這一番善緣。

許秉瑜　敬筆於雙連坡

國立中央大學管理學院院長
中華企業資源規劃學會秘書長

德安資訊於 1989 年 12 月成立，由董事長 李正媛女士，總經理 黃春照先生白手起家，亦步亦趨，至今在臺灣具有 30 年的飯店資訊系統開發經驗，提供飯店業者一套從營業飯店前檯管理系統（Property Management System, PMS）到後勤支援完整的資源規劃管理系統（Enterprise Resource Planning, ERP）。德安資訊致力於落實大中華區休閒服務業軟體第一品牌之願景，提供超過 450 家大型連鎖飯店及休閒產業多角化不同業態資訊需求整合的解決方案，並提供完善的飯店網路線上預約服務系統生態鏈。

餐旅業是目前最蓬勃發展的服務業，也是以服務為導向人力密集的產業，各大專院校的餐旅科系皆致力於培養專業服務人才，竭力將業界的實務經驗規劃於課程中，以期畢業的學生能迅速投入服務實戰工作與業界接軌。而資訊系統是餐旅從業人員提升工作流程及服務品質不可或缺的工具。德安資訊對於協助大專院校人才的養成一向不遺餘力，目前已在 30 多所大專院校導入教育版飯店管理系統協助老師教學，並與 ERP 學會推動「旅館資訊系統應用師」證照檢定，希望學生能夠於在學期間就熟悉知名飯店實際在使用的資訊系統，以提升職場競爭力。為了協助老師更能把實務經驗帶入教學，德安資訊無償提供系統給作者出版本書。

作者陳榮華先生在五星級飯店櫃台任職多年，於 2005 年進入德安資訊客戶服務部負責飯店櫃台系統的導入工作，以自身對櫃台實務工作的熟悉協助飯店各單位人員如何利用系統將服務工作引導到最佳的流程。

轉眼陳榮華先生已在德安資訊任職 15 年，這期間已升任部門經理，不管是飯店實務作業流程或管理分析報表均有卓越的見解，由他執筆撰寫本書，相信不論對於老師的教學或是從業人員的自習，都是很有幫助的一本工具書。

蕭芳梅

德安資訊客戶服務部協理

我們居住的世界就像是一座浩瀚的地球城，這個世界既充滿著不同的彩色生活，也呈現著多樣的綺麗景色。因此當人們擁有了豐富的生活品質時，也推動了時尚的旅遊風潮，毫無疑問的，資訊科技與旅館服務似乎也縮短人類彼此間的距離。

個人在多年前旅居美加期間，因緣際會接觸了旅館這個產業，自認要了解一個行業必須從基層工作做起，雖然不算長的服務時間就有機會接下較高層的經理人職位，然筆者相信旅館經營必須跟著資訊科技或潮流與時俱進。有幸近年來攻讀博士學位期間仍擔任旅館顧問，對於熱愛旅館工作與旅遊的我而言，自勉必須不斷學習旅館領域新的視域。

感謝中華企業資源規劃學會許秉瑜教授的鼓勵與指導，讓我在寫書的過程裡擁有前輩們寶貴的經驗。也謝謝德安資訊公司的支持，讓陳榮華經理與我一起完成這本書的撰寫。個人在這本書裡雖竭盡所能陳述所知，然仍因才疏學淺無法殫精竭慮地完整敘述，疏漏之處仍多。尚祈學術界與實務界師長與先進能不吝賜教與指正，讓後學能予以補正以臻完善。

王文生　謹識

一本幫助德安系統使用者基本功的書

本書採用飯店實際流程分類，依照各個環節所需要使用的功能進行說明，引領讀者融入不同情境，有系統的學習所有功能，並能靈活運用，在面對實際情況時，更能得心應手。

全書共有十六章，有五個章節是針對實務理論方面進行詳述，讓讀者不論是否具有飯店經驗，都能初步了解飯店業態及運作，另有十一個章節是對德安飯店系統的基本功能操作說明及規劃飯店實務流程的章節順序，讓讀者更能清楚了解。

各章均附有練習題，且計有選擇以及問答題等常見題型，方便學生自我實力評量。題目大多取材自書本內容，對於有飯店經驗或是閱讀過本書後有基本印象就能正確作答。

本書編輯一切本著力求完備的原則作業，如有未臻完善之處，請不吝指教。

另外，本書能夠順利發行除了要感謝德安資訊公司黃春照總經理的全力支持外，還要特別感謝曾任春天酒店、台中裕元花園酒店以及日月行館國際觀光酒店資訊部經理，現任阿官國際餐飲集團的資訊總監及弘光科大、僑光科大兼任教師的涂榮宗先生，給予很多實務上的經驗分享。

陳榮華

目錄
contents

Chapter 4 房間管理功能

Chapter 5 散客入住及遷出流程

Chapter 6 旅客帳務處理

Chapter 7 訂房操作流程

旅館資訊系統簡介

你對旅館行業的工作感到興趣嗎？你想從事多樣化的工作嗎？不論如何，這個行業可以提供很多種工作型態與職位的選擇，很少有其他行業能提供如此多樣化的工作機會。在旅館行業中，你可以從事的工作有客務、房務、餐飲、會計、工程、行銷、娛樂、宴會、公關等實務及管理工作。這個行業也可以讓你選擇到適合你的城市、鄉村或島嶼工作，你也可以選擇到其他國家，體驗各國不同型態的旅館工作。當然旅館行業有多種形態，例如國際觀光旅館、豪華商務旅館、景點度假旅館、機場旅館、會展旅館及賭場旅館等，這些旅館大多是需要面對人或提供人的服務工作。因此我們可以了解，在資訊科技進步的時代，旅館業若能藉由資訊化的創新服務與管理，必能提供給旅客既快速又方便的住宿體驗，消費者也將會在住宿體驗中留下美好的回憶。所以旅館藉由旅客不斷再度來店體驗與消費的行為，企業則可以達到永續經營的目的。

眾所周知，觀光休閒及旅遊業形容旅館一詞，通常又稱它為「家外之家」。意即它除了能提供旅客住宿、餐飲及休憩外，它還提供人們在旅遊行程中，一個既溫暖又舒適、有家的感覺之停留環境。然而隨著時代潮流不停的演進，人們對於住宿需求亦不斷產生變化。因此旅館業為了因應市場需要，必須適時考量本身定位策略，以求快速掌握市場脈動，創造經營最大利潤。基於旅館產品具有季節性及不可儲存性等複雜的經營挑戰，運用資訊系統以提升旅館自身及周邊產值，實為現代旅館業所必須思考之面向。

那為什麼旅館使用資訊系統會那麼普及呢？原因就是：1.旅館經營者需要快速而有效的作業管理，2.旅館經營必須考量獲利及成本，3.旅館訂位、預約網路的效率化，4.旅館業務使用的軟體及設備更新速度極快，5.資訊系統設備投資容易，6.非旅館專業人員也可簡易操作電腦（蕭君安、陳堯帝 2000）。

因此，你準備好要了解一套旅館資訊系統在實務應用上的技術了嗎？本書各章節將帶你進入旅館資訊系統操作與應用的全貌，希望它能幫助你快速跨入旅館經營實務及管理規劃工作的第一步。

1.1 旅館業的定義與功能

大部分的人都會認為旅館業是一個有趣又迷人的行業，因為這個行業充滿著收穫、學習及成長的機會。翻開過去企業界成功的案例中，許多都來自於在旅館業工作中所累積的知識與經驗。因此我們首先來探究「旅館」一詞，旅館最早的語源係來自古拉丁語「Hospitale」，直至中古世紀再由法文「Hospice」演變而來。後期取自法國大革命前，貴族在鄉下招待貴賓的別墅，再演變成「Hostel」招待所之意。迄今英文對旅館的通稱即為「Hotel」，中文的通稱在本書將以「旅館」做為統一用語。首先，我們先來了解旅館的定義。

我國對旅館業的定義

觀光旅館業

依據我國「發展觀光條例」規定觀光旅館業係指「經營國際觀光旅館或一般觀光旅館，對旅客提供住宿及相關服務之營利事業」。而觀光旅館業主要的營運業務規定如下：1.客房出租。2.附設餐飲、會議場所、休閒場所及商店之經營。3.其他經中央主管機關核准與觀光旅館有關之業務。

旅館業

係指觀光旅館業以外，對旅客提供住宿、休息及其他經中央主管機關核定相關業務之營利事業。

民宿

係指利用自用住宅空間當作旅客住宿房間，業者同時結合當地人文、自然景觀、生態、環境資源及農林漁牧等生產活動，輔以家庭副業方式經營，提供旅客不同樣貌生活之住宿處所。

國外對旅館業的定義

美國旅館業鉅子史大特拉，對旅館所下的定義

「旅館是一個出售服務的企業。」

英國學者韋伯斯特，對旅館所下的定義

「旅館是一座為大眾提供食宿及服務的處所。」

美國法院說明（依法律觀點解釋）

「旅館是公開的、明白的、向大眾表示是為接待旅行者，及其他受服務的人而收取報酬之處。」

由以上定義我們可以得知，一般旅館應提供的基本功能應該要有：住宿、餐飲及社交的功能，或兼具育樂、休閒、療養、文化以及商務的功能。

1.2 旅館業的商品與特性

旅館業所販售的商品一般多以客房住宿及餐廳飲食為主，其他商品則以附屬設施服務販售為輔。例如會議室（reference room）、游泳池（swimming poor）、水療設施（SPA）、商務中心（business center）、健身房（fitness）、酒吧（bar）及藝品店（souvenir shop）等。此外，旅館業販售的商品，一般可分為有形商品及無形商品兩種。有形商品係指旅館自身之硬體設施而言，包括各項住宿環境、餐飲及活動設施在內。無形商品則指旅館所提供之服務（service）而言，它包括旅館內各部門的業務活動及人員的作業活動。以上所述旅館商品及其特性可再具體描述如下。

旅館商品

旅館商品概略可區分為有形商品及無形商品二種。

有形商品

有形商品一般說來涵蓋旅館環境、旅館設施、餐飲服務和優質人力而言。

1. 旅館環境

   係指旅館內部及外部所建構的設施而言，一個適合大部分旅客所需求的環境，將被旅館設定為行銷策略的首要條件。

2. 旅館設備

   旅館的設備除了必須具有雅緻溫馨的客房住宿設施外，尚須提供休閒性、安全性、娛樂性、便利性與功能性等附屬產品設施及服務。

3. 餐飲服務

   旅館所提供之飲食須具食品特色，其除了滿足旅客視覺、嗅覺、味覺之享受外，更須具備合宜的餐飲文化以及用餐環境。

4. 優質人力

   旅館的服務人員是旅館相當重要的資產，因為他們所提供的優質服務，也屬於旅館的特色商品。

無形商品

所謂旅館無形商品係指內隱性的服務而言，旅館所提供的服務除了要有現代化設施的服務外，還須提供親切溫馨的接待服務。也就是說，無形的商品係指旅客從訂房住宿到退房作業的過程中，旅館所提供旅客的各項接待作業服務以及旅客住宿中的體驗與感受，我們都可以稱之為旅館所販售的無形商品。

旅館商品的特性

具體而言，旅館與其他產業所具有的特性有某些部分是相似的，這些特性我們可以分述如下：

商品具時效性、易逝性、無儲存性

旅館商品之一的住宿房間僅能當天賣出，不能保留到次日再做出售，意即由於房間數無法庫存，當天未售出之房間即為旅館營收的損失。

商品短期內供給無彈性

由於旅館房間為固定設施，數量無法像其他商品在短期內利用彈性調整來立即增加房間數，因此旅館商品屬短期內供給無彈性的特性。

商品資本密集、高固定成本、成本回收率慢

一般大型觀光旅館投資所需資金相當大，其土地建築等固定成本較高，因此旅館成本回收可能需時十年至二十年以上。

商品需求具敏感性及波動性

旅館商品之需求很容易受到政治、經濟、社會、戰爭及國際情勢等外部環境變動之影響，所以商品需求堪稱較不穩定。

勞力密集性與替換性

旅館是屬於一種勞力密集的服務產業，它必須經由旅館全體內外務部門的員工密切合作，再加上各種現代化設備與完善設施，提供客人賓至如歸且溫馨的感受。

商品需求服務彈性大

旅館消費市場之人口結構性差異較大，旅客生活習性、社經地位、教育背景及文化習慣也都不同，因此其需求也有差異。

地理性與無歇性

旅館地點的選擇為旅館經營成功最重要的因素，因此旅館在位置選擇上，務必要針對其主要客群之需求作考量。

綜合性、豪華性及公共性

旅館既是旅客的家外之家，同時也是社交、聯誼、膳宿場所與文化展覽櫥窗，因此其特性較為廣泛且具公眾屬性。

綜合以上旅館業的商品與特性說明，我們可以得知，一般旅館除了應提供應有的基本功能外，旅館還必須是一種滿足人們生活機能的綜合性企業。

1.3 旅館各部門組織與人員職掌

旅館各部門組織

旅館內部組織一般約可歸納為兩大部門，分別為外場又稱為「外務部門」；另一個為內場也稱為「內務部門」。外場部門通常指的是旅館的客房部與餐飲部等兩大部門以及其他對外營業單位。內場部門係指旅館行政管理部門與後勤支援單位而言。

旅館的外場部門

旅館的外場部門一般即俗稱的外務部門，也就是旅館對外的營業單位。外場部門又可區分為客務部、房務部、餐飲部及其他營業單位，可依旅館規模做調整。

1. 客務部（Front Office）

   客務部通常稱作前檯或櫃檯（front office、front desk），此部門為旅館的作業中樞，也是旅客進住旅館時，接待住客服務之第一線部門。此部門負責旅客訂房、旅客進住遷入與退房遷出，以及各項櫃檯詢問接待等事宜。

2. 房務部（Housekeeping）

   房務部主要負責旅館客房清潔維護事務，因此它也是服務形象代表之重要部門。房務部所屬的工作單位有：房務組、公共區域清潔組、洗衣房、健身中心等。而旅館房務工作之指揮協調、任務分派也都在房務部辦公室，因此這個辦公室有「房務部中樞」之稱。

3. 餐飲部（Food & Beverage Department）

   觀光旅館餐飲部通常附設有各種風味、形式或主題的餐廳，例如咖啡廳、中式餐廳、西式餐廳、商務廳、宴會廳、一般酒吧以及客房內餐飲之服務。此餐飲部主要的工作職責乃在於提升旅館餐飲服務品質、提供乾淨舒適的用餐環境，以及落實旅館整體成本控制與營收管理。

4. 其他營業單位

   一般旅館常見的對外營業單位有運動場所、休閒娛樂設施、購物中心、商店場域及停車場所，有些旅館則因地處遊樂園或高爾夫球場內，則可結合主題營運活動之附加價值服務。

旅館的內場部門

旅館的內場部門也就是通稱的內務部門，其主要工作為負責旅館對內的行政管理及後勤支援作業。內場部門也可以依旅館規模不同而概分為財務部、安全部、總務部、工程部、人力資源部、行銷業務部及公共關係部等單位。

1. **財務部（Finance Department）**

   財務部涵蓋旅館會計、成本控制、出納等內部單位，其負責全旅館有關各部門之財務收支管理，因此此部門為旅館相當重要之內部作業單位。

2. **安全部（Security Department）**

   安全部負責旅館整體之安全檢查及維護作業，它必須確保旅客與旅館員工性命與財務免於受到危害或損失的威脅。

3. **總務部（General Affairs Department）**

   旅館總務部可依旅館規模下設採購組、資材組、庶務組等作業單位，分別負責旅館後勤支援作業之行政事務。

4. **工程部（Engineering Department）**

   旅館工程部又可稱之為工務部，其主要負責旅館硬體設備或配合軟體規劃之檢查、維修及保養維護等工作。

5. **人力資源部（Human Resources Department）**

   人力資源部主要負責旅館所有員工的招募、任用、敘薪、核假、教育訓練、退休、撫卹、福利及上下班考勤之管理，也可以對旅館部門單位績效之考核與建議。

6. **行銷業務部（Marketing & Sales Department）**

   旅館行銷業務部為旅館重要的營運部門，其工作職責主要是代表旅館拜訪業務往來的旅行社、訂房組織、航空公司或簽約公司，負責開拓團體訂房業務來源以及開發目標客群。

7. **公共關係部（Public Relationship Department）**

   公共關係部門通常扮演旅館的化妝師、應變處理師以及旅館對外的發言人，主要職責為負責接待旅館重要來賓及新聞媒體，並處理新聞稿對外發布工作。

旅館人員業務職掌

客務部

旅館編列在客務部的工作人員會依旅館功能、旅館屬性及旅館規模而有不同，大致上可劃分如下。

1. **客務部經理（Front Office Manager, FOM）**

   客務部經理主要負責督導旅館房間出售、訂房、住宿登記、詢問接待服務、郵電留言、鑰匙保管等作業。

2. **大廳值班經理（Duty Manager）**

   旅館大廳值班經理通常是由較為資深的櫃檯人員來擔任，所以其另一有趣的稱呼為駐店經理或抱怨經理。其職責為在旅館大廳與員工負責協助旅客時解決各項問題。

3. **夜間經理（Night Manager）**

   夜間經理負責旅館夜間所有營運作業及旅館接待工作，為旅館夜間作業與活動的最高負責人。

4. **櫃檯主任（Front Desk Supervisor）**

   旅館櫃檯主任負責督導旅館大廳之櫃檯作業，並督導櫃檯人員及其相關人員之教育、訓練及考核事項。

5. **櫃檯接待員（Receptionist／Room Clerk）**

   櫃檯接待員主要工作事項為負責住宿旅客之住房登記、房間分配與銷售事宜，同時負責旅客進住及遷出的作業處理。

6. **客務專員（Guest Relationship Officer, GRO）**

   旅館客務專員又可稱之為大廳接待員（Lobby Greeter），其主要職責乃代表旅館及客務部經理迎接貴賓，並協助大廳經理處理偶發事件及旅客抱怨事項。

7. **諮詢服務員（Information Clerk／Concierge）**

   諮詢服務員主要負責處理旅客詢問事項之解答與服務，同時他也負責蒐集館內與館外之相關旅遊、文教、交通等各項旅客可能提問之最新資料，以備回答及滿足旅客之疑問與詢問。

8. 郵電服務員（Mail Clerk）

旅館若有郵電服務員的編制，則其工作為負責旅客及館內員工有關信件、郵電、傳真和旅客留言之處理。

9. 訂房員（Reservation Clerk）

訂房員主要負責旅館訂房作業及超額訂房之處理，訂房員也必須掌握市場訂房動態，作為自身旅館客房銷售之參考，同時以提升旅館住房率為作業目標。

10. 金鑰匙人員（Les Clefs d'Or／Golden Keys）

旅館有金鑰匙人員代表旅館具有公認專業合格的資深服務人員，其可能是經「金鑰匙協會」認可的會員，象徵其經歷與資歷為一公認具有專精優質的專業能力之人員。

11. 夜間櫃檯接待員（Night Clerk）

夜間櫃檯接待員的另一項主要工作，為負責稽核及製作夜間櫃檯房間報告表及旅館當日住房率等各項統計，並了解、檢查與查看房間銷售實際狀況。

12. 櫃檯出納（Front Desk Cashier, FDC）

旅館櫃檯出納職責為辦理旅客遷出時之結帳手續，並負責旅客帳單款項之催收與處理，同時也兼負旅客外幣兌換工作及信用卡帳目之處理、旅客信用徵信調查以及核對帳卡資料等作業。

13. 服務中心主任（Concierge Supervisor）

旅館服務中心主任除接受櫃檯主任之指揮外，其主要職責為督導服務中心人員之例行工作。另外必須指導員工協助旅客進住及遷出之接待服務，並對團體旅客行李之託管、搬運服務、代叫車輛以及停車服務等相關工作之督導。

14. 機場接待員（Flight Greeter）

機場接待員主要工作是負責處理已訂房或已入住旅客之機場迎賓及接送機等事宜，機場接待員為旅館派駐機場之第一線服務人員。因此其工作除負責接待已訂房的旅客及安排司機送客人到旅館外，有時尚需爭取未訂房的客源。

15. 行李員（Bellman／Porter／Page Boy）

行李工作人員（行李員）除負責旅客進住與遷出之行李搬運服務，及引導賓客到樓層客房之接待工作外，尚須負責遞送物件、郵件、留言及報紙等瑣碎工作。行李員也須代客保管行李及代購各項客機船票之作業，同時負責旅館大廳之整潔與安全維護工作以及其他旅客服務或交辦事項，例如在旅館內代為尋人之工作。

16. 總機、話務員（Operator）

旅館總機人員在旅館通常也可稱之為「看不見的接待員」，其主要工作為負責館內外電話之接線服務。總機人員除負責國內接線作業外，也須負責國際電話之撥接服務或喚醒服務（Wake-up Call）、旅館內廣播或緊急播音服務，同時也可負責相關電話費之計價等帳務工作。

17. 門衛（Door Man／Door Person）

門衛人員主要負責大門迎賓活動，協助旅客開啟車門、裝卸行李及叫車服務。門衛人員並需維持旅館門口附近之交通秩序與整潔、車輛管制及引領停車等事宜。

18. 代客泊車員（Parking Attendant）

旅館代客泊車員主要職責為在旅館大門外為旅客泊車，以方便旅客即時進入旅館，同時協助住宿旅客即時取車之服務。

19. 電梯服務員（Elevator Starter or Girl）

旅館電梯服務員負責電梯內之整潔、安全與衛生工作，同時負責旅客搭乘電梯之引領接待服務以及維護旅客搭乘電梯之安全。

房務部

旅館編列在房務部的工作人員也會依旅館功能、旅館屬性及旅館規模而略有不同，人員編制及其職責約可劃分如下。

1. 房務部經理（Housekeeping Manager）

房務部經理除負責督導所屬員工確實執行客房內外及公共區域之清潔工作外，也必須負責洗衣房洗衣服務及員工制服的管理工作。另須負責編訂房務工作準則或標準作業規定，教育、指導、考核及訓練所屬員工依規定工作。房務部經理並須處理旅客抱怨事項及部屬之間的協調與溝通，同時編製所屬員工之服勤輪班表，以及各項行政物品或客房備品之採購。

2. 房務部領班／樓層領班（Floor Supervisor／Floor Captain）

旅館房務部領班主要負責督導房務人員正確的迎賓接待與即時的客房服務，並負責房客抱怨事項之處理，以及負責該樓層所有客房之清潔維護管理工作。領班另須督導房務清潔人員房務整理及工作分配與規劃，以及負責該樓層客房的主鑰匙及備品室物品之保管責任。

3. **房務員**（Housekeeper／Room Maid／Room Attendant）

旅館房務員除負責客房內清潔、打掃及客房衛浴設備清潔工作外，另須負責旅館客房備品之擺設與補充。晚班人員則須協助處理若有開設夜間床位之服務以及負責維護樓層之安全，並留意責任區可疑人物或預防所謂客人逃帳等事宜。

4. **公共區域清潔人員／公清人員**（House Person／Public Area Cleaner）

旅館清潔人員負責旅館公共區域、員工餐廳、員工更衣室、休閒中心及附屬設施之整體清潔工作。

5. **布巾管理員、被服間管理員**（Linen Room Attendant）

旅館布巾管理員負責住店旅客送洗衣物之清潔洗滌作業，同時負責旅館所有員工之制服送洗服務與旅館客房及餐廳布巾之清潔洗滌工作，並應對所有布巾做好分類及保管工作。

6. **嬰孩監護員**（Baby Sitter）

旅館若設有嬰孩監護員則其主要工作是負責住店旅客小孩之託管照顧工作，嬰孩監護員須取得合法（合格）之嬰孩監護員認證資格與執業執照。

其他相關人員

1. **安全人員**（Security Guard）

旅館安全人員負責巡查檢視旅館住房、通道、公共區域等地方警戒工作，確保旅客及員工在旅館住宿與工作之安全。安全人員並需負責檢查員工上下班之隨身攜帶物品，並負責旅館各種緊急或災難之處理及消防設施之使用。

2. **夜間稽核員**（Night Auditor）

旅館夜間稽核員每日晚上約於 23:00 後擇定適當時間關帳並開始核對當天房帳報表交易帳目。稽核員另負責登記晚間尚未登記之帳目，及製作客房出售日報表及營業分析統計表，若發現帳目不符，稽核員須設法找出原因並提出查核報告。

3. **商務樓層接待員**（Executive Floor Receptionist）

旅館商務樓層接待員負責接待住宿於商務樓層的貴賓或旅客，提供快速之接待服務、商務諮詢服務及各項旅客詢問之解答與資訊。

1.4 旅館訂房與櫃檯接待作業

旅館櫃檯或訂房人員一天作業的時間，可以從旅客來電訂房作業開始。訂房作業到退房這段時間內，作業人員會重複處理相關的住退房過程。而此流程在不同的旅客身上一直重複循環，依循著訂房、報到登記、住房費用確認、引領客人到房、記錄其他費用、夜間稽核過帳、退房費用確認以及再住房或訂房等循環的過程，此過程可以簡易描述如下圖。旅館的訂房作業及旅館櫃檯接待作業內容也分別敘述如下。

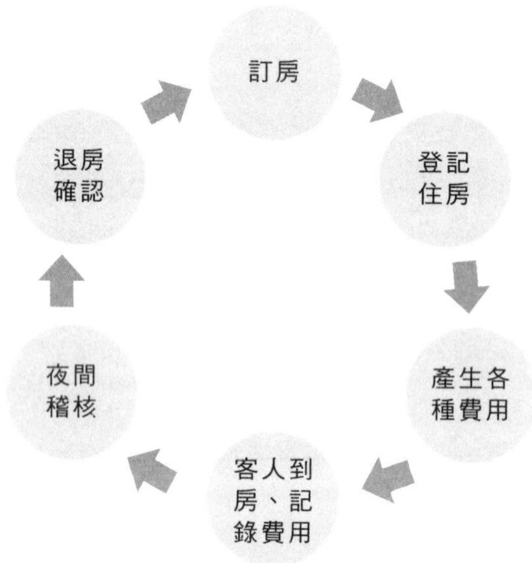

圖 1-1 旅館訂退房過程簡易圖示

旅館的訂房作業

一般說來，旅館的服務從訂房作業開始就會與旅客有互動式的接觸，因此訂房作業是旅館一個很重要的服務過程。由於旅客選擇預約訂房的來源有很多種，例如旅客直接打電話到旅館訂房，或個人以傳真或 e-mail 作預約訂房，也有旅客是透過旅行社、訂房網站或其它飯店轉介訂房。商業團體訂房則有時會透過會議或展覽執行單位訂房，也有個人或團體會透過當地旅遊中心聯繫相關訂房之服務。而今日處在網路資訊發達的時代，有越來越多的旅客會選擇電腦網路訂房。因此以訂房作業及行銷服務觀點而言，旅館經營策略當以善用電腦資訊化角度來思考，考量如何提升顧客服務的優化策略，做為旅館經營的基本模式。以下將就旅館訂房來源、旅館訂房方式、旅館訂房作業流程及超額訂房的作業要領敘述如下。

旅館訂房來源

1. **旅行社**：當旅客向旅行社購買機票或旅遊行程時，通常旅行社的經營策略會為旅客安排遊程，也會幫旅客在遊程中做訂房。
2. **交通運輸公司**：當旅客選擇交通運輸公司如航空、輪船、鐵路等旅遊交通工具時，運輸公司也會為旅客做訂房之服務，以維護其交通運輸服務之客源。
3. **公司機關團體**：當一般公司機關或團體因業務或開會所需，會依業務或開會地區不同而直接向旅館訂房。
4. **訂房中心**：當旅客經由旅館組織之訂房中心直接訂房時，旅館需給予訂房中心一定比例之佣金、價差或作業費。
5. **旅客親自訂房**：旅客自行訂房雖無佣金產生之問題，但是旅館是否給予一定折扣或優惠價格，則必須由旅館訂房之政策而定。

旅館訂房的方式

當旅客向旅館訂房時，旅客可依其商業需求或個人使用目的不同，採取不同的訂房方式。一般的訂房方式採合約訂房、書信訂房、電話訂房、傳真訂房、網路訂房以及口頭訂房等方式實施。

旅館訂房作業流程

1. 接到旅客訂房時，旅館可先查看訂房表確認是否尚有空房，若已滿房而沒有空房，則須向客人委婉致歉，希望下次能再為其服務。
2. 若旅館尚有空房，則可立即報價或做出訂房確認。
3. 若顧客同意房價後，即可編製訂房資料卡。
4. 可告知顧客旅館訂房代號，以利日後查詢訂房狀況。

超額訂房的作業要領

1. 發生旅館超額訂房時，一般旅館作業方式是必須承擔將旅客自機場或旅館接送到其他同等級的旅館，以及次日接回本旅館之免費接送服務。
2. 超額訂房接回旅客時，房間可預先置放鮮花、水果及卡片，以便在將客人接回旅館進住時，能立即享受美好的入住感覺。
3. 超額訂房在接回旅客時，須由旅館經理或副理等較高層級主管親自前往接回，以示歉意。

4. 如果旅館房型已經售完，對於已訂房且準時到達之旅客，則可適當予以無償升等作為致意。

旅館櫃檯接待作業

旅客經由訂房作業選擇入住我們旅館開始，旅館就必須聚焦於提供旅客良好的服務品質。當旅客前來住房報到時，更是櫃檯接待作業面對面服務客人的開始。因此如何在旅客前來旅館能及時縮短住房報到的作業時間，將是櫃檯接待作業人員留給旅客良好印象的第一課。因此，以下將分享住房排房原則及介紹住宿登記做法，以利提高服務作業品質。

旅客排房原則

1. 可優先排長期住客房，然後再安排短期住客房。
2. 應優先排貴賓（VIP）房，再排一般旅客房。
3. 先排團體旅客房，再排散客房。
4. 可將團體旅客安排在低樓層房，散客則安排在高樓層房。
5. 團體旅客可安排在鄰近電梯房，散客則遠離電梯位置房。
6. 同團或同行旅客盡量安排在一起或鄰近的房間，除非旅客另有要求。
7. 大型團體可適當安排於不同樓層，以免旅館人員工作量過於集中，並且盡量安排住同樣房型的客房，方可避免旅客抱怨不同房型或房間大小的問題。
8. 可將常來旅客盡量安排入住其喜好之同一房間，或不同樓層相同位置的客房。

旅館住宿登記做法

1. 一般住客、散客登記手續
    - 可以先親切問候旅客，再詢問客人是否已訂房。
    - 已訂房者可從旅客抵達名單上找出客人姓名，再依顧客資料來辦理住房。
    - 幫客人填寫住房登記表。
    - 若未事先訂房，則依客人要求房型排出其所要的房間。
    - 最後再與客人確認房型、停留時間以及付款方式。
    - 未訂房旅客須要求旅客先付房租，或另加10%服務費。
    - 旅客如係刷卡付費，則需在空白信用卡付款單(或付款感應器)上簽名。

2. 團體旅客住宿登記

- 團體住客可由櫃檯人員預先代為登記，並將鑰匙製作完成後全部交給領隊轉發客人，以減少旅客等候時間。
- 團體旅客入住前，旅館通常會事先將房間分配好，避免因同一時間有大量團客佇足於大廳而過於擁擠。

1.5 旅館資訊系統之發展趨勢

早期旅館接受訂房是以信件、電報、傳真以及電話等方式做遠距訂房的確認，而旅客遷入或遷出時也只是以紙筆方式記錄或計算結帳。此種旅館作業方式，既難以處理旅客資料的新增、修改與刪除，更難進行旅客歷史紀錄的查詢與儲存。下圖為早期的旅館作業場所，櫃台人員必須處理旅客住房接待等事宜，感覺旅館前檯也是一個忙碌的社交場所。

圖 1-2 早期的旅館作業場所（圖片摘引自 PTT 新聞網）

一個旅館前檯的櫃台人員，除了必須處理旅客住房接待等事宜，還必須處理旅客相關的住房需求。因此假如面臨大型團體或臨時大量散客住房登記入住時，若旅館沒有一套有效率的報到遷入或退房遷出等各項作業管理系統，旅館人員在從事各項住房作業將會產生極大的不便。旅客可能因不耐久候，不願再次來店體驗，客源也將一再流失，而旅館在經營上也會顯得更加困難。所幸近期藉由資訊科技在各產業的實際運用，旅館接待及住宿管理也逐步結合資訊系統化的發展。因此利用資訊科技來提升旅館績效，也必將是現代旅館經營的不二法門。下表為企業引用資訊科技的發展歷程。

表 1-1 企業引用資訊科技的歷程

發展階段	發展年代	管控原則	主要對象	評估原則	新概念
主機時代	1950~1970	管制下的獨佔	組織各單位	生產力或效率	資訊系統生命週期、線上交易處理系統
個人電腦時代	1975~1985	自由市場	個人或小組	個人或小組的工作效能	使用者自建系統、資訊資源管理、決策支援系統、專家系統
分散式時代	1985~1990	管制下的自由市場	作業流程、跨組織	競爭優勢	企業再造、策略性資訊系統、小型化
網際網路時代	1990 迄今	合作	電子整合	價值創造	全球化、委外經營、虛擬企業、系統整合、電子商業、資訊基礎建設

摘引自謝清家、吳琮璠（2000）。資訊管理理論與實務。台北：智勝。

旅館運用資訊科技較早可以追溯到 1963 年，美國紐約的希爾頓旅館，該旅館使用這套資訊系統的目的，就是希望能提供較好的服務，以及減少過去費時的紙上作業。依據美國 AH&LA（American Hotel and Lodging Association）研究報告指出，旅館業廣泛運用資訊系統大約是在 1980 年代開始，當時全美國的旅館業能採用電腦作業者可能不到一成。

後期資訊科技雖已逐漸普及化，然旅館在自動化上的發展，卻落在其他產業之後。其原因就在於當時尚未能有一套符合旅館所需的電腦科技系統，因此旅館經營效益自然無法大幅呈現。再則當時建置一套電腦資訊系統較為昂貴，維護使用也較為困難。所以，縱使當時有旅館使用資訊系統，旅館也擁有完整的住客資料，然而這些資料卻沒有轉換成有用的資訊，也沒有依顧客需求創造出精緻的服務產品。

現在的企業已了解引用資訊科技所帶來的營運效益，旅館經營者也已思考如何使用旅館資訊系統，期望藉由資訊系統的運用，能為旅館帶來更多的收益。由於資訊系統確定能為旅館帶來有形與無形的效益，因此到了 1994 年時，已有高達 95.3% 的旅館立即採用了電腦資訊系統，其中擁有 300 間房間以上規模的旅館，採用電腦資訊系統者更高達 97.2%。由此看來，中大型旅館更需要使用資訊系統，以提升旅館經營管理上的效率。

旅館資訊科技發展歷程

有關中小型旅館在資訊科技的使用與發展歷程，大致上可以區分為觀察環境階段、策略性或合作階段、管理階段以及創新階段等四個發展階段，我們可以簡單說明如下。

觀察環境階段

有關資訊科技的觀察環境階段大約是發生在 1990 至 1994 年之間，當時的調查發現只有少數旅館業者使用資訊科技。而當時中小型旅館業只使用資訊科技的比率，也低於大型旅館業者。究其原因在於中小型旅館業者或許比較重視旅館運作層面，卻較不重視策略經營議題。而當時大型旅館廣泛採用的資訊科技，例如電腦訂房系統或全球配銷系統，大多是為旅行社和商業旅客設計，而不是針對中小型旅館業者的旅客，因此也無法讓中小型旅館業者參與資訊科技的導入。此外，旅館業者因缺乏科技常識、合作能力及資金運用等，也都是造成當時阻礙旅館運用資訊科技的原因。

策略性或合作階段

有關資訊科技的策略性或合作階段大約是發生在 1995 至 1999 年之間。這段期間內，旅客藉由資訊科技逐漸獲知旅館新的行銷通路，也進一步了解直接與旅館業者接洽的好處。因此科技比較前瞻的中小型旅館業者，紛紛加入旅館協會或獨立的網路系統。然旅館運用科技成功獲得了豐富資訊，但有時卻也無法有效運用大量資料的好處。此外，這個時期的小型旅館員工，對於資訊科技、經營環境以及員工個性等地了解有所不同，也直接或間接影響該旅館運用資訊科技的推展。至於其他相關的人力資源等影響因素，對於引進及運用資訊科技的決策其實也相當重要。總之，旅館業者若無法獲得充分的科技資訊，當然也無法在電子商務市場做交易與活動。

管理階段

資訊科技的管理階段大約是產生在 2000 至 2005 年之間，這個階段剛好進入所謂的新千禧年。新的千禧年開始，資訊科技開始呈現新的樣貌，網際網路也成為旅客、旅館與旅遊業者的連結平台。當旅遊業者運用網際網路資訊科技時，被認為將會是個別旅館業者的市場。但實際的運作結果卻顯示，由於旅館經營規模太小，因此業者必須耗費相當多的成本，才能使網際網路使用成為個別旅館的經營助力。但中小型旅遊業者對資訊科技的使用，無疑的在經營管理策略上已逐漸呈現出更大的益處。

創新階段

資訊科技的創新階段約略發生在 2005 年以後，由於這個階段藉由數位經濟的開始發展，旅館業者無論其規模大小，實際上都需要引進更多的資訊科技。而網際網路的運用，無疑也使得旅館軟體服務提供者，以相對便宜的價格，改以收取月費的方式提供軟體服務。因此，旅館依需要布建網際網路或內部網路，可提供旅客遠距訂房服務及旅館作業需要。故近年來有眾多研究顯示，大多數中型旅館業者已體認到，旅館作業必須超越文書處理的階段，要以資訊科技做為決策和行銷的工具。

當我們了解以上旅館資訊系統之發展趨勢之後，我們可以環顧網際網路廣泛的運用之下，國外國際觀光旅館業者常應用的資訊科技種類。它包括有：全球傳輸系統（Global Distribution System, GDS）、線上即時銷售系統（Point-Of-Sales, POS）、管理資訊作業系統（Management Information System, MIS）、資產管理系統（Property Management System, PMS）、高階主管決策資訊系統（Executive Information System, EIS）、網際網路通訊傳輸系統（Internet）、網內網路通訊傳輸系統（Intranet）等應用的功能及範圍。

學者指出以電腦視窗為基底的資產管理系統（PMS），藉由微軟視窗平台可能會成為未來旅館使用的趨勢（Berchiolly & Coyne, 1997），所以現在我們亦稱呼 PMS 系統為旅館資訊系統。一般的旅館資訊系統及作業功能如下：前檯作業系統負責房務管理作業及商務管理作業；後檯作業系統負責總帳管理系統、應收帳款管理、應付帳款管理、票據管理系統、採購、庫存管理系統、固定資產系統、人事薪資系統、餐飲成本控制。然而，一套完整的旅館資訊系統的分項內容又可以包括：系統維護、基本資料設定、訂房管理系統、櫃檯接待系統、櫃檯出納系統、房務管理系統、餐飲點餐結帳系統、應收帳款系統、發票管理系統、總機自動入帳系統及付費電視自動入帳系統等 11 項子系統。

基於以上有關旅館資訊系統發展的介紹，旅館網路時代似乎已全面啟動，你準備好網路資訊對旅館的挑戰了嗎？我們都知道一套旅館資訊系統 PMS 在全球進入網路時代之後，網路營收的快速增長在飯店產業中成為市場中的關鍵，旅館產業須正視這樣的改變。在網路市場的快速變化下，必須有效地管理全球網路通路，掌握趨勢脈動與關鍵數據，做出精準決策並有效執行，才能創下飯店網路營收新高峰。選對網路市場獲利的關鍵工具，能夠幫助你在網路市場中大幅降低成本，更能增加收益。以下我們將介紹網路時代旅館可能運作的全貌。

網路時代旅館可能運作的全貌

（本書提供我們可以探討網路時代旅館可能的實際運作情形）

假如你是一位熱愛旅遊的旅客，過去當你到達旅館的那一刻開始，旅館的服務就開始運轉起來了。因此前檯工作人員的歡迎是基礎服務的一部分，更高品質旅館的客房服務體系將來也會更多樣化。例如在等待的過程中，旅館會在房間裡為你調整好燈光、音樂，再放上手寫歡迎卡和水果，營造出第一次面見接觸的親切感。接著讓你享受各類客房服務，不管是預定晨間喚醒服務、讓服務生送晚餐或是冰桶上門。此外，若你需要衣物清洗，你只需要打電話給前檯，這項服務就會及時提供。所以服務速度是否夠快、服務是否完善，我們也能看出科技現代化後，旅館提供的服務水準是否不同。而當你退房離開旅館時，結帳系統也會在科技現代化的設備上發揮結帳功能，所以你可能也不用等旅館查完房再跟你結算，因為系統已認定你沒有使用旅館的備品或擺飾。

至於訂房部分，旅館當然也有自己的官網訂房系統，但是有些旅客住宿是為了獲得積分兌換，因此大多數的旅客可能還是會與網路上的旅行社或訂房中心做訂房作業。所以旅客和旅館的關係基本上還是從來店遷入後才開始發生的。當然網路上的旅行社也可以提供更多的服務，例如從機場或者火車站到旅館的接駁服務。但是隨著專車、代駕等分項業務被各種應用程式 App 開發出來之後，接送機和代客停車這樣的服務，或許也只能成為優惠組合裡的一部分。所以，旅館業者要關心的除了要能賣出更多的房間以及盡可能提高入住率外，還要面對以上所提到的服務競爭，適時提供各項的住宿附屬服務，以提高旅館入住率。

但是隨著網路時代資訊化腳步加快的演進，消費者行為也在大幅改變，旅館的訂房、遷入、遷出及各項作業行為也在改變。消費者行為會趨向於使用行動端，過去利用大量銷售機票艙位、旅館房間等產品就能賺錢的時代已經逐漸消退。科技行

動端呈現出了更強及更及時的吸引力，旅館若不在行動端上提供產品連結，旅館提供的服務產品可能就沒有競爭力。

資訊科技以及行動端在旅館業的概念，就是旅館要開發自家的應用程式 App，從前端的網路旅遊業者手上，拿回原本可以直接連結的旅客族群。過去旅館業所提出行銷的各種房費體系，例如分級房價、會員計劃和積分制度等，現在應該要以更節省時間以及人力的作業方式，經由第三方平台制定出清晰、明確的房價，此種方式應該會更值得旅客信賴。當然大型旅館目前也在 App 內開發出自己的使用功能，例如智能門卡的功能。各種對旅館有價值的創新，在旅遊競爭市場裡，事實上已逐漸應用到全球各地的集團旅館裡。

總之，我們已可看見網路在旅館的實際運用情況，旅館逐漸地也會將顧客行動端使用情況考慮進來。例如年輕人喜愛的網路點評率、社交媒體活躍程度、旅遊資訊整合、網路直播以及 Chat 等。有些旅館甚而考量融合機器人為旅客服務的思維，下圖為日本佐世保豪斯登堡旅館服務機器人。

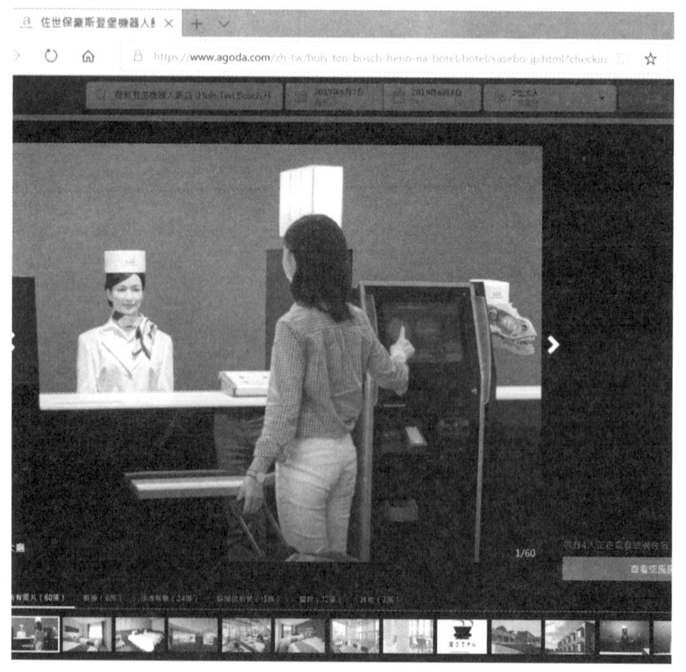

圖 1-3 旅館的服務機器人（圖片摘引自 Agoda 訂房官網）

現在旅館業基於資訊科技的進步，也樂於將客房進行智能化改造，例如將恆溫器、音響系統和照明等系統，集合成為一個智能化的應用系統。又例如在每個客房裡都能利用 iPad 來控制房間各個使用功能。當然也可以問應用程式 Siri 旅館附近景點、推薦餐廳等服務，也可以利用藍牙以 Apple Watch 解鎖房門等功能。而在美國紐約的旅館，還有以機器人為旅客在行李間從事行李置放服務，如下圖中美國的 Yotel 旅館。

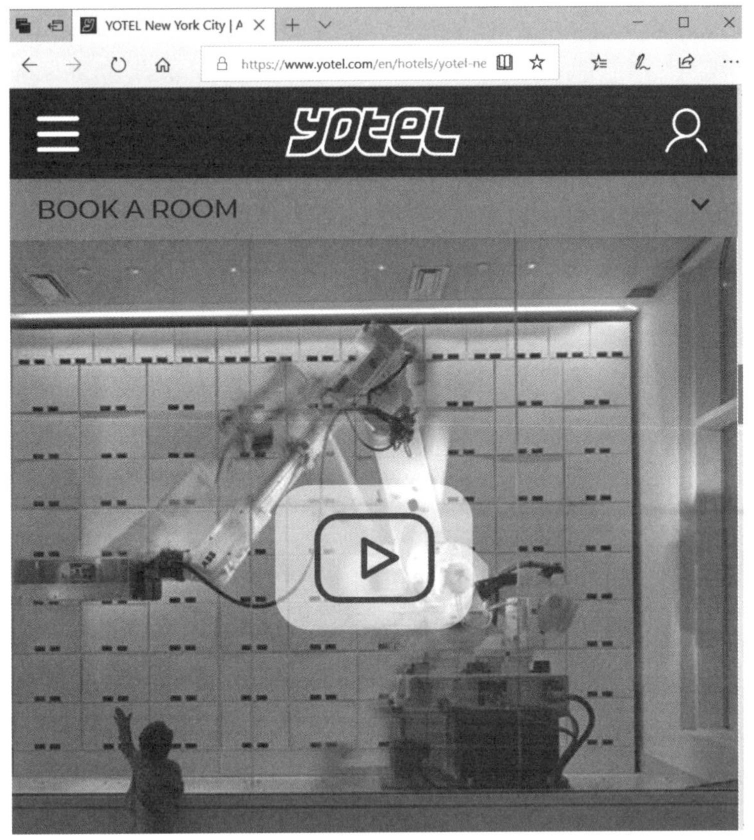

圖 1-4 紐約 Yotel 旅館的行李寄存處（圖片摘引自美國 Yotel 旅館官網）

但是旅館業真的只需要在傳統住宿模式下做創新與發展嗎？答案是否定的，因為旅館業還需面臨其他各種挑戰跟競爭。舉例來說，一種稱之為 Airbnb 的非標準住宿的概念，就引起了旅館行業的重視。他們在商務客群中調查，旅客願意在他們的旅程中至少使用 Airbnb 住宿一次的商務旅客比例，從 2016 年的 12%上升到了今年的 18%。摩根史坦利最近的一份調查數據顯示，Airbnb 目前將近一半的客源是來自於原先傳統住宿方式的旅館客戶。他們發現如果沒有 Airbnb 的發展模式，旅館的入住人數將會增長 9%。因此，旅館業的因應對策就是盡可能在產品與服務上，從 Airbnb 既有的旅客喜好中增列旅館服務品項。

其實傳統旅館業所關心的應該就是旅館房間的出租以及收益部分，至於旅行社、搜尋引擎、手機 App、行動支付等部分，都只是旅客在服務環節的改進、延伸或補充。而用戶其實最想親身享受的，應該還是位於旅館裡或客房裡的住宿或休閒。

但是 Airbnb 改變了這種思維，它認為旅館業最關鍵的業務，應該是圍繞著人也就是旅客來建構的。為了讓房客與旅館之間有良好的互動，旅館應該要掌握各種網路資訊並分享給旅客，提高旅客在住宿期間的便利性，以達到旅館永續經營的目標。

因此，網路時代的旅館業要在傳統固定的訂房來源業務之外，增加體驗和延展兩個全新的服務，將此兩者周延服務整合成更完整的旅遊平台。例如利用 App 連結與旅遊相關的服務，包括機票預訂、餐廳評論和訂餐服務的提供，甚至於為自由行旅客觀光導航等服務，讓旅客和服務提供商搭建起互利的平台。因此這是不是也意味著網路時代，將會有另一個更大的市場即將出現？

過去旅館業也圍繞著人的服務來思考，只是被房間住宿先入為主的觀念所限制。在網路時代，我們可以思考，只要稍微把旅館前檯限縮，跳脫思維讓大廳成為一個社區的概念，讓人們願意聚在一起，彼此多一些交流與互動，或許可以幫旅館業者營造更永續的創新經營契機。下圖為新加坡聖淘沙酒店的商務會議活動場地。

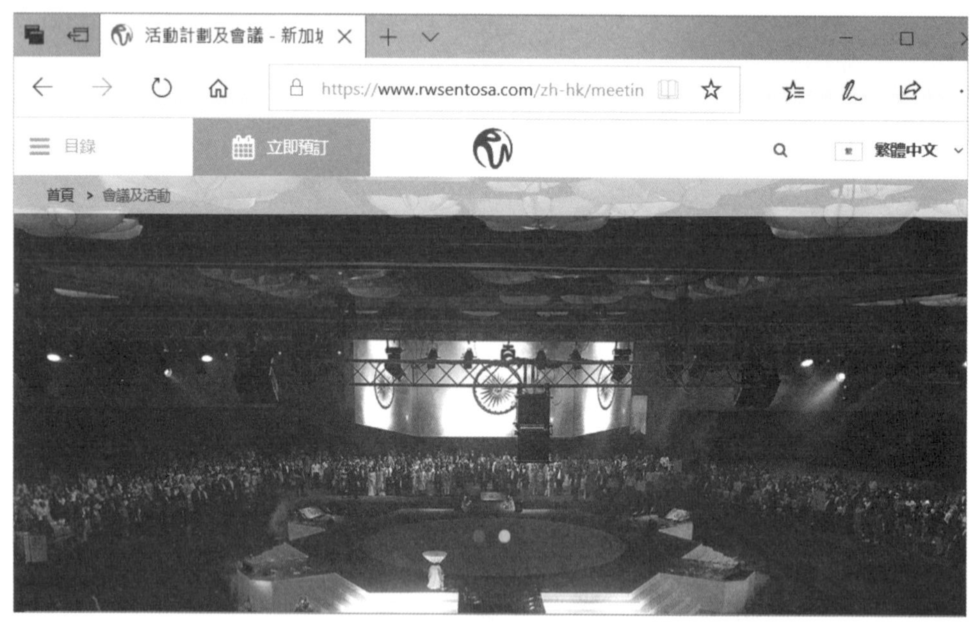

圖 1-5 新加坡聖淘沙酒店的商務會議活動場地（圖片摘引自酒店官網）

所以我們可以看出，對於旅館業未來的發展還可以有什麼地方可以延伸？本書認為至少在服務人及便利性這個方向上，它可能會是一個旅館業者創新與永續經營的作業模式。

總之，網路時代裡任何一種企業的成功關鍵，都在於取得有效資訊，並運用資訊或競爭優勢。旅館業也不例外，畢竟這是一個相當成熟的產業，業者的目標是在於提升市場佔有率，而非期望市場規模成長。因此中小型旅館即使面臨企業資訊化的迫切程度不像大型旅館來的緊迫，卻也無法避免這股網路時代的潮流。

1.6 旅館資訊系統對旅館營運之效益

既然我們的社會已經是資訊化的社會，如何利用高科技所帶來的資訊革命，也會連帶影響企業競爭模式。此外，由於資訊革命改變了產業結構，因而也改變了企業競爭規則，企業經由資訊科技的運用，則可以增加經營效率，強化競爭優勢。所以，資訊科技的進化將使企業內部現有的作業經過轉換或延伸後，也必定能創造出另一個新的事業。我們必須注意的是隨著時代的高速變遷，企業勢必面臨更大的競爭壓力，對於先天在規模及人才等方面都欠缺的中小型企業其狀況更為不利。所以要加強企業競爭生存的能力，必先改善企業本身的體質，突破傳統企業經營的觀念，運用新科技、新技術及新工具，以最經濟而有效的方法，充分利用有限的資源來重新調整企業經營運作。

所以中小型企業若能利用現代化的電腦工具來進行資訊化，建立資訊管理系統，有效取得、處理、分析、整合經營資訊，一方面提升企業內部經營績效，加速企業升級或轉型以增強企業競爭力，一方面將可塑造企業商品在市場上的差異優勢。以下將介紹使用旅館資訊系統的收益、旅館資訊系統的效益管理及其他有關資訊系統對旅館產生的效益。

使用旅館資訊系統的收益

收益管理（revenue management）是指旅館房租收益最大化的管理。基於供給和需求的經濟原理，需求增加則價格就會上漲，需求降低則價格就會下跌。當然，旅館希望每個房間都能以最高的價格，也就是以牌價售出。但是希望通常無法實現，每個房間大多都是以牌價的折扣售出，例如給企業的折扣價或團體價格，大部分旅館只有極少數的房間是以牌價售出，因為旅館必須以活動價格、團體價格、促銷的特價來刺激需求。

當然收益管理就是以適當的價格（right price）和適當的房間（right type of room）賣給適當的客人（right guest），讓每個房間的收益達到最大化。因此效益管理的目標就是增加營收，例如客房平均收益（revenue per available room, REV

PAR）是由 Smith Travel Research 所研發，其計算方法是客房銷售的總收入除以客房數。

過去比較少有電腦資訊廠商會針對中小型旅館的特性設計電腦資訊系統。因此，中小型旅館較缺乏資訊化的功能，以改善傳統人工作業的費時及高成本的支出。但時至今日，有越來越多中小型旅館，願意以大型旅館現有電腦資訊系統為主體，配合中小型旅館現行及未來在電腦資訊系統上需求，漸漸地可以克服過去為使用資訊系統所面臨的困難。因此，中小型旅館既可以充分利用資訊科技增加旅館的競爭力，又可以改善旅館的服務品質以及提高旅館內部員工的工作效率。

就常理而言，旅館經理人在使用電腦資訊系統時，並不需要學習電腦結構中晶片上複雜的電路。旅館經理人只需要學習如何運用資訊系統，以執行旅館經營所需要的功能即可。因此一部整合住宿管理的資訊系統，對旅館運營而言是必須的，而這部資訊系統通常被稱為旅館管理系統（property management system, PMS）。它是涵蓋前檯和後檯辦公室所有活動直接相關的應用軟體，主要在協助管理顧客住宿等相關事宜，以及提升旅館競爭優勢及產能改善。

至於該如何運用旅館資訊科技以提升競爭優勢，則可以建立在四個重要的面向上，那就是要使旅館產品差異化、使用科技產生優化的服務、以更低成本來生產商品及使用市場區隔創造優勢。另外，該如何運用旅館資訊科技以促進產能改善，則可以運用軟體程式以改善產能，具體做法為在旅館工作流程中達到輸入時間最少化及資料處理最少化。如此，企業在有效的作為下，營運所必須被處理的資料次數減少，每次處理資料可能會有傳輸或遺漏的錯誤機會，相對也會降低錯誤發生的機率。

因此，旅館經理人若能同時具備資訊系統運作的基本知識，則必能更有效運用電腦滿足資訊管理之需求，進而提升旅館營運之最大效益。

一般說來，使用旅館資訊系統希望能提升以下營運效益：

- 在旅客方面：藉由讓旅客能快速且方便訂房，以及方便的付款系統，旅客將能隨興享受餐飲及旅館附屬娛樂設施。旅客也能於適當時機接到旅館親切問候，並於各種節慶及親友生日時，收到旅館溫馨的祝賀。
- 在全館服務人員方面：旅館能適時針對顧客需求，及時提供旅客完美服務，並與客戶建立良好的住宿體驗關係。
- 在餐飲服務方面：旅館內所有點餐資料可以清楚而且快速的傳達到廚房，並可根據餐點的銷售作資料分析，例如旅客喜好分析，藉此聚焦於旅客需求。

- 在經營者方面：旅館可以依市場導向改變營運策略，以顧客的需求為中心，善用年營業額的一定比率投資於改善資訊系統，增進旅客服務功能。
- 在經營部門：旅館可妥善運用電腦系統，使各部門可以即時取得各種精確的報告，以快速提供完善的旅客服務。
- 在房務管理方面：旅館能即時掌握房間清潔及出租狀態，做出客房歷史銷售分析及預測市場需求。
- 在庫存管理方面：旅館可以有效管制大批客務及房務用品存貨的累積及失竊等兩大問題，降低旅館經營成本。

總括來說，資訊科技對旅館組織之益處，以經濟觀點來看，即是能替代高成本人力、縮短溝通協調時間，以及降低交易成本。以行為觀點來看，就是能減少中間人力傳遞資訊、讓資訊透明，以及使組織扁平化。

旅館資訊系統的效益管理

資訊系統對旅館產生的效益，主要在於有效建立旅客歷史主檔資料，其次在於能即時掌握客房販售狀況並做正確的銷售決策。因此，這套資訊系統必須對旅館所有的營業帳目做出清楚且明確的處理，以節省旅客在退房時的結帳時間。換句話說，資訊系統若能提供旅館正確營運的電腦報表，必能減少旅客退房結帳的等待時間與抱怨。而且，藉由使用旅館資訊系統以減少人工作業，且能改善客人與員工之間的互動，提高旅客的滿意程度，將能使旅館全面提高旅館的服務品質，進而達到旅館營運的最大效益。

至於旅館資訊系統在財務會計系統上的效益管理，一般區分為應收帳款以及應付帳款之管理。所謂應收帳款餘額可以由旅館前檯電腦系統自動傳送到後勤作業系統，當然旅館人員也可以手動方式直接輸入應收帳款系統。而應收帳款的資料一旦輸入後勤作業系統，相關作業人員即可展開收款的動作。由於後勤辦公室的作業系統亦可監控帳單開立與應收帳款及帳齡等作業，因此應付帳款模組通常用於追蹤採購、應付帳款狀態及旅館金融狀況。簡言之，我們通稱應付帳款模組管理的三個主要檔案一般也可包括：薪資管理（Payroll Accounting）、庫存管理（Inventory）及財務報表（Financial Reporting）等三個部分。

由於薪資資料的敏感性，所以旅館在維持正確的薪資檔案、嚴格控管薪資支票的分發以及確保薪資資料的機密性和正確性等工作方面，都需要特別謹慎小心。其次，由於旅館庫存模組具備電腦化的內部控制與會計功能，因此藉由內部控制將是提高旅館營運效率的必要工具。旅館管理人應該善用最新庫存資料，因為庫存管理模組能顯示庫存狀態（inventory Status）、庫存差異（inventory variance）及庫存的帳面價值（inventory valuation）的有效庫存管理作為。至於旅館的財務報表（Financial Reporting）與一般的企業無太大區別，它包含會計科目表並系統化地記錄所有的交易事項，因此財務報表是旅館後勤作業系統成敗的關鍵。系統設計應能追蹤旅館應收帳款、應付帳款、現金、調整分錄以及連接前檯與後勤作業模組的資料並編製財務報表，這其中包括旅館資產負債表、損益表以及其他各種旅館相關的管理報表。

其次，基於現今旅館訂房系統的資訊介面使用，我們可以了解訂房系統是旅館資訊系統產生效益最重要的系統之一。旅館資訊系統中有關訂房系統的電腦硬體、軟體以及使用者之間連接與互動的部分，我們可以簡單區分如下：中央訂房系統（central reservation system, CRS）、銷售點系統（Point-of-Sale）、電話計費系統（Call Accounting System）、電子客房門鎖系統（Electronic Locking System）、電源管理系統、輔助顧客服務裝置（Auxiliary Guest Service Devices）及顧客自助服務設施（Self-Service Devices）等。

旅館既有如此多功能且複雜的系統，因此我們就有必要在旅館效益管理上做整合與提升。以下將介紹旅館各功能資訊系統之效益。

中央訂房系統（central reservation system, CRS）

中央訂房系統的所有訂房相關資料是存放在中央訂房中心（central reservation office, CRO）內，單向使用介面是接收來自各種不同的航空公司、旅行社及連鎖旅館中央訂房系統之訂房資訊。而雙向介面則是在系統除了接受訂房之外，它還可以自動更新中央訂房系統的房間數量、房間價格與房間庫存等資料。旅客若使用CRO 訂房作業系統，則旅客的訂房狀態立刻可以得知確認或是已被拒絕。因此，使用中央訂房系統 CRS 對旅館的幫助很大，旅館可以避免嚴重的超賣（overselling）。此外，CRS 的資料庫資料還可以提供給連鎖旅館和自營旅館，讓他們用於行銷預測與市場拓展之依據。CRS 也可以用於旅館的效益管理，也就是說，當房間的需求降低時，房租也會跟著下降；當需求增加時，房租也會跟著上漲，甚至達到或超過旅館預期的參考掛牌價（rack rate）。

銷售點系統（Point-of-Sale）

銷售點系統（POS）目前使用於旅館附屬設施，除可接受使用者做旅客相關消費的查詢，還可將所查詢之房間住客姓名顯示於螢幕上，並且接受各銷售點將房客消費登入房客帳。此系統可以使用收銀機、條碼掃描器、光學掃描器及磁條掃描器等設備組合而成的終端機，因此可以快速擷取銷售時的各種交易資料。

電話計費系統（Call Accounting System）

電話計費系統（CAS）可以使旅館清楚管理與控制市內與長途電話服務，旅館以此系統介面可以加成計算顧客之電話使用費用。此介面接收相連於交換機的電話計費系統，因此可以輕易的傳送旅客使用的電話帳，並將電話帳連同所撥的電話號碼等明細資料，整合記錄於旅客帳單資料中。

電子客房門鎖系統（Electronic Locking System）

電子房門鎖系統與 PMS 相連，此系統能使管理者做到重要的鑰匙管控。電子門鎖系統（ELS）可以掌管客房門禁控制，目前此系統被信任度極高。此種 ELS/PMS 介面允許門鎖密碼依照需求改變，以提供最高層級的門禁安全。例如，前檯控制中心選擇一個允許進入特定房間的密碼並為客人製作一張房間鑰匙卡。當輸入密碼，房間鑰匙卡製作完後，所有該房間門鎖之前使用的密碼都會被取消，之前交給房客的房間鑰匙卡也同時失效，以確保旅客住房之隱私與安全。

能源管理系統（Energy management system, EMS）

旅館藉由此系統可以將能源使用訊息傳送至旅館的管理介面，並自動將房間調溫器調整為旅客入宿時之預設值。因此，使用這套電源管理系統（EMS）的科技產品，將可以讓旅客入住更為舒適。當旅客離開房間時，房間內的電燈、電器、冷氣機等電器設備也會自動關閉。EMS 尚有其它的附加功能，例如在旅客辦理住宿登記時，能源管理系統（EMS）介面會將訊息傳送至能源管理系統，並自動將房間調溫器調整為有旅客住宿的預設值。當旅客結帳退房時，則系統會自動將客房調溫器設定回空房狀態之預設值，並可依不同狀況調整能源支出，如此可大幅降低旅館能源成本。諸如此類的能源管理資料，旅館也可以收集整理後做出報告，例如：旅客住房狀況報告、自動燈光控制使用報告、小冰箱使用狀況報告及抽煙者使用影響的偵測報告等，以利旅館住房管理及分析使用。

輔助旅客服務裝置（Auxiliary Guest Service Devices）

自動化的設備可簡化許多輔助性的旅客服務，例如提供旅客喚醒、語音留言和電子郵件服務等，這些服務是藉由獨立的輔助旅客服務設施（如電腦留言系統和語音信箱系統）來提供，而現在也可以透過個別需求功能介面連接到旅館管理系統的客房管理模組上。

旅客自助服務設施（Self-Service Devices）

旅客自助服務設施是旅館提供服務的選項之一，旅館可將所有便利旅客的自助服務設備安裝於旅館的公共區域、客房內或透過網際網路遙控取得與使用。客房內之旅客自助服務設施，例如自動販賣機、付費電影及電視遊戲等設備，也是旅客可以自行操作的友善系統。這些旅客自助服務設施能提供旅客在客房內使用的便利性，也著眼於旅館提升多樣化管家服務的企圖與層級。

其他有關資訊系統對旅館產生的效益

業務與宴會系統（Sales and Catering System）

業務與宴會系統是旅館提供旅客的一般性服務選項，此系統可將 PMS 中的客房庫存，以及宴會廳庫存狀況傳送到業務與宴會系統。此系統是用來處理旅館的團體訂房以及處理會議、筵席、婚宴等宴會場所的訂席工作。過去的業務與宴會系統為獨立系統，需由前檯人員以人工方式或透過旅館管理系統介面，輸入最新的客房庫存資料。然而目前藉由此系統的使用，宴會活動的應付帳款明細資料甚至於最終的發票，都可以由旅館管理系統中團體帳戶的一部分所產生，既清楚明確又能快速整合所有相關旅客使用旅館資源之資料。

旅館網站銷售系統（Website System）

旅館的網際網路訂房功能，可以使旅客透過旅館網站直接連線到 PMS 訂房系統，藉由資訊系統創新思維的作法，可以解決過去旅館訂房系統昂貴、複雜且勞力集中問題。旅館可以同時引用彈性作業流程，例如自動服務的流程功能，讓旅客可以隨時使用旅館附屬設施，不需要旅館負擔額外人力服務。因此資訊系統在成本考量上，其維護成本自然較低，而且不需要額外交易授信費用或佣金。

後勤作業管理系統（Back Office System）

當旅客辦理住宿登記時，信用卡處理（Credit Card Processing）介面可以自動撥號查證客人信用卡的有效性，也可以取得客人住宿期間消費信用之授權。而收入管理（Revenue Management）介面，也會將 PMS 中最新的訂房狀況傳送至收入管理系統。至於作業會計（Back Office Accounting）介面，則會將每日結束營業時的應收帳款總額傳送至分類總帳中。因此在資訊系統使用功能的基本要求上，能達到資訊即時與整合之主要目的。

1.7 旅館資訊系統成功案例

成功的餐旅精神（hospitality spirit）應該在什麼時候開始發生呢？簡單的說，就是發生在每一次與客人面對面產生互動的時刻。正因為我們從事的是一個服務「人的事業」，我們就是那些群組中「人」的一部分。所以我們必須懷抱著悉心的服務精神為旅客多做一些努力，盡心關懷旅客，處處為旅客的便利設想，時時解決旅客的難處，讓旅客來店住宿時能留下難以忘懷的經驗。更盼望旅客能將美好的住宿經驗分享給更多親朋好友，讓他們願意親身來店體驗我們超值的服務，這就是旅館成功的經營作法。

因此，成功的服務精神與運用成功的旅館資訊系統兩要素，將是旅館從業人員在餐旅業中服務的兩大競爭力。下圖 1-6 為旅館從業人員的生涯發展路徑。

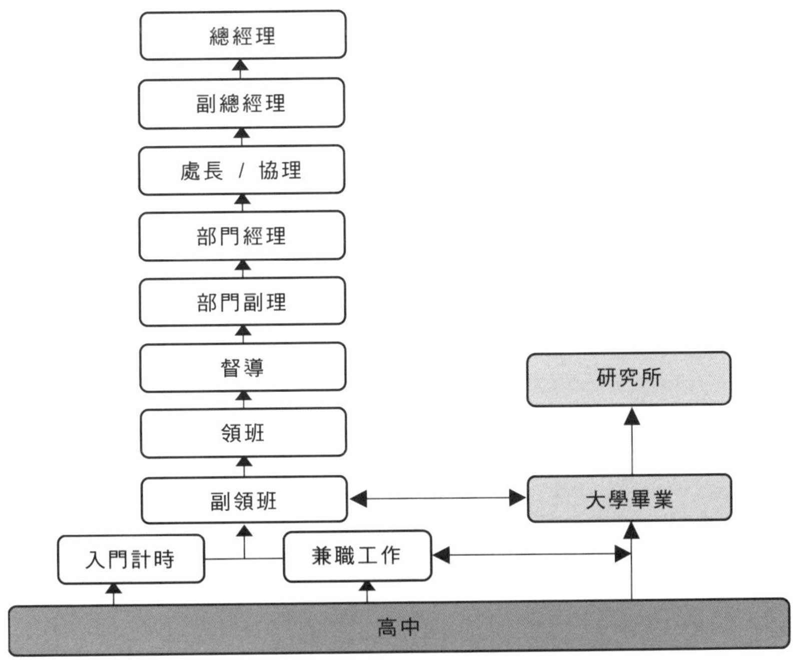

圖 1-6 旅館從業人員的生涯發展路徑

下圖 1-7 表示旅館管理部門人員的生涯路徑。

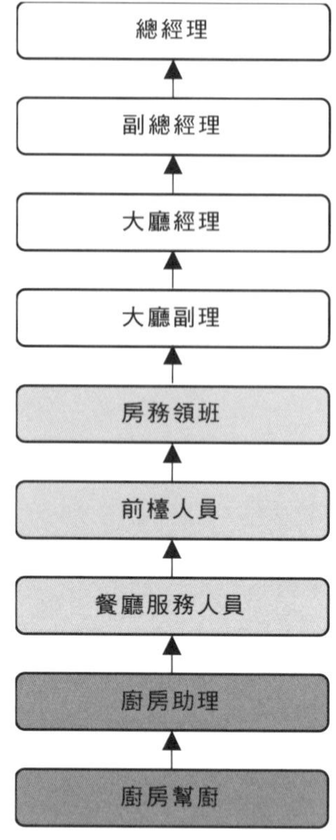

圖 1-7 旅館管理部門人員的生涯路徑

下圖 1-8 則表示旅館客房部人員的生涯路徑。

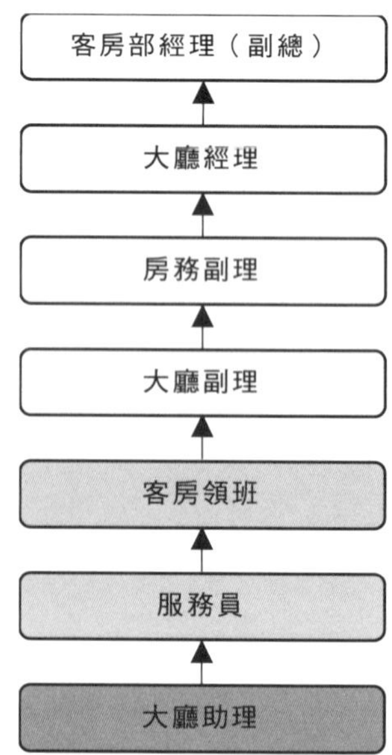

圖 1-8 旅館客房部人員的生涯路徑

資訊系統成功模式

資訊系統現今既已如此廣泛的應用於各行各業，學者對資訊系統成功的使用也提出了更多全面性的看法，並整合出資訊系統成功模式供各產業界使用。這些組成資訊系統成功的要素有資訊品質（Information quality）、系統品質（System quality）、系統使用（System use）、使用者滿意度（User satisfaction）、個人的影響（Individual impact）及組織的影響（Organizational impact）（Delone & McLean, 1992），如下圖 1-9 所示。

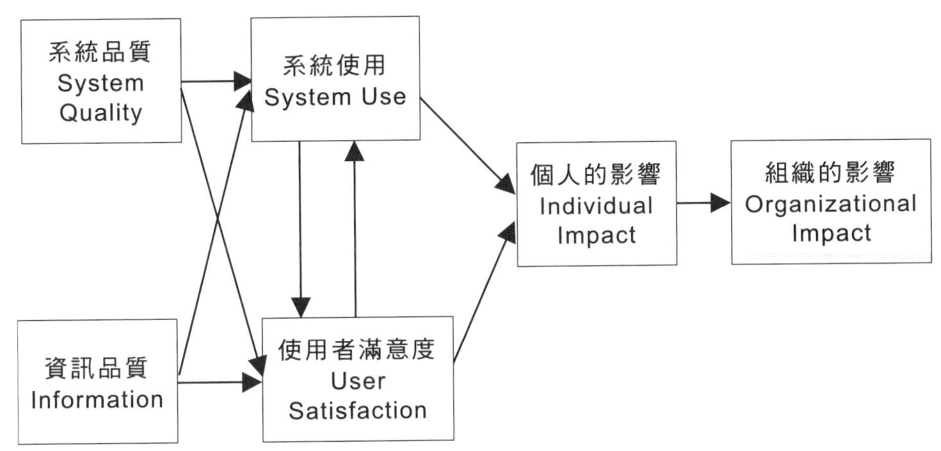

圖 1-9　資訊系統成功模式（Delong & McLean, 1992）

上述的資訊系統成功模式中，DeLone and McLean（1992）認為資訊品質、系統品質、系統使用、使用者滿意度、個人的影響以及組織的影響等六項要素之間是帶著相互影響的關係，且具有先後的順序性。因此，決定資訊系統是否成功，必須包含時間及其他影響因素之間的因果關係。其中資訊品質與系統品質會共同地影響系統使用和使用者滿意度，系統使用和使用者滿意度之間也彼此互相影響，而系統使用和使用者滿意度直接地影響了個人，最後個人的影響又會影響到整個組織。因此本書綜觀現今國內觀光旅館中，已成功使用旅館資訊系統獲致成功的案例介紹如後。

1.8 模擬試題

選擇題

( ) 1. 旅館行業有多種形態，除了國際觀光旅館、豪華商務旅館外，以下何者為是？

(A) 自營民宿 (B) 分時套房
(C) B&B (D) 景點度假旅館

( ) 2. 旅館業為了因應市場需要，必須要做到哪些項目？1.適時考量本身定位策略 2.快速掌握市場脈動 3.創造經營最大利潤

(A) 12 (B) 23
(C) 13 (D) 123

( ) 3. 旅館使用資訊系統為何那麼普及呢？以下何者為非？

(A) 旅館經營者可以快速而有效的處理作業
(B) 訂位、預約網路的效率化，電腦作業的需求量增加
(C) 旅館非專業人員也可簡易操作電腦
(D) 依住客來源國而定

( ) 4. 「旅館」一詞最早的語源係來自古拉丁語「Hospitale」，後期再演變成迄今英文的通稱即為

(A) Hostel (B) Hopital
(C) Hotel (D) Hospital

( ) 5. 旅館的商品一般可分為

(A) 有形商品 (B) 無形商品
(C) 以上皆是 (D) 以上皆非

( ) 6. 旅館所具有的特性與其他產業有某些部分是相似的，以下何者為非？

(A) 商品具時效性 (B) 商品具易逝性
(C) 商品具儲存性 (D) 商品無儲存性

( ) 7. 何者非旅館外場部門？

(A) 客務部 (B) 安全部
(C) 房務部 (D) 餐飲部

(　　) 8.　何者非旅館內場部門？

(A) 房務部　　(B) 總務部

(C) 行銷業務部　　(D) 財務部

(　　) 9.　旅館櫃檯或訂房人員一天作業的時間，可以從什麼時候開始？

(A) 旅客來電訂房作業　　(B) 早班作業

(C) 中班作業　　(D) 晚班作業

(　　) 10.　商業團體訂房會透過何種管道聯繫相關訂房之服務？

(A) 會議或展覽執行單位　　(B) 旅遊中心

(C) 以上皆是　　(D) 以上皆非

德安資訊簡介

2.1 德安資訊公司介紹

公司簡介 Background

德安資訊為美麗華（信）飯店集團之關係企業。德安資訊於 1989 年 12 月成立，初期以提供集團內部關係企業資訊服務與整合為主。除了德安資訊主要提供資訊系統服務外，關係企業中的美麗華集團與德安集團亦跨足飯店、百貨、球場、休閒、鋼鐵、運輸、電子、物業管理及商業買賣等產業。在集團內累積了足夠的觀光旅館餐飲等相關專業知識與需求後，我們成功的發展建立了一套全方位觀光旅館業與餐飲業的服務型整合系統。並於 1995 年開始對關係企業以外的公司提供服務。至今，來自非關係企業的營收已經超過總營收的 90%，同時每年持續穩定的成長與獲利。今日，國內已有數十家五星級大飯店及知名連鎖飯店、上市櫃餐飲業使用我們所開發之 ERP 資訊管理系統。同時，在成為國內星級飯店的第一品牌之後，進一步成為休閒產業永續經營的企業夥伴，將是我們的使命與努力的目標。

公司願景 Mission

德安資訊以「滿足客戶需求」為核心價值，透過以下三個核心策略，達成「成為大中華區的休閒服務業軟體的第一品牌」的願景。

1. 最易上手的使用者介面：大幅降低使用人員的學習成本。
2. 全方位整合性的解決方案：從網路行銷、整合型 CRM 到成本控制與營運績效分析。各層級使用者，可以用不同平台，在不同地方存取營運資料。

   包括個人電腦、手機與平板，都可順利運行
3. 穩定系統與優質售後服務：確保 365 天/24 小時全年無休的服務。

經營理念 Management Concept

德安資訊自 1989 年成立以來，一直秉持著誠信、專業及創新的經營理念。

誠信（Integrity）

對於客戶的需求，我們信守承諾、使命必達；堅持永續經營，承諾的事情一定做到，不從客戶身上謀取暴利，不會有隱藏成本，希望讓客戶擁有最堅實的長期合作夥伴。

專業（Professionalism）

專業的軟體開發及系統導入服務團隊，為客戶提供完整的系統整合、教育訓練及售後服務。

創意（Innovation）

運用科技，融合管理與產業專業知識，協助客戶發展創新營運模式。

投資保障 Investment protection

對於購買德安資訊 ERP 資訊管理系統的客戶，我們承諾提供以下的投資保障。

絕對不讓系統變成電腦孤兒

德安自 1989 年成立，到現在還有從第一年就開始使用系統的客戶，[誠信]是我們最堅持的經營理念，我們堅持在飯店及餐飲領域生根發展，永遠不會拋棄客戶，不會讓系統變成電腦孤兒。

系統新功能持續升級擴充

針對客戶好的意見，會予以採納，持續改善產品功能，協助客戶進行功能升級。

新科技引進，高度系統整合

隨著網際網路、行動通訊、智慧節能等新科技不斷發展，德安資訊也不斷地提升，在系統中引入新科技運用，讓客戶能運用網際網路、行動裝置（手機/平板）、無線感應（RFID/一卡通）、無人自助櫃檯等高度整合企業營運流程，提升競爭力。

官網及 OTA 網路訂房整合

針對飯店業，除了提供前檯 PMS 系統之外，也提供一個網路訂房交易平台，讓客戶飯店的官網或是外部 OTA（Online Travel Agent）可以跟德安前檯 PMS 系統無縫整合，並且做到雙向整合的效果，可以自動補房上官網或 OTA，也可以自動將網路訂房交易資料回寫到 ERP 系統中，目前已經有多家連鎖集團酒店客戶應用。

符合國際組織 ISO 的資訊安全管理能力

隨著網路訂單的成長，網路駭客入侵竊取個資成為詐騙集團下手目標的事件時有所聞，德安資訊為了有效保護客戶的訂單及旅客個資，特委由中華電信輔導導入資訊安全管理系統（ISMS）並取得 IOS 20071 的證照，證照內容見下圖 1-1。

德安資訊股份有限公司
Athena Information Systems

德安資訊/美麗華國際旅行社
榮獲英國標準協會肯定
(British Standards Institution，簡稱BSi)
取得國際資安認證ISO 27001

Information Security Management System
ISO 27001
Certified

遵照ANAB規定
6個月稽核一次，每3年認證一次

bsi.

By Royal Charter

Certificate of Registration

INFORMATION SECURITY MANAGEMENT SYSTEM - ISO/IEC 27001:2013

This is to certify that: Miramar Travel International Ltd.
(LinkTravel)
No. 309, Songjiang Rd.
Zhongshan Dist.
Taipei City
10483
Taiwan

Holds Certificate No: IS 643187

and operates an Information Security Management System which complies with the requirements of ISO/IEC 27001:2013 for the following scope:

The provision of customer service, system development, operation, maintenance, third-party service management, network management, and other supporting activities related to external service. This is in accordance with the Statement of Applicability, ISMS-01-002, V1.0, dated 01 Oct. 2015.

For and on behalf of BSI: Chris Cheung, Head of Compliance & Risk - Asia Pacific

Original Registration Date: 2016-02-15
Latest Revision Date: 2019-01-24

Effective Date: 2019-02-15
Expiry Date: 2022-02-14

Page: 1 of 2

IAF ANAB

...making excellence a habit.™

圖 2-1 ISO 27001 資安管理證照

集團關係企業介紹 Group Introduction

美麗信花園酒店（台北）

Miramar Garden（Taipei / Hsinchu / Taitung ）

美麗信酒店前身為美麗華飯店，定位為國際級城市商務渡假型酒店，結合歐美時尚元素和良好交通地點，台北館提供 203 間客房、歐風精緻料理、會議服務、健身中心、SPA 芳療等多元服務成為商務人士洽公第一選擇。

「經營傳承，以人為本」薪火相傳美麗華集團第一代對飯店服務經營的專業貼心與誠信熱忱，同時自居社會責任感，延續服務態度的深耕。

美麗華百樂園（台北大直）、德安百貨公司（台南）

Miramar Entertainment Park Taipei、Durban Department Store Tainan

美麗華百樂園最具特色的場景就是全台首創的百米摩天輪，結合娛樂、科技、藝術於一體，可以媲美日本「東京台場摩天輪」，成為情侶約會的首選景點，夜間綻放光彩炫麗的燈光表演，是台北夜空最美麗的寶石。

美麗華高爾夫鄉村俱樂部

Miramar Golf Country Club

這座由高球名將尼克勞斯（Jack Nicklaus）所設計的美麗華高爾夫球場，儘管距離不算長，全長僅有 6464 碼，但是在尼克勞斯的巧妙設計下，共配置了 12 座大小水池及超過 100 個沙坑，考驗著球員們的擊球策略及精準度，尤其是場上刮起陣陣風勢時，更加增加球場難度。

2.2 德安資訊系統成功案例

資訊系統能夠成功地協助旅館從業人員運用於每日作業及管理，有賴於完整的資訊導入流程及熟捻旅館實務作業的輔導顧問。德安公司為國內最具品牌與規模的休閒服務業軟體公司，其所發展休閒產業 ERP 系統範圍涵蓋旅館飯店、連鎖飯店、連鎖餐飲業等，截至出版日已有導入超過 300 家客戶的資訊系統獲致成功的案例。

旅館資訊系統導入説明

德安公司協助旅館導入資訊系統概分以下七個階段。

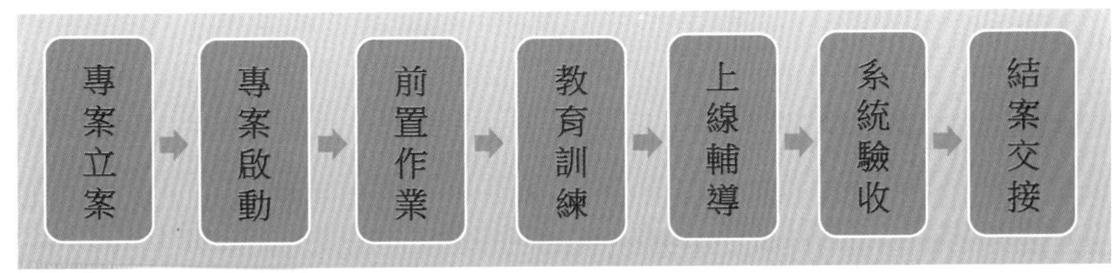

圖 2-2 德安資訊專案導入階段

專案成立

當 PM 發出專案時，被指派的系統輔導顧問人員須先針對該專案的立案明細表熟知（1）DB 及 DB USER 代號、（2）客戶的飯店名稱及帳務所屬公司名稱統編以及客戶窗口的連絡資訊、（3）確認客戶所購買的系統模組及周邊串接設備項目、

（4）確認專案文件放置位置、（5）業務代表資訊及（6）該專案所購入的人力天數，此階段會產出專案立案表及業務承諾事項。

專案啟動

當 PM 與該專案聯絡窗口協調主機安裝事宜完成後，系統輔導顧問需依據專案立案表上的資訊進行客戶主機端的環境整理，包括設定客戶的公司別代號及名稱並檢查各系統模組是否開啟且功能是否完整，此階段會產出啟動會議文件以及各系統負責人文件。

前置作業

此階段針對系統內的參數及對照檔進行細部說明，讓使用者可以在這課程中了解購買的每個模組的對照檔該如何定義，也必須說明每個參數設定後的流程和設定後會產出的報表規格，並聆聽該飯店使用者目前執行中的實務流程，再給建議或說明配合該實務流程於系統的設定方式，此階段會產出前置作業教育訓練課程表、學員簽到表以及到場服務紀錄單。

教育訓練

當進行到此階段時，所有的前置資料都已經設定至系統，此時輔導顧問會至系統面針對每個系統做檢查，待資料無誤後會請系統工程師進行正式環境轉至教育訓練環境，再與使用者聯絡約定教育訓練日期並使用該教育訓練環境進行教育訓練，讓使用者熟悉本身飯店的資料進行操作。若在教育訓練過程中使用者因操作而需要調整設定或是流程時，會直接修改正式環境資料，讓在正式轉換或上線時避免掉很多調整流程或是設定檔的動作。該階段會產出學員簽到表、系統測驗成績單以及到場服務紀錄單。

上線輔導

上線輔導階段進行前，會預留練習的時間（一般約莫兩週），此時會再與飯店窗口聯絡上線事宜（到場服務），通常會前一天到場先檢查硬體設定及周邊串接（如電話計費、發票機、房卡製卡機等等），再陪同使用者一起執行工作或是於後場辦公室備詢。教導事項會有系統操作、交班、結帳、調整帳務、列印報表以及收入稽核，此動作每天重複（約 3-4 天），於最後一天時會確認所有細節是否都已完成並讓使用者簽認上線啟用單，確認各系統的功能是否完整以及運作正常。此階段會產出表單為系統上線檢核表、系統啟用單以及到場服務紀錄單。

系統驗收

上線啟用後針對使用者反映的問題，經收集完釐清後，若是系統瑕疵則建立工作單進行修正，完成時提供給客戶檢核並簽認驗收單後結案。若為系統需求且能改善產業工作流程的功能則是開內部維修單據進行產品版本功能開發，完成後統一釋出產品公版提供給所有客戶。

結案交接

該專案結案後，公司內部會針對該專案進行上線滿意度調查，問卷會針對：

1. 輔導顧問的上線服務品質
2. 購買模組的系統品質
3. 對該系統或模組的滿意度

進行調查，再依據調查結果對客戶進行關懷，並針對問卷所提供意見開專案會議後分發相關部門後續處理。此時專案輔導顧問進行內部專案執行內容交接後，移轉該客戶至維護組將客戶列入老客戶經營行列並持續提供服務。

導入校園實績

德安系統導入學校教學實際運用計有：國立台東大學、高雄餐旅學院、實踐大學觀光系、淡江大學蘭陽校區、靜宜大學、真理大學、玄奘大學、台南應用科技大學、東方設計學院、崇右技術學院、台北城市科技大學、弘光科技大學、南台科技大學、龍華科技大學、萬能科技大學、建國科技大學、景文科技大學、嶺東科技大學、僑光科技大學、中華科技大學以及黎明技術學院等。

- 更詳細的校園實績及客戶標章請見德安資訊官網-成功案例-學校成功案例

  http://www.athena.com.tw/tw/inside.aspx?lev=kind&pagID=19&tp=N

導入連鎖飯店業客戶實績

德安旅館資訊系統長期服務四、五星級客戶，尤其是連鎖飯店更是累積了豐富的導入產業經驗，計有：老爺連鎖集團、成旅晶贊連鎖集團、城市商旅連鎖集團、力麗觀光集團、富信連鎖飯店、富野集團、F Hotel、探索集團、蜜月四季、默砌旅店、緩慢文旅等。

- 更詳細的飯店業客戶實績及客戶標章請見德安資訊官網-成功案例-飯店成功案例

  http://www.athena.com.tw/tw/inside.aspx?lev=kind&pagID=18&tp=N

導入連鎖餐飲業客戶實績

鼎王餐飲集團、阿官餐飲集團、海霸王餐飲、新天地餐集團、這一鍋、百八魚場、漉海鮮蒸氣鍋、林皇宮、達美樂披薩、金礦咖啡、紅豆食府、亞緻餐飲等。

- 更詳細的餐飲業客戶實績及客戶標章請見德安資訊官網-成功案例-餐飲成功案例

  http://www.athena.com.tw/tw/inside.aspx?lev=kind&pagID=17&tp=N

2.3 德安資訊系統說明

完整的休閒產業架構

德安資訊從成立至今一直致力於飯店、餐飲等休閒旅遊行業資訊化系統的開發，也陪伴著許多行業上知名企業多年的成長，組織的擴增。德安的 Athena 系統設計理念符合休旅行業從“單一銷售”的飯店、餐廳、成長延伸至“連鎖經營”的品牌管理，更成長至“集團管理”企業所需要的多品牌與多公司架構的資訊系統。更精進服務範疇開發至網路上的訂房管理、購物管理、行銷協助等雲端化服務方案，協助客戶更有效的利用資訊系統來管理企業。

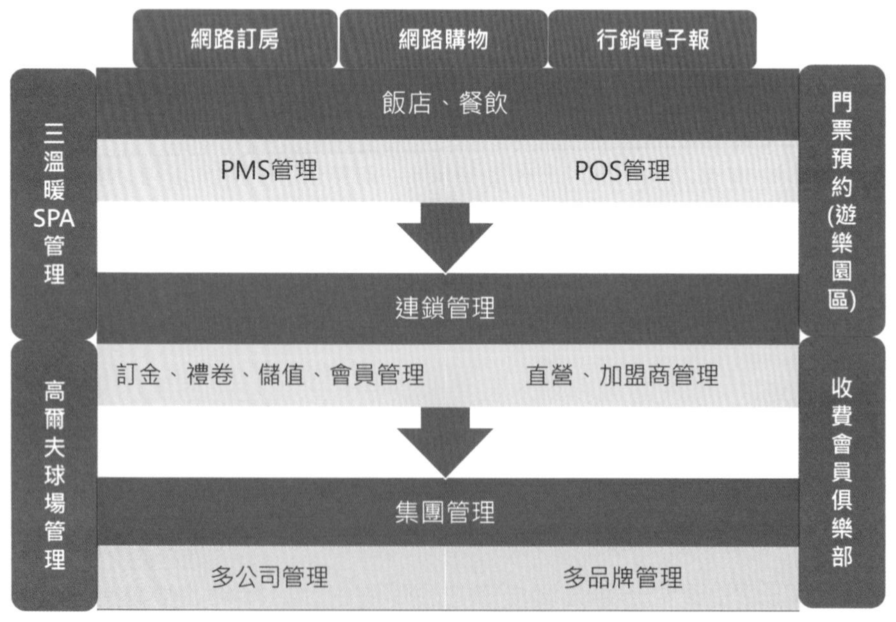

圖 2-3 完整休旅產業架構

德安旅館營運完整解決方案

德安旅館營運完整解決方案，概分前檯管理及後檯管理兩大部分。前檯管理部分又分為 PMS（Property Management System）管理、餐廳管理、會員管理、介接整合及雲端運用等。後檯管理部分可分成本管理、採購循環、庫存循環、薪工循環、固資循環以及選購模組等。詳細作業應用區分介紹如下圖 2-4。德安資訊的櫃檯管理系統提供旅館櫃檯或訂房人員從旅客訂房到退房期間，在進行櫃檯服務時所需要的系統作業，其作業流程及操作功能將於本書第 3 章至第 12 章中詳細說明。

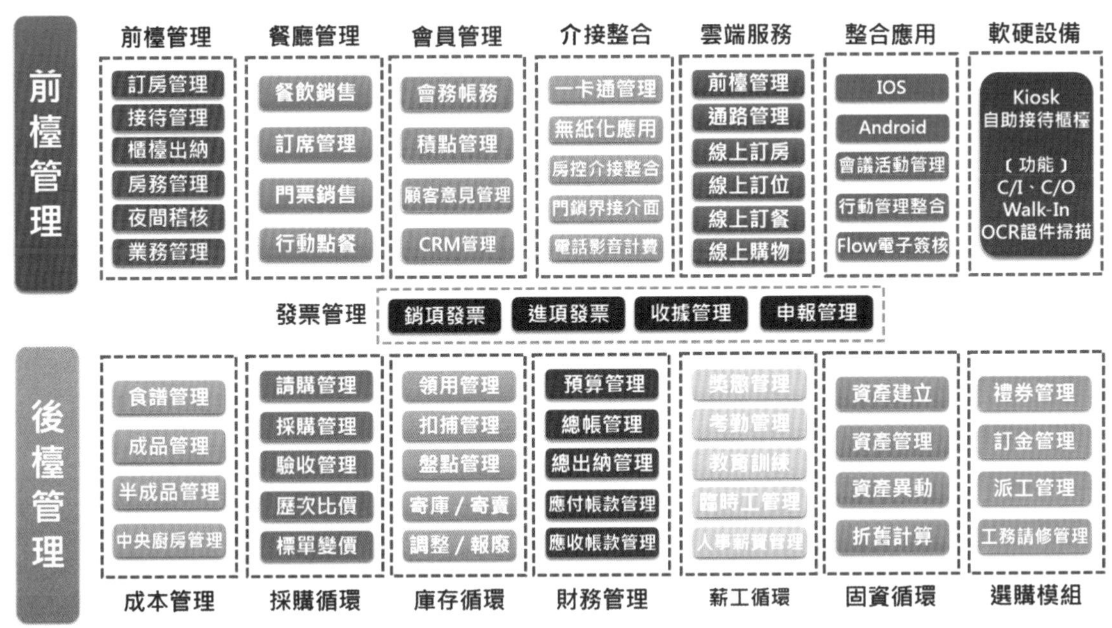

圖 2-4 德安旅館營運完整解決方案

連鎖旅館、餐飲集團化架構

近年來由於國人對休閒的重視，所以旅館及餐廳如雨後春筍般陸續增加。尤其本來就經營旅館或餐飲本業的企業主，更是招兵買馬的在兩岸三地努力地開拓連鎖點，透過連鎖店來增加其品牌的行銷效益。每一個營業店開幕現場的服務人員勢必需要跟著增加，但後勤管理及資訊人員卻是屬於固定成本，須營業館達到某一規模性才會考慮再增加。所以如何在快速擴展營業點下，集團總部對各項資料能集中管理及複製，就變成連鎖集團一個重要的課題。

連鎖集團在各營業點大多可使用相同的資訊硬體架構以便於管理，此部分集團的資訊主管應該都有豐富的經驗，可是就總部及各營業館間的資料收集及傳遞，卻不是藉由硬體架構就可達成的，所以軟體供應商就軟體架構是否能提供全面性的支援才是最主要的關鍵。德安資訊規劃的集團軟體架構如圖 2-5。到底好的連鎖集團軟體應提供哪些功能呢？詳述如下：

1. **批次及即時資訊的收集及傳遞功能**

   集團資訊運作中最重要的工作就是隨時將集團總部管控的資料傳遞到各個營業點，以及收集每天的營業資料傳回總部供財務報表或營運分析用。通常系統都可設定批次功能，定時執行這些工作，但常常會發生一些臨時的狀況，或是前日資料並未正常的傳遞回來，這時就需要即時的手工處理。如果資訊系統沒有能提供簡便快捷的即時資訊傳遞功能，這時就考驗資訊主管應變功能和平時訓練結果了，需要指揮相關人員配合一大堆作業來完成。好的資訊系統應該讓使用者下一些條件、按一個按鍵就可以完成工作才是。

2. **可由總部主動或被動進行資訊收集及傳遞的功能**

   如同上述，除了提供一些設定條件、按一個按鍵就可以完成即時傳遞資料外，如果營業點在忙，或是沒有可操作的人員怎麼辦？這時如果你的資訊系統有被動呼叫功能，就可以解決這個難題。只要由總部人員下指令，便可幫營業點啟動資料傳遞的功能，這時營業點幾乎不需要懂資訊的人員了。

3. **資訊傳遞結果檢查功能**

   除了即時傳遞和被動傳遞功能外，能夠主動告知傳遞接收結果，更是一個必要功能。當連鎖店越開越多，每天有數百家店的資料須傳送接收，到底哪個營業點的什麼資料是正常接收傳遞，就變成資訊人員每天一早的功課。但面對數千筆，甚至上萬筆的資料，這也是資訊人員痛苦的課題，如果系統能主動告知失敗的訊息，或是提供一個全查詢的介面，就能減輕資訊人員的工作量及痛苦了。

   德安資訊成立近 30 年來，一直致力於提供飯店、餐飲業全方位的整合解決方案，因為深刻了解連鎖飯店、餐飲集團在總部及門店間資料傳遞需求的重要性，故研發團隊自行開發[資料交換平台]（A6GateWay），此交換平台前身是由銀行交易授權平台技術轉移，能提供批次或即時的資料傳遞，也能由總部主動或被動傳送資料，對於資料傳送的安全性、傳送結果的檢查及回復機制更具銀行交易授權的控管等級。

集中式控管軟體架構

Athena 總部
進銷存管理
財務管理
餐飲總部管理
發票管理
中央廚房(半成品)
食譜管理
人事管理
會員管理
禮卷管理

Athena 營業點
飯店櫃台管理PMS
餐飲前台POS
簡易POS(先結帳)
禮卷回收
Web請、採、驗/查庫存
會員消費
平板點菜

系統 GateWay 資料傳輸

圖 2-5 集中式控管軟體架構

雲端應用整合服務

旅遊市場自由行成熟及行動裝置的普及，加上線上旅行社 OTA（Oline Travel Agency）鋪天蓋地的網路行銷廣告，改變了觀光客的訂房習慣。網路訂房已是各家旅館的紅海戰場，透過網路科技的行銷及運用不僅讓小民宿可以接到國際客，連原本知名度高的星級旅店也能透過網路即時銷售未賣出的空房，增加訂房率。

但多方的銷售通路卻也是訂房人員的夢魘，不同的通路就有不同的後檯管理系統，凡舉產品包裝、房間庫存都必須到各通路的後檯系統分別上架及控房。接到旅客訂房後，傳統的做法是利用傳真、列印等紙本作業將訂單輸入自己旅館的 PMS 系統內，這些會造成訂房人員很大的工作負擔而且也增加錯誤的風險。

德安資訊身為台灣旅館資訊系統的領導品牌，早於 2006 年就看到此產業趨勢，故成立網路事業部門自行開發「資料交換平台」（A6GateWay）來執行網路與德安旅館 PMS 系統產品、房間庫存、訂單及金流的資料整合及交換，於 2006 年底成功將知本老爺的線上官網訂房與館內 PMS 系統資料串聯，此整合服務也讓知本老爺次年的官網訂房達倍數的成長。

針對沒有足夠預算建置 PMS 的小型商旅或民宿，德安資訊提供了雲端訂房系統服務 WEBHOTEL，從訂房預約、房間管理及出納收款，甚至到顧客資料及消費狀況都能透過電腦系統來做更好的管理。德安也針對小型的旅行社及企業團體提供旅遊市集，將這些較小量的訂單透過這個 B2B（business-to-business）平台的力量集合成大單，以利向房間供應的旅館議定較便宜的價格，旅遊市集平台的概念如圖 2-6。另外，於 2018 年起也把雲端服務的經驗應用於餐飲訂位，線上餐廳的訂位資料與門店人員接電話訂位的資料即時同步，減少人員手動輸入客戶及訂位資料的時間及錯誤率。德安資料提供的雲端整合服務如圖 2-7。

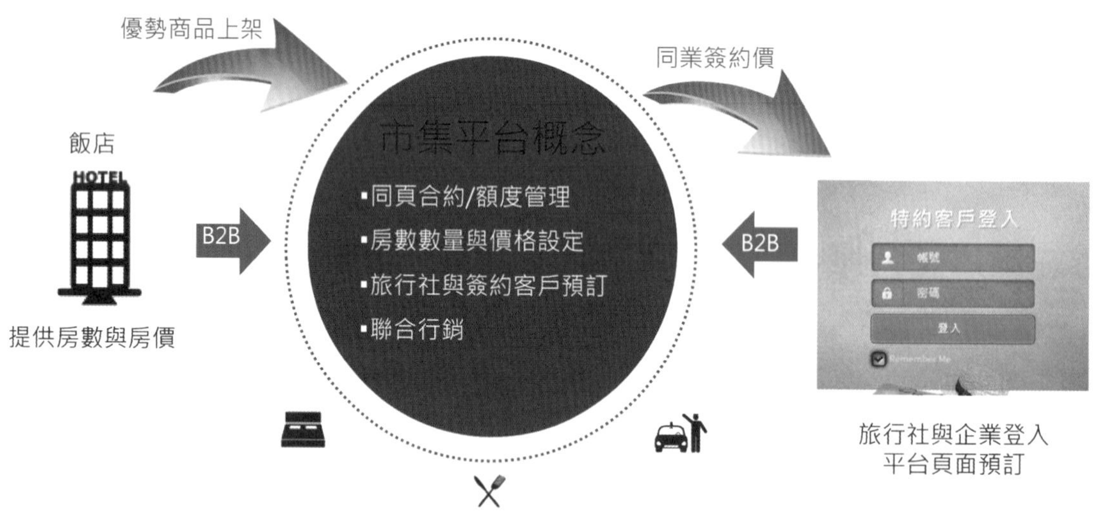

圖 2-6 旅遊市集 B2B 平台

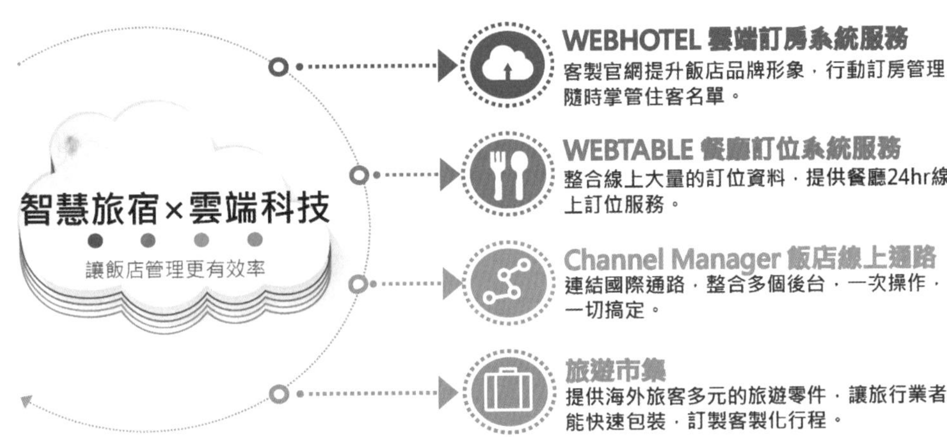

圖 2-7 雲端應用整合服務

線上通路管理 Channel Manager

隨著國際各大 OTA 搶進台灣旅館，德安資訊將雲端應用整合的服務經驗拓展到國際通路，產生了 Channel Manager 線上通路管理服務，整合多個 OTA 後檯，讓訂房人員雖面對不同的通路，卻可在同一個介面上一次操作完成。

德安資訊線上通路管理架構見圖 2-8，國際 OTA 概況見圖 2-9，整合不同通路的管理介面見圖 2-10。

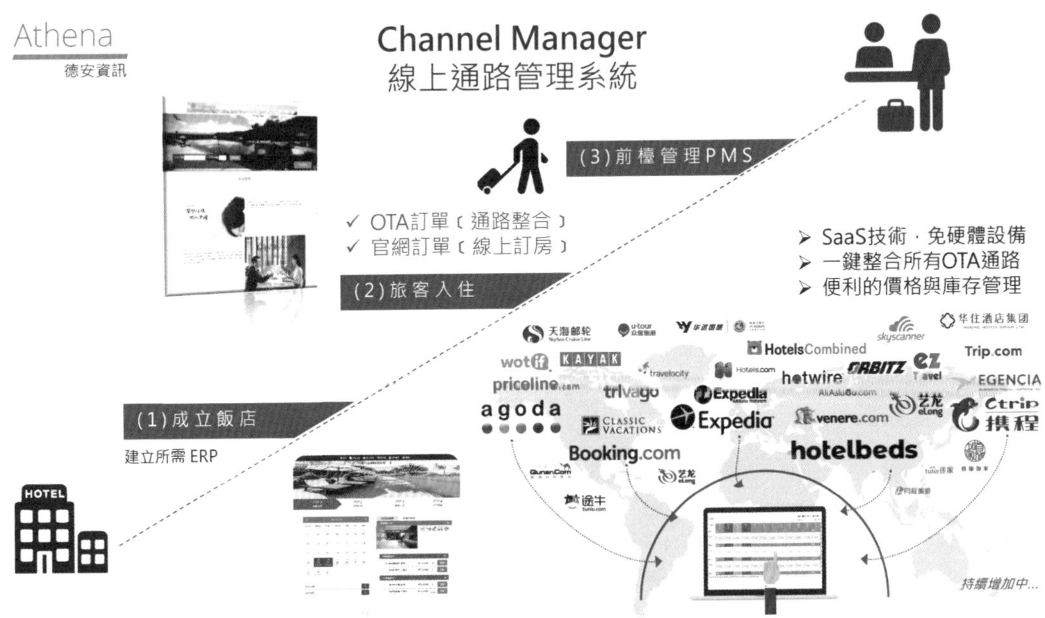

圖 2-8 線上通路管理架構

圖 2-9 國際 OTA 概況

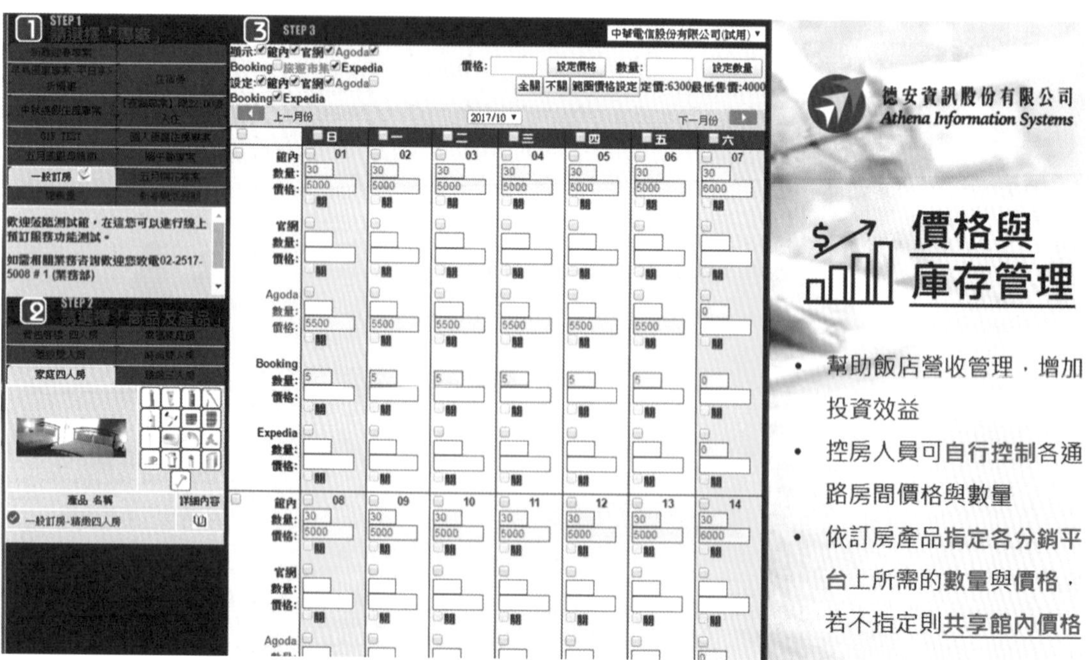

圖 2-10 整合不同通路的管理介面

德安旅館資訊管理系統介面

3.1 系統主畫面簡介

開啟執行系統

- 開啟方式 1：在 Windows 系統左下角點擊選單中的開始\所有程式\德安資訊飯店整合系統\德安資訊系統，進入程式系統。
- 開啟方式 2：在 Windows 系統桌面上找到德安資訊系統圖示（圖 3-1），在圖示上點擊滑鼠左鍵兩下進入系統。

圖 3-1 德安資訊系統圖示

出現系統登入畫面（圖 3-2），選擇要操作的資料庫及公司，輸入使用者名稱及密碼後按確定即可登入。

圖 3-2 德安資訊系統登入畫面

德安系統程式主畫面

登入系統後，畫面所出現的操作功能模組會依據帳號所屬人員的部門及工作職位權限有不同的顯示。如前檯客務接待人員，登入後僅會出現與前檯接待工作相關的系統操作功能；如果是屬於房務部門的房務工作人員，則出現與房務工作相關的操作功能。使用者帳號可以使用的模組功能權限，一般都由飯店部門主管或資訊部門預先討論並設定開放操作的功能（圖 3-3）。

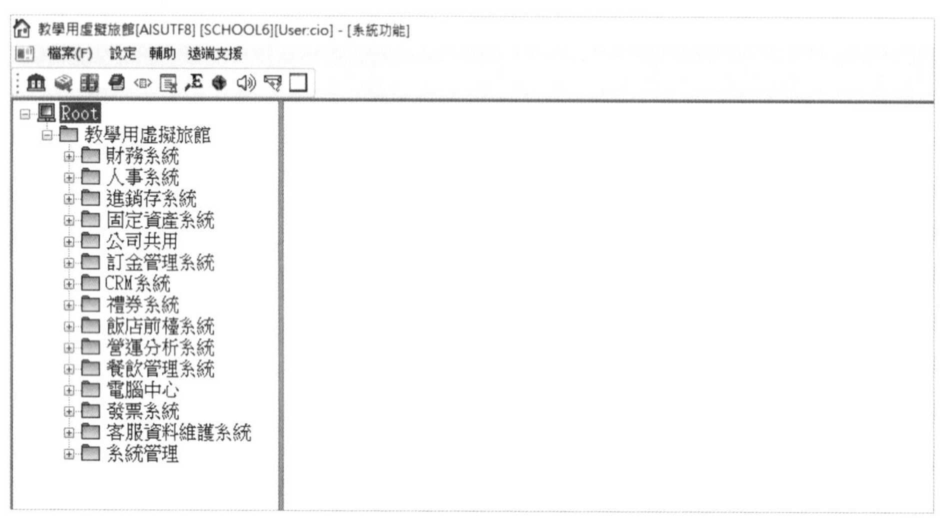

圖 3-3 德安資訊系統主畫面

德安資訊系統主畫面可分為三大區域，畫面上方為選單及主要工具按鈕列，畫面左方為系統模組區，顯示目前使用者帳號可以使用的功能模組，選擇左方功能模組後，在畫面右方則顯示該選擇模組類別內的操作功能。

離開退出系統

點選系統主畫面（圖 3-3）右上角 ✕ 號，會出現提示訊息（圖 3-4），為避免因為不小心誤按關閉而造成操作不完全，需先確認所有的功能操作已經完成，按下確定即可退出離開德安資訊系統。

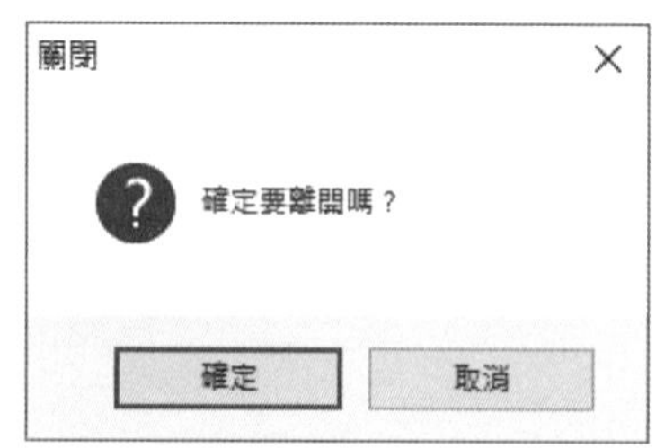

圖 3-4 關閉系統提示訊息

3.2 系統功能鍵簡介

主畫面選單

系統主畫面（圖 3-3）上方為選單及主要工具列區域（圖 3-5）。

圖 3-5 系統選單及主要工具列

系統選單中可設定系統預設列表機、修改登入密碼及本機環境設定等相關功能（圖 3-6）。

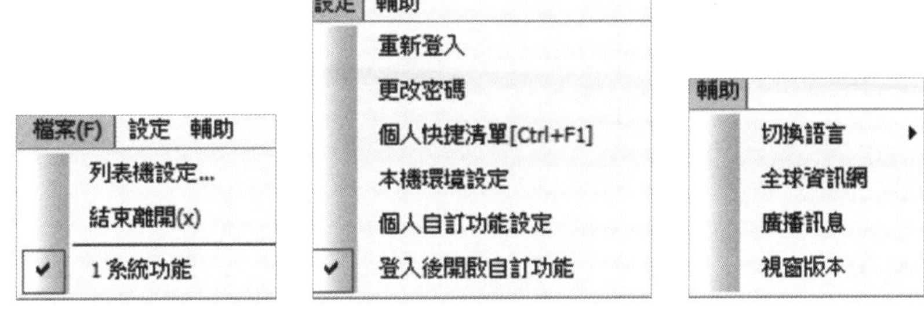

圖 3-6 系統選單內容

主畫面工具列按鈕簡介

系統主畫面上方提供快捷工具列功能（表 3-1）。

表 3-1 主要工具列按鈕說明

圖示	功能	功能說明
	主選單	在任何模組功能中按下主選單鈕可馬上跳回主選單畫面。
	重新登入	將目前操作的帳號登出，重新回到登入畫面。
	更改密碼	修改登入密碼。
	個人快捷清單	可設定常用功能的快速鍵，及登入立即執行的快速功能。
	本機環境設定	在此設定此電腦本機相關連接的週邊設備，如發票帳單印表機、刷卡機、房卡製卡等。

圖示	功能	功能說明
	個人自訂功能設定	設定個人化的功能選單，可將常用功能個別分類整理。
	切換語言	中、英文語言介面切換。
	全球資訊網	開啟內建瀏覽器功能。
	廣播訊息	接收系統廣播訊息功能。
	訊息中心	訊息管理功能，可與其他系統使用者或部門互相傳送文字溝通訊息。
	視窗版本	顯示目前的系統版本。

將上表中較常用的功能逐一說明如下：

個人快捷清單

可運用 Ctrl+數字與英文的組合定義快捷鍵，於操作時可快速運用來找到欲使用的功能，此處還可定義當登入畫面後自動執行該作業的快速功能。如圖 3-7 所示。

個人功能清單

Ctrl+	作業名稱	作業公司別	系統別	登入執行
1	房間現況查詢(彙總)	MIRACHU	飯店前檯系統	
2	到達旅客報表(全部)	MIRACHU	飯店前檯系統	
3	預定離開報表(By Guest)	MIRACHU	飯店前檯系統	
4	房間現況查詢(期間)	MIRACHU	飯店前檯系統	
B	訂房管理V2	MIRACHU	飯店前檯系統	
D	排房作業	MIRACHU	飯店前檯系統	
E	外幣匯兌維護	MIRACHU	飯店前檯系統	
F	旅客帳維護	MIRACHU	飯店前檯系統	
G	住客查詢	MIRACHU	飯店前檯系統	
I	住客C/I	MIRACHU	飯店前檯系統	
L	排房作業	MIRACHU	飯店前檯系統	
M	房間管理	MIRACHU	飯店前檯系統	
N	房間現況查詢(期間)	MIRACHU	飯店前檯系統	
S	房間庫存查詢	MIRACHU	飯店前檯系統	
T	房間現況查詢(彙總)	MIRACHU	飯店前檯系統	

儲存
變更按鍵
刪除
登入執行
載入樣板
儲存為樣板
刪除樣板
匯出文字檔
匯入文字檔
參考
離開

系統快捷鍵
CTRL+TAB :切換視窗CTRL+Q :離開系統 CTRL+P :印表機設定 CTRL+R :重新登入 CTRL+W :視窗資訊CTRL+F1 :個人功能清單 CTRL+F10 :連線資訊

編輯快捷鍵
CTRL+C:複製
CTRL+V:貼上
CTRL+Z:復原
CTRL+X:剪下
CTRL+H:清除字元

自訂快捷鍵
CTRL+
1,2,3,4,5,6,7,8,9,
0,A,B,D,E,F,G,I,J,
K,L,M,N,O,S,T,U,Y

圖 3-7 個人快捷清單說明

本機環境設定

設定該台電腦各系統的使用環境，畫面如圖 3-8 所示，其分述如下：

- 印表機設定：可設定此電腦的帳單、發票、水單等要印出的印表機。
- 帳單設定：設定此電腦印帳單時預設的種類與份數。
- 信用卡卡機設定：當有需要與信用卡機（EDC）連線時，交換訊息路徑及相關設定。
- 悠遊卡卡機設定：串接悠遊卡時設定的連接。

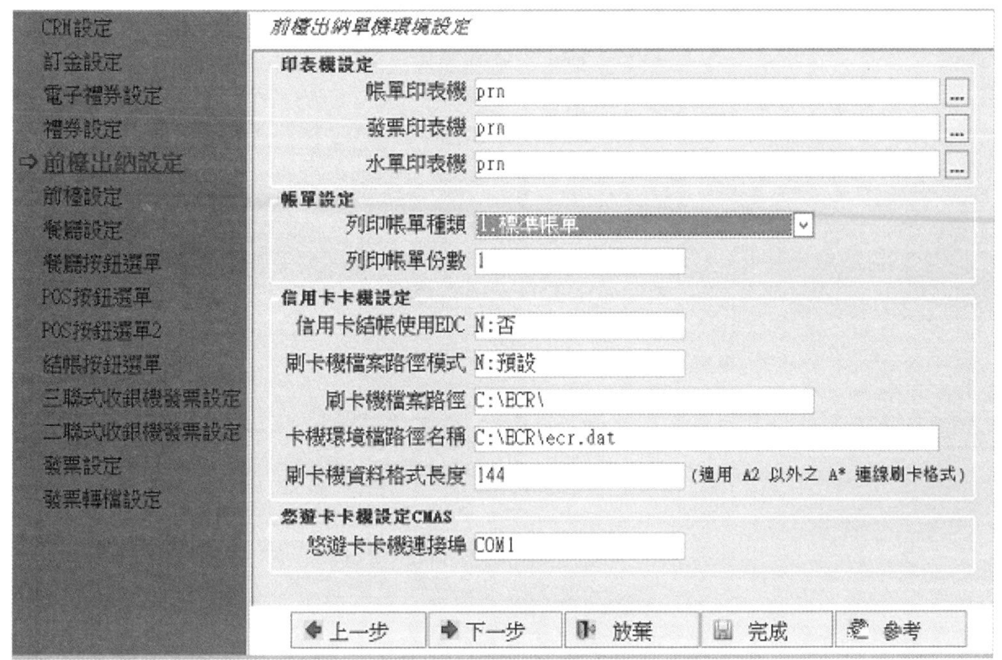

圖 3-8 本機環境設定

前檯設定

- 房間管理即時更新秒數：房間管理畫面更新秒數，最低 10 秒，最大沒有設限。
- 螢幕保護：指當登入系統於一定時間後將畫面鎖定，需輸入之前登入的帳號的密碼或是離開系統再重新登入。
- 旅客登記卡：定義旅客登記卡要由哪台印表機列印出，此處若未設定將無法列印且系統會提示設定訊息。
- 餐券印表機：設定餐券要由哪台印表機列印出，因科技進步，列印餐券的需求也逐漸下降，目前較常運用與門鎖串接後利用門卡進行餐券數量檢視。
- 門卡製卡機代號：當有與門鎖廠商串接時需要設定的參數。
- 門卡設定：同門卡製卡代號。

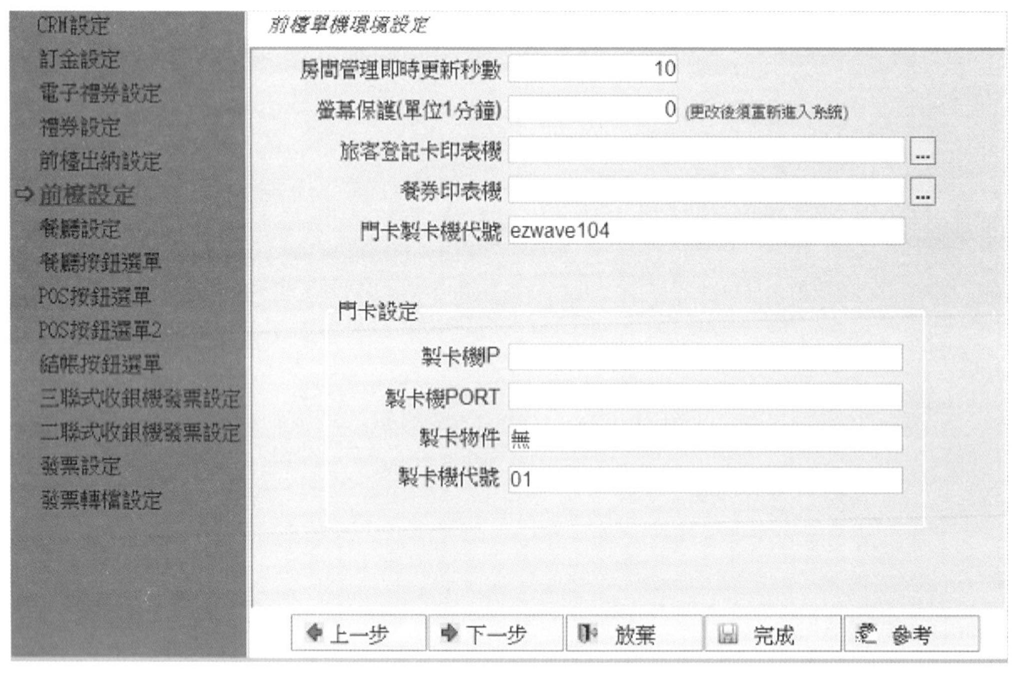

圖 3-9 前檯設定畫面

個人自訂功能設定

此功能可依照使用者本身需求來定義常用功能，無須由樹狀模組功能找尋，最多可編輯 10 組分類，系統功能則不限制，端看個人的權限數。

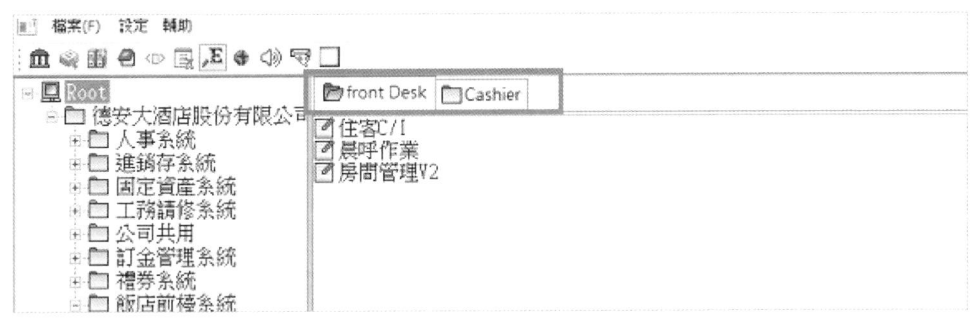

圖 3-10 個人自訂功能畫面

系統主畫面的工具按鈕列會在每個操作系統模組畫面中出現。另外，在各操作功能模組中如果有相關的附屬操作功能，也會在工具列上出現該功能的附屬工具按鈕。

系統功能模組操作

系統主畫面左方樹狀目錄顯示目前帳號所擁有的系統模組，可以滑鼠點選模組前面的+號或點兩下模組名稱，即展開或收起該模組內的相關功能，再點選所需要的功能別，就會在右邊畫面裡出現該功能中的相關操作項目。如下圖以訂金管理系統為例（圖 3-11），先點選展開訂金管理系統，再點選訂金管理，在畫面右方即出現訂金管理功能下之操作項目功能。

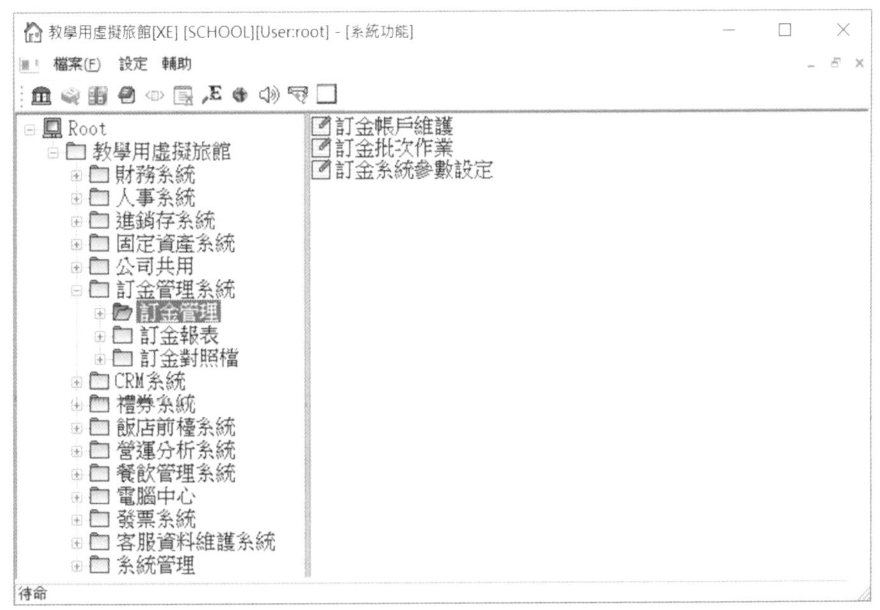

圖 3-11 系統訂金模組畫面

離開操作功能

在任何系統操作功能項目中，如果要離開該項目操作，則按右上角的小 ☒ 鍵（圖 3-12），即離開目前處理的操作功能，回到系統主畫面。

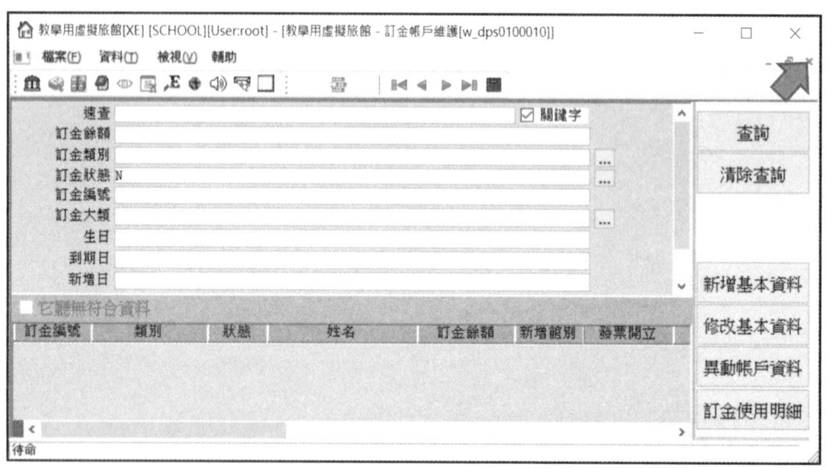

圖 3-12 離開訂金帳戶操作功能

3.3 常用基本操作

查詢符號

在各個系統模組操作功能項目中，如果在附屬工具列上出現一隻黃色小手的符號 ，即代表查詢功能，在系統應用操作作業中經常可以使用到。也可利用查詢的快速鍵—鍵盤上的 F6 進行查詢。

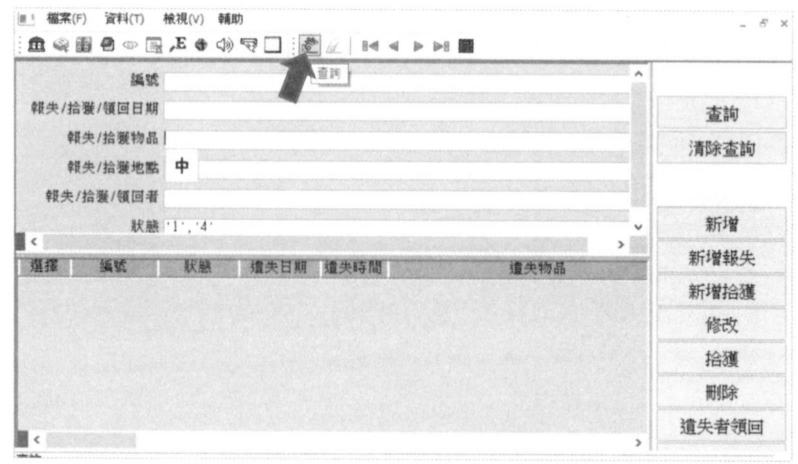

圖 3-13 查詢功能小手符號

清除查詢符號

在各個系統模組操作功能項目中，如果在附屬工具列上出現一個長方形的符號，代表清除查詢功能，在系統應用操作查詢作業中經常可以使用到。

圖 3-14 清除查詢功能

萬用字元查詢應用

有時在做資料查詢時需要用到某些關鍵字的資料搜尋，在德安資訊系統的查詢欄位項目中，如果有顯示〔☑關鍵字〕表示該欄位可以用關鍵字查詢，如果部分欄位沒有關鍵字查詢功能，則可以用百分比符號作萬用字元代替查詢。如範例圖中搜尋關鍵字中有〔手機〕的物品，可用〔%手機%〕搜尋，只要符合條件，即會出現在搜尋結果畫面。

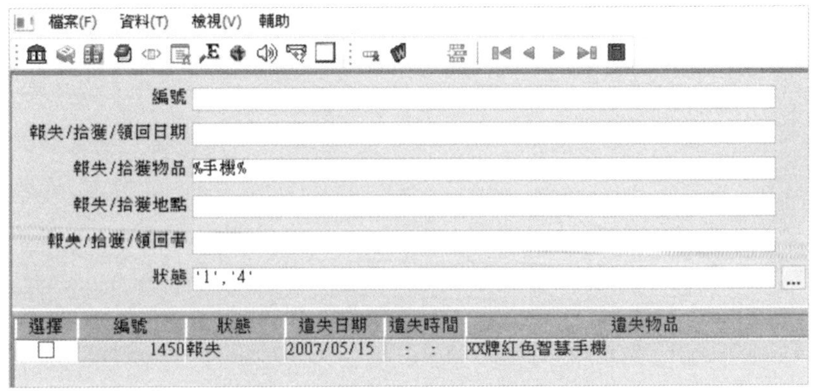

圖 3-15 萬用字元符號查詢功能

日期區間查詢應用

在德安系統資料查詢時，如果需要查詢某一段日期區間的資料時，可在點開日曆畫面時，先按住鍵盤的 ctrl 鍵，再用滑鼠點選日期的起迄日區間，即可查詢該日期區間條件的資料（圖 3-16），或者也可以在日期查詢欄位中以冒號連接二個起訖日期區間，如：2018/03/01:2018/03/31，做連續日期區間的資料查詢。另在日期欄位或是數值欄位也可使用大於（>）、等於（=）、小於（<）等符號條件來查詢資料。

圖 3-16 查詢日期區間畫面

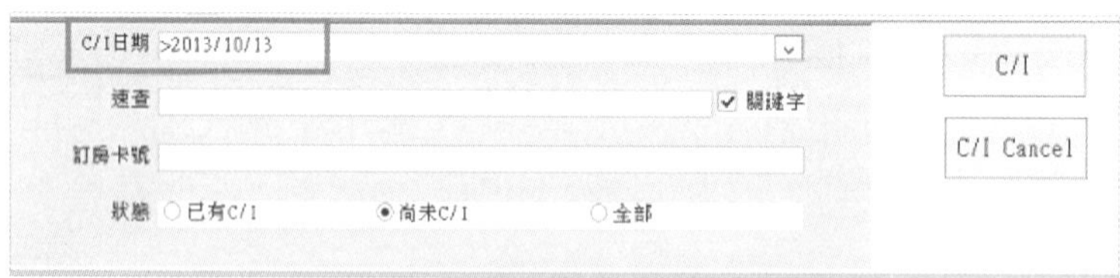

圖 3-17 日期欄位運用符號畫面

多筆資料或報表另存新檔應用

在德安系統資料有多筆或是報表，如果需要將已查詢的結果另存新檔，可檢視該作業面的功能列是否有出現 ▣ 圖示，若有該圖示即可將資料另存新檔，而該另存檔案格式提供多種選擇如（圖 3-18）所示。

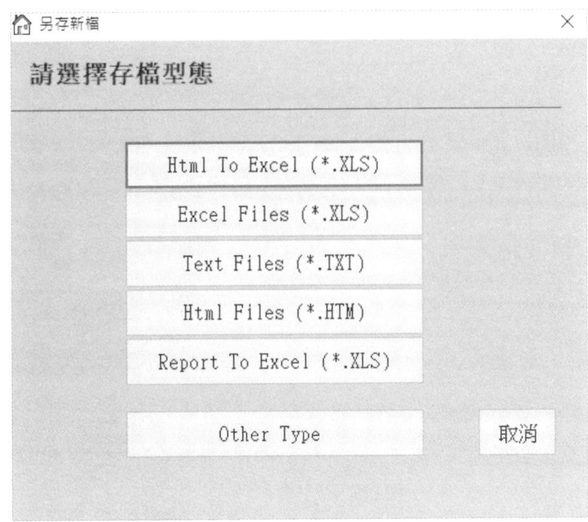

圖 3-18 另存新檔畫面

常用快速鍵應用

除上述查詢（F6）快速鍵之外，系統還提供常用功能的快速鍵如新增（F2）、存檔（F3）、刪除（F4）等等。

在選單部分除了以述狀功能單呈現外，也提供介面圖示化的選單，讓使用者更容易也更清楚瞭解其所需功能的位置，只要點選在系統別上即會出現該圖式選單，如（圖 3-19）所示。若沒有該功能權限，系統會跳出提示訊息告知無此作業權限。

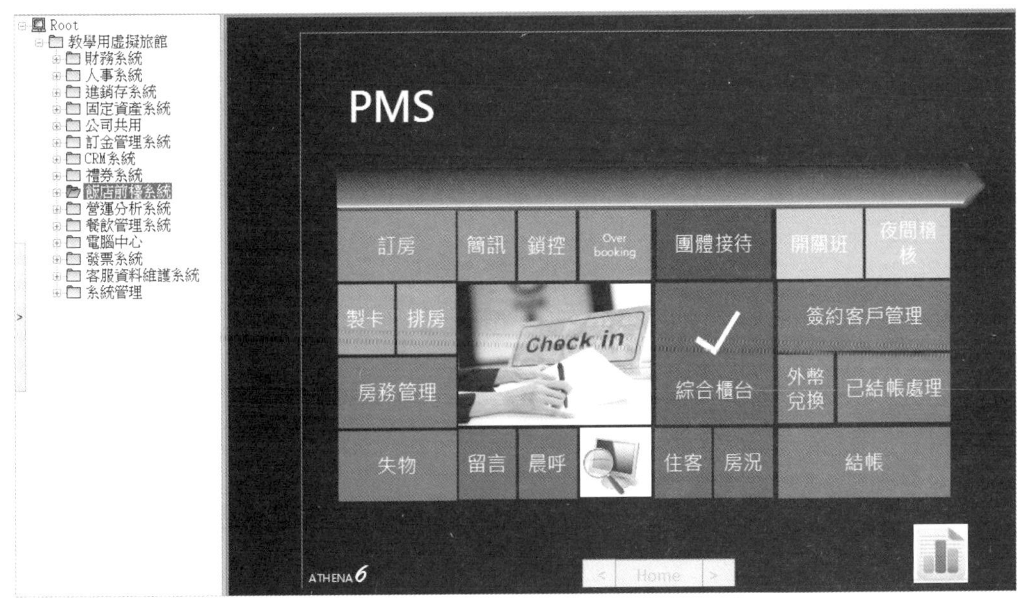

圖 3-19 系統圖示化畫面

3.4 模擬試題

選擇題

( ) 1. 請問 圖示代表的意思為何？
(A) 本機環境設定 (B) 交班設定
(C) 交辦事項 (D) 電腦設定

( ) 2. 請問兩個日期中間有一個冒號「：」所代表是意義是？
(A) 單一日期查詢 (B) 兩個日期查詢
(C) 日期區間查詢 (D) 無效日期查詢

( ) 3. 在德安系統中如何使用萬用字元（關鍵字）查詢？
(A) 用#號 (B) 用：冒號
(C) 用*星號 (D) 用%百分比

( ) 4. 如何檢查德安系統的目前版本？
(A) 按 圖示 (B) 按 圖示
(C) 按 圖示 (D) 按 圖示

( ) 5. 請問 圖示代表的意思為何？
(A) 修改連線 (B) 修改語言
(C) 修改密碼 (D) 修改系統

( ) 6. 若要設定印出旅客登記卡的印表機，該由何處設定？
(A) 本機環境設定 (B) 交班設定
(C) 交辦事項 (D) 電腦設定

( ) 7. 報表或多筆畫面想要轉成 EXCEL 檔或 HTML 檔，可運用哪個功能？
(A) 列印 (B) 預覽列印
(C) 另存新檔 (D) 轉 PDF

( ) 8. 因職務不同其系統功能也不同，此時可利用何種功能設定會用到的功能？
(A) 快捷鍵 (B) 權限群組
(C) 功能清單 (D) 個人自訂功能

( ) 9. 能快速操作系統功能且可設定成功能鍵，稱為？
(A) 快捷鍵 (B) 權限群組
(C) 功能清單 (D) 個人自訂功能

(　) 10. 查詢的快速鍵為何？

(A) F5　(B) F6

(C) F7　(D) F8

(　) 11. 若想要設定固定帳單的模式，該由何處設定？

(A) 本機環境設定　(B) 交班設定

(C) 交辦事項　(D) 電腦設定

(　) 12. F3 快速鍵的功能名稱為何？

(A) 新增　(B) 存檔

(C) 刪除　(D) 查詢

(　) 13. 如何操作才能讓飯店前檯系統圖式選單出現？

(A) 點選在空白處　(B) 點選在 Root

(C) 點選在公司別　(D) 點選在系統別

(　) 14. 若要設定發票印出的印表機，該在何處設定？

(A) 交班設定　(B) 本機環境設定

(C) 交辦事項　(D) 電腦設定

(　) 15. 若要啟用信用卡刷卡連線功能，該如何設定檔案交換路徑？

(A) 交班設定　(B) 電腦設定

(C) 本機環境設定　(D) 交辦事項

房間管理功能

4.1 房間管理畫面簡介

房間管理功能

對於飯店新進前檯員工來說，學習操作飯店系統必須先瞭解飯店裡的所有房型、房價及房間特色等基本資訊，因此從房間管理功能開始學習基本操作，可以有效且快速學習飯店房間的基本資訊。

住客在入住後，可在房間管理功能中修改住客資料、設定訂金帳號、修改預估款、電話/電視管理、清掃房間、修改退房日期、旅客帳維護、免費服務項目修改、設定晨呼、修改房價、Walk In 及換房作業。

從飯店系統模組選單中點選飯店前檯系統→接待管理→房間管理（圖 4-1）。

房間管理功能依顯示方式不同又分成三個功能選項：房間管理、房間管理（區域）、房間管理 V2。

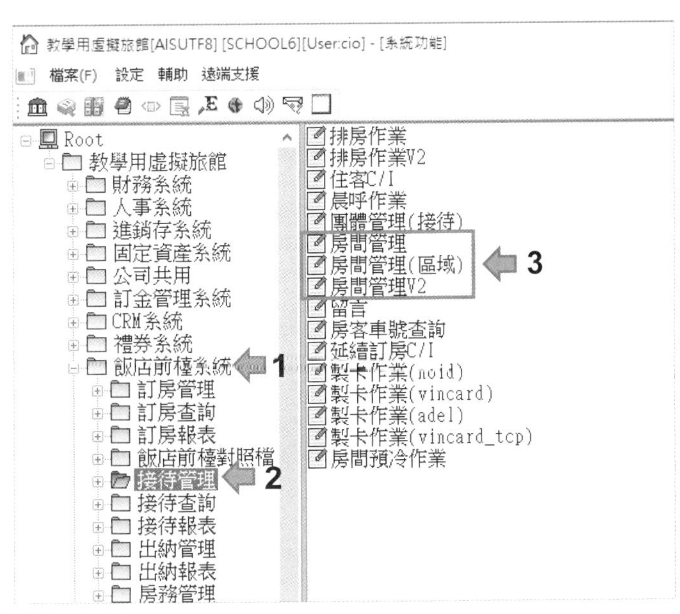

圖 4-1 接待管理\房間管理

房間管理畫面

在房間管理功能畫面中，可以一次看到飯店所有房間即時狀況資訊。

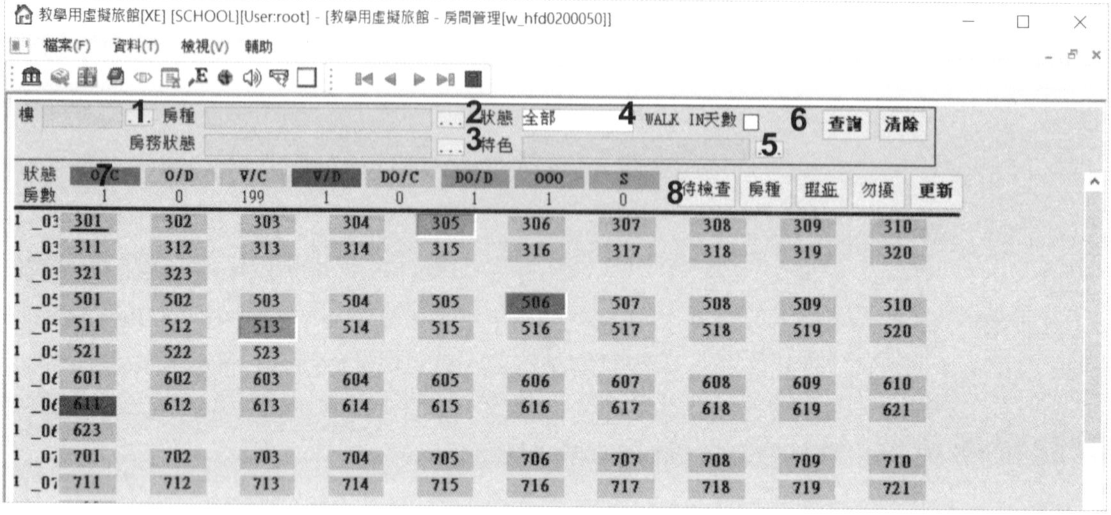

圖 4-2 房間管理畫面

房間管理畫面中，上方為查詢功能，下方為房間狀態，每一個方框號碼代表一個房間房號，可以藉由不同的房況顏色顯示來了解目前房間是否有住人及房間的清掃情況（圖 4-2）。

1. 選擇樓層：設定指定樓層的房間顯示。
2. 選擇房種：設定指定的房型顯示。
3. 選擇房務狀態：設定指定房務狀態的房型顯示。
4. 清掃狀態：乾淨房或髒房。
5. 選擇房間特色：設定指定的房間特色。
6. 依可 Walk In 天數查詢：查詢依 Walk In 天數顯示可入住的房間。
7. 房務狀態及該狀態的房間數：

房務狀態	狀態說明
O/C	Occupied Clean，客人住宿中已整理（住人乾淨房）
O/D	Occupied Dirty，客人住宿中待整理（住人髒房）
V/C	Vacant Clean，空房已打掃乾淨（可賣空房）
V/D	Vacant Dirty，空房待打掃（無住客髒房）

房務狀態	狀態說明
DO/C	Due Out Clean，預計今天退房已整理（今日退房已打掃）
DO/D	Due Out Dirty，預計今天退房待整理（今日退房未打掃）
OOO	Out Of Order，故障不可賣的房間（故障房或維修房）
S	Show Room，參觀房
OOS	Out Of Service，瑕疵房

8. 待檢查：顯示待檢查清掃狀態的房間。

   房種：在房號右邊顯示房種代碼。

   瑕疵：房間有瑕疵，該房間號碼底下會顯示底線，在房間管理 V2 中則顯示扳手符號。

   更新：更新房間狀態管理畫面。

房間管理（區域）畫面

房間管理（區域）功能與房間管理功能主要差別為房間顯示方式不同，房間管理（區域）可分區域或樓層顯示，房間資訊顯示的位置和資訊較多，可在房間區域顯示房號、住宿期間、住客姓名及房價、房型等資訊。

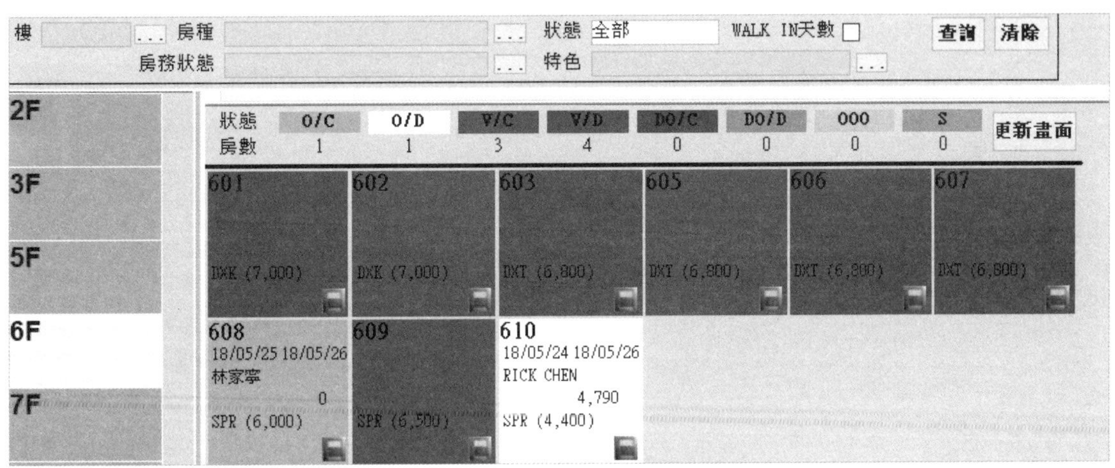

圖 4-3 房間管理（區域）畫面

房間管理 V2 畫面

房間管理 V2 功能為新版的房間管理功能，整合房間管理與房間管理（區域）功能特色，可以一次在畫面中顯示所有完整房間資訊。

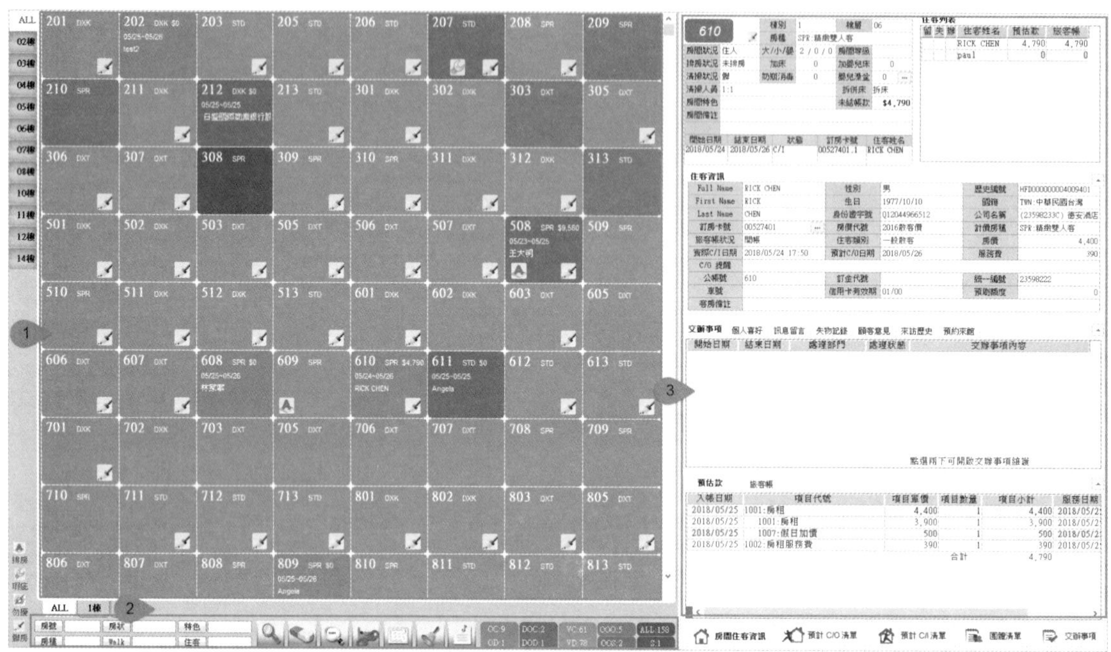

圖 4-4 房間管理 V2 畫面

1. 房號顯示區塊：可選擇 ALL 全部顯示或分區顯示房間，在房間區塊中也有圖示顯示目前房間的狀態。

圖示	功能
排房	今日已排房的房間
瑕疵	房間有部分瑕疵，但仍可銷售
勿擾	房間電話機設定為勿打擾模式
髒房	房間為髒房

2. 查詢功能條件區：設定指定的房號、房型、房務狀態條件的房型顯示。

圖示	功能	功能說明
房號	設定房號	查詢指定房號資訊
房種	設定房種	依房間種類指定篩選查詢
房狀	設定房務狀態	依房務狀態指定篩選查詢
Walk	設定可 Walk In 天數	依可 Walk In 天數查詢可入住的房間
特色	設定房間特色	依房間特色篩選查詢房間
住客	設定查詢住客	輸入住客姓名查詢入住的房間
	查詢	依設定條件進行房間查詢作業
	清除查詢	清除所有查詢設定
	圖示切換	切換房間圖示以放大或縮小房號顯示
	顯示相關房號	顯示與所選房間相關聯的房間
	動作選項	房間相關操作功能
	休息房	顯示休息房間資訊及時間提醒
	切換房間資訊	切換房間住客資訊顯示或關閉顯示
OC:0 OD:1	O/C 及 O/D 房間數	顯示 Occupied Clean（住人/乾淨）及 Occupied Dirty（住人/髒）狀態的房間數量
DOC:1 DOD:1	DO/C 及 DO/D 房間數	顯示 Due Out Clean（預計退房/乾淨）及 Due Out Dirty（預計退房/髒）狀態的房間數量
VC:198 VD:1	V/C 及 V/D 房間數	顯示 Vacant Clean（空房/乾淨）及 Vacant Dirty（空房/髒）狀態的房間數量
OOO:1 OOS:1	OOO 及 OOS 房間數	顯示 Out Of Order（故障房）及 Out Of Service（瑕疵房）狀態的房間數量
ALL:203 S:0	ALL 及 S 房間數	顯示 ALL（所有房間）及 Show Room（參觀房）狀態的房間數量

圖 4-5 房間管理 V2 查詢功能

3. 快速資訊工作頁：切換房間資訊顯示、預計 C/O 或 C/I 清單及團體清單顯示。

4.2 房間查詢功能

房號查詢

於房間管理 V2 畫面的查詢功能區中，在房號欄位直接輸入房號，按查詢鍵，可顯示所輸入房號的房間。

如果要同時查詢多個房間，可使用逗號分隔房號，如：506,507,508 方式查詢；如果要查詢連續房號，則可使用冒號方式分隔，如：506:520；也可以使用萬用字元百分比符號查詢，例如要查詢所有 5 開頭的房號，可輸入 5%查詢；要查詢所有包含 05 的房號，可在前後加入百分比符號，輸入%05%查詢。

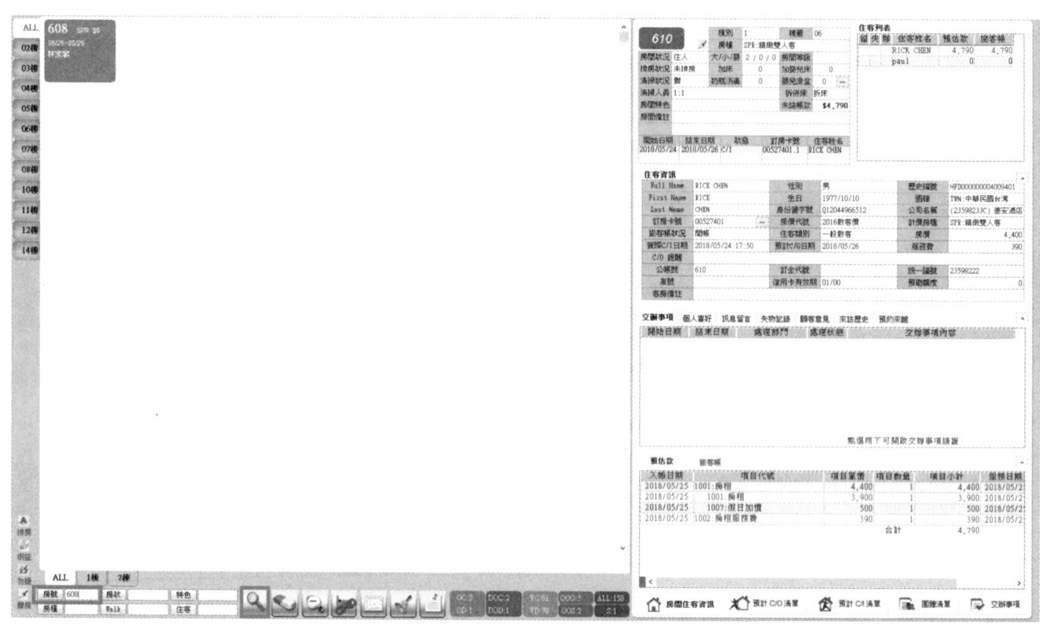

圖 4-6 房間管理 V2 房號查詢功能

房種查詢

在房間管理 V2 畫面的查詢功能區中，以滑鼠點選房種欄位即出現房種選單，在房種選單可看到房種代號、房種名稱、售價及服務費等資訊，可選擇所要查詢的房間種類後，按查詢鍵進行查詢。

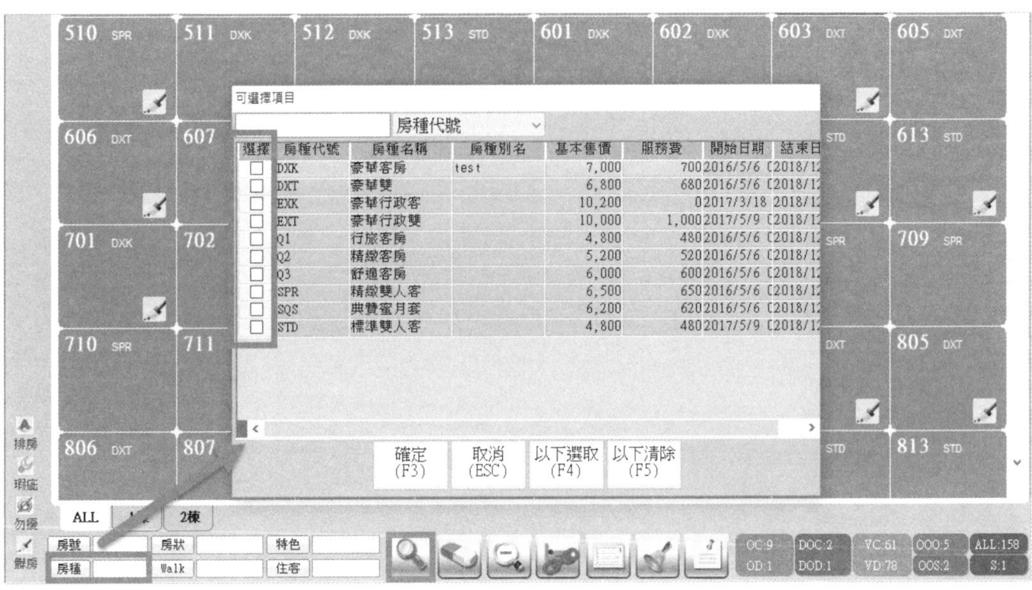

圖 4-7　房間管理 V2 房種查詢功能

房務狀態查詢

在房間管理 V2 畫面的查詢功能區中，以滑鼠點選房狀欄位即出現房務狀態選單，可依前面章節所提到的八種房務狀態進行房間查詢。

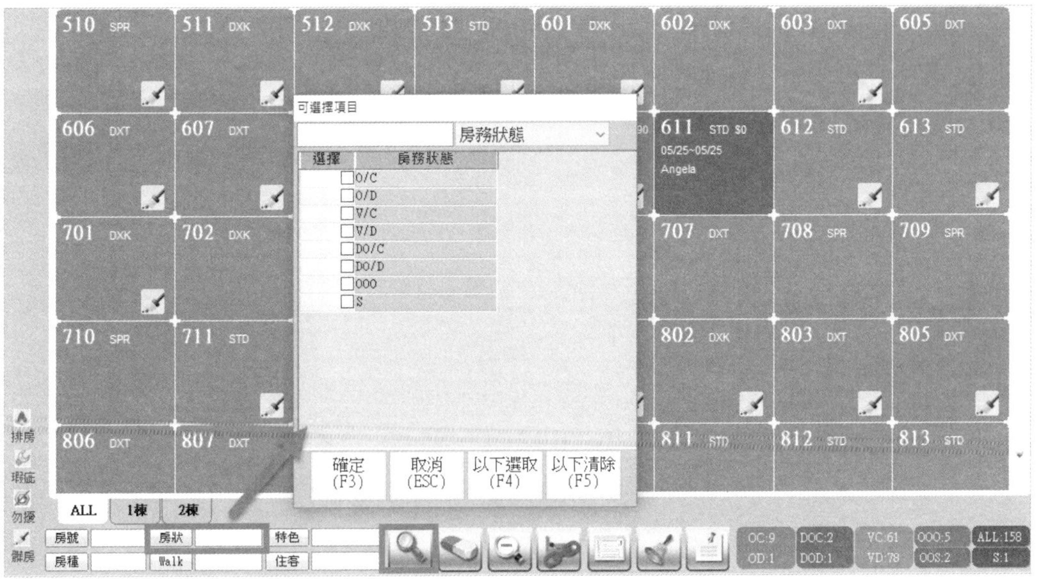

圖 4-8　房間管理 V2 房狀查詢功能

可 Walk In 天數查詢

在房間管理 V2 畫面的查詢功能區中，於 Walk 欄位中輸入天數，可查詢可 Walk In 天數的房間，以免房間因事先被其他排房佔用造成 Walk In 天數較多的連續住宿客人需要更換房間。

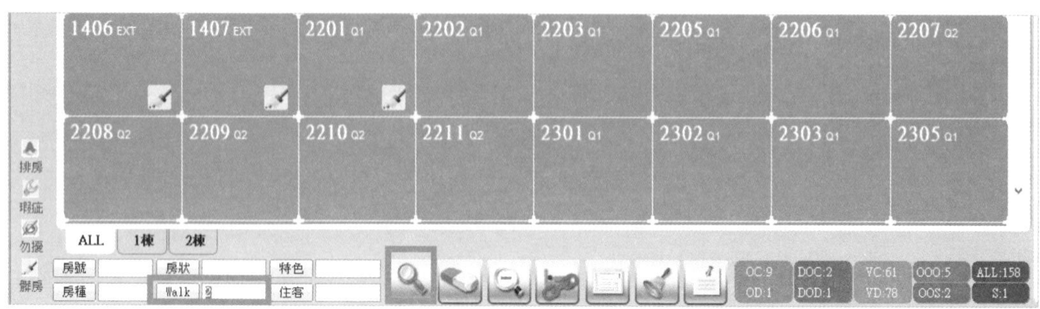

圖 4-9 房間管理 V2 Walk In 天數查詢功能

房間特色查詢

在房間管理 V2 畫面的查詢功能區中，以滑鼠點選特色欄位即出現房間特色選單，可依房間特色進行房間查詢。此房間特色的設定則由飯店前檯對照檔\房間特色對照檔而來

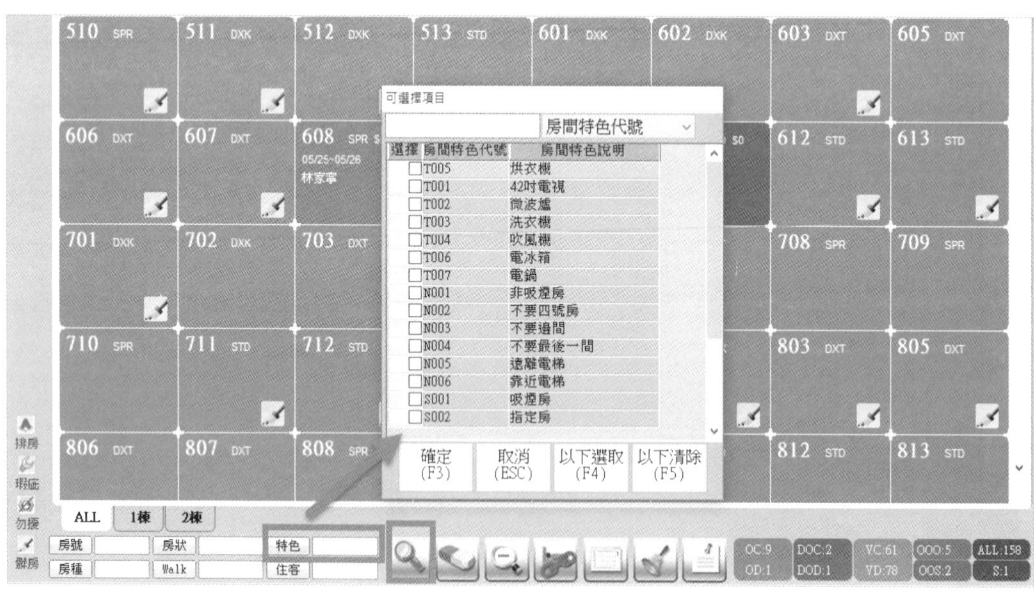

圖 4-10 房間管理 V2 房間特色查詢功能

住客查詢

於房間管理 V2 畫面的查詢功能區中，在住客欄位輸入住客姓名，可查詢顯示目前住客相關資訊。

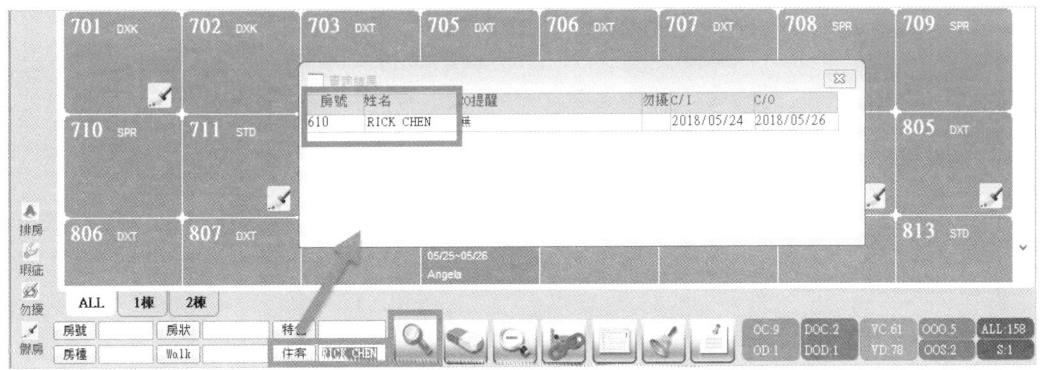

圖 4-11 房間管理 V2 住客查詢功能

清除查詢

在房間管理 V2 畫面的查詢功能區中，如要取消已設定的查詢條件，可按清除查詢鍵，即可清除查詢條件重新顯示畫面。

圖 4-12 清除查詢鍵

圖示切換功能

圖示切換功能可切換房間顯示方式為大圖示或小圖示。

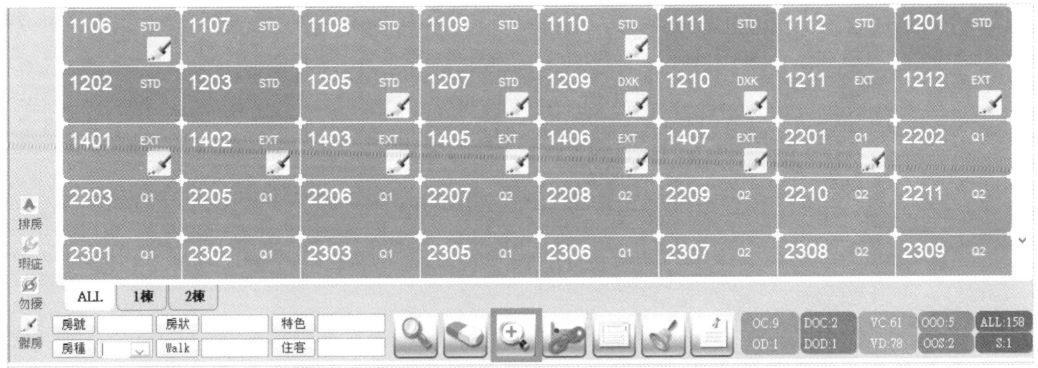

圖 4-13 圖示切換鍵

顯示相關房號

顯示與所選擇房號相關連的房間，如相同團體或同一訂房卡號碼下的所有相關房間一起顯示。

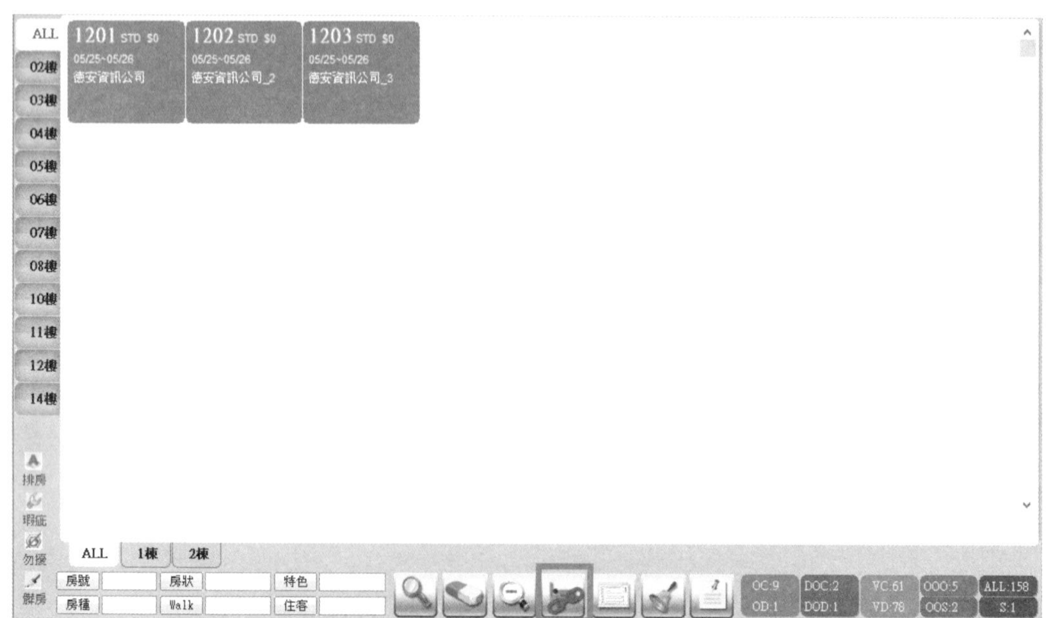

圖 4-14　相關房號鍵

動作選項

在房間管理 V2 畫面的查詢功能區中，先點選房號再按動作選項按鈕，或者直接在房號按滑鼠右鍵，會出現房間動作選項畫面。功能表中可使用的功能會以黑色字體顯示（如圖 4-16），無法使用的功能則以灰色字體顯示（如圖 4-15），房間為空房或有住客時所能使用的功能不同。其每個功能名稱右邊都有括號的代碼，此代碼則為該功能的快捷鍵，人員在輸入時即可利用鍵盤快捷鍵開啟該功能作業，其選項功能將於 4.3 節「房間管理基本操作」說明。快捷鍵依序如下：

住客畫面	Ctrl+F1	設定訂金編號	F2	預估款	F3
Walk In	F4	電話/電視管理	F5	清掃房間	F6
修改 CO 日期	F7	旅客帳處理	F8	免費服務項目	F9
設定晨呼	F11	加房	F12	改房價	Ctrl+F12
換房	Ctrl+C	設定公帳號	Ctrl+S	取消公帳號	Ctrl+D
訂餐	Ctrl+R	接送機	Ctrl+A	交辦事項	Ctrl+B
休息	Ctrl+Z				

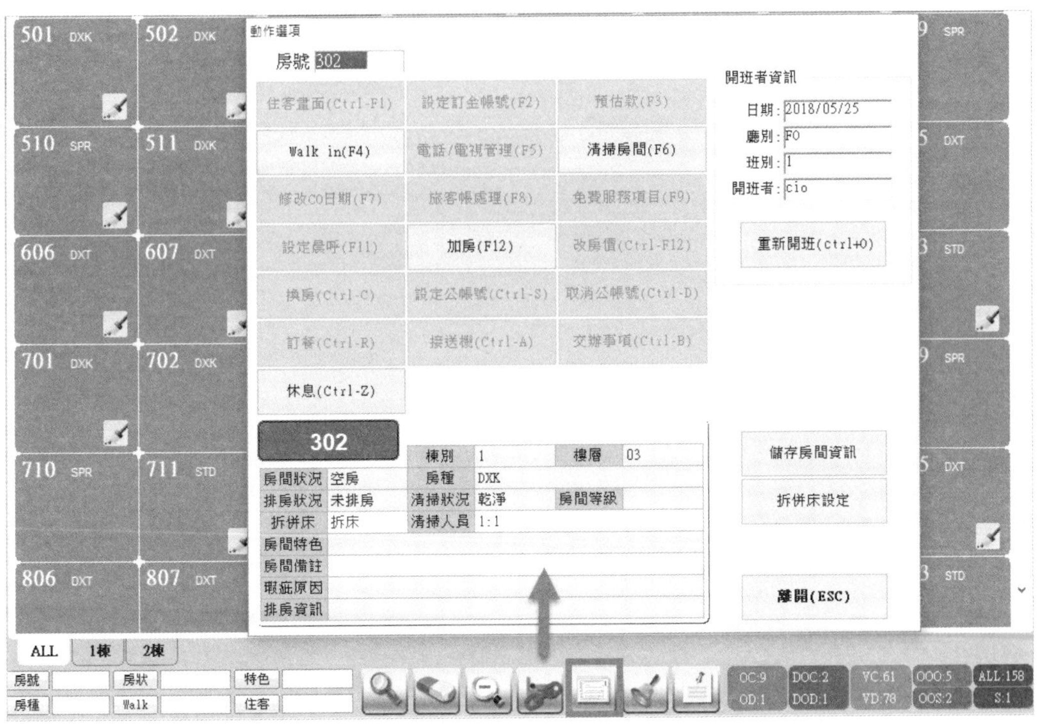

圖 4-15 動作選項功能表（無住客時畫面）

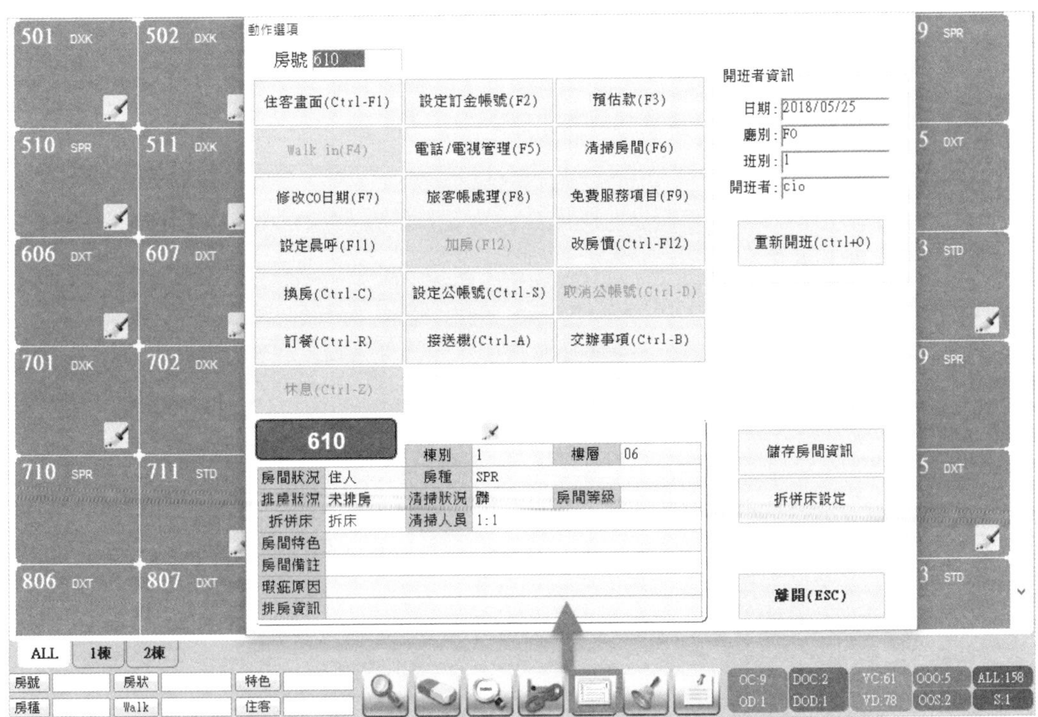

圖 4-16 動作選項功能表（有住客時畫面）

休息房

在房間管理 V2 畫面的查詢功能區中，點選休息房按鈕，會跳出視窗顯示目前休息狀態的房號及到鐘的剩餘時間提醒。

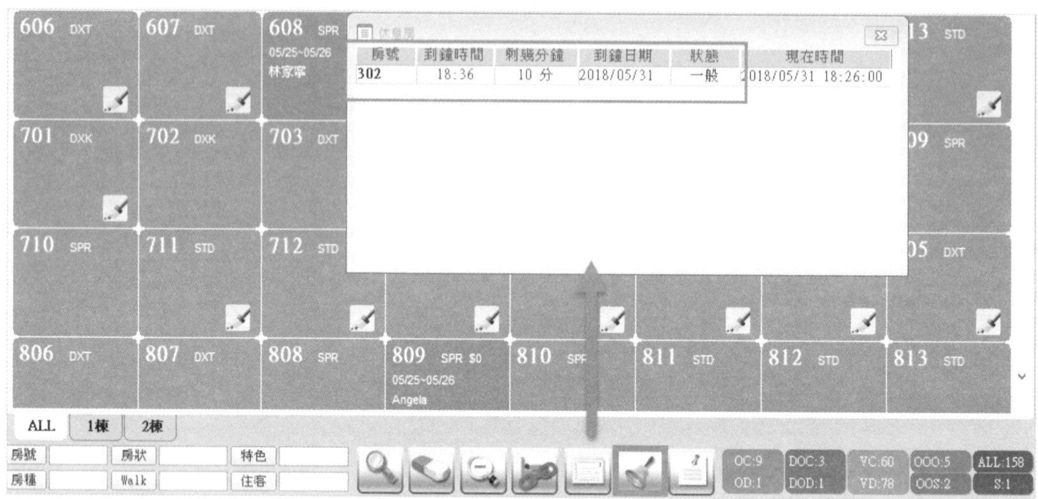

圖 4-17 休息房狀態畫面

切換房間資訊

在房間管理 V2 畫面的查詢功能區中，點選切換房間資訊按鈕，可切換房間的資訊如拆併床、房間備註。

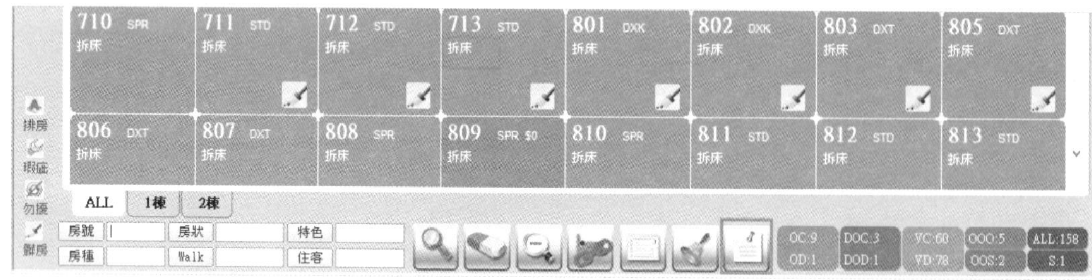

圖 4-18 切換房間資訊畫面

若使用螢幕約 22 吋時，畫面右邊會多出一個區塊，若螢幕較小也可以手動點選出現右邊區塊，有住客畫面、預計 CI 清單、預計 CO 清單、團體清單、交辦事項，從業人員可以利用這些功能快速找尋到當日要入住或是退房的資訊，分述如下：

圖 4-19 常用快捷功能畫面

1. 房間住客資訊：

   當點選左邊房號時，在房間住客資訊呈現 4 個部分，1.房間資訊、2.住客列表、3.住客資訊、4.帳務資訊等。

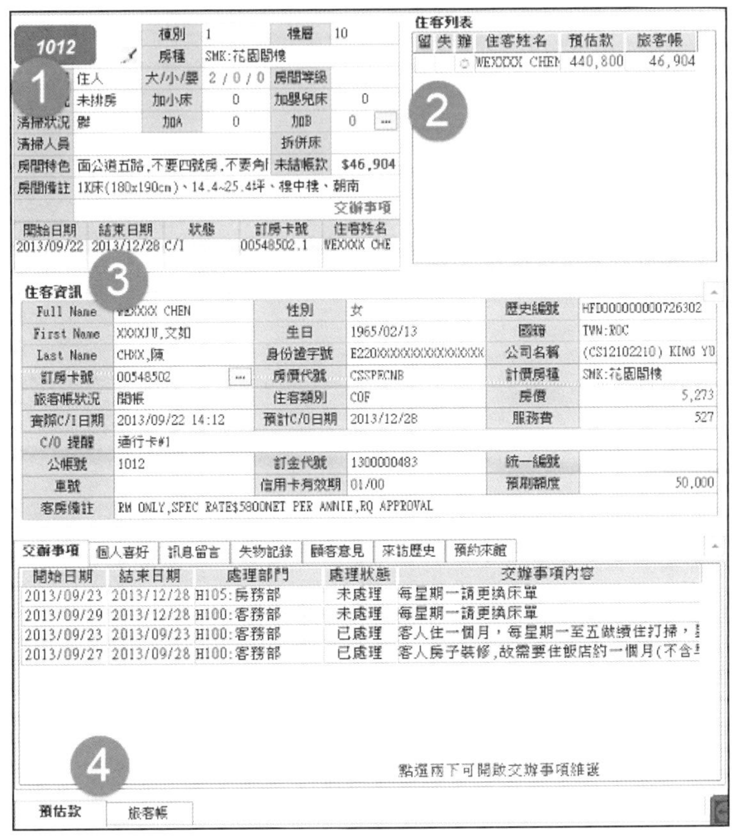

圖 4-20 房間住客資訊畫面

2. 預計 CO 清單：

   此處資訊顯示的則為當日預退房之房號資訊，使用者可以利用此處查詢到當日應退未退房的房號，也可利用快速點兩下後開啟住客帳務畫面直接進行結帳退房。

預計C/O時間	房號	序號	姓名	旅客帳狀況	C/I日期	C/I時間
....	206	1	柯貝爾克_2	開帳	2013/10/12	15:41
....	300	1	柯貝爾克_3	開帳	2013/10/12	15:41
....	706	1	Carol Tsou	開帳	2013/10/11	13:02
....	707	1	Carol Tsou_2	開帳	2013/10/11	13:02
....	715	1	林佩佩	開帳	2013/10/12	15:55
....	718	1	Carol Tsou_3	開帳	2013/10/11	13:02
....	726	1	柯貝爾克	開帳	2013/10/12	15:42

筆數： 7

點選兩下可開啟旅客帳處理

圖 4-21 CO 清單畫面

3. 預計 CI 清單：

此處資訊顯示的則為當日預進之房號資訊，使用者可以利用此處查詢到當日應進未進的房號，也可利用快速點兩下後開啟住客 CI 畫面，直接進行該訂房卡的 CI。也可利用客人所提供的訊息，進行查詢後找到目標訂房卡。

住客姓名 | 訂房卡號 | 團號 | 房號

訂房數	排房數	C/I數	C/O數	狀態	訂房卡號	序號	房組	房號	Full Name	
1	1	0	0	正常	00479302	1	1	616	TUXXXXHENG W	TU
14	14	0	0	正常	00497302	1	1	307	XXXX雄家扶中心_	北
				正常	00497302	1	2	318	XXXX雄家扶中心_	北
				正常	00497302	1	3	319	XXXX雄家扶中心_	北
				正常	00497302	1	4	507	XXXX雄家扶中心_	北
				正常	00497302	1	5	518	XXXX雄家扶中心_	北
				正常	00497302	1	6	519	XXXX雄家扶中心_	北
				正常	00497302	1	7	606	XXXX雄家扶中心_	北
				正常	00497302	1	8	607	XXXX雄家扶中心_	北
				正常	00497302	1	9	618	XXXX雄家扶中心_	北
				正常	00497302	1	10	619	XXXX雄家扶中心_1	北
				正常	00497302	1	11	706	XXXX雄家扶中心_1	北
				正常	00497302	1	12	707	XXXX雄家扶中心_1	北
				正常	00497302	1	13	718	XXXX雄家扶中心_1	北
				正常	00497302	1	14	719	XXXX雄家扶中心_1	北
1	1	0	0	正常	00497302	2	1	609	XXXX雄家扶中心_1	北
1	0	0	0	正常	00630302	1	1		TYXXXX CHIH HUA S	TY
1	1	0	0	正常	00637002	1	1	601	WEXXXXNG TIN	WE
1	1	0	0	正常	00640802	1	1	511	MEXXXXNG HS	ME
1	1	0	0	正常	00655802	1	1	322	DAXXXXQUINTAVALL	DA
1	1	0	0	正常	00658702	1	1	612	SHXXXXUNG WAN	SH
1	1	0	0	正常	00662402	1	1	614	POXXXX TU	PO
小計:										
22	21	0	0							

點選兩下可開啟住客C/I畫面

圖 4-22 CI 清單畫面

4. 團體清單：

提供目前在館內的團體清單，可快速點兩下查看團體的明細，如各房型間數、費用等資訊。

公帳號	序號	團號	公帳號姓名	旅客帳狀況	訂房
G28	0	柯貝爾克	柯貝爾克	開帳	006691

點選兩下可查看團體明細

圖 4-23 團體清單畫面

5. 交辦事項：

顯示出目前交辦事項尚未處理完畢的交辦清單，方便人員查看或編輯。

房號	姓名	開始日期	結束日期	交辦事項內容
1012	VEXXXX CHEN	2013/09/23	2013/12/28	每星期一請更換床單
1012	VEXXXX CHEN	2013/09/29	2013/12/28	每星期一請更換床單
809	HUXXXXAN LI	2013/10/12	2013/10/22	test

點選兩下可開啟交辦事項維護

圖 4-24 交辦事項畫面

4.3 房間管理基本操作

房間清掃功能及其他選項功能

在飯店實務操作中，清掃房間工作通常由房務部人員負責處理，房務人員可在系統中查詢即時的房間狀態，以便隨時了解客房是否需要進行清理打掃。有些較先進的飯店房務員可透過房間電話系統與飯店系統連線，只要輸入代碼即可立即變更房間在系統中的清掃狀態。如果規模較小的飯店，或者房務部人員無法直接操作飯店系統的情況下，也可直接透過櫃台人員經由房間管理系統手動變更房間打掃狀態。

在房間管理 V2 畫面中，先選擇房號再按動作選項按鈕，或者直接在房號上按滑鼠右鍵，跳出動作選項畫面後，選擇清掃房間功能，即出現清掃房間畫面，畫面中有目前選擇的房間房號、原清掃狀態及新清掃狀態，在新清掃狀態中選擇乾淨或髒，再按清掃鍵，即可立即變更房間的清掃狀態。

如果房間需要主管或檢查人員再進行檢查確認，可點待檢查功能，系統會將該房間變更為髒房狀態，並列入待檢查房間清單中，當檢查完成後房間變更為乾淨，也會同時解除待檢查狀態。

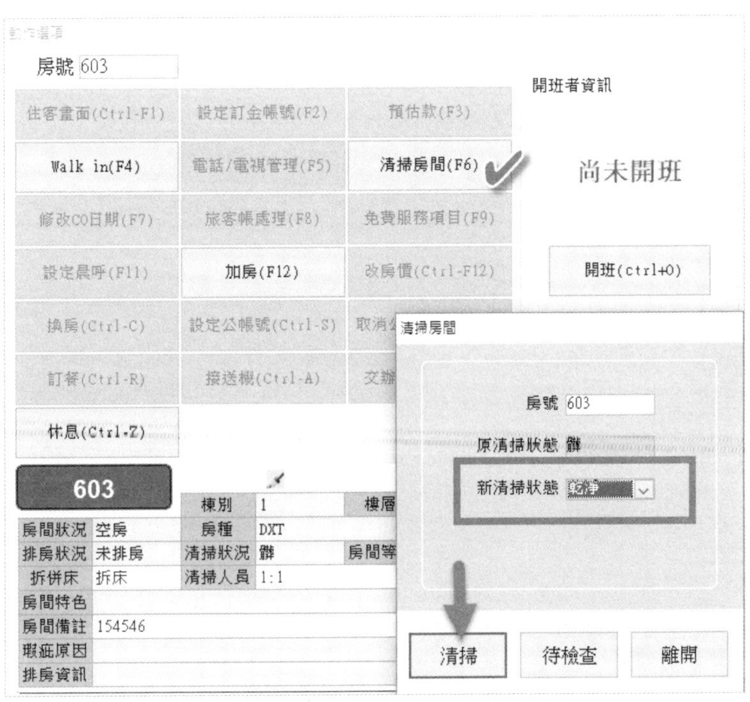

圖 4-25 清掃房間畫面

加房

透過已入住的訂房卡再加入房間數的功能，例如旅行社預定的間數為 15 間，辦理入住後，導遊要求需要再加一間房間且帳款也與同團結帳時，可利用此功能辦理入住。

圖 4-26 加房選項畫面

於上方訂房卡號選擇原始訂房卡號後，再輸入入住資訊（作法同 Walk In），此房號會自動加入同一訂房卡，且若有設定公帳號，此房間的帳款也會依照公帳號分帳規則滾帳。

訂房卡號	公司名稱	連絡人	Full Name	First Name
00649001	朱艾琳顧問有限公司	朱艾琳	朱艾琳	艾琳
00649301		李小明	李小明	小明
00649501	台中三洋電子股份有限公司	伊雅芳	台中三洋電子股份ｦ	KANG, YOUNG WI
00649601		luke	luke	
00649701		luke1	luke1	
00649801		luke2	luke2	
00649901		luke3	luke3	
00650001		luke4	luke4	
00650101		luke6	luke6	
00650201		luke7	luke7	
00650401	左右旅行社化學部	Angela	Angela	
00651201	左右旅行社化學部	Angela	Angela	KANG, YOUNG WI
00652401		Anna Lui	Anna Lui	Anna
00652501		李大同	李大同	大同
00652701		Angela	Angela	
00652801		Angela	Angela	
00652901		rich chen	rich chen	chen

圖 4-27 加房畫面

改房價

很多情況下，客人對房價或是訂單有爭議時，因為該入住手續已完成，無法再修改訂單與價格，若遇到價格非變動不可，可運用改房價的功能，此功能修改價格不會異動到內拆帳款，只會更改每日房價（若有設定假日加價，也會自動依照假日加價的價格更動）。

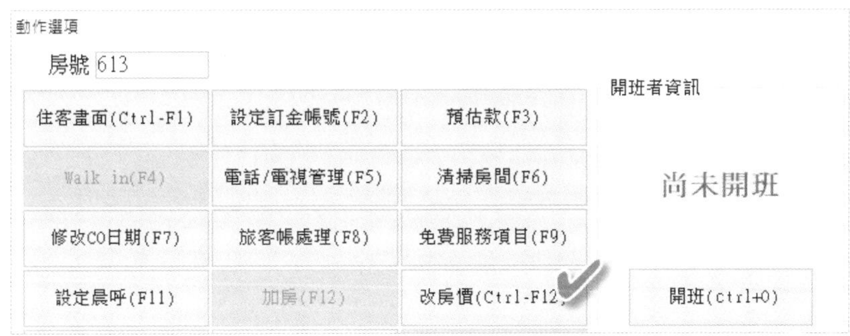

圖 4-28 改房價選項畫面

目前房價為現行的價格，人員可於本次異動的房價與服務費異動數字後存檔，即完成改房價作業，此時該房間的預估款就會依照修改後的數字變動，並於夜間稽核時，使用該數字滾帳至該房號的帳夾內。

改房價

修改期間：[2018/07/05]～[2019/07/02]

Full Name luke

	計價房種	Rate Cod	定價	房價	服務費	Package
目前房價	STD:標準雙	64378459:一泊二食	15,000	15,000	480	0
本次異動	STD:標準	64378459:一泊二食	15,000	15,000	480	0

折扣授權人

異動原因

存檔

離開

圖 4-29 改房價操作畫面

免費服務項目

有些飯店會提供免費報紙或是免費的迎賓飲料，若有選項，於入住時會詢問客人後登打到系統，再藉由系統的功能統計出該項目的數量，讓負責單位能預先了解份數後，進行後續事宜。

圖 4-30 免費服務項目選項畫面

免費服務項目的選取來源，是由服務項目對照檔設定而來，輸入數量與提供的起訖日期後存檔即可，數量統計可由接待報表的服務量報表得知該項的數量與使用的房號明細。

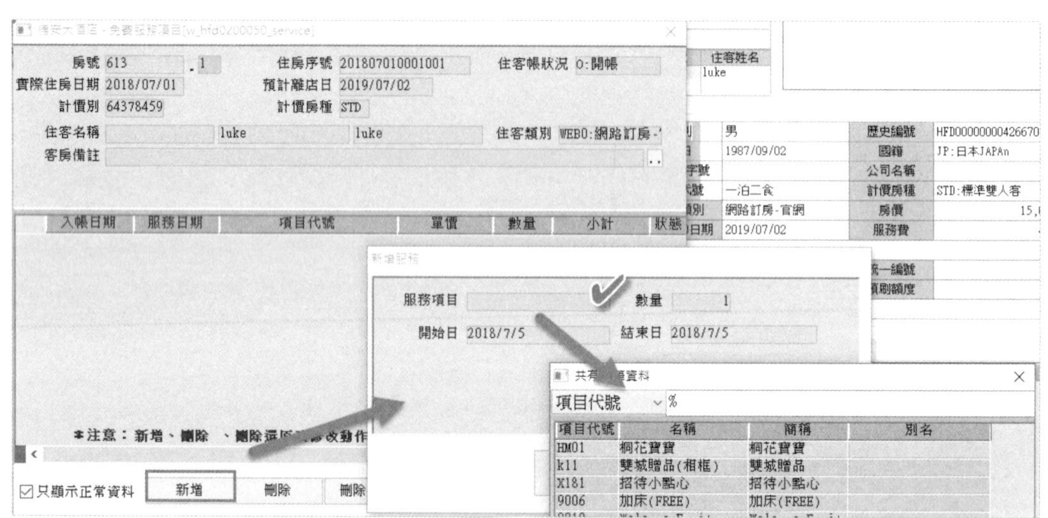

圖 4-31 免費服務項目操作畫面

設定訂金帳號

若客人於入住前就已先付訂金，但在訂房階段忘記指定，入住後可藉由設定訂金帳號功能指定已入帳的訂金。

圖 4-32 設定訂金選項畫面

由訂金代號搜尋已入帳的訂金，其搜尋條件有訂金編號、客戶姓名、手工單號、發票開立方式、身分證字號等，找到欲指定的訂金資料後，點擊滑鼠兩下，該訂金代號就會被填入訂金編號，表示指定訂金成功。

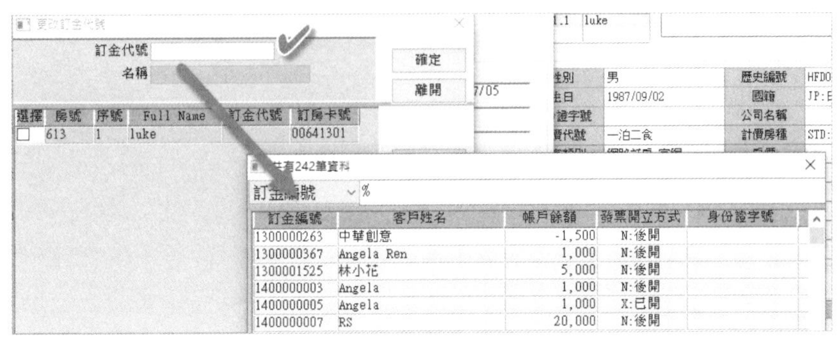

圖 4-33 設定訂金操作畫面

房間資訊設定及拆併床狀態

有些飯店為了方便房型可以彈性運用，會使用具有可分拆或合併功能型式的床組，房務人員可視訂房需求將房間設定成二張單床或合併成一張大床，稱為好萊塢式雙床「HOLLYWOOD TWIN」或好萊塢式「HOLLYWOOD STYLE」。

在房間管理畫面 V2 中，於房間號碼按滑鼠右鍵或點選房號後按動作選項按鈕，在下方房間資訊畫面中，可做單一房間的拆併床狀態修改、指定清掃人員或新增房間備註，修改完成後按下儲存房間資訊，以便查詢人員了解房間現況資訊狀態。

圖 4-34 單一房間拆併床設定

如需同時設定大量的拆併床狀態，按下畫面中的拆併床設定按鈕，可以同時變更或查詢多間房號的拆併狀態。

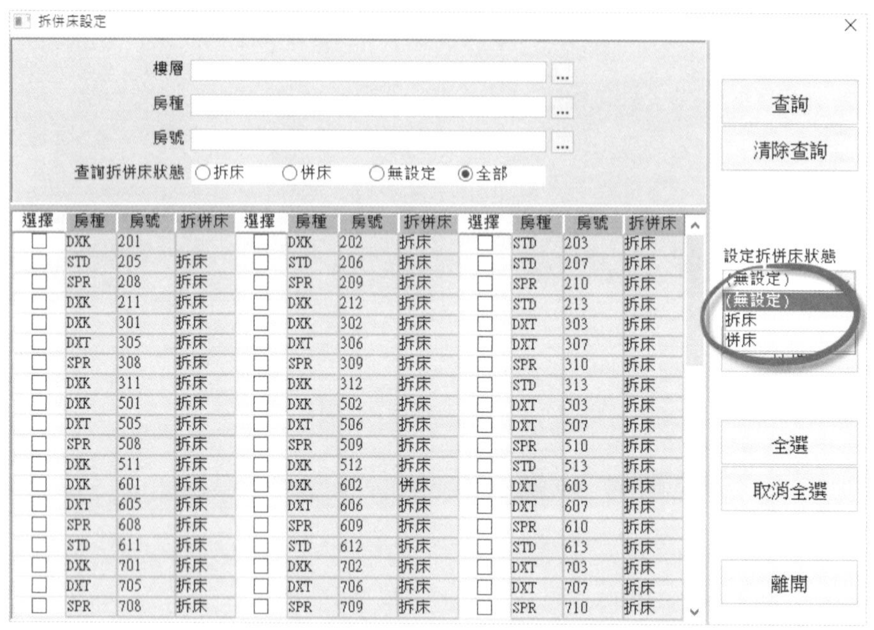

圖 4-35 批次拆併床設定功能

客房電話、電視及勿擾狀態

當飯店管理系統與總機電話及付費電視系統串接連線控制時，可直接用飯店系統功能控制電話總機及付費電視系統狀態，設定房間電話語音答錄語言、外線限制撥出及勿擾或留言燈功能。早期飯店房間門後面大部分都會有二個門把掛牌，一個是請清掃房間，一個是請勿打擾，需要靠服務人員現場觀察才能知道顧客的需求訊息。隨著科技的進步，已經改良進步為整合到飯店房間的電話系統或房間控制面板功能，當顧客在房間內按下勿擾功能按鈕時，系統中的房間狀態即會顯示為勿擾中。

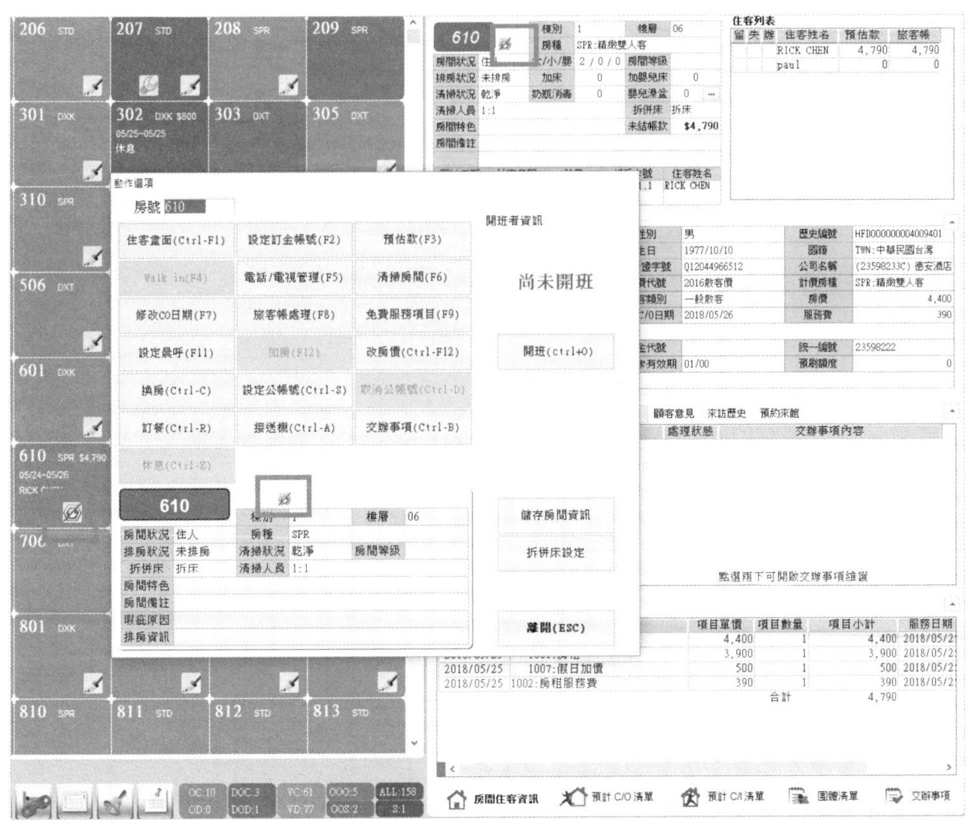

圖 4-36 房間勿擾狀態顯示

一般在系統連線的狀態下，顧客在入住 Check In 的同時，即同步自動開啟房間的電話及付費電視功能，同時啟用飯店計費系統，當客人撥打外線電話或選擇觀看付費電視時，同步計費並入帳到客房費用中。如果要手動開啟或關閉狀況，在房間有住人的狀態按下滑鼠右鍵動作選項功能，進入電話/電視管理畫面，可分別手動操作開啟或關閉電話及付費電視功能。

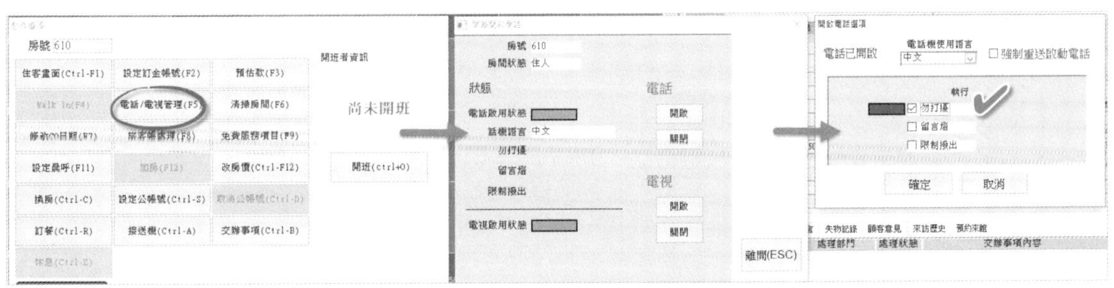

圖 4-37 電話/電視管理

設定晨呼

飯店晨呼 Morning Call（或 wake-up call）早期是以人工方式進行，現在則多以電腦總機自動設定。在房間為住人狀態中的房號按下滑鼠右鍵，進入動作選項功能，選擇晨呼設定功能，可以房號、訂房卡號或公帳號設定。在晨呼時間中以 24 小時制方式設定時間，當設定的時間小於目前的系統時間（比現在時間早）時，系統會自動設定日期為明日的晨呼時間；當設定的時間大於目前的系統時間（比現在時間晚）時，系統會自動設定日期為今日的呼叫時間。

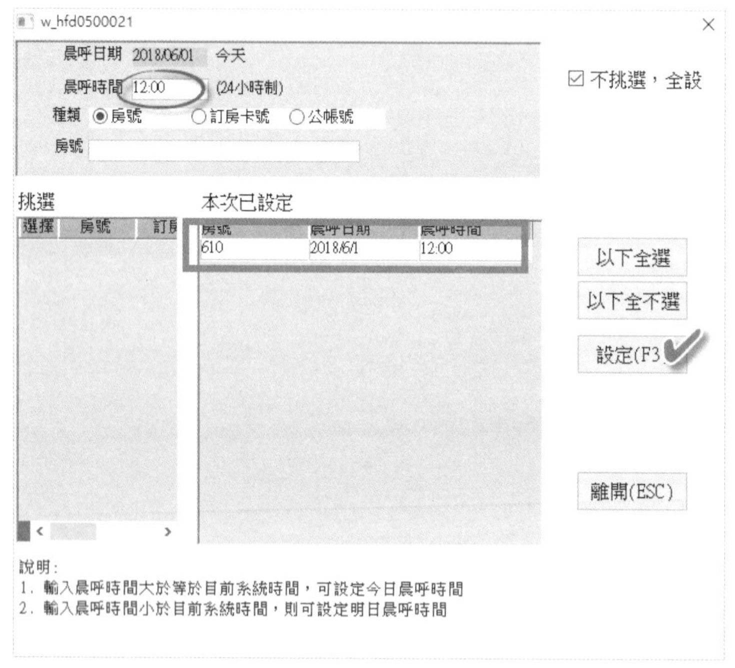

圖 4-38 晨呼設定

4.4 實作範例練習

實際操作範例一

哈利波特與妙麗來到飯店，由於沒有事先訂房，但他們需要住宿兩天，請問此時身為櫃檯的你該如何為他們找出可住宿兩天的房型？

操作步驟

1. 到房間管理 V2 畫面，於下方 walk 的欄位輸入 2。
2. 房務狀態選擇 V/C 的狀態，按下搜尋。
3. 畫面上所顯示的房間即可讓哈利波特與妙麗入住。
4. 確定房號後，按下右鍵選擇功能選單「Walk In」即可辦理入住。

實際操作範例二

承上題，因為哈利波特與妙麗趕路多時，兩位入住後櫃檯立即接到電話表明兩位需要休息，不希望有電話或是有人打擾，此時的你應該怎麼幫助他們不受打擾呢？

A.派人去他們房間守著
B.給他們耳塞
C.將房間設定成「請勿打擾 DND」

請大家動動腦！該怎麼做？
答案：C.將房間設定成「請勿打擾 DND」

操作步驟

1. 選擇該房號後按右鍵。
2. 選擇電話電視管理。
3. 按下開啟。
4. 於勿打擾選項打勾，確定後即完成設定。

4.5 模擬試題

選擇題

( ) 1. 有關於房務狀態，OC 代表的意思為何？

(A) 參觀房 (B) 修理房

(C) 住人髒房 (D) 住人乾淨

( ) 2. 請問圖示代表的意思為何？

(A) 請勿打擾 (B) 修理房

(C) 關聯房 (D) 瑕疵房

( ) 3. 請問換房的操作可用哪兩種方式？

(A) 只有輸入 (B) 拖曳與按鈕

(C) 語音跟輸入 (D) 拖曳跟語音

( ) 4. 請問設定晨呼的時間規則下列何者正確？

(A) 8 小時制 (B) 12 小時制

(C) 24 小時制 (D) 48 小時制

( ) 5. 如何於房間管理 V2 畫面查詢中一次看到多個房號？如 301,302,303,305。

(A) 用樓層查詢 (B) 於查詢房號欄位用 301:305

(C) 輸入 301 (D) 輸入 305

( ) 6. 如何一次查詢多個樓層的房號？

(A) ENTER 鍵+樓層 (B) SHIFT 鍵+樓層

(C) ALT 鍵+樓層 (D) CTRL 鍵+樓層

( ) 7. 有關於瑕疵房的代表英文縮寫為何？

(A) OOO (B) OOS

(C) OCC (D) UCC

( ) 8. 請問房間管理房號窗格中有 A 字代表的意思為何？

(A) 有留言 (B) 有失物

(C) 有排房 (D) 有瑕疵

( ) 9. 若要查詢房間狀態是空房/乾淨的條件為何？

(A) OC (B) VC

(C) OD (D) VD

(　) 10. 請問設定勿擾需要由哪個功能去執行？
(A) 電話電視開關　(B) 房控系統
(C) 住客畫面　(D) 改房價

(　) 11. 下列何者不是晨呼作業中設定晨呼的方式？
(A) 房號　(B) 公帳號
(C) 訂房卡號　(D) 房種代號

(　) 12. 當房務人員打掃完必須透過房務主管檢查後才能改為乾淨的功能為何？
(A) 設為修理　(B) 設為髒房
(C) 待檢查　(D) 設為乾淨

(　) 13. 在房間管理要使用哪項功能才能看到房間資訊（如清掃人員拆併床）？
(A) 相關房號　(B) 切換房間資訊
(C) 動作選項　(D) 休息房

(　) 14. 若要查詢休息房多久到鐘的資訊，該點選用哪個功能？
(A) 休息房　(B) 修理房
(C) 瑕疵房　(D) 乾淨房

(　) 15. 若要查詢當日尚未處裡的交班事項清單，該用哪個功能進行查詢？
(A) 訂房管理　(B) 房間管理 V2
(C) 出納管理　(D) 接待管理

(　) 16. 若要同時設定多間房間的拆併床，該用哪個功能執行？
(A) 房間設定　(B) 房價設定
(C) 晨呼設定　(D) 拆併床設定

(　) 17. 已入住後，同訂房卡要再加一間房間可利用哪個功能進行？
(A) 加房　(B) 加床
(C) 加人　(D) 加價

(　) 18. 若入住後，發現房價錯誤可用下列何種功能修改？
(A) 修改 CO 日期　(B) 修改名字
(C) 改房價　(D) 改房型

(　) 19. 入住時客人要求派送報紙，可透過哪個功能進行註記，以方便服務中心統計？
(A) 免費服務項目　(B) 預估款
(C) 訂金管理　(D) 住客帳維護

(　) 20. 客人入住後已付訂金，訂單卻沒顯示，可利用何種功能重新指定該筆訂金？

(A) 設定公帳號　(B) 設定訂金帳號

(C) 設定晨呼　(D) 設定接送機

(　) 21. 接待報表中的哪份報表可以查詢飯店所提供給客人的項目數量？

(A) IN HOUSE 報表　(B) 排房查詢報表

(C) 服務數量報表　(D) 排房報表

(　) 22. 若要利用系統相關房號功能查到同團的資訊，其條件則為？

(A) 同房價代號　(B) 同公司

(C) 同房號　(D) 同訂房卡號

(　) 23. 房間管理中設定晨呼的快捷鍵為何？

(A) F9　(B) F10

(C) F11　(D) F12

(　) 24. 房間管理的快捷鍵 F6，為何者功能？

(A) 清掃房間　(B) 換房

(C) 預估款　(D) 訂餐

(　) 25. 房間管理的交辦事項顯示條件為何？

(A) 只顯示當日訂房的　(B) 顯示未完成的

(C) 顯示已完成的　(D) 顯示全部的

散客入住及遷出流程

5.1 散客入住 Walk In 流程

散客 Walk In 流程

未事先預約訂房而直接來飯店當場入住的客人稱為 Walk In，如果飯店尚有空房，可直接安排客人住宿。當 Walk In 的客人進到飯店來，接待人員可先介紹目前飯店可供入住的房型，待客人選擇所要住宿的房型後，由綜合櫃台下方的查詢條件來查詢客人所訴求的房間條件，如圖 5-1 顯示。

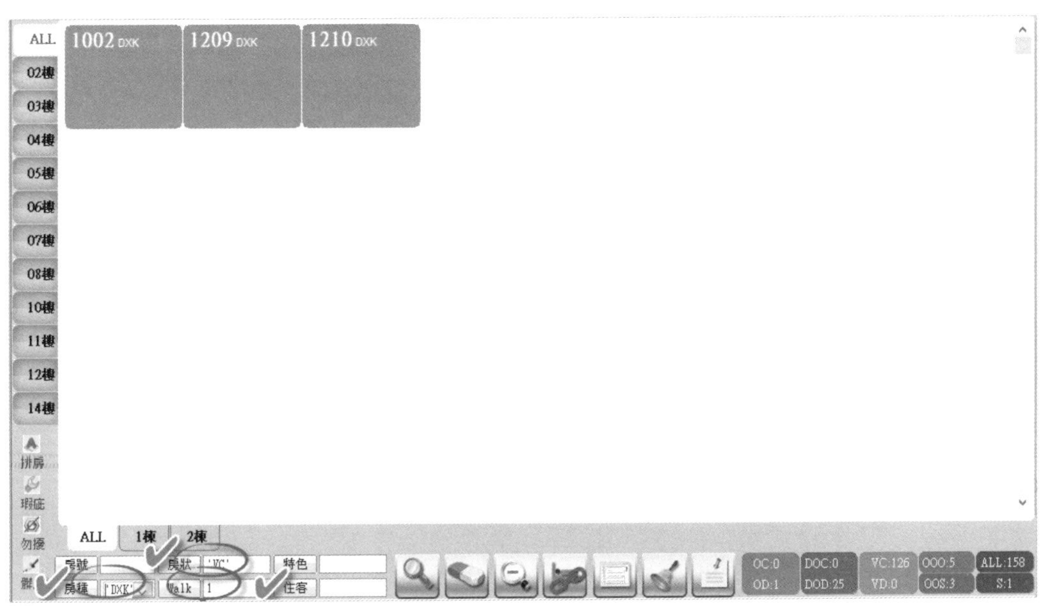

圖 5-1 房間管理 V2 Walk In 查詢房間功能

其 Walk In 操作步驟如下：

1. 待確認客人需求後，針對該房號按右鍵或是由選單下方的動作選項開啟作業功能。

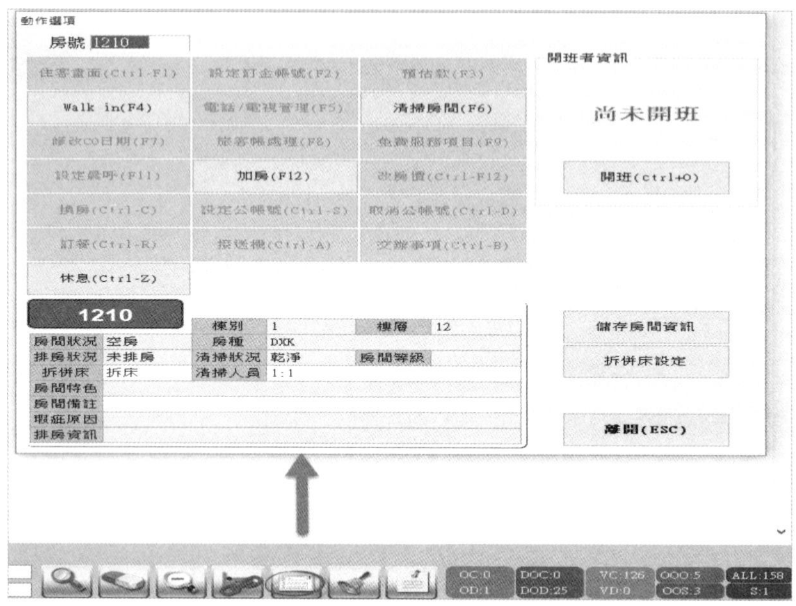

圖 5-2 功能選單

2. 選擇Walk In（F4）功能後，開啟Walk In 畫面並輸入需輸入的欄位（請注意畫面的綠色欄位代表為系統必要輸入欄位，若沒輸入，系統會提示訊息）。

圖 5-3 Walk In 功能畫面

3. (1) 輸入住宿夜數。

(2) 輸入 Full Name，此時系統會依照輸入的名字進行資料庫搜尋，若曾經入住過的住客資料將會顯示出來讓操作者選擇。但因一定會有同名同姓的狀況，住客資料的選單畫面也將會出現身分證字號、生日、公司名稱及連絡電話等資料，提供給操作使用者判斷是否為要搜尋的資料（如圖 5-4）。若搜尋出的資料都未符合，可直接店選畫面右上角☒，此時系統會告知查無此人，詢問是否要新增旅客明細或是重新查詢的選項，若需新增旅客明細則會切換至新增住客資料，畫面如圖 5-5 所示。

Full Name RICK CHEN

Full Name	身份證字號	生日	住客類別	客戶狀態	公司名稱	聯絡電話
RICK CHEN	Q120449665	1977/10/10	LOF	VIP	德安酒店台北館	0978113266
RICK CHEN		0000/00/00	WEBO	正常		25176066
RICK CHEN_2		0000/00/00	LOF	正常		
RICK CHEN_2		0000/00/00	LOF	正常		
RICK CHEN_3		0000/00/00	LOF	正常		
RICK CHEN_3		0000/00/00	LOF	正常		
RICK CHEN_4		0000/00/00	LOF	正常		
RICK CHEN_4		0000/00/00	LOF	正常		
RICK CHEN_5		0000/00/00	LOF	正常		
RICK CHEN_5		0000/00/00	LOF	正常		

圖 5-4 住客選單畫面

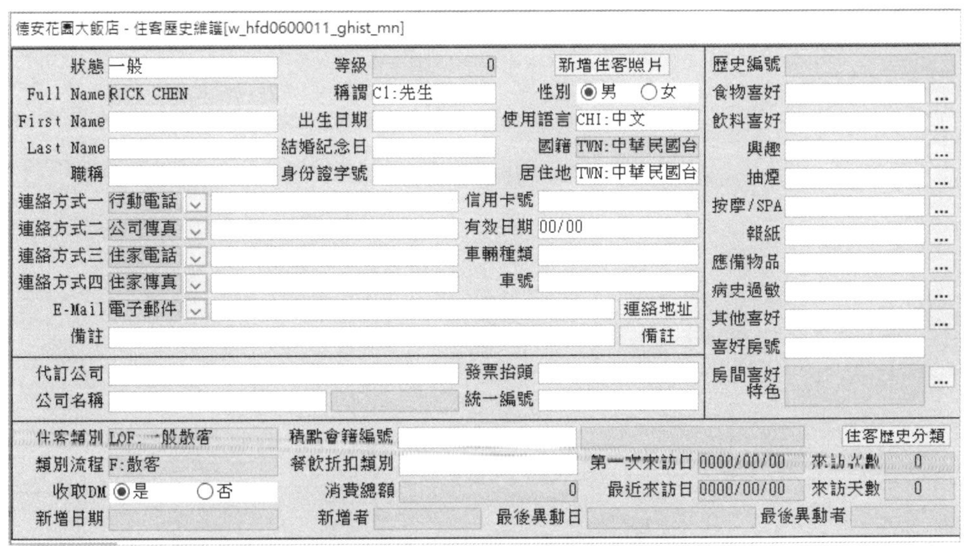

圖 5-5 住客歷史新增畫面

(3) 選擇房價。

(4) 選擇計價房種。

(5) 輸入正確住宿人數。

(6) 輸入住客聯絡電話。

(7) 按下 Walk In 按鈕。

此時即 Walk In 成功。

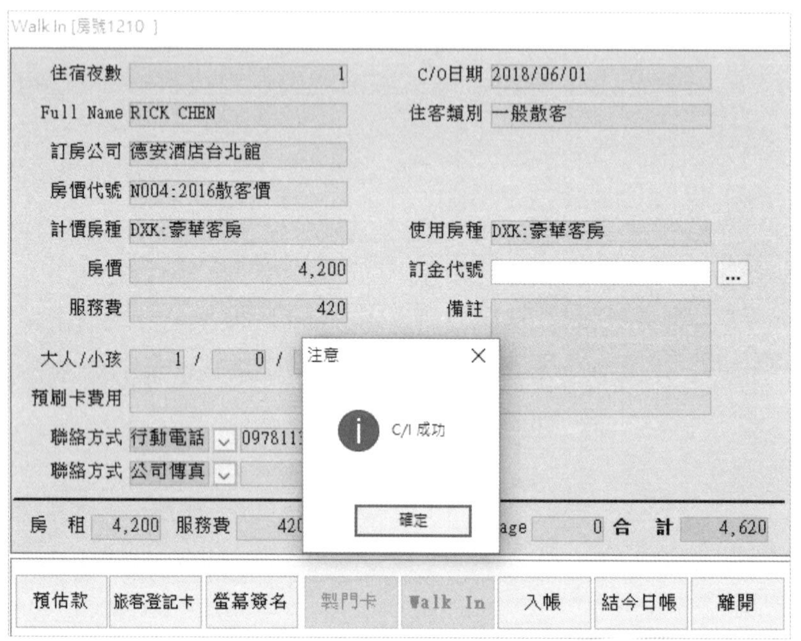

圖 5-6 Walk In 畫面

4. 此時也可以針對該 Walk In 房間輸入預估款項、列印旅客登記卡、入帳或是先結帳等功能。以下針對上述功能進行說明。

(1) 預估款：

系統只要進入有關帳款功能，均需要開班登入。

圖 5-7 開班畫面

進入預估款畫面，可檢視該房號住宿期間的帳款，此資料也是每日夜間稽核時會滾入房號的金額資料。另外，也可以在此功能進行新增或批次帳務項目；若需先結住宿當日的款項，可以利用轉至旅客帳功能進行結帳，若執行此動作後，夜間稽核將不會再進行滾帳的動作且該項目會以細體字呈現，方便人員辨識。

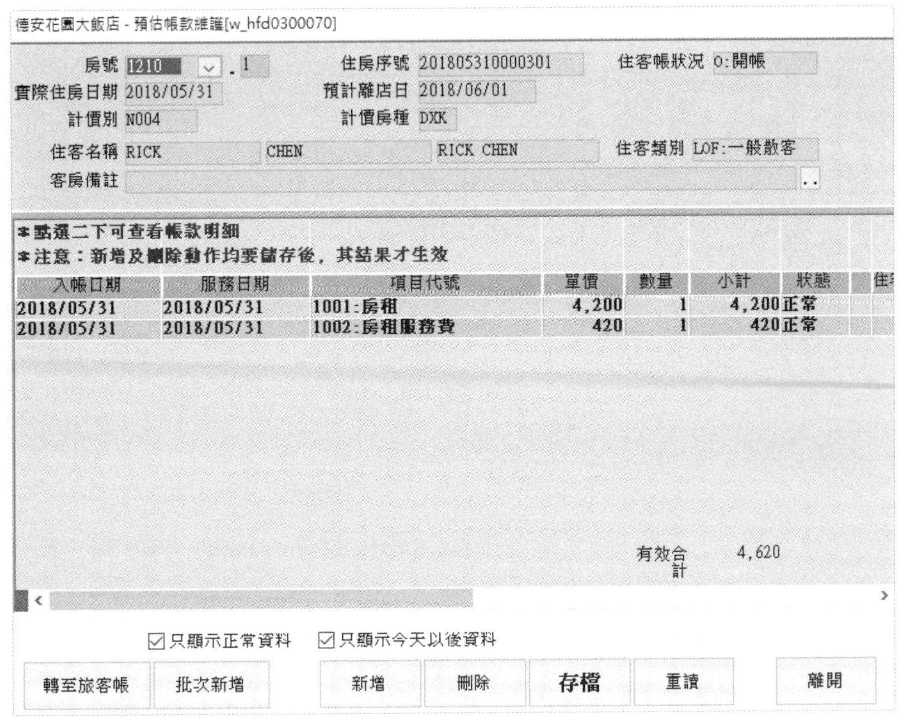

圖 5-8 預估款畫面

(2) 旅客登記卡：

可選擇列印的格式。

Untitled

旅客登記卡格式 旅客登記卡

列印 取消

列印出格式如下：

GUEST REGISTRATION CARD　旅客住宿登記卡		
GUEST NAME 旅客姓名　RICK CHEN 先生	成人 A / 兒童 C　1　1	CFM NO. 訂房代碼　00534801
ARR DATE 抵達日期　2018/05/31	DEP DATE 離開日期　2018/06/01	ROOM NO. 房號　1210
ROOM TYPE 房間型態　豪華客房	DAILY RATE 每日房價　4,620	COME WITH 同行房號
□ PERSONAL ACCOUNT 自行支付	□ PAY BY 由他房支付	□ PAY FOR 同時支付
ARR FLT 抵達班機	DEP FLT 離開班機	PAYMENT METHOD 付款方式 □CASH現金 □CREDIT CARD信用卡
PICK-UP TIME 接機時間	DROP-OFF TIME 送機時間	
ADDRESS 住址		
NATIONALITY國籍 中華民國台灣	PASSPORT/ID NO.護照/身分證字號 Q12044966512	INVOICE NO. 統一編號 23598222
DATE OF BIRTH 生日 1977/10/10	TELEPHONE NO.電話號碼 0978113266	FAX NO.傳真
E-MAIL 電子信箱　rickchen17@athena.com.tw		PLATE ID 車號
COMPANY/ TRAVEL AGENCY 訂房公司/旅行社　德安酒店台北館		GUEST NO. 旅客代碼　FD000000004009401

Pursuant to the Regulations of Personal Data Protection, having received the information regarding the use of my personal data, I hereby AUTHORIZE/NOT AUTHORIZE ROYAL INN to periodically send details of updated promotions and and offers to my address, e-mail.
根據個人資料保護法條例，我特此授權/不授權老爺會館定時發送最新的促銷活動及優惠到我的地址、電子郵箱或傳真。
□ AUTHORIZE同意　□ NOT AUTHORIZE不同意

圖 5-9 旅客登記卡表單畫面

(3) 螢幕簽名：可將旅客登記卡輸出至觸控螢幕，請客戶簽名後，系統將檔案存入資料庫，也可以藉由接待報表\平板住客影像資料查詢列印或查詢。

(4) 入帳：於辦理入住後，若有費用產生需要先行入帳，可使用此功能。

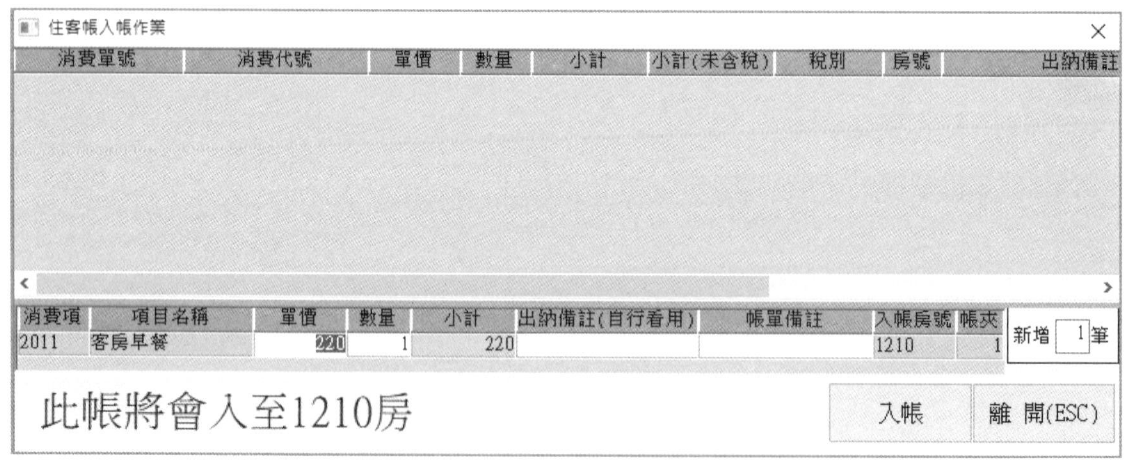

圖 5-10 旅客帳入帳畫面

(5) 結今日帳：因應有些飯店是於辦理住宿後需要先結房間帳款，則可利用此功能，其原理與預估款的轉入旅客帳的方式一樣，只不過此處是由系統執行。

5.2 住客歷史資料

住客歷史

每個住宿的客人都會於訂房時新增一個個人檔案資料，此部分在系統裡稱為「住客歷史」。住客歷史資料是要瞭解該住宿人的特殊需要或服務，以達到住客愉快的住宿體驗。根據歷史資料，可以瞭解客人住宿習性或是需特別注意的事項，例如喜愛高樓層、喜愛的房號，甚至到對哪種食物過敏之類的註記，促使安排住房上的考量更為周延；另也會記錄其住宿的歷史資料，如住宿的累計天數與次數，亦可供飯店端日後進行老客行銷時的參考依據。

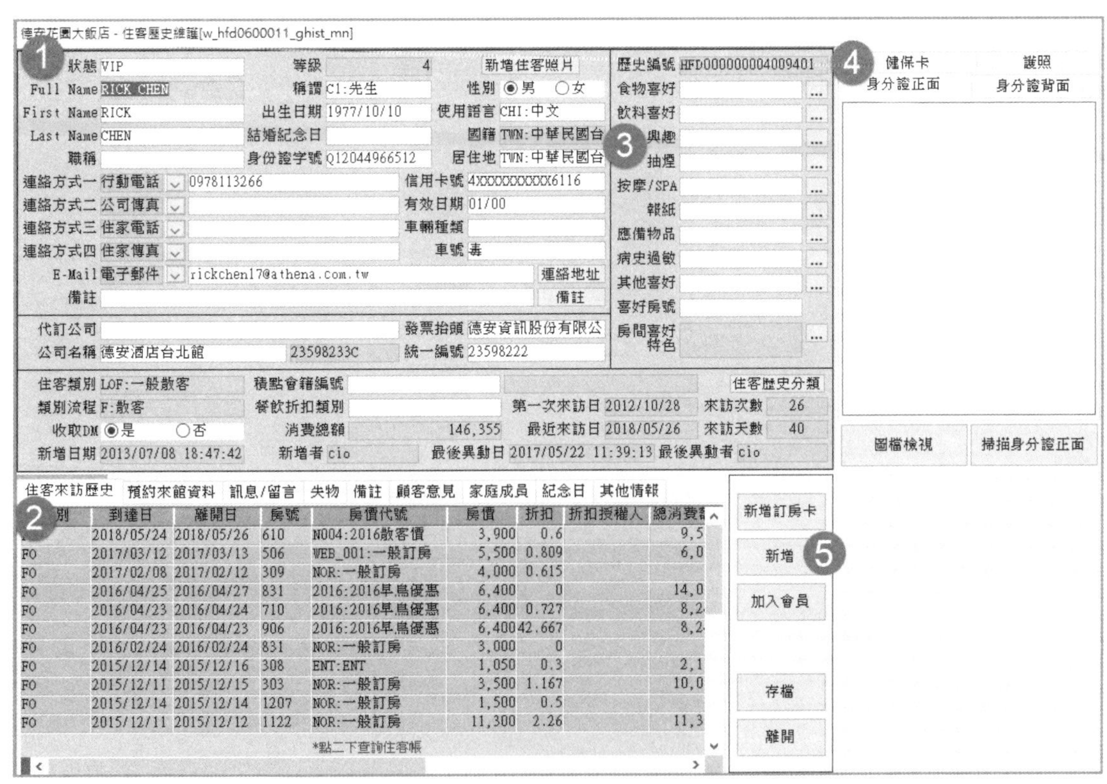

圖 5-11 住客歷史畫面

1. 此部分為住客基本資料區塊，除了可記錄基本資料之外，也可新增該住客照片。必須請訂房人員或是櫃台人員注意較特殊事項的資訊，可記錄於備註，此備註也會帶入訂房畫面並使用紅色字體標示，提醒人員注意。

2. 在下方的資訊為住客的來訪歷史、預約來館資料、訊息/留言、備註、顧客意見、家庭成員、紀念日與其他情報等資訊，讓人員可以清楚瞭解住客的其他資訊。各頁籤分述如下：

住客來訪歷史

住客來訪歷史 | 預約來館資料 | 訊息/留言 | 失物 | 備註 | 顧客意見 | 家庭成員 | 紀念日 | 其他情報

廳別	到達日	離開日	房號	房價代號	房價	折扣	折扣授權人	總消費額
FO	2018/05/24	2018/05/26	610	N004:2016散客價	3,900	0.6		9,580
FO	2017/03/12	2017/03/13	506	WEB_001:一般訂房	5,500	0.809		6,050
FO	2017/02/08	2017/02/12	309	NOR:一般訂房	4,000	0.615		0
FO	2016/04/25	2016/04/27	831	2016:2016早鳥優惠	6,400	0		14,080
FO	2016/04/23	2016/04/24	710	2016:2016早鳥優惠	6,400	0.727		8,240
FO	2016/04/23	2016/04/23	906	2016:2016早鳥優惠	6,400	42.667		8,240
FO	2016/02/24	2016/02/24	831	NOR:一般訂房	3,000	0		0
FO	2015/12/14	2015/12/16	308	ENT:ENT	1,050	0.3		2,100
FO	2015/12/11	2015/12/15	303	NOR:一般訂房	3,500	1.167		10,000
FO	2015/12/14	2015/12/14	1207	NOR:一般訂房	1,500	0.5		0
FO	2015/12/11	2015/12/12	1122	NOR:一般訂房	11,300	2.26		11,339

*點二下查詢住客帳

圖 5-12 住客來訪歷史畫面

條列出該住客每次來訪紀錄並可於該紀錄點選兩下後開啟該住客帳明細，即可看到退房所使用的付款方式、發票號碼以及消費金額，如圖 5-13。

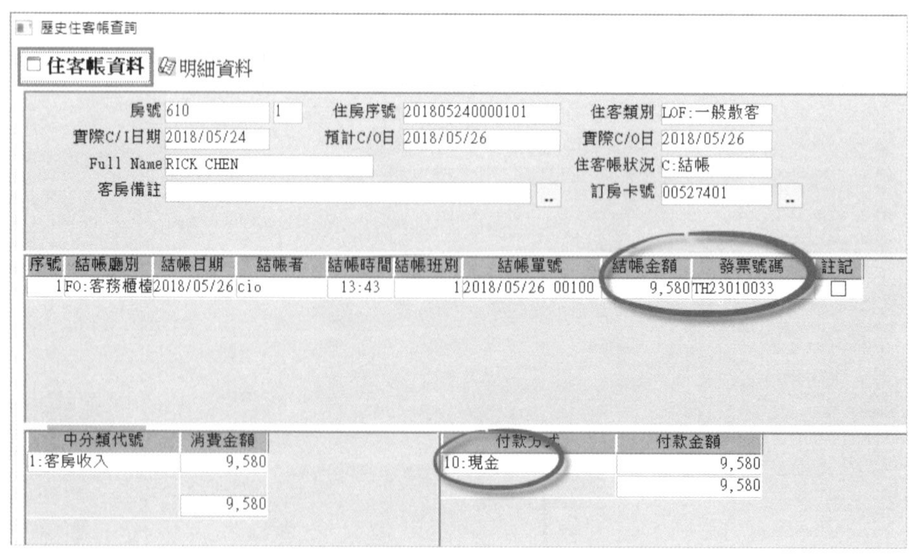
歷史住客帳查詢

住客帳資料 | 明細資料

房號 610 1　住房序號 201805240000101　住客類別 LOF:一般散客
實際C/I日期 2018/05/24　預計C/O日 2018/05/26　實際C/O日 2018/05/26
Full Name RICK CHEN　住客帳狀況 C:結帳
客房備註　訂房卡號 00527401

序號	結帳廳別	結帳日期	結帳者	結帳時間	結帳班別	結帳單號	結帳金額	發票號碼	註記
1	FO:客務櫃檯	2018/05/26	cio	13:43	1	2018/05/26 00100	9,580	TH23010033	☐

中分類代號	消費金額
1:客房收入	9,580
	9,580

付款方式	付款金額
10:現金	9,580
	9,580

圖 5-13 住客來訪歷史住客帳畫面

於結帳明細點選兩下後，可開啟如圖 5-14 的住客來訪歷史住客帳明細資料畫面。

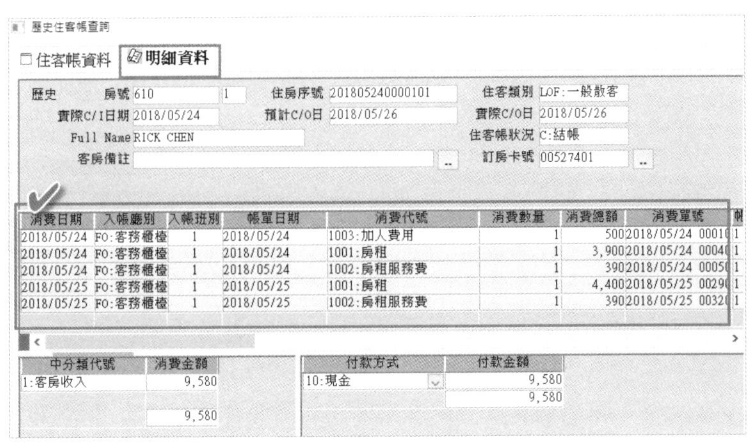

圖 5-14 住客來訪歷史住客帳明細畫面

預約來館資料

住客來訪歷史　預約來館資料　訊息/留言　失物　備註　顧客意見　家庭成員　紀念日　其他情報

訂房卡狀態	C/I日期	C/O日期	Full Name	確認狀態	公司名稱	代訂公司名稱
已有C/I	2018/05/31	2018/06/01	RICK CHEN	未確認	德安酒店台北館	德安酒店台北館

圖 5-15 預約來館資料畫面

系統將預訂的訂房資料列出清單，如圖 5-15，可於該筆資料點選兩下後開啟訂房卡畫面，檢視訂房明細以及修改（若狀態為今日到達或已到達，則該訂房卡資料會變為唯讀模式。如圖 5-16 所示）

德安花園大飯店 - RICK CHEN:00534801

電話查詢						連結序號	1
Full Name	RICK CHEN Profile			稱謂	先生	職稱	
狀態	VIP 等級 4	歷史編號	HFD000000004009401	國籍	中華民國台灣	性別	MALE
公司名稱	德安酒店台北館			來訪次數	26	來訪天數	40
歷史備註					...	喜好房號	
訂房卡號	00534801	速查卡號	5348	團號	RICK CHEN	官網/聯訂	
住房日期	2018/05/31(四)	1	2018/06/01(五)	訂房公司	德安酒店台北館		...
房價代號	N004:2016散客價	鎖控		聯絡人	RICK CHEN	業務員	00000009:李生
計價房種	DXK:豪華客房	訂房數	1	行動電話	0978113266	公司傳真	...
使用房種	DXK:豪華客房 ...	單日房價	4,200	住客類別	LOF:一般散客	訂房來源	WI:WALK IN
房號	1210 ...	服務費	420	C/I提醒			
大/小/嬰	1 / 0 / 0	FixedOrder	○Fixed ○No	C/O提醒			
C/I時間		C/O時間		排房備註			
訂金編號	...	應收訂金	0 $:	房間特色			...
保留日		保留時間		備註			
公帳號	否 ...	佣金%	0 %				...

總計人數	大人	小孩	嬰兒	合計	本筆房租	4,200	服務費	420	其他	0	PKG	0	合計	4,620
	1	0	0	1	總計房租	4,200	服務費	420	其他	0	PKG	0	合計	4,620

房間庫存　鎖控　費用列表　住客明細　其他　櫃檯備品　彙總訊息　上月　下月　上周　下周

明細	項目代號	項目名稱	項目單價	數量	項目小計	服務方式	自訂規則	開始

入帳日	項目代號	項目名稱	項目單價	數量	項目小計	服務日	輸入者
2018/05/31（四）平日							
2018/05/31	1001	房租	4,200	1	4,200	2018/05/31	cio
2018/05/31	1002	房租服務費	420	1	420	2018/05/31	cio
					4,620		

圖 5-16 訂房卡資料

訊息/留言

當該住客有留言資料時，也可透過此資料檢視留言訊息，如圖 5-17 所示。另可於該筆資料點選兩下後開啟該留言明細畫面進行檢視或修改，如圖 5-18 所示。

住客來訪歷史　預約來館資料　訊息/留言　失物　備註　顧客意見　家庭成員　紀念日　其他情報

房間號碼	住客姓名	留言日期	留言時間	來電/來訪者姓名	來電/來訪者位置(地區
1210	RICK CHEN	2018/07/05	09:05:11	Mary	

圖 5-17　訊息/留言

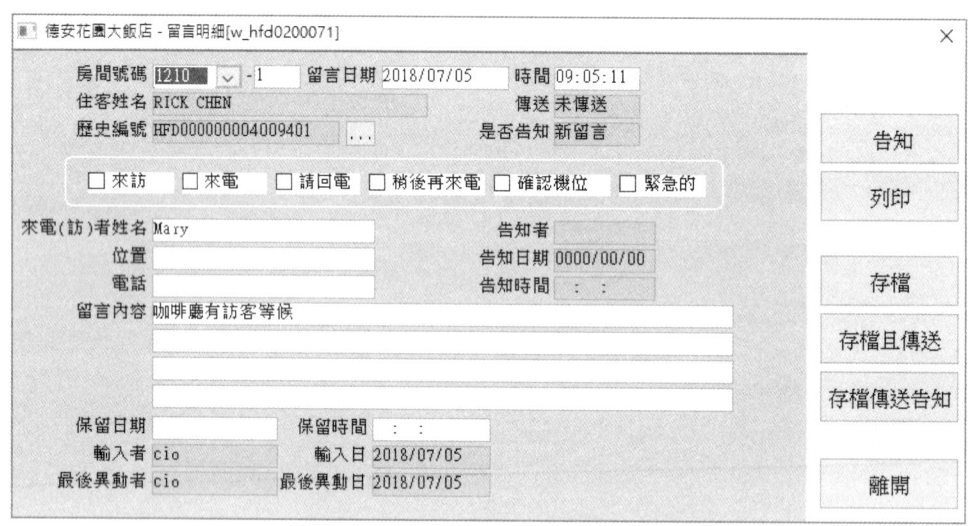

圖 5-18　留言單筆明細畫面

失物

在飯店，住客常常會有遺留物於房間內，若房務人員於打掃時發現遺留物後，可在系統建檔供給全館人員查詢並可與住客資料串聯，在日後住客詢問時方便查詢，也可在該筆資料點選兩下後開啟單筆明細畫面進行編輯，如圖 5-19 所示。

住客來訪歷史　預約來館資料　訊息/留言　失物　備註　顧客意見　家庭成員　紀念日　其他情報

編號	狀態	遺失日期	遺失時間	遺失物品	
1642	報失	2018/05/27	: :	手錶	R-610

圖 5-19　失物資料

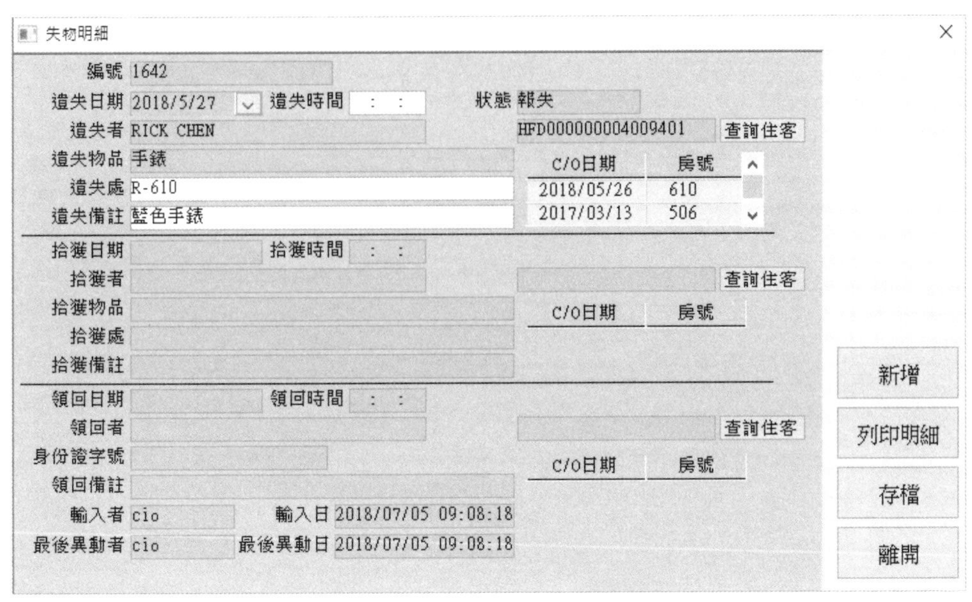

圖 5-20 住客失物明細畫面

備註

此處備註為使用訂房中心時，各館針對該住客的備註說明，可利用右側的＋－符號進行新增或刪除，如圖 5-21 所示。

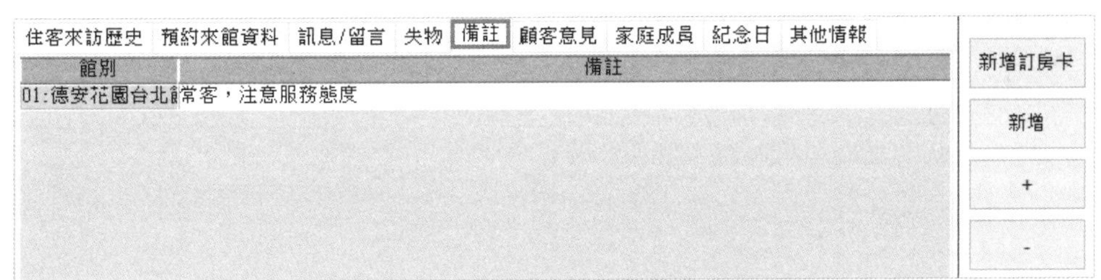

圖 5-21 訂房中心備註畫面

顧客意見

當住客於飯店館內，對硬體設備提供意見或是針對某人、事、物讚美或客訴，可透過顧客意見管理進行記錄並與住客資料連結，如圖 5-22。另也可於該筆資料點選兩下，開啟顧客意見管理編輯畫面進行檢視與編輯，如圖 5-23。

住客來訪歷史	預約來館資料	訊息/留言	失物	備註	顧客意見	家庭成員	紀念日	其他情報

發生日期	意見性質	主旨	狀態
2014/08/29	S:建議	再度造訪對於飯店硬體建議	P:處理中

圖 5-22 顧客意見畫面

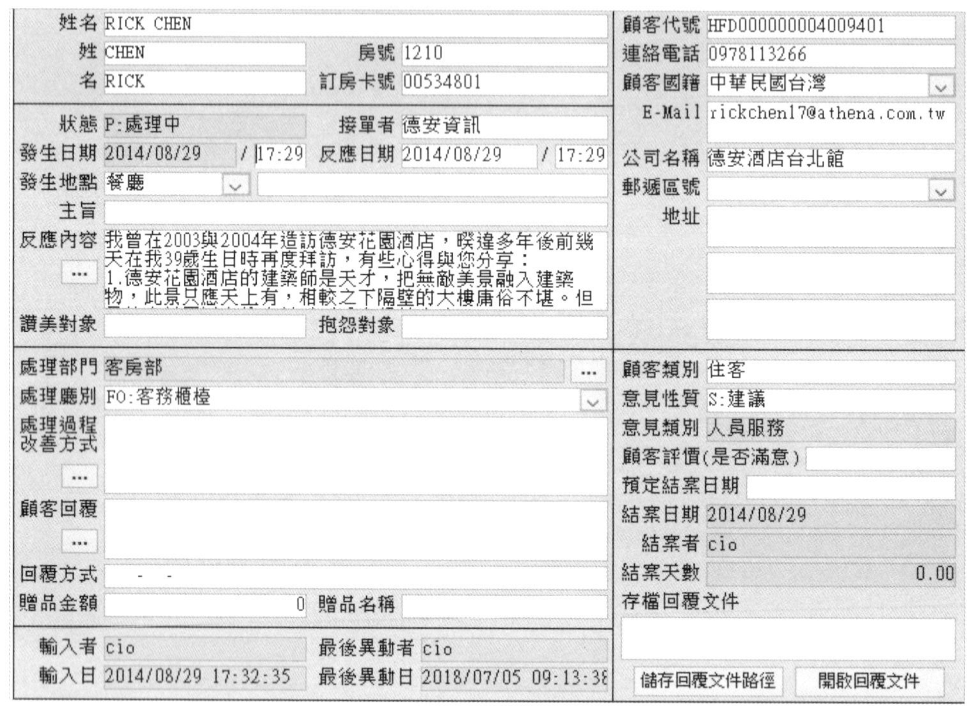

圖 5-23 顧客意見單筆明細編輯畫面

家庭成員

正所謂知彼知己百戰百勝，一般飯店都會針對住客進行資料收集，系統在此部分也記錄該住客資料的家庭其他成員資料，飯店端也能針對住客其他成員進行資料收集，以提供更好的服務，如圖 5-24 所示。

住客來訪歷史	預約來館資料	訊息/留言	失物	備註	顧客意見	家庭成員	紀念日	其他情報

No	對象分類	姓名	性別	身高	體重	年紀	衣號碼	足號碼	基準日	
1	配偶	MARY WONG	F:女	166.0	45	40	S	24.5		ci

圖 5-24 家庭成員畫面

紀念日

飯店除了透過住宿知悉住客的生日，在生日時提供驚喜服務之外，在系統內也提供該住客的結婚紀念日紀錄資料，如圖 5-25。同樣可透過＋－功能進行新增或修改。

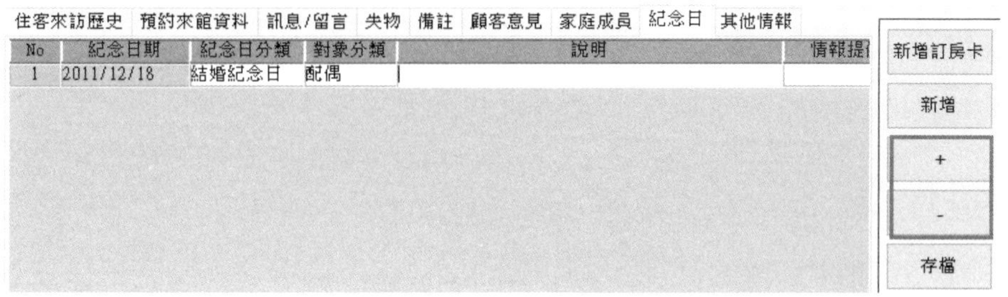

圖 5-25 紀念日畫面

其他情報

其他不及備載的情報，也可透過其他情報功能進行記錄，如圖 5-26。

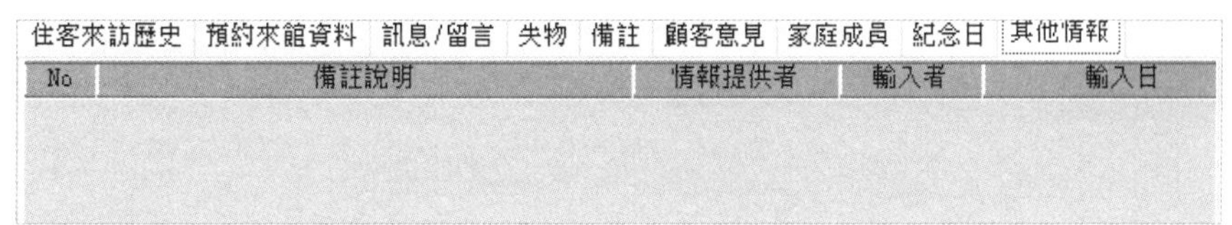

圖 5-26 其他情報畫面

3. 喜好方面可記錄食物喜好、飲料喜好、興趣、抽菸、按摩/SPA、報紙、應備物品、病史過敏、其他喜好、喜好房號以及房間喜好特色。
4. 在有使用證件掃描串接時，系統會將已掃描的證件轉成圖檔，放置於此，以供日後查驗或是核對資料使用（可押上飯店浮水印）。可提供掃描的證件有護照、健保卡以及身分證件。
5. 新增訂房卡 可於此住客歷史畫面直接開啟訂房頁面，直接訂房。

   加入會員 可將查詢出的住客歷史，轉成某個會員類別。

5.3 住客歷史合併作業

訂房組本身工作範圍很廣泛且在對應客人即時性也相對比較高，一般為了讓作業更快速，有時會將已經來過的住客重複新增了檔案，導致該住客的資料在系統中會出現兩筆或是兩筆以上，這在住客資料分析與報表產出時就會失真。若遇到此情形可以透過合併的功能，將兩筆住客資料合併成一筆。

住客合併作業

首先可利用重複名單的條件：Full Name、身分證字號以及生日等三個條件來篩選資料。

歷史編號
客戶名稱 RICK CHEN ☑ 關鍵字
身份證字號
出生日期
排序 1 2 3
重覆名單
Full name ☑
身份證字號 ☐
出生日期 ☐

圖 5-27 住客合併查詢條件畫面

搜尋出的資料可利用拖曳的方式進行合併。

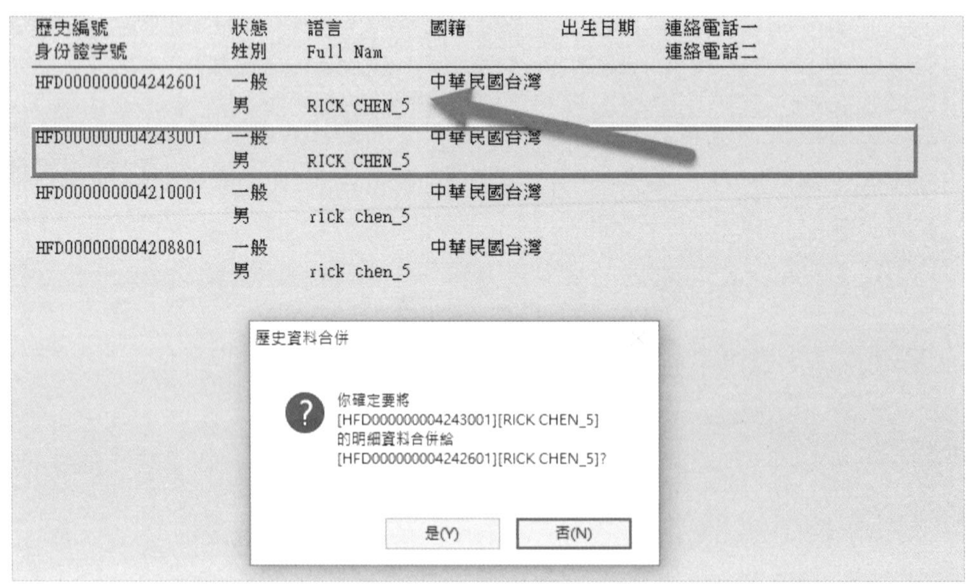

圖 5-28 住客合併畫面

5.4 換房操作

當客戶入住後，可能會因為房型的空間不如預期、設施不滿意、房間出現問題而要求更換房間，一般主動要求換房需要付價差，但若是因為房間設備有疏失，飯店則會無償換房。

換房操作

1. 在換房房號按下右鍵或是拖曳房號，出現動作選項的功能後選擇換房，如圖 5-29。

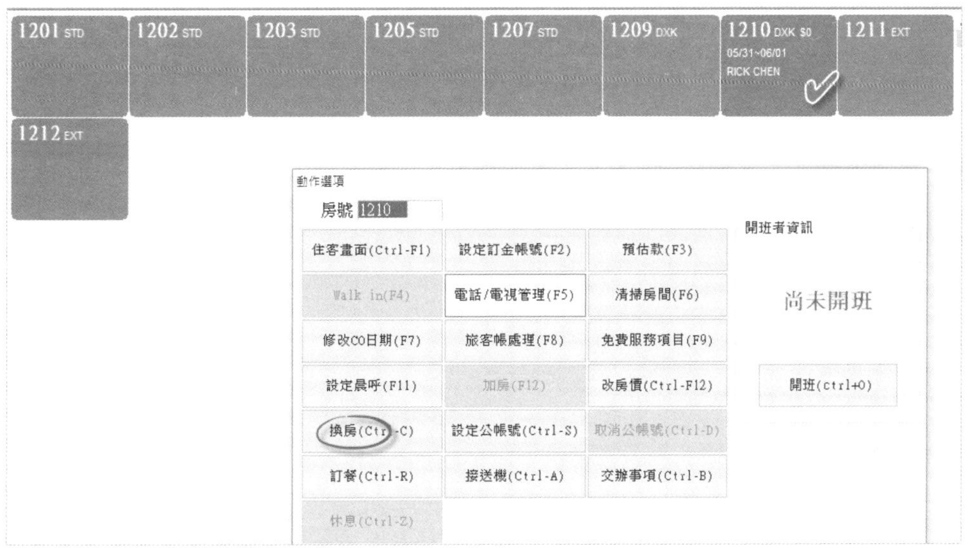

圖 5-29 房號動作選項畫面

2. 輸入欲換房的房號以及換房的備註，日後可利用換房報表查詢相關資料。

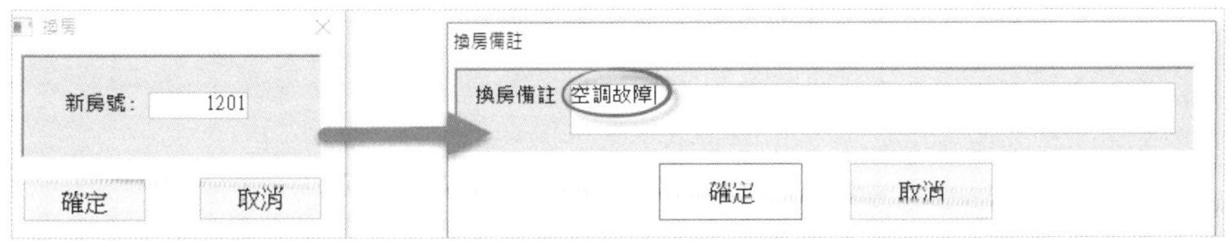

圖 5-30 換房動作畫面

3. 系統會出現是否因為換房而需要改房價提示訊息，若選擇是，會進入修改房價畫面，若不修改則會跳出舊的房號是否改成髒房的訊息，接著系統會自動將該房號有設定好的晨呼設定自動轉至新的房號。

圖 5-31 換房訊息畫面

4. 換房報表：記錄換房時間點、房價資訊、換房者與換房備註。

適用80報表紙

德安花園大飯店

製表者ID：cio
製 表 者：德安資訊

換房報表

製表日：2018/07/09 11:46:56
Page 1 of 1

查詢條件： 換房日期：2018/05/31

換房日期	時間	房號 原	房號 新	Full Name	原 房價	原 服務費	新 房價	新 服務費	換房者	備註
18/05/31	11:28	1210	1201	RICK CHEN	4,200	420	4,200	420	cio	空調故障

圖 5-32 換房報表畫面

5.5 散客退房還出 Check Out

旅客退房是旅館服務客人最後亦是最關鍵的時刻之一，櫃台服務人員本階段最重要的任務即是整理客人應支付的帳款。有些客人因行程匆忙或付款方式不同，常有需要迅速的結帳方式，旅館服務人員應熟悉客人特性及各種帳務處理程序，方能快速幫客人辦理退房。

散客退房還出 Check Out

退房時，住客將會歸還房卡，一般標準程序櫃台人員會詢問住客有無使用 minibar（冰箱飲料），若有可直接幫住客入帳，若無使用 minibar（冰箱飲料）則接續後續程序進行退房作業。

1. 有關於出納要記錄該班別的作帳，需先行開班登入後開始作業。

開班登入
日期 2018/06/01
廳別 FO :客務櫃檯
班別 1
使用者 cio
密碼
確定 取消

圖 5-33 開班登入畫面

2. 輸入房間號碼，找到後點選兩下開啟結帳畫面，此時若在訂房或是入住時有輸入 CO 提醒資訊就會彈跳提醒視窗，提醒櫃台該注意的事項。若要知道已滾帳的房租項目所內含項目，可於房租項目點選兩下後開啟房租內含細項供人員查詢。

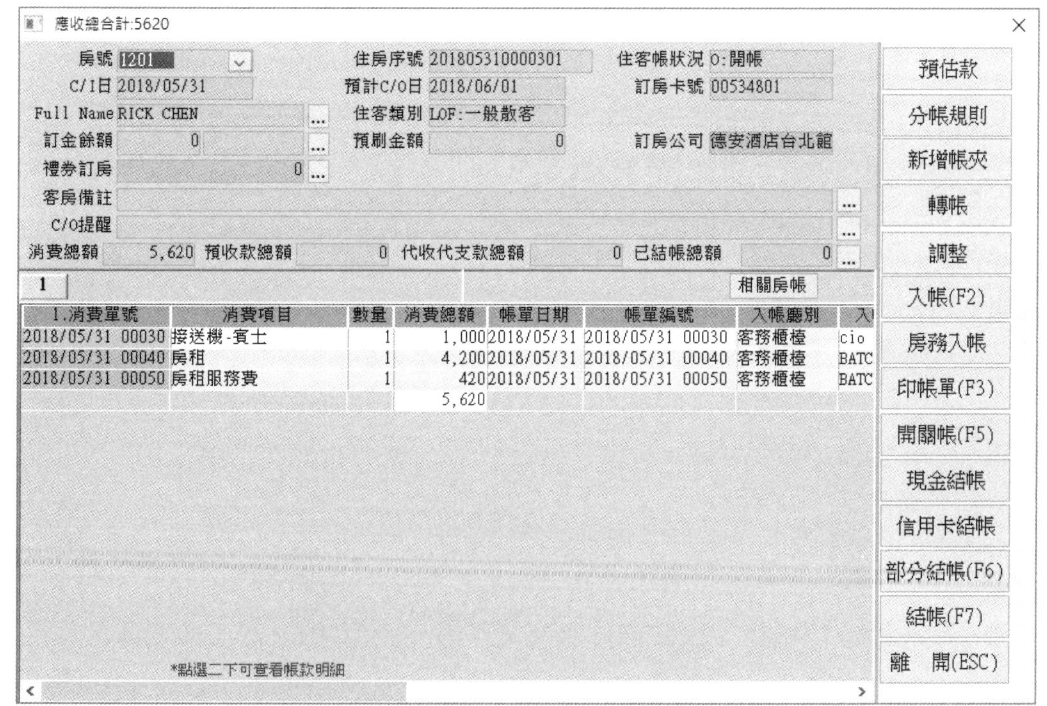

圖 5-34 住客帳務維護畫面

3. 列印帳單與住客確認消費細項。而在系統裡列印帳單有區分正式用與參考用，其功能目的在於若住客在住宿期間至櫃台詢問相關消費時，因尚且不到住客退房日期，而住客只是要了解到目前消費為何，可以利用參考用列印帳單，則不會將該房號帳務關帳，讓其他部門入帳，例：電話帳、outlet 掛帳、房務入帳洗衣費用。若改為正式用模式則會將該房號關帳，讓全部部門都無法入帳，其原因是因為列印帳單後若還能繼續入帳，將會有帳單明細與實際結帳金額不同。

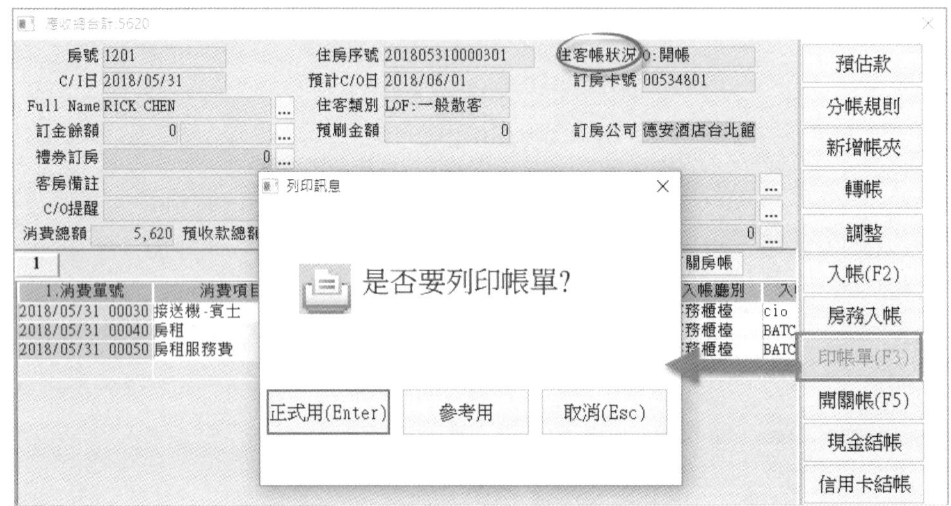

圖 5-35 帳單列印畫面

4. 帳單列印模式有九種模式：

- 標準帳單：系統內定的標準格式
- 標準帳單（含消費備註）：標準格式裡加秀出出納備註
- 項目帳單：此模式是將同樣的項目代號進行加總
- 小分類帳單：依據每個項目對應的收入小分類進行加總
- 中分類帳單：依據每個項目對應的收入中分類進行加總
- 日期帳單：依照日期加總而顯示的帳單模式（無名稱）
- 日期/項目帳單：依據每日每個項目進行分類顯示

- 彙總一筆（房費）：全部金額只顯示一筆房費，不顯示任何明細
- 房務掛帳明細列印：當有房務掛帳時，客戶需要房務明細，可利用此列印功能讓客戶對帳使用

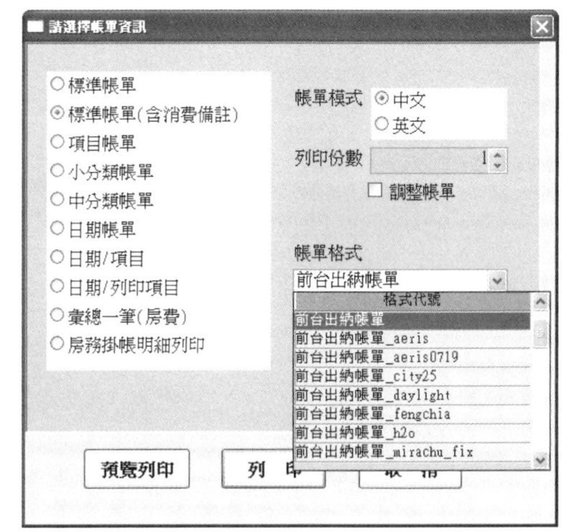

圖 5-36 帳單選擇列印模式畫面

5. 帳單預覽畫面如圖 5-37。

德安花園酒店
Athena Garden Hotel

Folio No. 帳單號碼 00534801
Guest Name 客人名稱 RICK CHEN　　Room No. 房間號碼 1201
Company 公司名稱 德安酒店台北館　　Person(s) 住房人數 2
Group Name 團號 RICK CHEN　　Arrival 入住日期 2018/05/31
Departure 退房日期 2018/06/01
Conf. No. 訂房代號 00534801
Cashier 出納員 德安資訊
Page No. 頁碼 1 of 1

DATE 日期	DESCRIPTION 項目	REMARK 備註	TIME 時間	DEBITS 消費	CREDITS 付款
2018/05/31	接送機-賓士		14:21	1,000	
2018/05/31	房租		17:08	4,200	
2018/05/31	房租服務費		17:08	420	
			Total 總計	5,620	0
			Balance 結餘	5,620	TWD

Guest Signature 客人簽名 ______________

圖 5-37 帳單預覽畫面

6. 當住客確認帳單上的消費明細後簽名於帳單上，該帳單收回並詢問該住客的付款方式為何，待客戶決定付款後，於系統結帳畫面選取付款方式，如圖 5-38 結帳畫面顯示（1）為統一編號及發票抬頭（2）可輸入多種付款方式（3）結帳，在系統內並沒有限制不能使用多個付款方式。

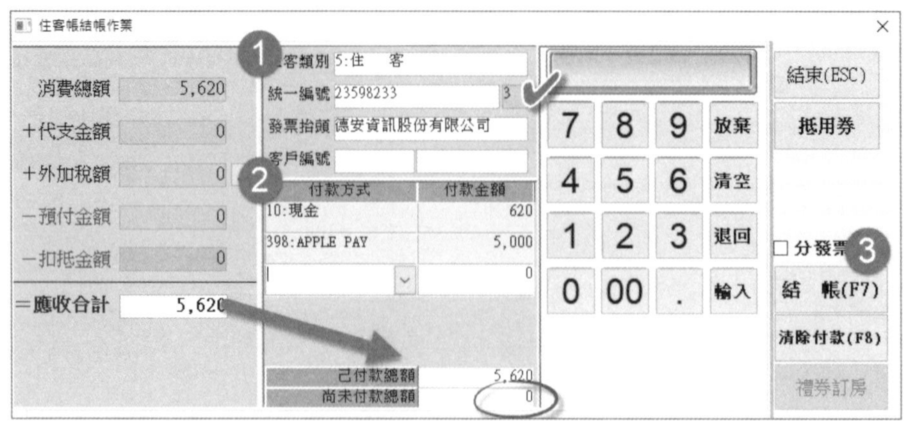

圖 5-38 結帳畫面

當付款金額與應收合計金額相同時，即可執行結帳按鈕進行結帳，此時會出現電子發票頁面，提供消費者選擇是否列印、使用載具或是捐贈發票。

圖 5-39 電子發票列印畫面

7. 待結帳成功後，系統也會提示訊息，並告知發票號碼。

圖 5-40 結帳成功畫面

8. 結帳後印出帳單，此時的帳單則會多顯示出發票號碼，與客人的付款方式及發票一起放入信封給於客人，完成退房手續。故列印帳單與結帳後的帳單間最大的不同點，為前者是消費品項明細，後者除了消費品項明細外，還會呈現結帳時的付款方式以及發票號碼。

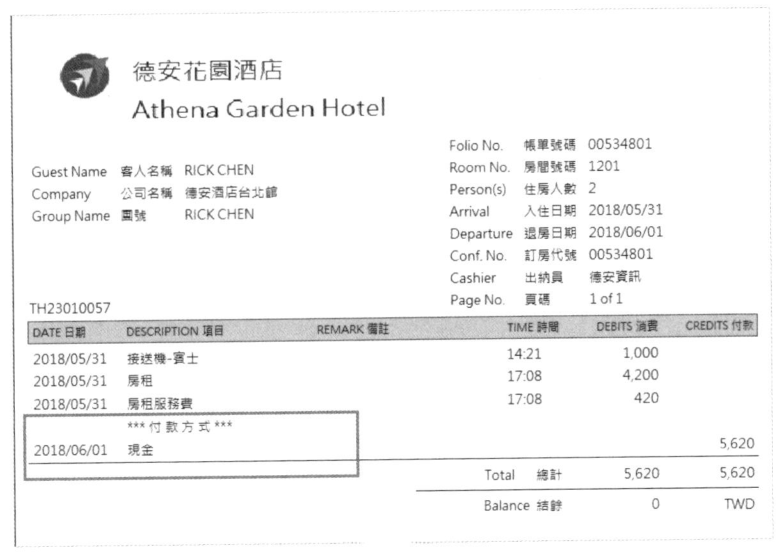

德安花園酒店
Athena Garden Hotel

Folio No. 帳單號碼 00534801
Room No. 房間號碼 1201
Person(s) 住房人數 2
Arrival 入住日期 2018/05/31
Departure 退房日期 2018/06/01
Conf. No. 訂房代號 00534801
Cashier 出納員 德安資訊
Page No. 頁碼 1 of 1

Guest Name 客人名稱 RICK CHEN
Company 公司名稱 德安酒店台北館
Group Name 團號 RICK CHEN

TH23010057

DATE 日期	DESCRIPTION 項目	REMARK 備註	TIME 時間	DEBITS 消費	CREDITS 付款
2018/05/31	接送機-賓士		14:21	1,000	
2018/05/31	房租		17:08	4,200	
2018/05/31	房租服務費		17:08	420	
	*** 付 款 方 式 ***				
2018/06/01	現金				5,620
			Total 總計	5,620	5,620
			Balance 結餘	0	TWD

圖 5-41　帳單畫面

分發票

另，因現行飯店與旅行社配合極度密切，通常旅行社團體會以月結或是旅行社付款，但有些旅行社團體需要每間住客都開立一張發票而不是統開一張，此時可利用系統分發票的功能，進行一次結帳開立多張發票作業。

與結帳作業流程相同，但於結帳按鈕上方有個分發票選項，若要使用請勾選後，執行結帳按鈕。

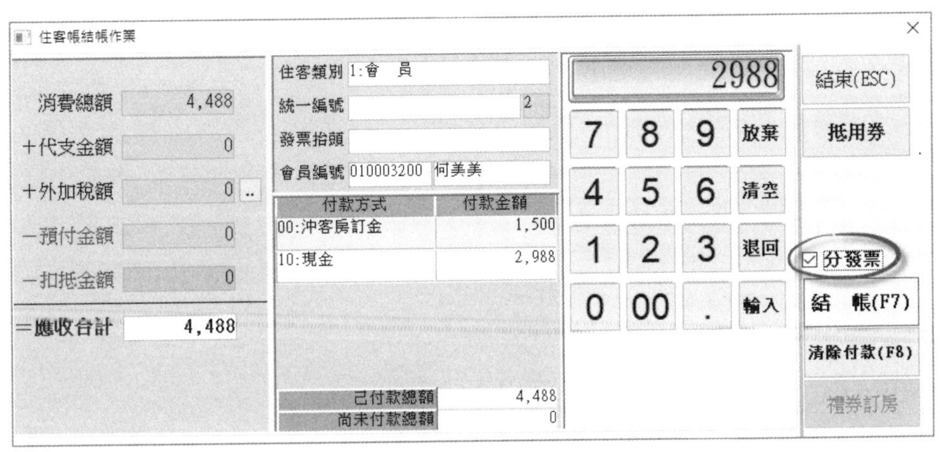

圖 5-42　結帳分發票功能畫面

進入電子發票開立畫面，此時一定是要列印發票證明聯才能使用分發票功能，執行確認按鈕。

電子發票

列印證明聯 ◉是 ○否　列印明細表 ◉是 ○否　確認

是否捐贈 ○是 ◉否　愛心碼

載具類別　取消

載具顯碼

載具隱碼

圖 5-43　發票選項功能畫面

系統開啟分發票的執行畫面，左邊為可開立發票張數，右邊為單張發票的發票明細。

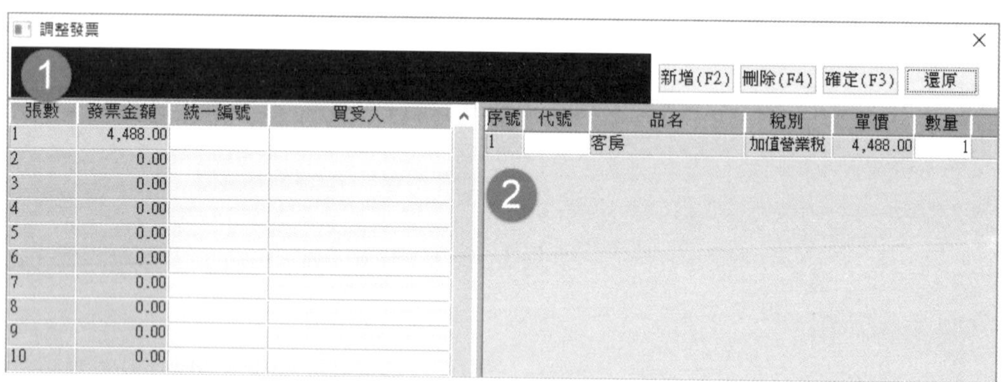

張數	發票金額	統一編號	買受人
1	4,488.00		
2	0.00		
3	0.00		
4	0.00		
5	0.00		
6	0.00		
7	0.00		
8	0.00		
9	0.00		
10	0.00		

序號	代號	品名	稅別	單價	數量
1		客房	加值營業稅	4,488.00	1

圖 5-44　分發票功能畫面

調整右邊畫面的發票明細確定品名、金額及左邊的發票統編與抬頭後，再至左邊的發票張數處點選 2 後，移至右邊的發票明細，可於代號處下拉選取已設定好的發票品名資料再輸入要調整的單價後，執行確定按鈕，即完成分發票動作。若調整過程中有調整錯誤或是按錯欄位，可利用還原按鈕回到原來消費的發票明細，再進行分發票即可。

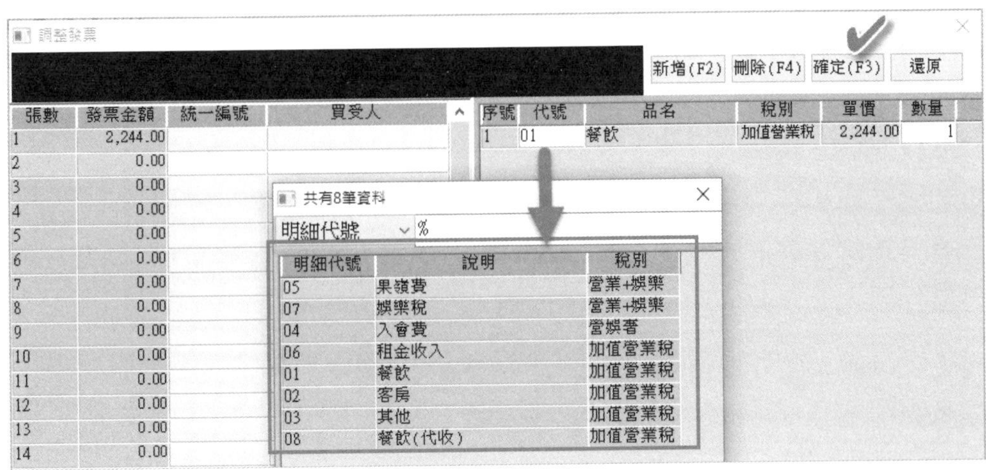

圖 5-45 選取發票品名項目畫面

若旅客先結帳但未退房，在旅客帳維護中一樣可以看到已結帳的明細，只需在畫面上方的已結帳總額右邊按鈕點開即可檢視。

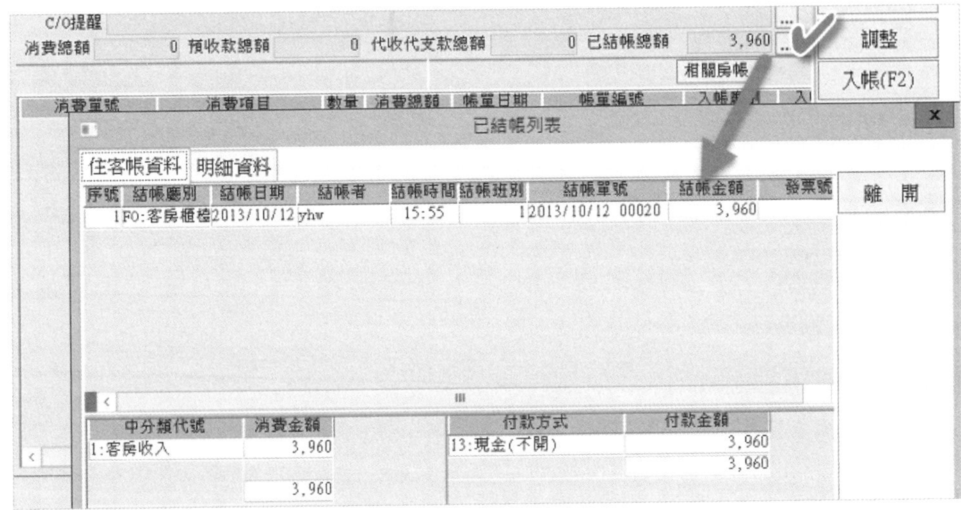

圖 5-46 已結帳帳款畫面

5.6 實作範例練習

實際操作範例一

哈利王子與梅根到德安花園酒店住宿多次，但大廳經理一查詢該住宿資料後，發現了有多筆的住客歷史資料，為確保哈利王子住宿資料正確性，可執行住客歷史合併作業，請大家告訴大廳經理該怎麼做？

請大家動動手！小試身手一下
你做對了嗎？

操作步驟

1. 到住客歷史\住客資料合併。
2. 勾選重複名單條件並輸入哈利王子的名字，按下搜尋。
3. 判斷畫面上所顯示的資料的重複性。
4. 確定保留的住客資料，將要合併的資料拖曳至要保留的資料處後放開。
5. 按下確定合併按鈕，合併成功。

實際操作範例二

承上題，由於哈利王子與梅根是新婚，若要記錄這個重要的日子可記錄於哪裡？

A.住客備註
B.結婚紀念日
C.其他情報

請大家動動腦！該怎麼做？
答案：B.結婚紀念日

操作步驟

1. 到住客歷史\住客歷史維護。
2. 在下方頁籤選擇紀念日。
3. 輸入紀念日期及類別。

5.7 模擬試題

選擇題

(　) 1. 如何在房間管理 V2 查詢可以 Walk In 兩天以上的房間？
(A) 房種欄位 (B) 房狀欄位 (C) 住客欄位 (D) WALK 欄位

(　) 2. 列印帳單的模式，系統提供幾種？
(A) 6 種 (B) 7 種 (C) 8 種 (D) 9 種

(　) 3. 若一次性的結帳，卻要開出多張發票的功能名稱為何？
(A) 分帳 (B) 分發票 (C) 調整帳單 (D) 修改發票

(　) 4. 當兩筆住客資料都為同一位客人的 PROFILE 時，可透過何種功能合併？
(A) 住客合併作業 (B) 排房作業 (C) 換房作業 (D) 訂房作業

(　) 5. 哪一個不是住客合併作業的篩選條件？
(A) 電話號碼 (B) Full Name (C) 身分證字號 (D) 出生日期

(　) 6. 住客退房後的遺留物可記錄於系統的哪個功能？
(A) 留言 (B) 住客備住 (C) 失物 (D) 訂房備住

(　) 7. 房間有瑕疵或客人入住需求房間不如預期時，可透過哪個功能作房間對調？
(A) 取消訂房 (B) 換房 (C) 退房 (D) 住房

(　) 8. 若要捐贈給社福團體發票，於結帳時須提供什麼給結帳人員，才能進行捐贈？
(A) 發票號碼 (B) 機器號碼 (C) 電話號碼 (D) 愛心碼

(　) 9. 下列哪個不是發票載具的類別？
(A) 自然人憑證 (B) 手機條碼 (C) 身分證號碼 (D) 信用卡號碼

(　) 10. 當住客有意見反應時，可透過何種功能記錄追蹤？
(A) 顧客意見管理 (B) 房間管理 (C) 接待管理 (D) 出納管理

(　) 11. 如何在住客帳維護看到客人的房價內拆品項明細？
(A) 房租項點兩下 (B) 服務項點兩下
(C) 空白處點兩下 (D) 按鈕點兩下

(　) 12. 如何在住客帳裡看到已結帳的明細？
(A) 點消費總額　(B) 點預收總額　(C) 點已結帳總額　(D) 點代支總額

(　) 13. 結帳前與結帳後所列印帳單的最大不同點為何？
(A) 有地址　(B) 有名字　(C) 有明細　(D) 有付款方式

(　) 14. 進入住客帳維護時，所彈出的提醒視窗為？
(A) CI 提醒　(B) CO 提醒　(C) 排房提醒　(D) 晨呼提醒

(　) 15. 系統針對結帳時的付款方式筆數的限制為何？
(A) 不限制　(B) 五個　(C) 十個　(D) 二十個

(　) 16. 若入住時就要先結帳的話，該透過哪個功能先轉入帳款？
(A) 入帳　(B) 預估款　(C) 房價　(D) 房務入帳

(　) 17. 呈上題，若已轉入的帳款會用什麼方式呈現，方便辨別？
(A) 斜體　(B) 粗體　(C) 細體　(D) 反白

(　) 18. 住客特有習性或是人員該注意的事項可記錄於何處，訂房也會帶入該資訊？
(A) 住客紀念日　(B) 住客備註　(C) 住客留言　(D) 住客失物

(　) 19. 換房功能除了房間管理上的換房按鈕之外，另一種換房操作方式為？
(A) 拖曳　(B) 點選　(C) 按滑鼠左鍵　(D) 按滑鼠右鍵

(　) 20. 承上題，換房時所輸入的備註會由何處呈現？
(A) 調整報表　(B) 訂房報表　(C) 房價報表　(D) 換房報表

旅客帳務處理

6.1 客房入帳作業

旅客在飯店內的各項消費會記錄於在旅客帳務上，只要費用發生就須立即填載。每個房間每人都會有九個帳夾可視實務流程所需使用，需注意若該房號的開帳狀態為關帳就無法執行入帳功能，甚至連餐廳要掛房帳至該房號也無法執行。

客房入帳操作

程式路徑：飯店前檯系統\出納管理\旅客帳維護

1. 有關於帳務功能都需開班登入。

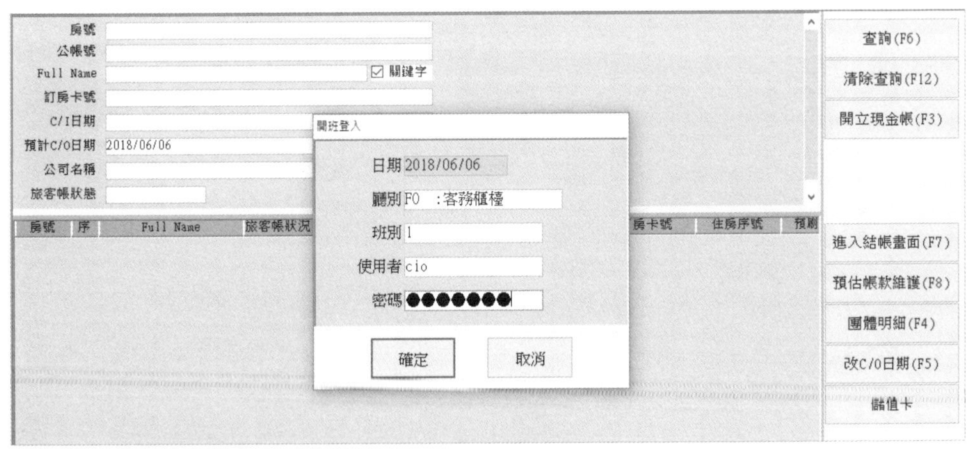

圖 6-1 帳務開班畫面

2. 查詢出要入帳的房號或是直接執行查詢按鈕功能，列出所有住宿列表。

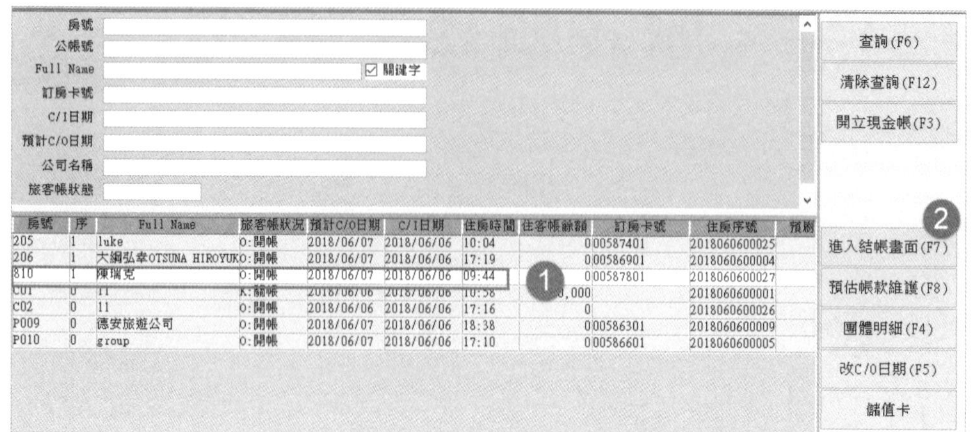

圖 6-2 旅客帳維護查詢畫面

3. 執行進入結帳畫面功能按鈕，進入住客帳務畫面。

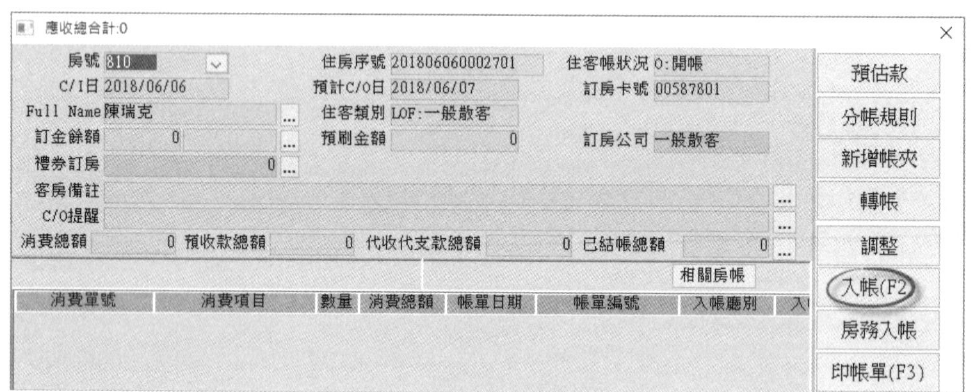

圖 6-3 旅客帳維護畫面

4. 選擇要入帳的服務項目（此項目的來源為服務項目對照檔設定）。

圖 6-4 入帳選擇項目畫面

5. 若有需要輸入出納備註，可於帳單備註輸入，此處的資訊也將顯示於帳單上，若無須顯示而只是內部須註記的資訊，則在出納備註。

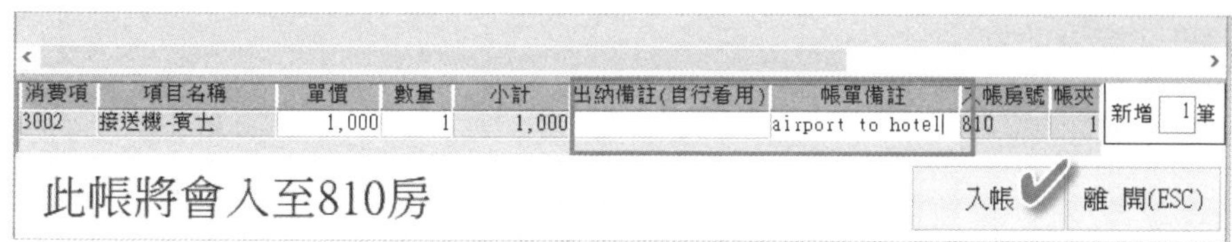

圖 6-5 入帳畫面

6. 待資料完成後，執行入帳功能按鈕，入帳成功。

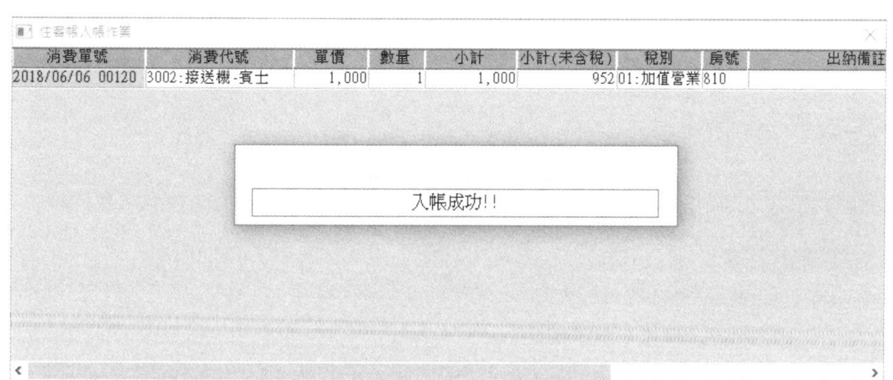

圖 6-6 入帳成功畫面

7. 帳單列印時，該筆入帳的消費備註將會顯示。

德安花園酒店
Athena Garden Hotel

INFORMATION INVOICE

Folio No. 帳單號碼 00587801
Room No. 房間號碼 810
Person(s) 住房人數 2
Arrival 入住日期 2018/06/06
Departure 退房日期 2018/06/07
Conf. No. 訂房代號 00587801
Cashier 出納員 德安資訊
Page No. 頁碼 1 of 1

Guest Name 客人名稱 陳瑞克
Company 公司名稱
Group Name 團號 陳瑞克

DATE 日期	DESCRIPTION 項目	REMARK 備註	TIME 時間	DEBITS 消費	CREDITS 付款
2018/06/06	接送機-賓士	airport to hotel	09:54	1,000	
			Total 總計	1,000	0
			Balance 結餘	1,000	TWD

Guest Signature 客人簽名

I agree my liability for this bill is not waived and agree to be held personally liable in the event that the indicated person, company, or association fails to pay for any part or the full amount of these charges.

圖 6-7 列印帳單畫面

帳單列印（調整帳單）

帳單列印有九種模式：

- 標準帳單：系統內定的標準格式
- 標準帳單（含消費備註）：標準格式裡加秀出出納備註
- 項目帳單：此模式是將同樣的項目代號進行加總
- 小分類帳單：依據每個項目對應的收入小分類進行加總
- 中分類帳單：依據每個項目對應的收入中分類進行加總
- 日期帳單：依照日期加總而顯示的帳單模式（無名稱）
- 日期/項目帳單：依據每日每個項目進行分類顯示
- 彙總一筆（房費）：全部金額只顯示一筆房費，不顯示任何明細
- 房務掛帳明細列印：當有房務掛帳時，客戶需要房務明細，可利用此列印功能讓客戶對帳使用

若旅客對帳單有特殊需求內容時，可利用列印帳單的調整帳單功能。

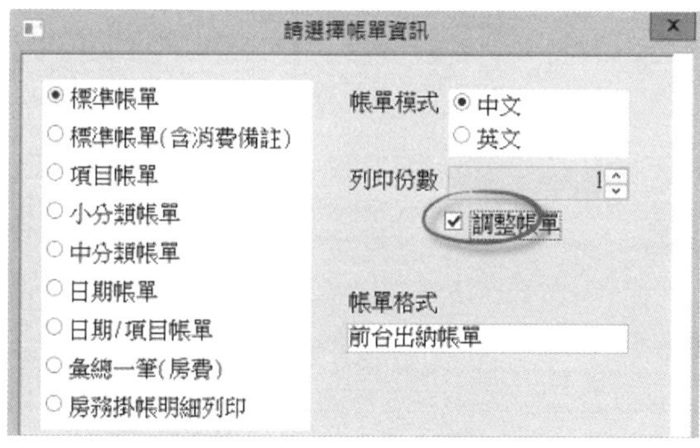

圖 6-8 調整帳單勾選畫面

帳單調整可修改房號、抵達日期、退房日期、旅客名稱、公司名稱、房價、人數、特別註記（調整備註）以及下方消費明細項目與金額，此調整列印後只有一次性資料，系統不做存檔備份。

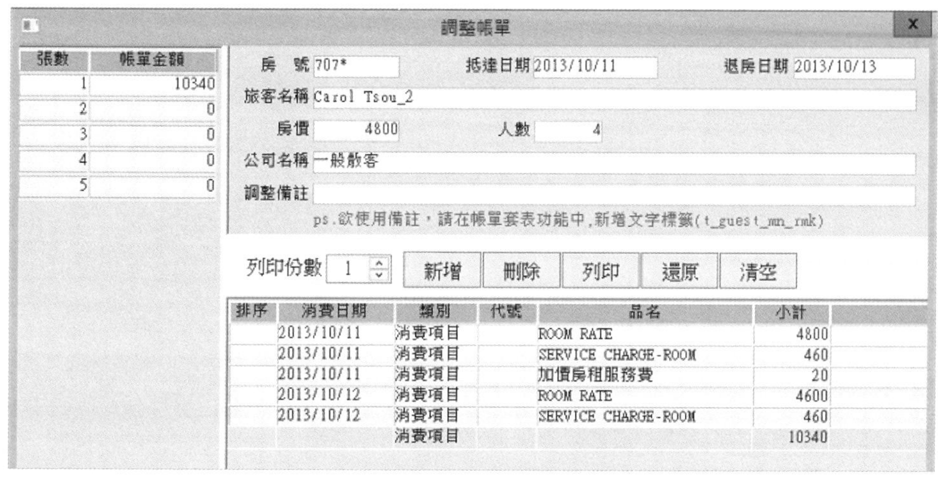

圖 6-9 調整帳單畫面

客房預收款

一般收取客人訂金會於訂金系統進行入帳，待旅客退房時，再沖銷該筆訂金。另有一種方式為辦理入住時才給予訂金，此時也入訂金或是以客房預收款（pay only）方式進行入帳，該預收款項的項目需由服務項目對照檔設定後方能使用。設定原則其說明如下：

設定與一般服務項目相同，唯獨在消費屬性上需選擇 I：預收，系統才會啟動收款流程。

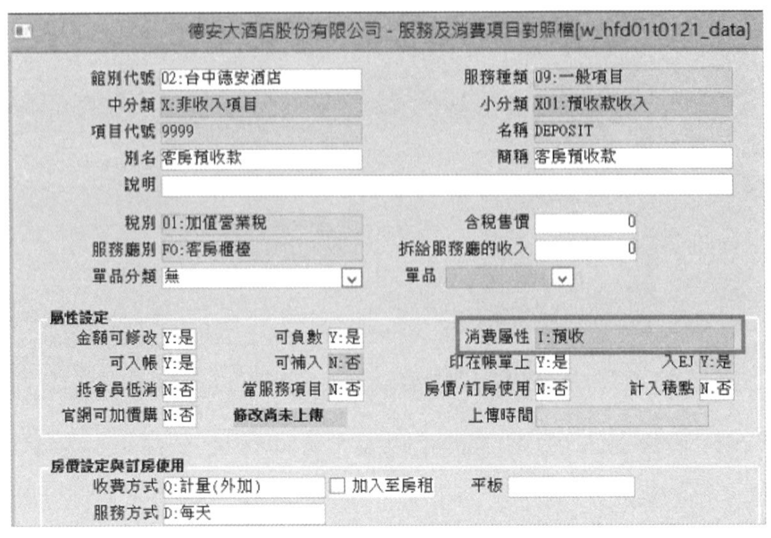

圖 6-10 服務項目設定畫面

當欲使用客房預收款時，與一般入帳方式操作方式一樣。選擇客房預收款時，系統會跳出選擇付款方式的選項，人員依照旅客實際的付款方式選擇即可，當人帳完成後，該項目會在旅客帳上顯示為負數，而入一般帳款則會是正數。

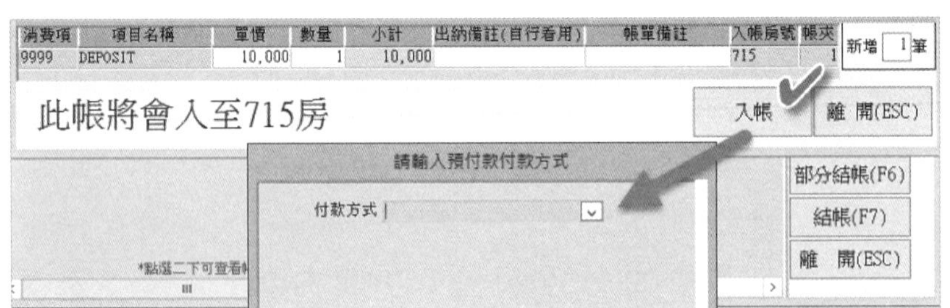

圖 6-11 客房預收款入帳畫面

完成入帳畫面如圖 6-12。

應收總合計:-10000

房號 715　讀卡　住房序號 201310120000502　住客帳狀況 O:開帳

C/I日 2013/10/12　預計C/O日 2013/10/13　訂房卡號 00669202

Full Name 林佩佩　住客類別 LOF:LOF

訂金餘額 0　預刷金額 0　訂房公司 一般散客

禮券訂房 0

客房備註

C/O提醒

消費總額 0　預收款總額 10,000　代收代支款總額 0　已結帳總額 3,960

相關房帳

1.消費單號	消費項目	數量	消費總額	帳單日期	帳單編號	入帳廳別	入
2013/10/13 00100	DEPOSIT	1	-10,000	2013/10/13	2013/10/13 00100	客房櫃檯	cio
			-10,000				

圖 6-12 客房預收款入帳完成畫面

新增帳夾

每個房號的每個人都會有九個帳夾可運用，若每個帳夾都有帳，就等於要結帳九次，出九張發票。

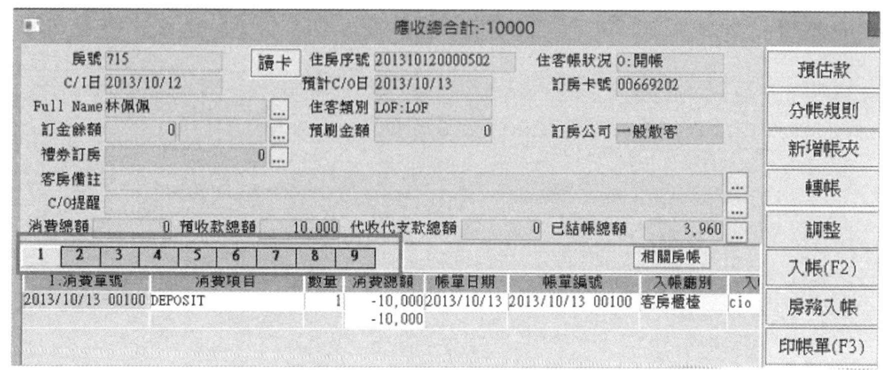

圖 6-13 新增帳夾畫面

轉帳

當多個房號產生帳款後，若有帳務需一同結帳時，除了可利用分帳規則將帳款轉至公帳號，也可轉至指定的房號。當然，若這些在夜間稽核前設定好，將會由系統自動執行，若帳款已產生後又有此需求時，人員可透過轉帳功能進行帳務轉帳。下一章有更詳細介紹。

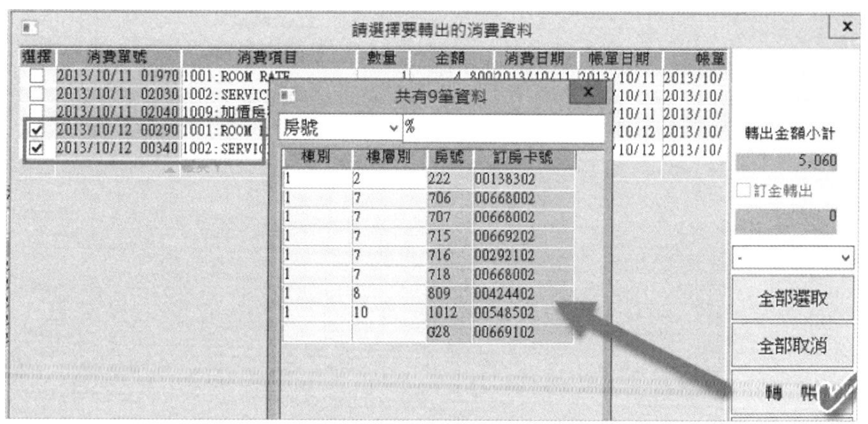

圖 6-14 帳務轉帳畫面

部分結帳

旅客有多筆帳務時，若在還沒要退房前，有某部分需先行結帳，此時可用部分結帳功能，針對特定消費項目進行結帳。

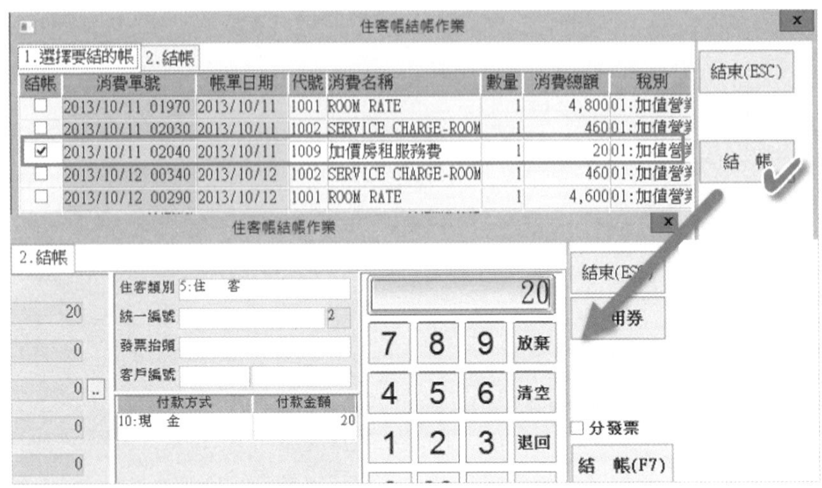

圖 6-15 部分結帳畫面

6.2 房務入帳作業

當旅客住宿時，可能會在房間產生消費，除了房租之外，也會再衍生其他費用，如 minibar、洗衣費用、購買房間備品等，此時可利用房務入帳功能進行入帳。

房務入帳操作

此入帳方式有兩個路徑，其操作模式則相同：

1. 飯店前檯系統\出納管理\旅客帳維護
2. 飯店前檯系統\房務管理\房務入帳

從旅客帳維護入帳

1. 進入旅客帳務，選擇房務入帳功能。

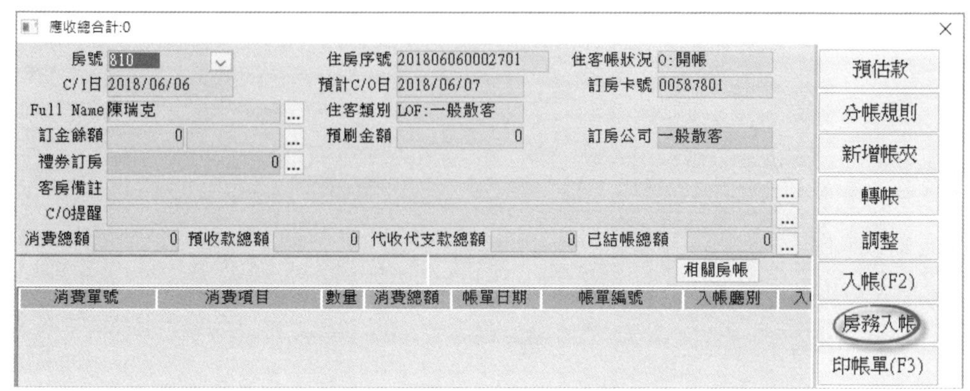

圖 6-16 進入房務入帳畫面

2. 系統開啟房務入帳畫面如圖 6-17 所示，中間選項可分為房務常用的大類，如洗衣、冰箱飲料、備品等。點選大類後，出現該類別的下階分類，而在右手邊則是真正銷售的項目。

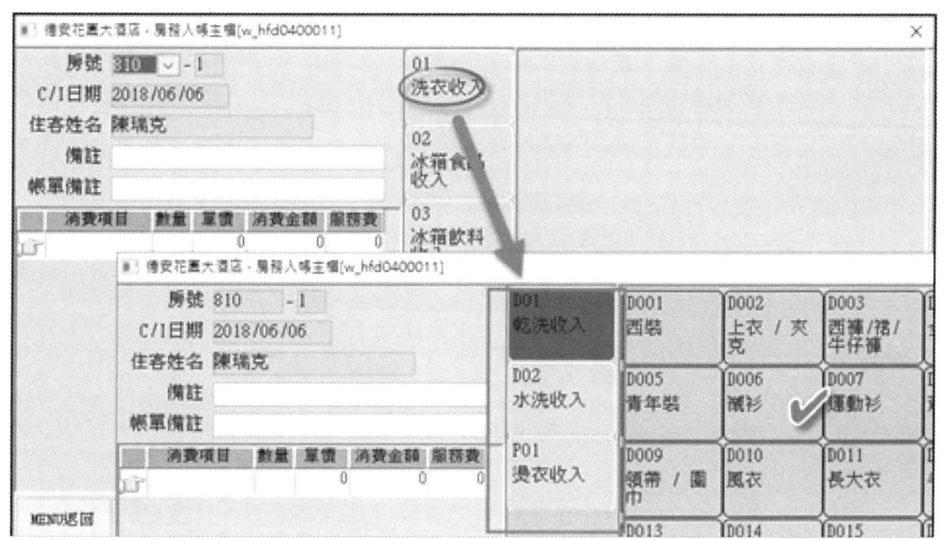

圖 6-17 房務入帳畫面

3. 選擇項目，執行儲存功能按鈕，房務入帳成功。

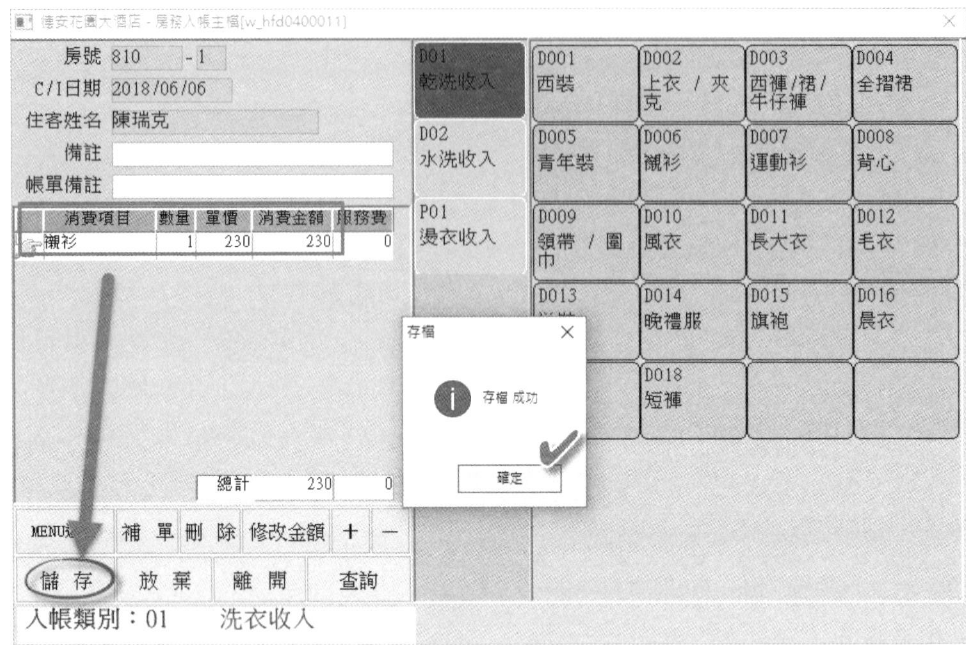

圖 6-18 房務入帳成功畫面

4. 可於旅客帳維護該房號的帳務列表上顯示該筆房務入帳，若在該筆入帳資料快速點選兩下，則會出現該筆房務入帳的項目明細如圖 6-19 所示。

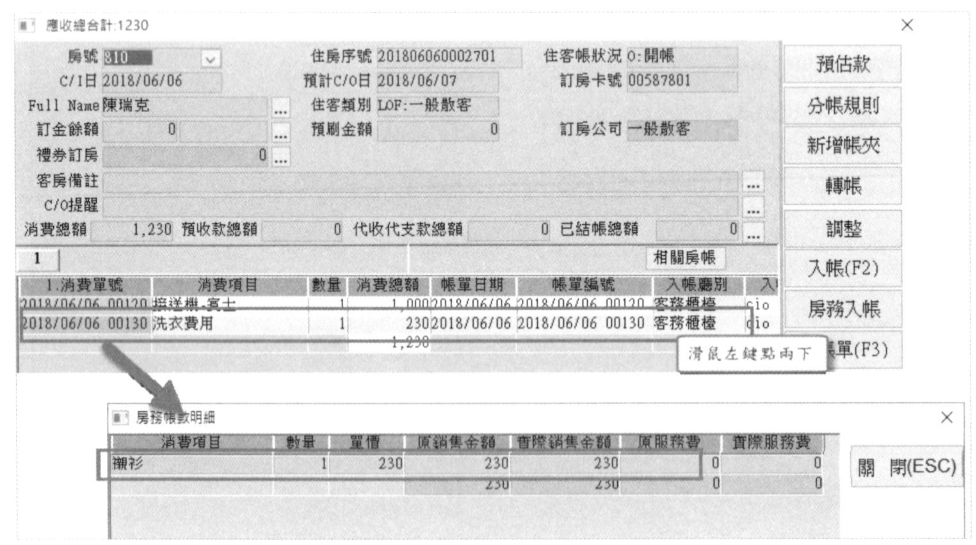

圖 6-19 旅客帳房務帳查詢畫面

從房務管理入帳與作廢

入帳

1. 選擇欲執行房務入帳的房號，執行房務入帳功能按鈕。

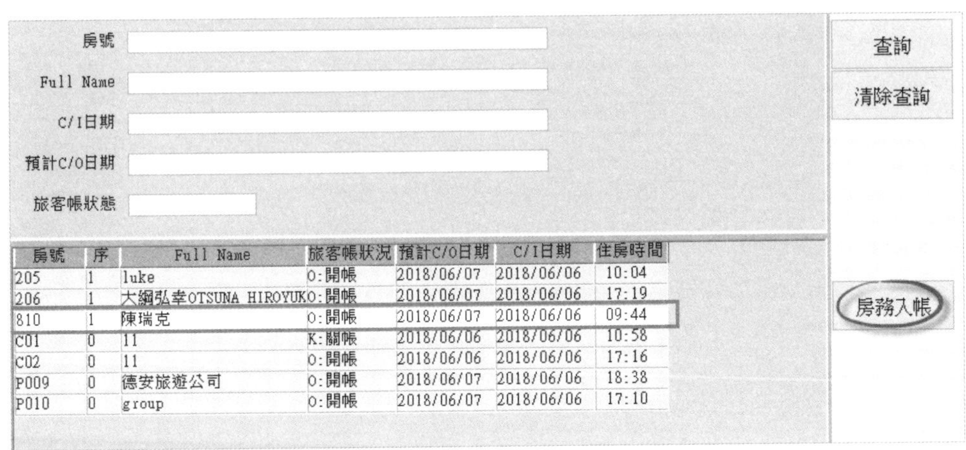

圖 6-20 房務管理房務入帳畫面

2. 其餘步驟與 6-9 頁的「從旅客帳維護入帳」操作步驟相同。

作廢

若於房務入帳錯誤時，可使用房務帳作廢功能進行導正。

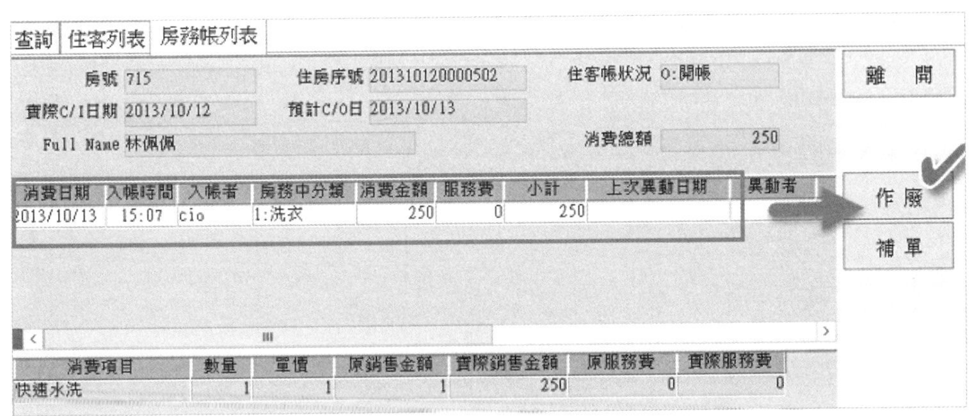

圖 6-21 房務帳作廢畫面

作廢作業完成後，房務人員可由房務報表進行當日入帳、作廢明細資料查詢與列印。

適用80行報表紙

德安大酒店股份有限公司

房務入帳報表

製表者ID：cio
製 表 者：Cio
列印條件：入帳日期：2013/10/13

製表日：2019/03/23 15:20:20
頁　次：Page1 of 1

日期	房號	費用項目	消費金額	服務費	輸入者	調整	調整(服)	消費單號	消費單號(服)
13/10/13	1012-1	洗衣	4,500	0	cio	正常		(2013101300010F0 02)	
13/10/13	1012-1	洗衣	2,000	0	cio	正常		(2013101300020F0 02)	
		合計：	6,500	0					

圖 6-22 房務入帳報表畫面

適用80行報表紙

德安大酒店股份有限公司

房務帳作廢報表

製表者ID：cio
製 表 者：Cio
列印條件：異動日期：2013/10/13　報表種類：2

製表日：2019/03/23 15:21:13
頁　次：Page1 of 1

原入帳日期	房號	費用項目	項目	項目名稱	數量	單價	銷售金額	服務費	異動日期	異動者
2013/10/13	715-1	洗衣	04	快速水洗	1	1	250	0	2013/10/13	cio
						小計：	250	0		
						合計：	250	0		

圖 6-23 房務作廢報表畫面

6.3 房客帳務調整

當旅客帳務發生入帳錯誤時，可透過系統的調整功能進行調整，但須記載原因且在飯店內部是被允許的，以利日後的稽核與對帳完整。而註銷原因則是由飯店前檯對照檔\客房調整原因對照檔設定而來，在帳務上註銷後當日該項目對應的收入會減少，若調整房租則會影響當日的平均房價。

房客帳務調整註銷

程式路徑：飯店前檯系統\出納管理\旅客帳維護

1. 搜尋出欲調整的房號，進入帳務畫面後，執行調整功能按鈕。

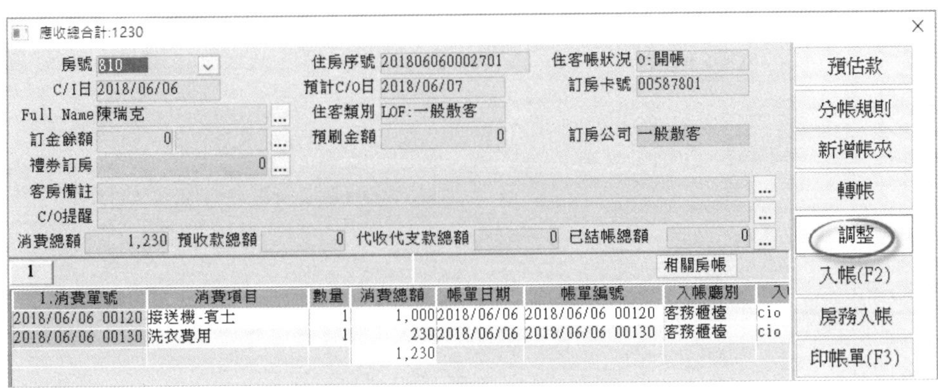

圖 6-24 旅客帳務畫面

2. 選擇需要調整的項目並在註銷原因輸入註銷原因，按下執行功能按鈕，即調整成功。

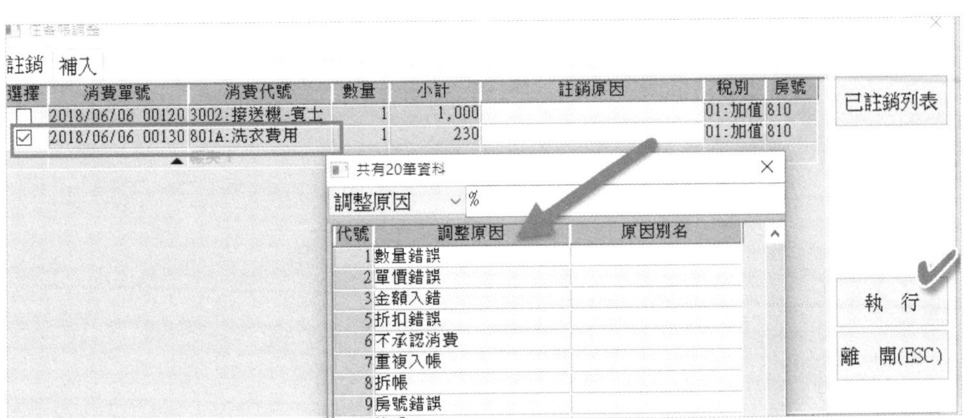

圖 6-25 帳務註銷畫面

3. 可在調整畫面的已註銷列表，顯示已註銷的資料。

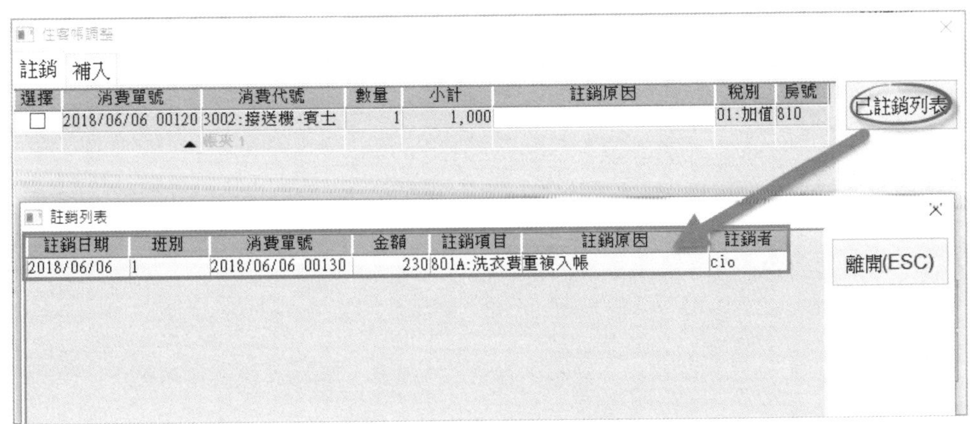

圖 6-26 註銷列表畫面

4. 若需列印出調整資料，可至出納報表的調整明細表列印。

適用80報表紙　　德安花園大酒店

製表者ID：cio　　　　製表日：2018/08/18 10:34:28
製 表 者：德安資訊　　調整明細表　　Page 1 of 1
查詢條件：調整日期：2018/06/06

小分類 801:洗衣收入
消費項目 801A:洗衣費用

調整日期	房號	班別	時間	消費日期	序號	金額	原因	調整者	備註
2018/06/06	810-1	1	10:33	2018/06/06	00130	-230	註銷	cio	重複入帳
				消費項目小計 :		-230			
				小分類小計 :		-230			
				總計 :		-230			

圖 6-27 調整明細表畫面

6.4 客房轉帳

住客帳務有時因為實際需求，而會有已入帳但卻有轉帳需求的情形，比如團體、家族旅遊，公司會議等，可利用轉帳功能達到目的

客房轉帳

程式路徑：飯店前檯系統\出納管理\旅客帳維護

1. 找到房號開啟帳務畫面，執行轉帳功能按鈕開啟轉帳畫面，選擇欲轉帳項目，執行轉帳功能按鈕後選擇欲轉帳目的地的房號資料。

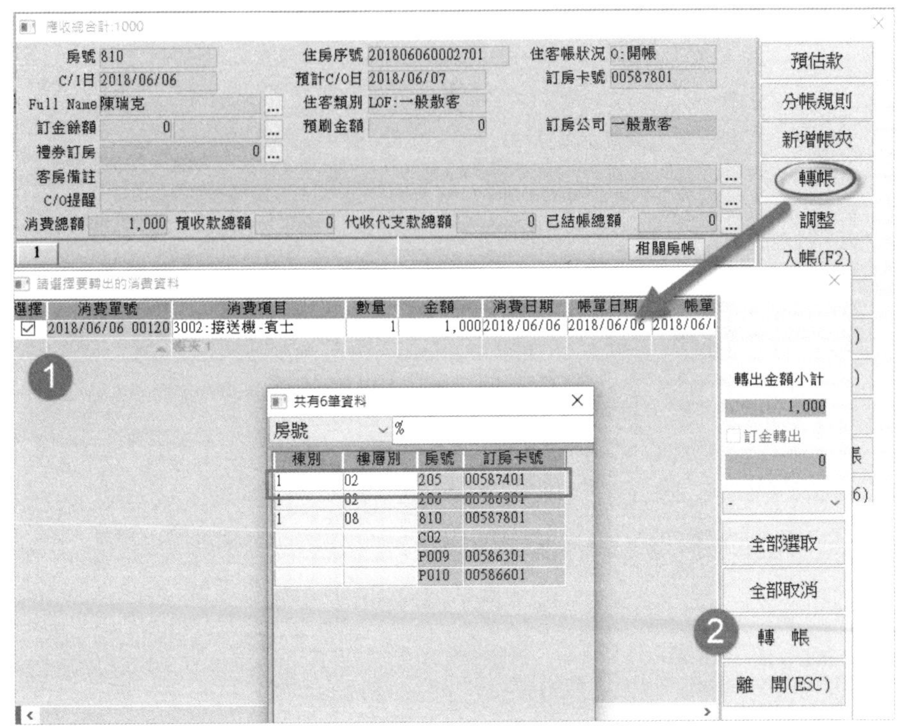

圖 6-28 旅客帳轉帳畫面

2. 系統顯示視窗轉帳資料要放至該房號的帳夾，執行轉帳確認功能按鈕，轉帳成功。

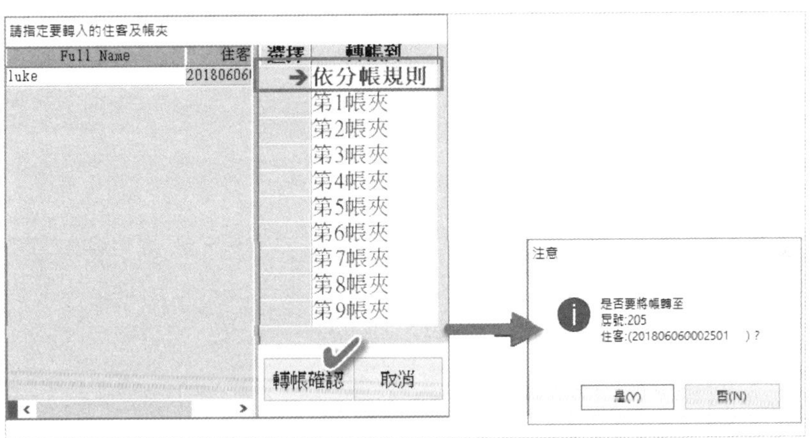

圖 6-29 選擇房號轉帳畫面

3. 於目的地房號，可檢視該筆帳務並於調整備註顯示來源房號。

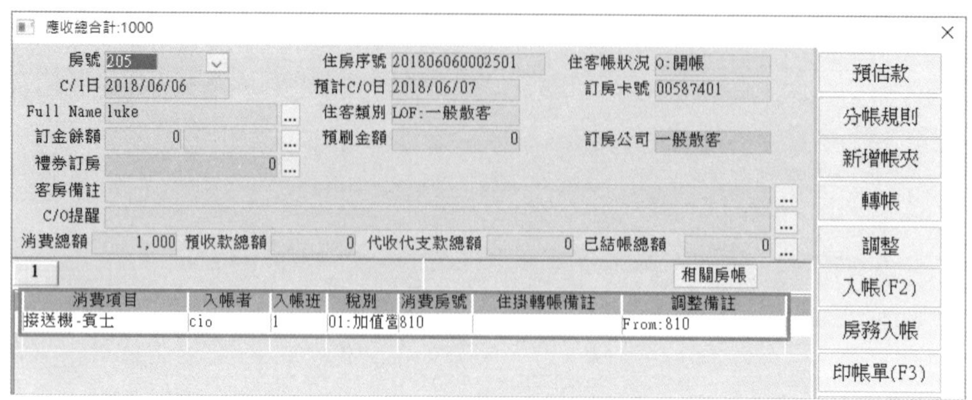

圖 6-30 轉帳成功畫面

4. 若需列印出轉帳資料，可至出納報表的轉帳明細表列印。

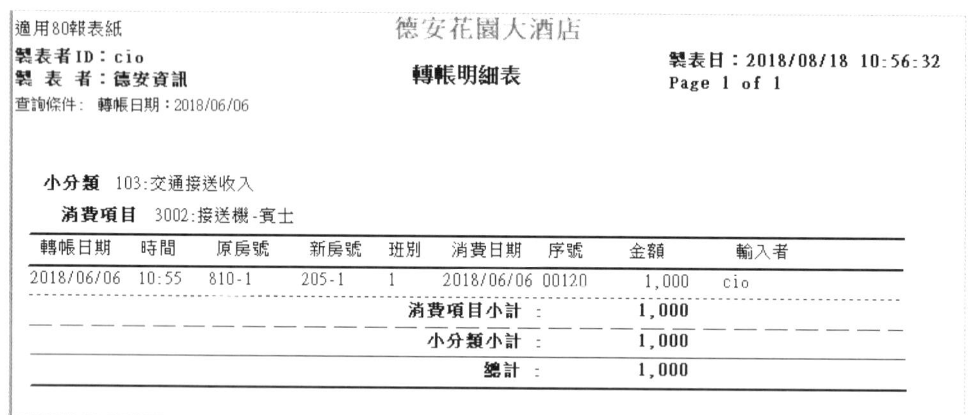

適用80報表紙

德安花園大酒店

製表者ID：cio
製 表 者：德安資訊
查詢條件： 轉帳日期：2018/06/06

轉帳明細表

製表日：2018/08/18 10:56:32
Page 1 of 1

小分類 103:交通接送收入

消費項目 3002:接送機-賓士

轉帳日期	時間	原房號	新房號	班別	消費日期	序號	金額	輸入者
2018/06/06	10:55	810-1	205-1	1	2018/06/06	00120	1,000	cio
					消費項目小計 :		1,000	
					小分類小計 :		1,000	
					總計 :		1,000	

圖 6-31 轉帳明細表畫面

6.5 分帳規則

將客戶告知或是要求的帳款分帳方式事先設定，讓入住後轉入的旅客帳可將項目指定入帳的帳夾。若無分帳規則時，系統會將該房號所有入帳的項目，全部歸至第一個帳夾，分帳規則是由分帳規則對照檔設定而來。

分帳規則

1. 進行分帳時，先選取帳夾編號，點選欲轉至該帳夾的小分類，此時該小分類會被打勾，則表示該分類會被轉至此帳夾。若此時需連同已入帳務項目隨同此分帳規則分帳，需勾選儲存後未結帳款依新的分帳規則分配，儲存後全部帳款會依照該分帳規則分配。

設定住客代號[201806060002701]帳單分帳規則

帳夾編號：1 2 3 4 5 6 7 8 9

☑儲存後未結帳款依新分帳規則分配
☐所有消費項目套用指定房號

選擇分帳代號
指定入帳房號
儲　存
離　開(ESC)

01 ✓房租收入	0A 食品收入-馬辣	1001 冰箱食品收入	1002 冰箱飲料收入	1009 冰箱飲料折讓
101 ✓客房房租收入	102 客房服務費收入	103 交通接送收入	109 其它客房收入	110 其他收入
121 三溫暖服務收入	122 三溫暖商品收入	1301 付費電視	201 食品收入	202 飲料收入
203 餐飲服務費收入	204 餐飲場地租金收	205 扣抵	206 飲料收入-酒精	209 其它餐飲收入
210 溢收款	211 禮券折讓	212 Department Dr	213 Department Foo	214 便利商店收入
215 餐飲折讓	219 其他收入	301 藝品賣店收入	401 電話費收入-國	402 電話費收入-國
403 電話費收入-市	501 門票收入	502 遊園活動券收入	6 會員入會費收入	601 會員入會費收入
602 健身俱樂部收入	701 果嶺費收入	702 球場租車收入	703 球場租桿收入	704 球場代收保險費
705 球場租鞋收入	706 加洞果嶺費	707 陪走收入	708 清潔費	709 球具收入

在畫面上點選小分類時：
點選一下：入帳時將此小分類的帳移至左側所選的帳夾編號內
點選二下：入帳時將此小分類的帳移至[公帳號]內的左側所選的帳夾編號
點選三下：入帳時將此小分類的帳移至[指定房號]內的左側所選的帳夾編號

圖 6-32　分帳規則設定畫面

2. 系統自動產生該分帳的帳夾，並將符合規則的帳務轉入。

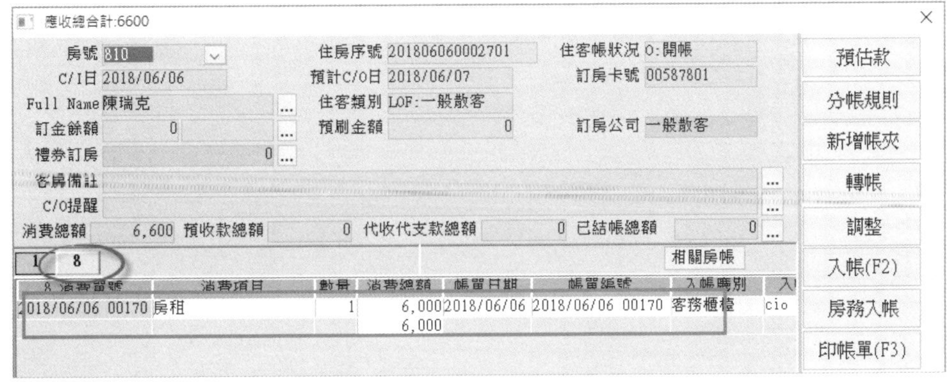

圖 6-33　分帳完成畫面

3. 若帳務要指定房號，勾選所有消費項目套用指定房號，再選擇指定入帳房號。

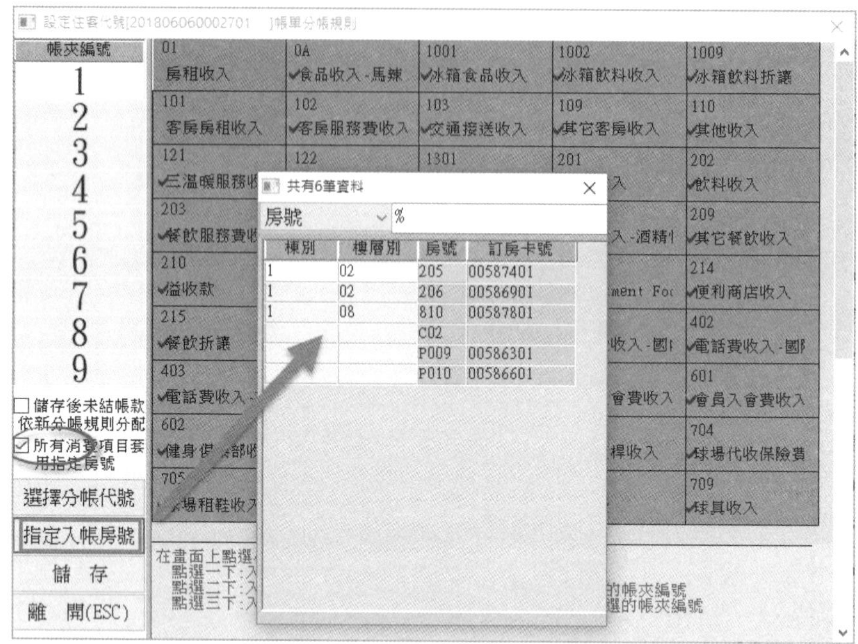

圖 6-34 分帳指定房號畫面

4. 系統會將小分類都填上該房號，執行儲存功能按鈕後即完成分帳規則設定。

設定住客代號[201806060002701]帳單分帳規則

01 房租收入	0A 205 食品收入-馬辣	1001 205 冰箱食品收入	1002 205 冰箱飲料收入	1009 205 冰箱飲料折讓
101 客房房租收入	102 205 客房服務費收入	103 205 交通接送收入	109 205 其它客房收入	110 205 其他收入
121 205 三溫暖服務收入	122 205 三溫暖商品收入	1301 205 付費電視	201 205 食品收入	202 205 飲料收入
203 205 餐飲服務費收入	204 205 餐飲場地租金收	205 205 扣抵	206 205 飲料收入-酒精	209 205 其它餐飲收入
210 205 溢收款	211 205 禮券折讓	212 205 Department Dr	213 205 Department Foo	214 205 便利商店收入
215 205 餐飲折讓	219 205 其他收入	301 205 藝品賣店收入	401 205 電話費收入-國	402 205 電話費收入-國
403 205 電話費收入-市	501 205 門票收入	502 205 遊園活動券收入	6 205 會員入會費收入	601 205 會員入會費收入
602 205 健身俱樂部收入	701 205 果嶺費收入	702 205 球場租車收入	703 205 球場租桿收入	704 205 球場代收保險費
705 205 球場租鞋收入	706 205 加洞果嶺費	707 205 陪走收入	708 205 清潔費	709 205 球具收入

帳夾編號 1 2 3 4 5 6 7 8 9

儲存後未結帳款依新分帳規則分配
所有消費項目套用指定房號
選擇分帳代號
指定入帳房號
儲 存
離 開(ESC)

在畫面上點選小分類時：
點選一下：入帳時將此小分類的帳移至左側所選的帳夾編號內
點選二下：入帳時將此小分類的帳移至[公帳號]內的左側所選的帳夾編號
點選三下：入帳時將此小分類的帳移至[指定房號]內的左側所選的帳夾編號

圖 6-35 分帳指定房號成功畫面

5. 也可以利用選擇已經於分帳規則設定檔設定完成的分帳規則，進行分帳。

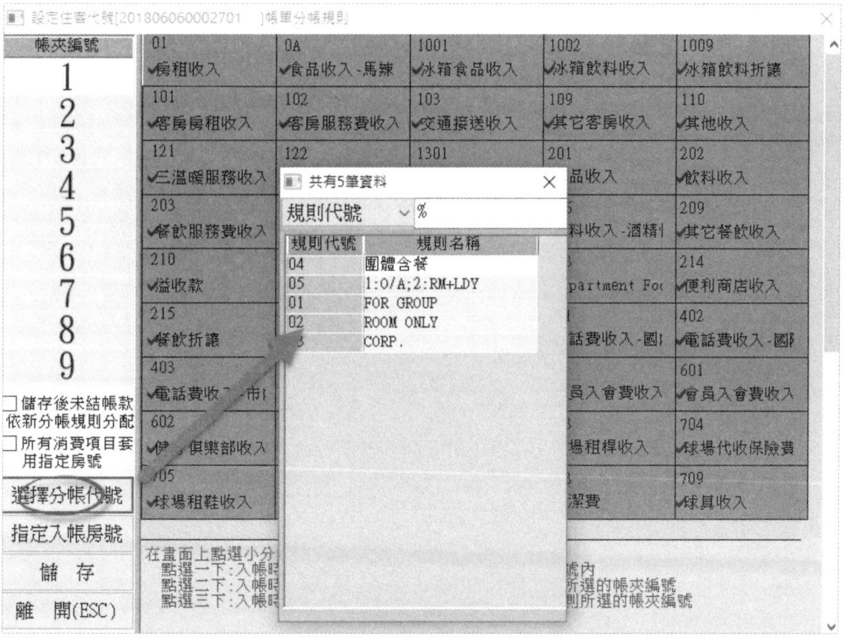

圖 6-36 選擇分帳規則代號畫面

6.6 開立現金帳

虛擬房號是提供住客或非住客帳務使用，一般也會使用在尚未確認付款方式的帳務上，視飯店需求使用。

開立現金帳處理

程式路徑：飯店前檯系統\出納管理\開立現金帳

1. 選擇房號並輸入 Full Name、C/O 日期後，執行開立現金帳功能按鈕，開立現金帳成功，後續入帳結帳功能與操作都與一般旅客帳務相同。

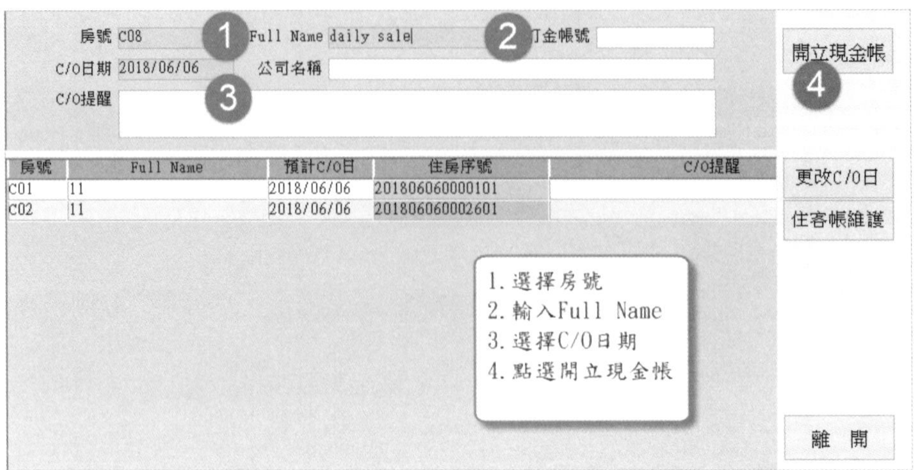

圖 6-37 開立現金帳畫面

2. 視需要狀況，可延展該現金帳的 C/O 日期。

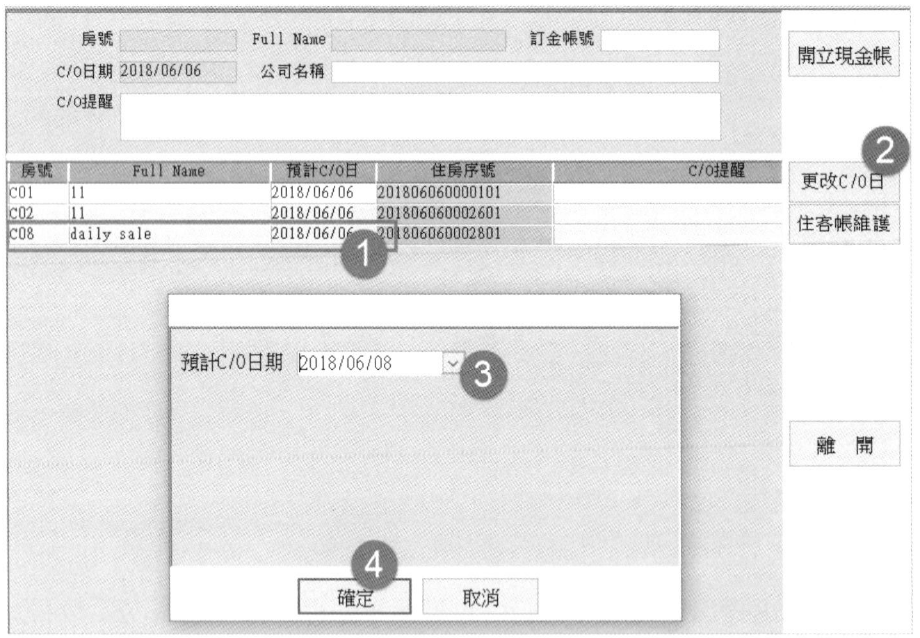

圖 6-38 現金帳更改 CO 畫面

6.7 實作範例練習

實際操作範例一

高雄市市長韓國瑜到德安花園酒店住宿，因為行程排太多太滿，到房間休息後，取用了冰箱的飲料及餅乾，請問此時的飲料收費該怎麼做？

請大家動動手！小試身手一下
你做對了嗎？

操作步驟

1. 到房務管理\房務入帳或是出納管理\旅客帳維護。
2. 選擇房號後，按下房務入帳。
3. 選擇該房號消費的物品。
4. 執行儲存。
5. 入帳成功後，離開。

實際操作範例二

承上題，由於是高雄市長的身分，此筆帳務由高雄市政府支付，若要與住宿費分開，該如何作業？

A.新增一個帳夾，拖曳至新帳夾

B.入帳到現金帳

C.不入帳

請大家動動腦！該怎麼做？

答案：A.新增帳夾

操作步驟

1. 出納管理\旅客帳維護。
2. 新增帳夾。
3. 選擇該飲料消費拖曳至新的帳夾。

6.8 模擬試題

選擇題

(　) 1. 請問每個房號系統預設會有幾個帳夾？
(A) 6 個　(B) 7 個
(C) 8 個　(D) 9 個

(　) 2. 請問在旅客帳維護的入帳功能裡，項目選取的來源是來自於哪個設定檔？
(A) 服務項目對照檔　(B) 公帳號對照檔
(C) 服務種類對照檔　(D) 房價對照檔

(　) 3. 入帳時，該項的備註若要顯示於客戶帳單上，應於何處註記？
(A) 出納備註　(B) 帳單備註
(C) 訂房備註　(D) 歷史備註

(　) 4. 若無住宿，但是要購買房間備品或是其他需要收費項目，該如何做帳？
(A) 開立現金帳　(B) 轉帳
(C) 旅客帳維護　(D) 房務入帳

(　) 5. 當在旅客帳入帳錯誤時，可利用下列何種功能註銷該筆帳務？
(A) 調整　(B) 入帳
(C) 分帳　(D) 結帳

(　) 6. 可設定帳務依照客戶要求的規則進行分開顯示以及結帳的功能為何？
(A) FOC　(B) 交辦事項
(C) 分帳規則　(D) 保證方式

(　) 7. 若住客有使用冰箱飲料或餅乾時，該使用哪個功能入帳？
(A) 入帳　(B) 房務入帳
(C) 轉帳　(D) 結帳

(　) 8. 已註銷的帳務，可於哪張報表查詢？
(A) 調整明細表　(B) 消費明細表
(C) 預收款明細表　(D) 拆帳報表

(　) 9. 若 A 房間帳務要由 B 房間結帳，但已滾完帳，則該運用哪個功能達到目的？

(A) 結帳　(B) 部分結帳

(C) 入帳　(D) 轉帳

(　) 10. 分帳規則的規則代號從何而來？

(A) 客戶類別對照檔　(B) 房價對照檔

(C) 分帳規則對照檔　(D) FOC 對照檔

(　) 11. 已入帳的房務帳，若發現有錯誤，可由哪個功能進行調整？

(A) 房務帳入帳　(B) 房務帳作廢

(C) 房務帳補單　(D) 房務帳註銷

(　) 12. 因應客人要求修改帳單內容，該運用哪個功能進行？

(A) 入帳　(B) 註銷

(C) 調整服務項目　(D) 調整帳單

(　) 13. 住客帳畫面在哪個狀態下無法入帳？

(A) 有住人　(B) 有分帳規則

(C) 關帳　(D) 有結帳

(　) 14. 在住客帳要查詢同一張訂房卡的其他房號的帳務，可利用哪個功能進行檢視？

(A) 相關房號　(B) 預估款

(C) 分帳規則　(D) 房務入帳

(　) 15. 若客人消費多筆帳務，要求先結帳某一筆帳款，可以利用哪個功能執行？

(A) 部分結帳　(B) 結帳

(C) 分帳　(D) 房務帳

(　) 16. 試問，使用調整帳單時，哪個欄位是無法調整的？

(A) 公司名稱　(B) 代訂公司

(C) 抵達日期　(D) 帳單細項

(　) 17. 分帳規則設定除了選擇分帳規則代號之外，還可以指定下列哪個項目？

(A) 人名　(B) 公司

(C) 房號　(D) 項目

(　　) 18. 房務入帳作業結束，可由哪份報表知道當日入帳明細？
(A) 房務銷售彙總表　(B) 房務銷售明細表
(C) 房務作廢報表　(D) 房務入帳報表

(　　) 19. 旅客入住後，先付一筆錢做為此次住宿的保證，可利用哪項功能？
(A) 客房預收款　(B) 預估款
(C) 現金帳款　(D) 房價

(　　) 20. 入帳時，該房號若遇何種情形時，將無法執行入帳功能？
(A) 開帳　(B) 轉帳
(C) 現金帳　(D) 關帳

訂房操作流程

7.1 空房庫存查詢功能

空房庫存查詢

程式路徑：訂房查詢\房間庫存查詢

進入畫面後，系統會預設開始與結束日期為期為 14 天，但可以修改，下方顯示的數字則為該房種的剩餘數量，有顏色的部分代表假日，假日的定義來源為飯店前檯系統\飯店前檯對照檔\假日日期對照檔。

1 館別：01
開始日：2018/6/6
結束日：2018/6/18

不顯示的房種
用房數：
空房數：

3 查詢 清除查詢 離開 前7天 後7天 查用房數 鎖控 另存新檔 列印 庫存重整
□顯示櫃檯備品庫存

2

空房數		06/06	06/07	06/08	06/09	06/10	06/11	06/12	06/13	06/14	06/15	06/16	06/17	06/18
		(三)	(四)	(五)	(六)	(日)	(一)	(二)	(三)	(四)	(五)	(六)	(日)	(一)
數及住房率(%)		29%	23%	29%	30%	29%	23%	29%	22%	24%	30%		31%	
SPR:精緻雙人	5	3	3	3	2	3	3	3	5	2	2	1	1	1
Q3:舒適客房	15	15	15	15	15	15	15	15	15	15	15	15	15	15
STD:標準雙人	50	37	40	30	30	30	40	30	40	40	30	30	30	30
DXK:豪華客房	23	16	18	18	18	18	18	18	18	18	18	18	18	18
DXT:豪華雙	20	0	0	0	0	0	0	0	0	0	0	0	0	0
EXK:豪華行政	2	0	2	2	2	2	2	2	2	2	2	2	2	2
EXT:豪華行政	15	15	15	15	15	15	15	15	15	15	15	15	15	15
Q2:精緻客房	10	10	10	10	10	10	10	10	10	10	10	10	10	10
SQS:典贊蜜月	5	5	5	5	5	5	5	5	5	5	5	5	5	5
Q1:行旅客房	15	13	15	15	15	15	15	15	15	15	15	15	15	15
小計：	**160**	**114**	**123**	**113**	**112**	**113**	**123**	**113**	**125**	**122**	**112**	**111**	**111**	**111**

圖 7-1 房間庫存查詢畫面

1. **查詢條件**：可依照使用者意願給予起迄日期條件或是可選擇過濾不顯示的房種。

2. **房種資料**：依照房間小類對照檔設定以及間數加總而來，其排列順序則是參照房種排序對照檔。

3. **功能鍵**：除一般使用按鈕之外，還有用房數、鎖控、重整庫存、顯示櫃台備品庫存等選項功能，供使用者依需求使用。而櫃台備品則是需控管庫存的物品，如加床、嬰兒澡盆、奶瓶消毒鍋，熨斗等等，藉由此庫存查詢可知道物品的剩餘數，也可由接待報表的櫃台備品明細表列出目前使用中或即將使用的物品以及住房房客資訊。

功能說明

可於指定房種的剩餘間數上用滑鼠左鍵快速點兩下後，會出現該房種的已訂房列表，此列表包含所有扣掉的庫存數（鎖控、續住、訂房）。

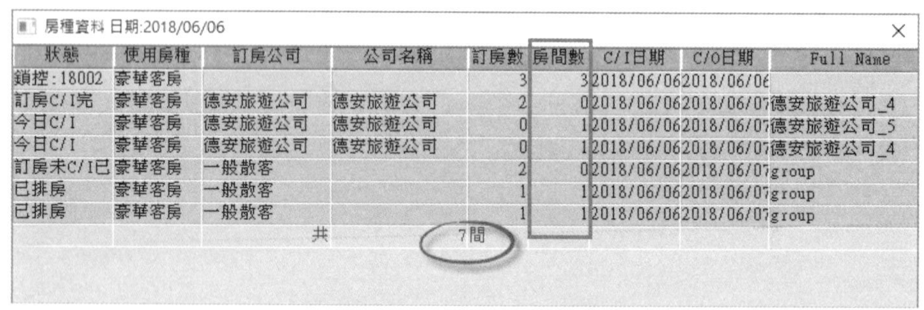

房種資料 日期:2018/06/06

狀態	使用房種	訂房公司	公司名稱	訂房數	房間數	C/I日期	C/O日期	Full Name
鎖控:18002	豪華客房			3	3	2018/06/06	2018/06/06	
訂房C/I完	豪華客房	德安旅遊公司	德安旅遊公司	2	0	2018/06/06	2018/06/07	德安旅遊公司_4
今日C/I	豪華客房	德安旅遊公司	德安旅遊公司	0	1	2018/06/06	2018/06/07	德安旅遊公司_5
今日C/I	豪華客房	德安旅遊公司	德安旅遊公司	0	1	2018/06/06	2018/06/07	德安旅遊公司_4
訂房未C/I已	豪華客房	一般散客		2	0	2018/06/06	2018/06/07	group
已排房	豪華客房	一般散客		1	1	2018/06/06	2018/06/07	group
已排房	豪華客房	一般散客		1	1	2018/06/06	2018/06/07	group
			共	7間				

圖 7-2 房種明細畫面

也可於畫面上的訂房明細，按滑鼠左鍵兩下，開啟訂房卡明細畫面來檢視資料。

圖 7-3 開啟訂房畫面

若須檢視當日所有房種已被預訂間數明細，可在當日的日期處，用滑鼠左鍵快速點兩下，則會開啟當天所有間數明細畫面。

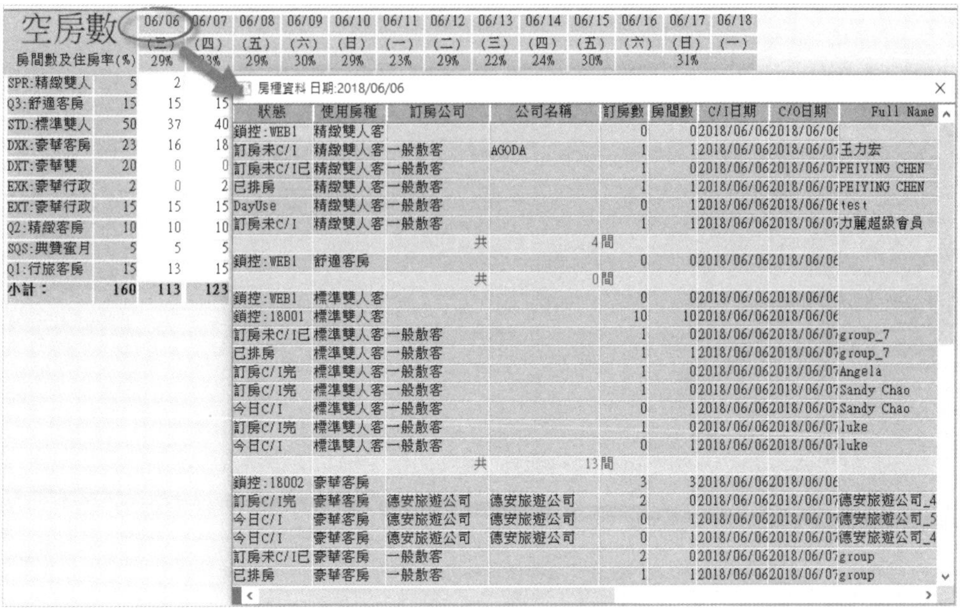

空房數		06/06	06/07	06/08	06/09	06/10	06/11	06/12	06/13	06/14	06/15	06/16	06/17	06/18
		(三)	(四)	(五)	(六)	(日)	(一)	(二)	(三)	(四)	(五)	(六)	(日)	(一)
房間數及住房率(%)		29%	23%	29%	30%	29%	23%	29%	22%	24%	30%		31%	
SPR:精緻雙人	5	2												
Q3:舒適客房	15	15	15											
STD:標準雙人	50	37	40											
DXK:豪華客房	23	16	18											
DXT:豪華雙	20	0	0											
EXK:豪華行政	2	0	2											
EXT:豪華行政	15	15	15											
Q2:精緻客房	10	10	10											
SQS:典贊蜜月	5	5	5											
Q1:行旅客房	15	13	15											
小計：	160	113	123											

房種資料 日期:2018/06/06

狀態	使用房種	訂房公司	公司名稱	訂房數	房間數	C/I日期	C/O日期	Full Name
鎖控:WEB1	精緻雙人客			0	0	2018/06/06	2018/06/06	
訂房未C/I	精緻雙人客	一般散客	AGODA	1	1	2018/06/06	2018/06/07	王力宏
訂房未C/I已	精緻雙人客	一般散客		1	0	2018/06/06	2018/06/07	PEIYING CHEN
已排房	精緻雙人客	一般散客		1	1	2018/06/06	2018/06/07	PEIYING CHEN
DayUse	精緻雙人客	一般散客		0	1	2018/06/06	2018/06/06	test
訂房未C/I	精緻雙人客	一般散客		1	1	2018/06/06	2018/06/07	力麗超級會員
		共	4間					
鎖控:WEB1	舒適客房			0	0	2018/06/06	2018/06/06	
		共	0間					
鎖控:WEB1	標準雙人客			0	0	2018/06/06	2018/06/06	
鎖控:18001	標準雙人客			10	10	2018/06/06	2018/06/06	
訂房未C/I已	標準雙人客	一般散客		1	0	2018/06/06	2018/06/07	group_7
已排房	標準雙人客	一般散客		1	1	2018/06/06	2018/06/07	group_7
訂房C/I完	標準雙人客	一般散客		1	0	2018/06/06	2018/06/07	Angela
訂房C/I完	標準雙人客	一般散客		1	0	2018/06/06	2018/06/07	Sandy Chao
今日C/I	標準雙人客	一般散客		0	1	2018/06/06	2018/06/07	Sandy Chao
訂房C/I完	標準雙人客	一般散客		1	0	2018/06/06	2018/06/07	luke
今日C/I	標準雙人客	一般散客		0	1	2018/06/06	2018/06/07	luke
		共	13間					
鎖控:18002	豪華客房			3	3	2018/06/06	2018/06/06	
訂房C/I完	豪華客房	德安旅遊公司	德安旅遊公司	2	0	2018/06/06	2018/06/07	德安旅遊公司_4
今日C/I	豪華客房	德安旅遊公司	德安旅遊公司	0	1	2018/06/06	2018/06/07	德安旅遊公司_5
今日C/I	豪華客房	德安旅遊公司	德安旅遊公司	0	1	2018/06/06	2018/06/07	德安旅遊公司_4
訂房未C/I已	豪華客房	一般散客		2	0	2018/06/06	2018/06/07	group
已排房	豪華客房	一般散客		1	1	2018/06/06	2018/06/07	group

圖 7-4　當日訂房明細畫面

庫存查詢功能區介紹

查用房數

可切換畫面為用房的間數，於間數處快速點選兩下出現明細的功能不變。

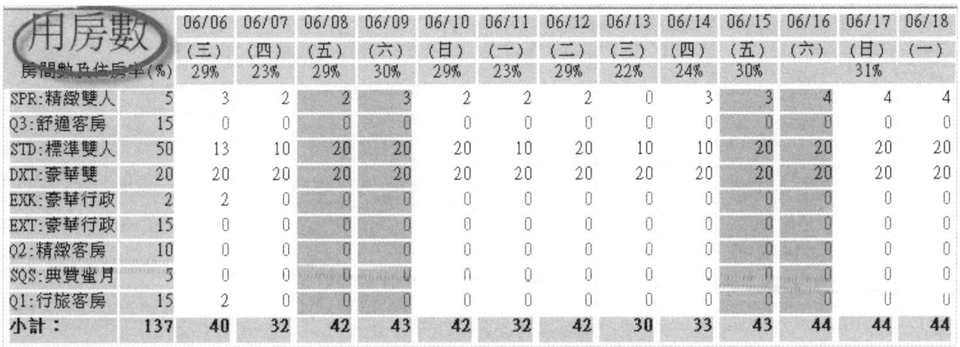

用房數		06/06	06/07	06/08	06/09	06/10	06/11	06/12	06/13	06/14	06/15	06/16	06/17	06/18
		(三)	(四)	(五)	(六)	(日)	(一)	(二)	(三)	(四)	(五)	(六)	(日)	(一)
房間數及住房率(%)		29%	23%	29%	30%	29%	23%	29%	22%	24%	30%		31%	
SPR:精緻雙人	5	3	2	2	3	2	2	2	0	3	3	4	4	4
Q3:舒適客房	15	0	0	0	0	0	0	0	0	0	0	0	0	0
STD:標準雙人	50	13	10	20	20	20	10	20	10	10	20	20	20	20
DXT:豪華雙	20	20	20	20	20	20	20	20	20	20	20	20	20	20
EXK:豪華行政	2	2	0	0	0	0	0	0	0	0	0	0	0	0
EXT:豪華行政	15	0	0	0	0	0	0	0	0	0	0	0	0	0
Q2:精緻客房	10	0	0	0	0	0	0	0	0	0	0	0	0	0
SQS:典贊蜜月	5	0	0	0	0	0	0	0	0	0	0	0	0	0
Q1:行旅客房	15	2	0	0	0	0	0	0	0	0	0	0	0	0
小計：	137	40	32	42	43	42	32	42	30	33	43	44	44	44

圖 7-5　用房數查詢畫面

鎖控

鎖控是指將庫存數分成兩部分，一部分為現場訂房使用，另一部分則是給固定的公司或是旅行社專用。

當有鎖控數字時，也可於房間庫存查詢畫面顯示，方便使用者了解目前庫存數字。此處呈現的欄位依序為房間總數、庫存數、非 WRS 鎖控剩餘數、WRS 鎖控剩餘數、庫存超訂數等。

房種	名稱	房間數	06/06 (三) 庫存數	非WRS鎖控剩餘數	WRS鎖控剩餘數	庫存超訂數	06/07 (四) 庫存數	非WRS鎖控剩餘數	WRS鎖控剩餘數	庫存超訂數	06/08 (五) 庫存數	非WRS鎖控剩餘數	WRS鎖控剩餘數	庫存超訂數
SPR	精緻雙人客房	5	2	0	0	0	3	0	0	0	3	0	2	0
Q3	舒適客房	15	15	0	0	0	15	0	0	0	15	0	0	0
STD	標準雙人客房	50	37	10	0	0	40	10	0	0	30	10	10	0
DXT	豪華雙人	20	0	17	0	0	0	20	0	0	0	20	0	0
EXK	豪華行政客房	2	0	0	0	0	2	0	0	0	2	0	0	0
EXT	豪華行政雙人	15	15	0	0	0	15	0	0	0	15	0	0	0
Q2	精緻客房1	10	10	0	0	0	10	0	0	0	10	0	0	0
SQS	典贊蜜月套房	5	5	0	0	0	5	0	0	0	5	0	0	0
Q1	行旅客房123	15	13	0	0	0	15	0	0	0	15	0	0	0
	小計：	137	97	27	0	0	105	30	0	0	95	30	12	0

房種	名稱	06/09 (六) 庫存數	非WRS鎖控剩餘數	WRS鎖控剩餘數	庫存超訂數	06/10 (日) 庫存數	非WRS鎖控剩餘數	WRS鎖控剩餘數	庫存超訂數	06/11 (一) 庫存數	非WRS鎖控剩餘數
SPR	精緻雙人客房	2	0	2	0	3	0	0	0	3	0
Q3	舒適客房	15	0	0	0	15	0	0	0	15	0
STD	標準雙人客房	30	10	10	0	30	10	10	0	40	10
DXT	豪華雙人	0	20	0	0	0	20	0	0	0	20
EXK	豪華行政客房	2	0	0	0	2	0	0	0	2	0
EXT	豪華行政雙人	15	0	0	0	15	0	0	0	15	0
Q2	精緻客房1	10	0	0	0	10	0	0	0	10	0
SQS	典贊蜜月套房	5	0	0	0	5	0	0	0	5	0
Q1	行旅客房123	15	0	0	0	15	0	0	0	15	0
	小計：	94	30	12	0	95	30	10	0	105	30

圖 7-6 鎖控查詢畫面

- 庫存數：目前該房種剩餘房間數。
- 非 WRS 鎖控剩餘數：透過鎖控管裡設定的數字加總。
- WRS 鎖控剩餘數：上傳至官網的線上訂房或是上傳至 OTA 的房間數。
- 庫存超訂數：透過 OVERBOOKING 設定的數字。

庫存重整

當多間使用者同時訂房，在存檔時才會扣除房種庫存，此時若畫面未更新，所檢視的房種數字將會有所差異，建議執行此功能，讓庫存重整後更新數字。

☑顯示櫃檯備品庫存

系統提供飯店端出借物品的庫存控管，可由櫃檯備品設定對照檔設定而來，於房間庫存畫面亦可同時顯示該物品的庫存數，方便使用者知悉。

可用數		06/06 (三)	06/07 (四)	06/08 (五)	06/09 (六)	06/10 (日)	06/11 (一)	06/12 (二)	06/13 (三)	06/14 (四)	06/15 (五)	06/16 (六)	06/17 (日)	06/18 (一)
類別名稱	數量	可用	可用	可用	可用	可用	可用	可用	可用	可用	可用	可用	可用	可用
加床	5	5	5	5	5	5	5	5	5	5	5	5	5	5
加嬰兒床	5	5	5	5	5	5	5	5	5	5	5	5	5	5
奶瓶消毒鍋組	10	10	10	10	10	10	10	10	10	10	10	10	10	10
嬰兒澡盆	5	5	5	5	5	5	5	5	5	5	5	5	5	5
男備品	999	999	999	999	999	999	999	999	999	999	999	999	999	999
女備品	999	999	999	999	999	999	999	999	999	999	999	999	999	999

圖 7-7 櫃台備品庫存畫面

7.2 訂房查詢

飯店每天都會有新訂房以及修改訂房的需求，針對已訂房的資料如何查詢及進行訂房資料修改，可利用訂房管理功能達到需求。訂房組可透過當日新增訂房報表以及當日訂房取消報表知悉當日新增或是取消的數字，也可利用訂房查詢功能知悉各訂房的資料或修改訂單。

德安大酒店股份有限公司

當日新增訂房報表

製表者ID：cio
製 表 者：Cio

製表日：2019/04/13 14:00:36
Page 1 of 798

查詢條件：輸入日：<2013/10/13　報表格式：當日新增訂房報表

輸入日	訂房卡號	序	輸入者	訂房者	公司名稱	代訂公司名稱	連絡人	狀態	C/I日期	C/O日期	夜數	房價代號	計價房種	訂房數	新房價	住客類別	小計	訂房卡備註
12/11/06	00000102	- 1	Sn2	TBXXXX	ATXXXXSOURXES INC 輝翔科技有限公司	ATXXXXSOURXES INC 輝翔科技有限公司	XXXX泰	取消	12/12/25	12/12/29	4	CCB	PRT	1	5,550	BAR	1	INCL 3BF, C/O SM-ANNIE
12/11/07	00000202	- 1	Grs2	SAXXXX TRAVEL SERVICE三普旅行	ATXXXXSOURXES INC 輝翔科技有限公司	ATXXXXSOURXES INC 輝翔科技有限公司	XXXX宜	取消	13/02/24	13/03/11	15	CSSPEC	DRK	1	3,000	GRP	1	DRT*15
12/11/09	00000302	- 1	Gro2	PUXXXXGUAN	NAXXXXTRICS TAIWAN 美商耐詣股份有限公司台灣分公司	NAXXXXTRICS TAIWAN 美商耐詣股份有限公司台灣分公司	XXXX恬 T	取消	12/12/04	12/12/14	10	CBB	DK	1	3,900	NOR	1	2012/12/01~2013/12/3 B GRADE RQ AT UA858 22:30PM $2000 C/I CFM DT

圖 7-8　當日新增訂房報表畫面

訂房查詢功能

因應消費者能提供的訊息與資料不一，系統依照實務需求顯示可查詢條件，供使用者利用，請參照圖 7-9 顯示，並提供速查欄位，以便快速找到訂房資料。

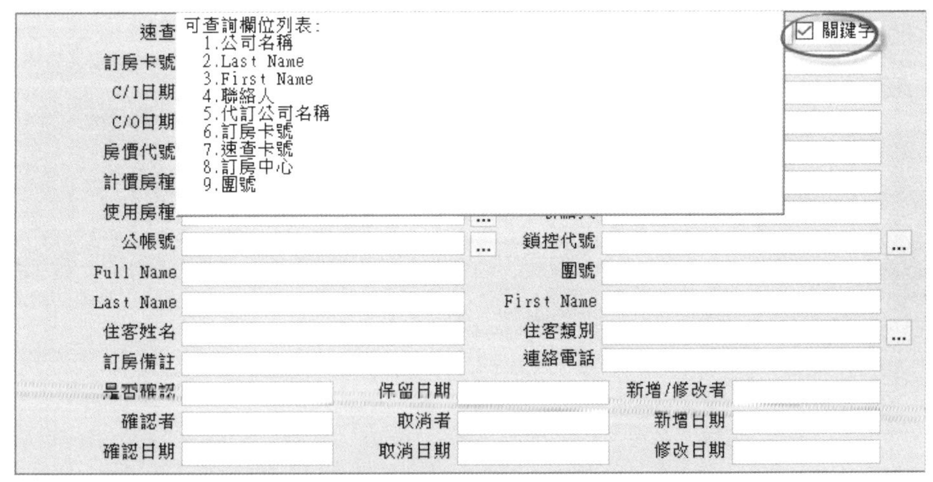

圖 7-9　訂房查詢畫面

查詢出的訂房資料，為了方便使用者使用，在訂房查詢功能畫面中，有五項輔助功能可在此畫面上執行，而無須點開訂房卡，以下將說明該五項功能之應用。

訂房確認書[列印]　針對該筆訂房卡，依照符合的專案，選擇適合的格式，列印出訂房確認書。

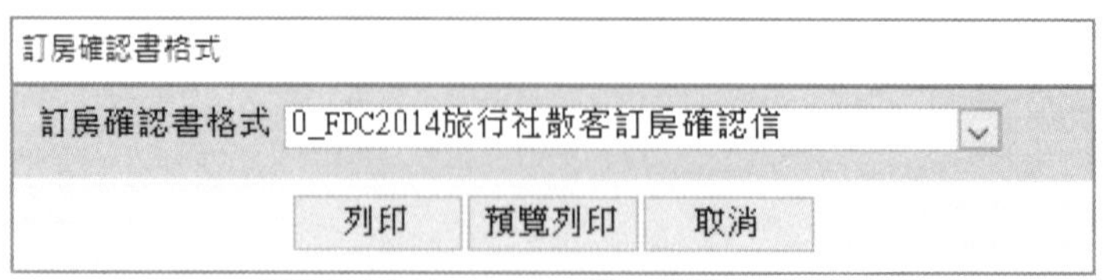

圖 7-10 訂房確認書列印選擇格式畫面

GUARANTEE FORM
訂 房 確 認 保 證 書

2018/08/10
公司電話 02-25176066
LINE ID Angela

致 Angela

感謝您對德安花園飯店支持與愛顧，請確認您的住宿日期房型間數及金額無誤後，請填妥信用卡資料後 **回傳至本飯店傳真號碼FAX:02-2517-088(**

本授權書回傳期限　　中午12:00回傳

住客名稱 Angela　　**訂房代號 00586801**
預付房費：NT0　　**房價總額：NT4800**

住房日	退房日	房型代號	房間型態	間數	優惠價	服務費	其它服務	合計
2018/06/06	2018/06/07	STD	標準雙人客房	1	4800	0	0	4800

備註
接送機

A.信用卡授權：
本人授權德安花園飯店以本人所持之信用卡支付以上所同意的費用。
☐ VISA　☐ MASTER CARD　☐ AMERICAN EXPRESS　☐ DINERS CLUB
是否使用國民旅遊卡 ☐ 是　☐ 否　(休假起迄日：　年　月　日至　年　月　日)
卡號：＿＿＿＿　有效期限：＿＿＿＿（請附信用卡正反面影印本）
同意人姓名：＿＿＿＿　持卡人簽名：＿＿＿＿
（持卡人簽名必須與信用卡上簽署相同）

圖 7-11 訂房確認書預覽畫面

訂房確認書[傳真]　透過自動傳真模組功能可直接傳真，無須印出，先選擇訂房確認書格式，輸入傳真即可。

訂房確認書格式
訂房確認書格式 0_FDC2014旅行社散客訂房確認信
列印　預覽列印　取消

圖 7-12 訂房確認書傳真選擇格式畫面

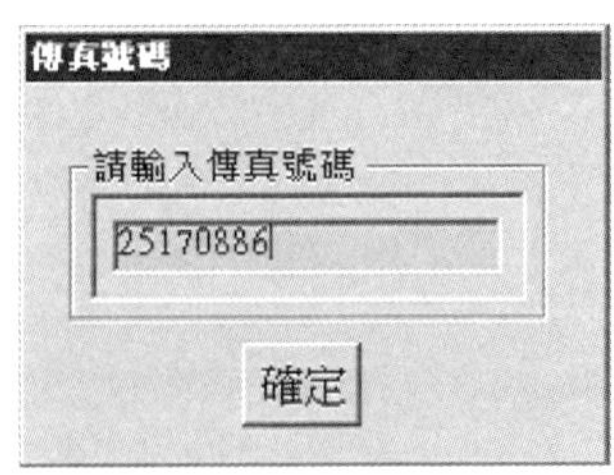

圖 7-13 輸入傳真號碼畫面

訂房確認書[E-Mail]

也可利用廣告信函模組，系統自動將訂房確認書轉換成 PDF 檔後，直接 EMAIL 給客戶。選擇訂房確認書格式，再選擇 EMAIL 的格式（可事先於訂房確認書 EMAIL 格式對照檔設定），可先預覽確認書內容，待確認後直接執行發送功能。

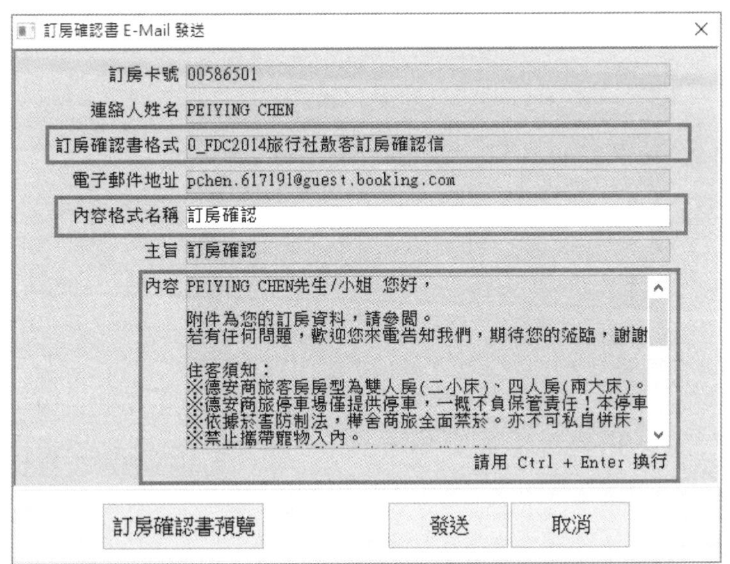

圖 7-14 訂房確認書 EMAIL 作業畫面

旅客登記卡列印

若是遇到當日新增的訂單，當查詢到訂單可直接列印旅客登記卡，也就是俗稱的 R CARD。

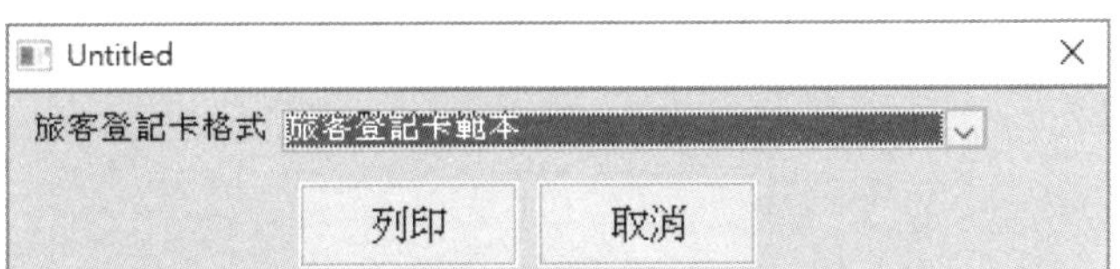

圖 7-15 旅客登記卡列印選擇格式畫面

抵達日期 Arrival Date	房數 NO.of Rooms	房間型態 Room Type	房號 Room No
2018/06/06	1	SPR	808
退房日期Departure Date	房價代碼 Rate Code	房價 Room Rate	訂房卡號 Rsvn.NO.
2018/06/07	0404	6600.00	00586501

姓名 Name (Please Print) PEIYING CHEN 先生

E-mail 454646464

車號 Car number New Text

行動電話 Cell Phone 454646464

發票抬頭

身分證字號/護照 I.D./Passport No.

統一編號 Company number(三聯式發票)

住家地址 Address

郵遞區號：

住址：

出生年月日 Date of Birth

年/ 月/ 日

進房時間下下午三時 退房時間/上午十一時

C/I TIME /PM 15:00 C/O TIME/AM 11:00

我同意對所有在飯店的帳單負責，若指定的人，公司或協會不願代付時，我有責任及義務自己支付所有費用，並同意將本表所填寫之個人資料提供予西湖渡假村作為提供相關服務及活動訊息接收之用，且得隨時要求西湖渡假村對保留的資料提供查詢，

圖 7-16 旅客登記卡預覽畫面

簡訊發送

利用簡訊模組直接發送給客戶，但須配合電信公司簡訊格式。選擇訂房確認書格式，再選擇簡訊的格式（可事先於簡訊發送格式對照檔設定），可先預覽確認書內容，待確認後直接執行發送功能。

簡訊發送

電話 0932111222

姓名 PEIYING CHEN

寄發內容說明 訂房確認

簡訊代號 已訂房

內容若超過70個字限制時（不分中英文皆視為一個字），畫面顯示紅色，請自行調整內容。

簡訊內容 您已預訂2018/06/06入住精緻雙人客房，請於前預付訂金已完成訂房，謝謝。德安飯店02-25176066

請用[Ctrl + Enter換行]

發送 取消

圖 7-17 簡訊發送作業畫面

訂房新增功能

飯店每天提供的訂房優惠以及專案，甚至公司合約的價格也是琳瑯滿目，對使用者來說很難一次記住，此時可透過系統的訂房新增功能達到目的。

1. 輸入公司名稱或是房價，執行查詢按鈕。

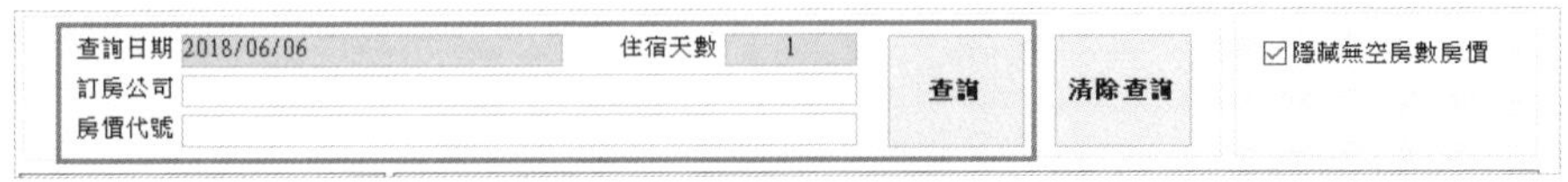

圖 7-18 訂房專案價格查詢畫面

2. 確定房型資料後，執行選擇房價資料或是用滑鼠左鍵快速點兩下。

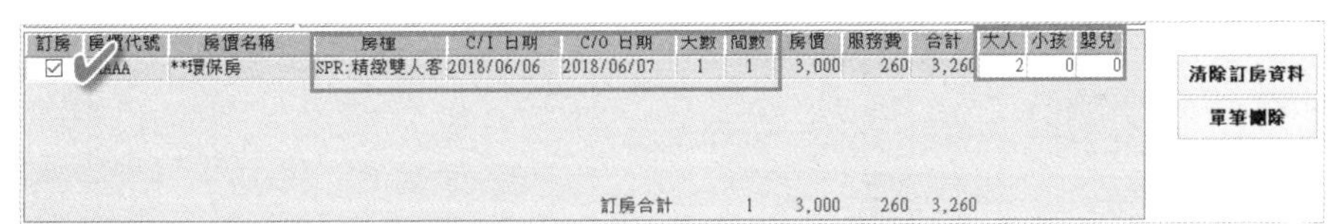

圖 7-19 訂房選擇房型畫面

3. 所選取的資料出現於下方畫面，並可針對住宿期間、間數、天數、大人、小孩、嬰兒欄位修改，或是針對單筆刪除抑或是清空畫面資料。

圖 7-20 訂房資料修改畫面

4. 確認資料後，執行訂房功能鍵。

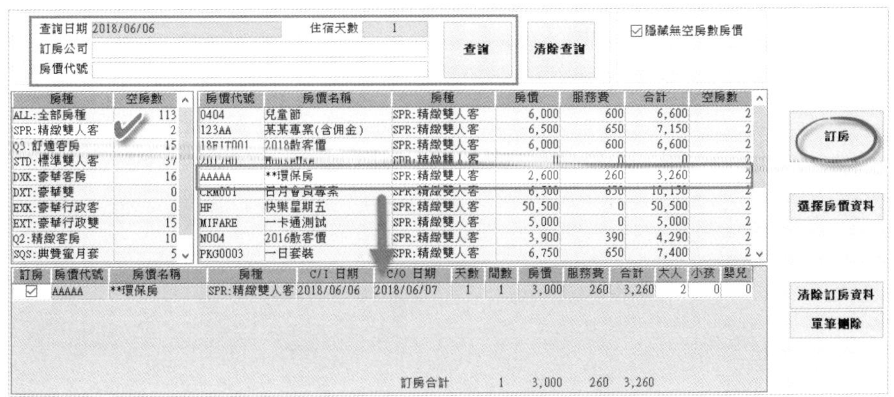

圖 7-21 訂房資料確認畫面

5. 系統開啟訂房畫面資料並將資料帶入，再輸入其他資訊即可完成訂房。

圖 7-22 訂房查詢資料帶入訂房畫面

查詢訂房卡功能

若每日新增或取消訂房，或是對於非當日的訂房資料量很多，人員可以透過查詢訂房卡的功能查詢客人所詢問的訂單來進行修改或取消。為因應很多詢問資訊來源，故查詢條件也一一列出，人員透過客人所提供的資訊，輸入於該欄位中後，執行查詢，如圖 7-23 所示。此處查詢的訂單不限定是未來的訂單，也包含歷史（已到）、取消、候補等狀態的訂單。

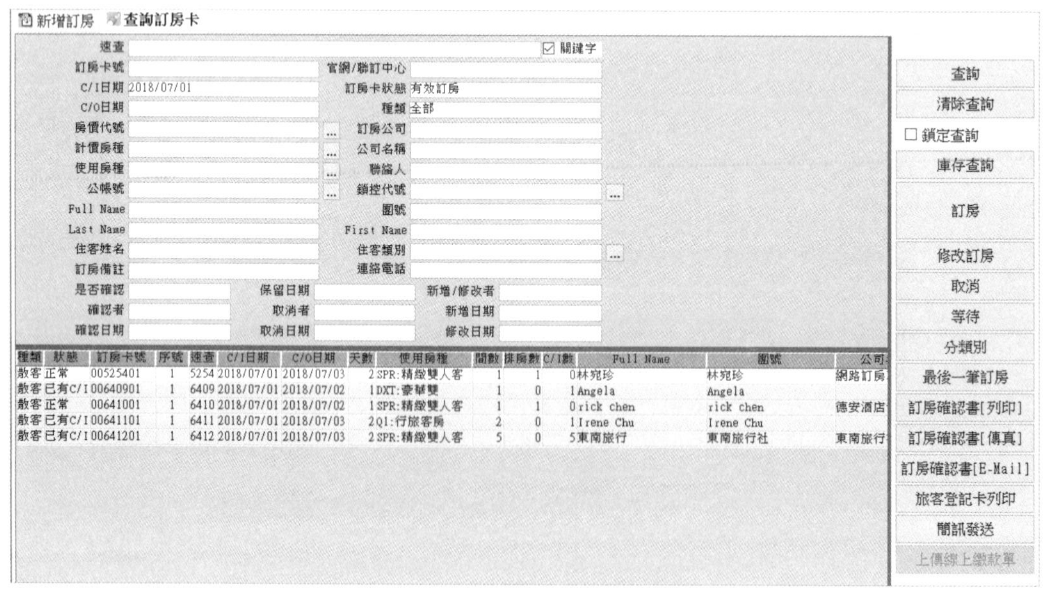

圖 7-23 訂房資料查詢畫面

查詢的訂單可利用「修改訂房」功能，對該訂房卡進行編輯，或是於該訂單快速點滑鼠左鍵兩下後，開啟訂房卡進行編輯。

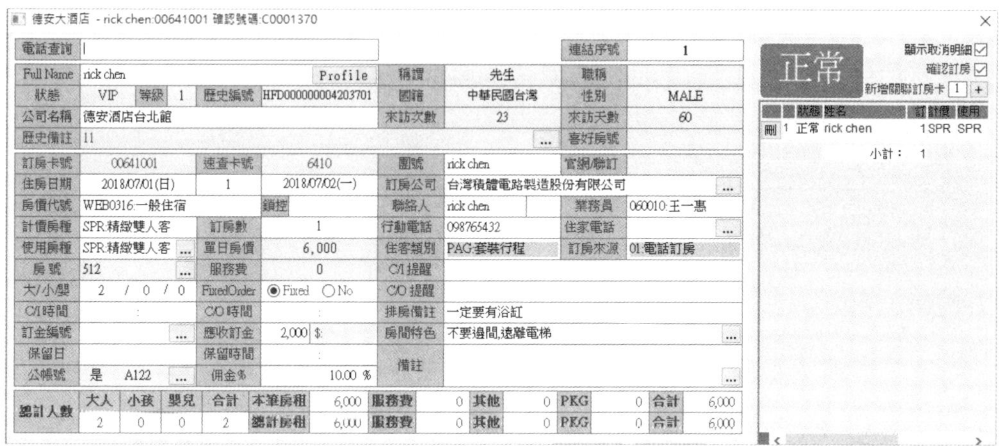

圖 7-24　訂房主畫面

7.3 散客訂房

散客訂房操作

程式路徑：飯店前檯系統\訂房管理\訂房管理 V2

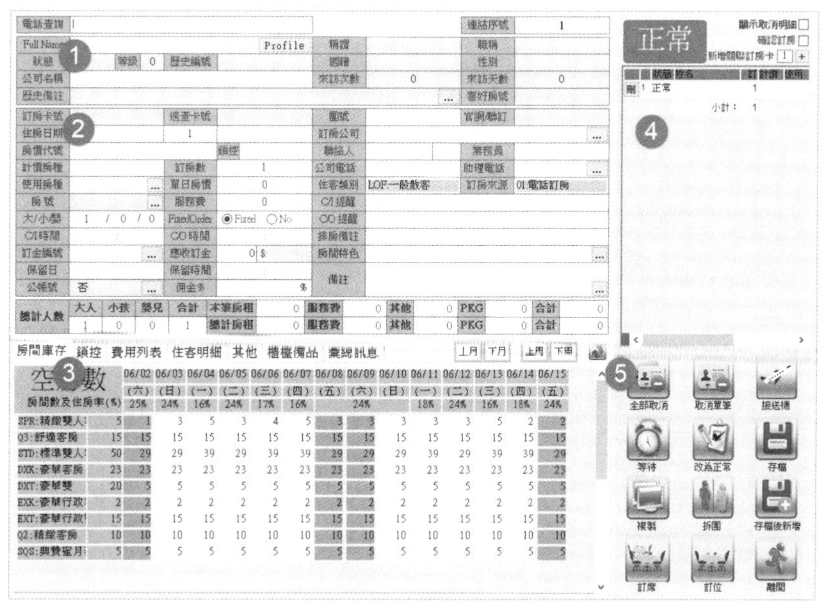

圖 7-25　訂房全畫面

1. 此部分為住客資料區，其資料可以自行新增或是由住客歷史模組帶入資料。
2. 此區域則為本次住宿的資訊，包含日期、專案、房價、房種、人數、聯絡方式、住客類別、訂房來源、訂金資訊、各類備註等等。
3. 其他功能項區域，可查詢房間庫存、查詢鎖控、費用明細、住客資料、櫃台備品、彙總訊息以及其他。
4. 此為多筆房明細資料區，可檢視各種訂房明細資料，依房種小計。
5. 訂房功能區，可執行取消、改成正常、複製、拆團、訂席以及訂位。

訂房步驟如下：

1. 輸入住客姓名，若有來過的客戶可於 Full Name 輸入姓名後按下 ENTER，系統會自動去搜尋符合的住客資料，人員再依照顯示欄位的身分證字號、生日、公司名稱來判斷是否為同一人的資料，選取後帶入訂房畫面。

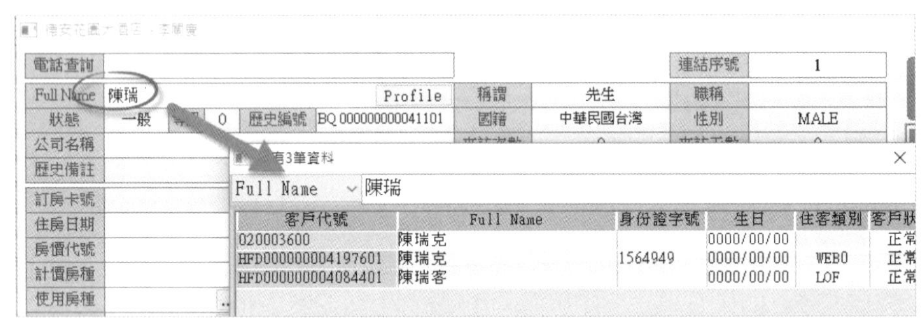

圖 7-26　查詢住客歷史畫面

還可利用電話號碼搜尋住客資料，也是用上述欄位去判斷是否為要找的資料。

圖 7-27　電話查詢住客歷史畫面

若無相符的資料時，可關閉資料視窗，此時系統會詢問是否新增住客歷史資料，若選擇是，系統自動開啟住客歷史畫面，並將搜尋的 Full Name 條件帶入。使用者只要再輸入知道的訊息或是不再輸入，存檔後，完成新增住客歷史資料動作。

圖 7-28 無住客資料提示畫面

圖 7-29 住客歷史畫面

2. 輸入住宿起訖日期、房價、房種、聯絡人、聯絡方式並確認住客類別與訂房來源是否正確，此時即可存檔。

訂房卡號		速查卡號		團號	陳瑞克	官網/聯訂	
住房日期	2018/06/06(三)	1	2018/06/07(四)	訂房公司			...
房價代號	18FIT001:2018散客價	鎖控		聯絡人	陳瑞克	業務員	
計價房種	SPR:精緻雙人客	訂房數	1	行動電話	0M336554	住家電話2	...
使用房種	SPR:精緻雙人客 ...	單日房價	6,000	住客類別	WEB0	訂房來源	01:電話訂房
房號	...	服務費	600	C/I 提醒			
大/小/嬰	2 / 0 / 0	FixedOrder	◉Fixed ○No	C/O 提醒			
C/I 時間	:	C/O 時間	:	排房備註			
訂金編號	...	應收訂金	0 \$:	房間特色			...
保留日		保留時間	:	備註			
公帳號	否 ...	佣金%	0 %				...

總計人數	大人	小孩	嬰兒	合計	本筆房租	6,000	服務費	600	其他	0	PKG	0	合計	6,600
	2	0	0	2	總計房租	6,000	服務費	600	其他	0	PKG	0	合計	6,600

圖 7-30 訂房輸入畫面

3. 存檔後，系統產生訂房卡號，完成訂房動作，其他資訊可於此時再輸入，例如 C/I 提醒（於辦理入住手續時，系統會跳窗提醒操作者該注意的內容）、C/O 提醒（於退房或是檢視帳款時，會提示的訊息）、排房備註（可於排房作業時看到此欄位資訊，方便排房者知悉客人對於房間安排的需求）、房間特色以及備註等等。

其他功能區域說明

房間庫存

訂房畫面亦可看到即時庫存數，且此日期會依照 C/I 日期變更。

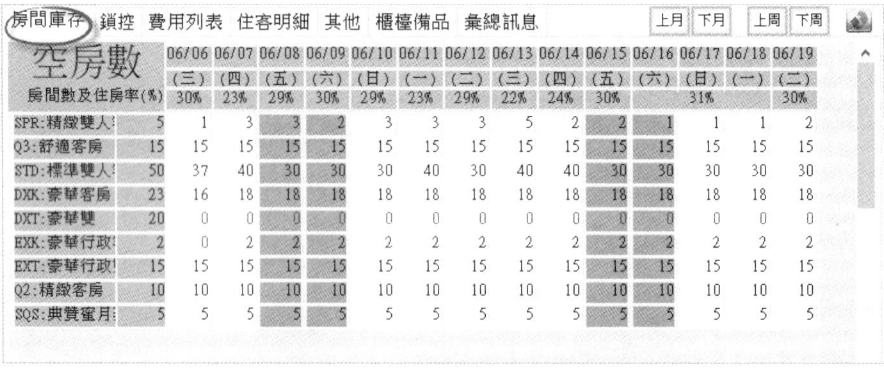

房間庫存　鎖控　費用列表　住客明細　其他　櫃檯備品　彙總訊息　上月　下月　上周　下周

空房數		06/06	06/07	06/08	06/09	06/10	06/11	06/12	06/13	06/14	06/15	06/16	06/17	06/18	06/19
		(三)	(四)	(五)	(六)	(日)	(一)	(二)	(三)	(四)	(五)	(六)	(日)	(一)	(二)
房間數及住房率(%)		30%	23%	29%	30%	29%	23%	29%	22%	24%	30%		31%		30%
SPR:精緻雙人	5	1	3	3	2	3	3	3	5	2	2	1	1	1	2
Q3:舒適客房	15	15	15	15	15	15	15	15	15	15	15	15	15	15	15
STD:標準雙人	50	37	40	30	30	30	40	30	40	40	30	30	30	30	30
DXK:豪華客房	23	16	18	18	18	18	18	18	18	18	18	18	18	18	18
DXT:豪華雙	20	0	0	0	0	0	0	0	0	0	0	0	0	0	0
EXK:豪華行政	2	0	2	2	2	2	2	2	2	2	2	2	2	2	2
EXT:豪華行政	15	15	15	15	15	15	15	15	15	15	15	15	15	15	15
Q2:精緻客房	10	10	10	10	10	10	10	10	10	10	10	10	10	10	10
SQS:典贊蜜月	5	5	5	5	5	5	5	5	5	5	5	5	5	5	5

圖 7-31　訂房房間庫存畫面

鎖控

透過鎖控的間數顯示，與房間庫存查詢畫面一樣。

房間庫存　鎖控　費用列表　住客明細　其他　櫃檯備品　彙總訊息　上月　下月　上周　下周

			06/06 (三)				06/07 (四)				06/08 (五)				06/09 (六)				06/10 (
房種	名稱	房間數	庫存數	非WRS鎖控剩餘數	WRS鎖控剩餘數	庫存超訂數	庫存數	非WRS鎖控剩餘數	WRS鎖控剩餘數	庫存超訂數	庫存數	非WRS鎖控剩餘數	WRS鎖控剩餘數	庫存超訂數	庫存數	非WRS鎖控剩餘數	WRS鎖控剩餘數	庫存超訂數	庫存數
SPR	精緻雙人客房	5	1	0	0	0	3	0	0	0	3	0	2	0	2	0	2	0	3
Q3	舒適客房	15	15	0	0	0	15	0	0	0	15	0	0	0	15	0	0	0	15
STD	標準雙人客房	50	37	10	0	0	40	10	0	0	30	10	10	0	30	10	10	0	30
DXK	豪華客房	23	16	3	0	0	18	5	0	0	18	5	0	0	18	5	0	0	18
DXT	豪華雙人	20	0	17	0	0	0	20	0	0	0	20	0	0	0	20	0	0	0
EXK	豪華行政客房	2	0	0	0	0	2	0	0	0	2	0	0	0	2	0	0	0	2
EXT	豪華行政雙人	15	15	0	0	0	15	0	0	0	15	0	0	0	15	0	0	0	15
Q2	精緻客房1	10	10	0	0	0	10	0	0	0	10	0	0	0	10	0	0	0	10
SQS	典贊蜜月套房	5	5	0	0	0	5	0	0	0	5	0	0	0	5	0	0	0	5
Q1	行旅客房123	15	13	0	0	0	15	0	0	0	15	0	0	0	15	0	0	0	15

圖 7-32　訂房鎖控畫面

費用列表

由房價包裝的內含項目與客戶另外加購的項目顯示區，當住宿多天時，系統顯示每天的價格與內拆帳。

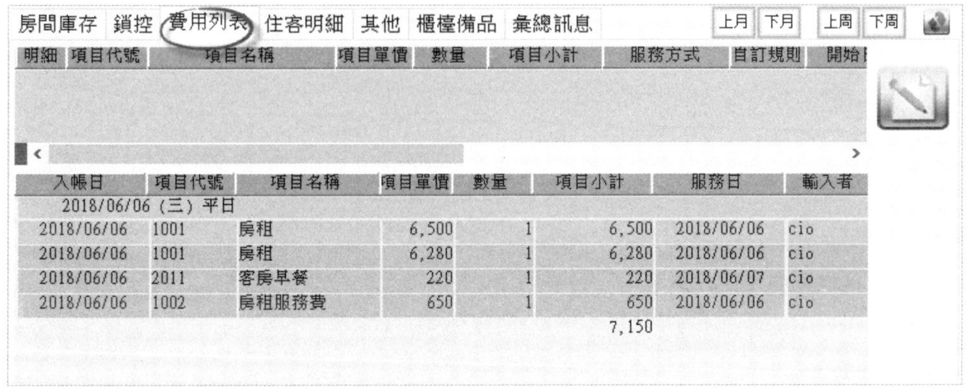

圖 7-33 訂房費用列表畫面

當需外加項目時，執行費用列表功能進行新增。

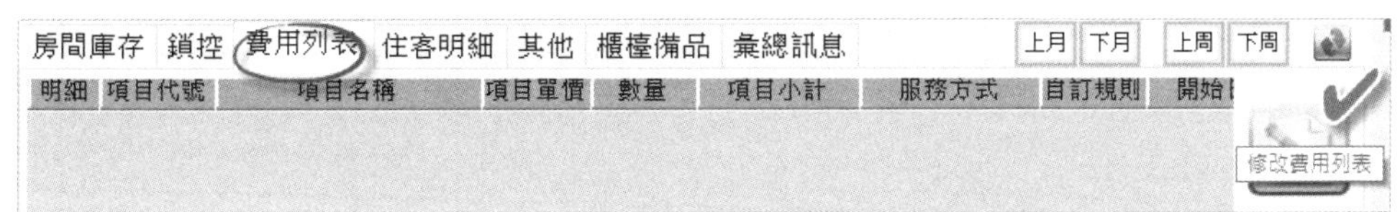

圖 7-34 訂房費用列表新增畫面

輸入收費項目。

圖 7-35 訂房費用列表選擇項目畫面

並可按照服務方式設定為第一天、每天、最後一天、自訂規則、指定日期等方式。

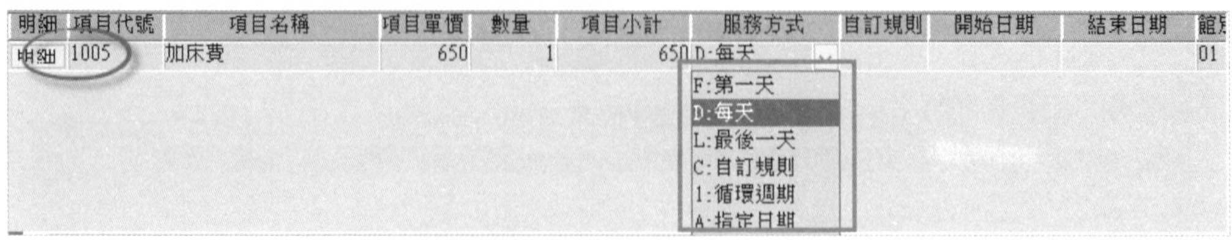

圖 7-36 訂房費用列表項目服務方式選擇畫面

住客明細

訂單成立需要有住客資料（團體除外），若有多人同住一個房間時，就可利用住客明細再新增多個住客。其新增住客步驟請參考上一節「散客訂房操作」的步驟。

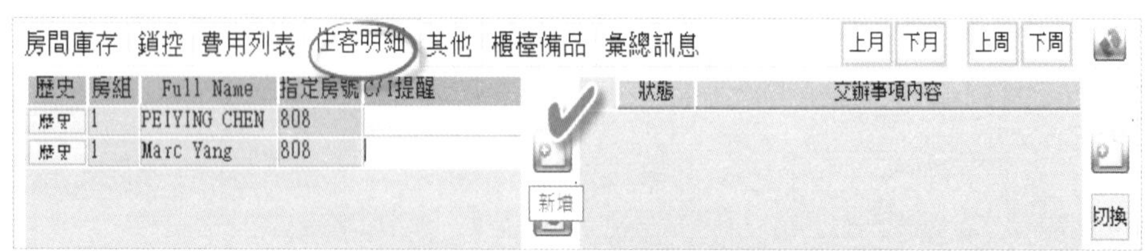

圖 7-37 訂房住客明細新增畫面

在住客明細功能中有一功能，可以針對該住客進行內部交辦事項，此交辦事項需選擇處理部門並可於接待報表列印出交辦事項報表。

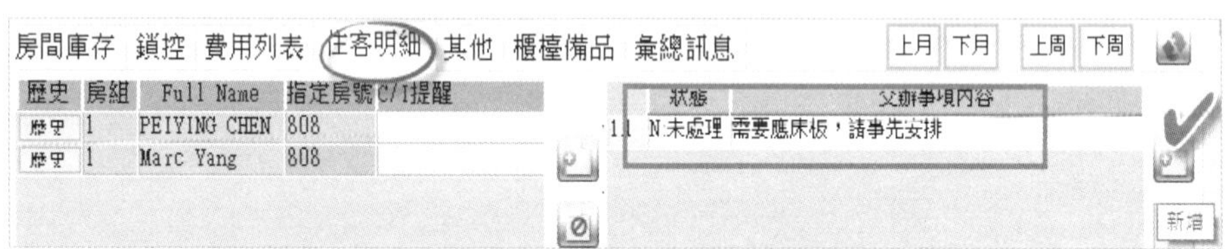

圖 7-38 住客明細與交辦事項畫面

交辦事項新增畫面：

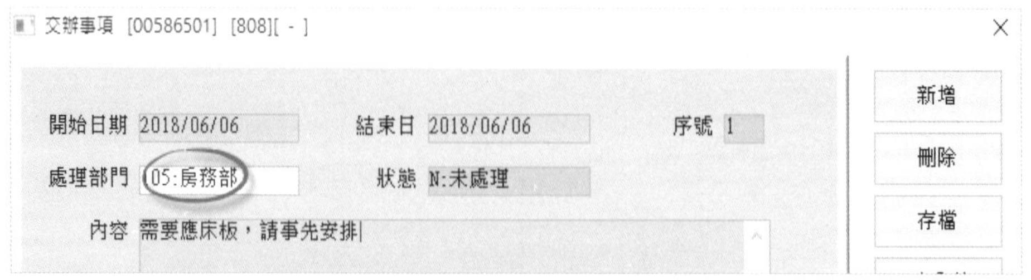

圖 7-39 交辦事項新增畫面

其他

訂房的其他功能中包含旅客登記卡列印、訂房確認書列印、訂房確認書EMAIL、訂房確認書傳真等，已於 7.2 節的「訂房查詢功能」說明過，不再重複說明，將針對其餘的功能進行說明。

圖 7-40 訂房其他頁籤畫面

Chg Log　透過使用者修改訂房卡的動作，去記錄該筆訂房卡被異動的事件。

圖 7-41 Change Log 查詢畫面

Memo

除了異動紀錄自動放入至 change log 之外，透過存檔後出現的對話窗，讓使用者自行記錄異動事項功能。

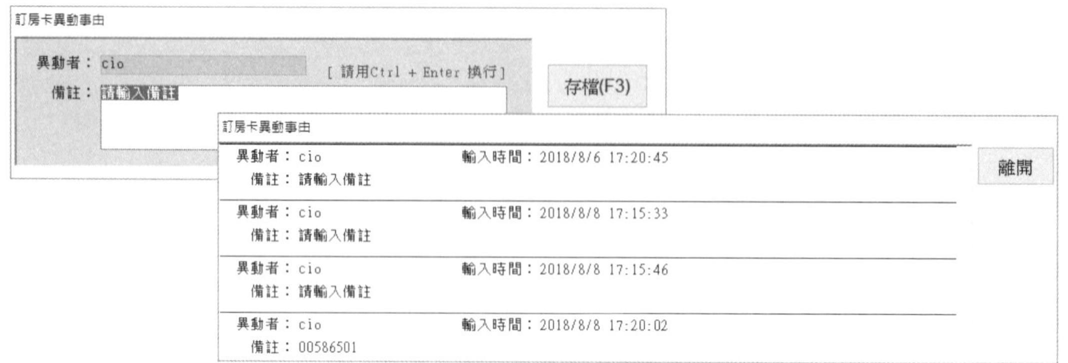

圖 7-42 訂房卡異動事由查詢畫面

禮券

為了能創造更多的客源及營收，飯店端幾乎都會參與旅展活動，或是本身飯店就會銷售票券。然而透過票券而產生的住宿，於訂房端便可簡單勾稽該票券的真實性，透過訂房的禮券功能即可知道票券情形。再者透過此功能也會將該票券與訂房做結合，於退房時將票券自動帶入帳務結帳。

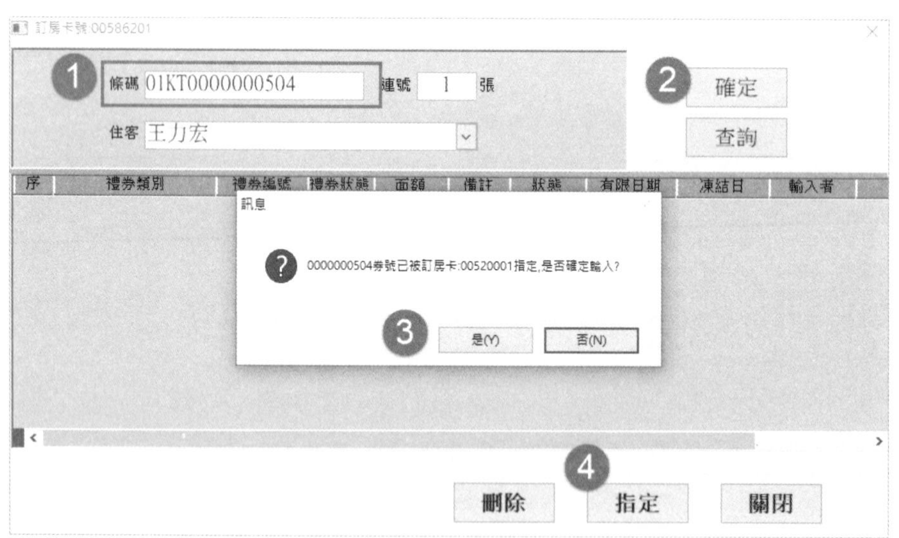

圖 7-43 禮券指定畫面

1. 請訂房者提供票券上的券號或是條碼編號。
2. 執行確定按鈕。

3. 系統提示訊息是否將該票券代入該訂房卡，選擇是。

4. 指定成功。

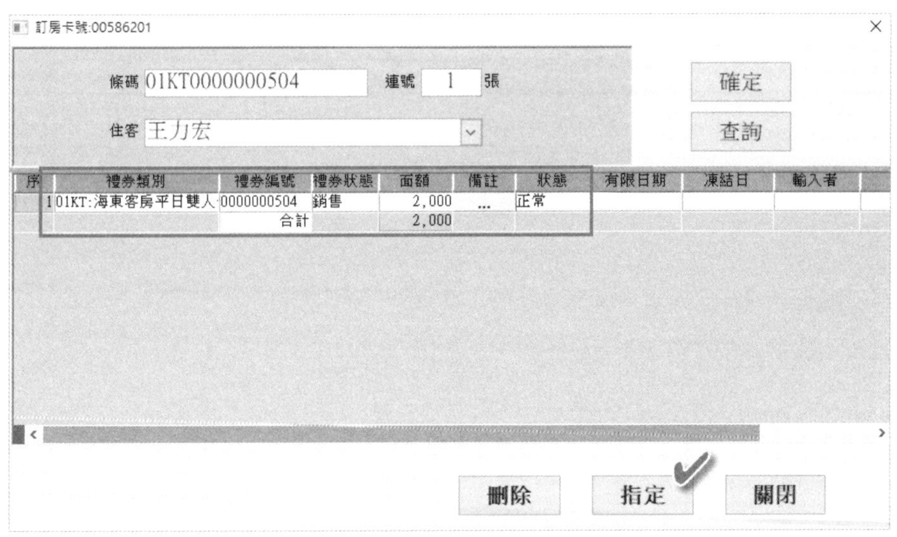

序	禮券類別	禮券編號	禮券狀態	面額	備註	狀態	有限日期	凍結日	輸入者
1	01KT:海東客房平日雙人	0000000504	銷售	2,000	...	正常			
		合計		2,000					

圖 7-44 禮券指定成功畫面

分類別

系統的分析欄位有提供訂房來源與住客類別，另外還有提供 10 個條件，可讓使用者自行定義，訂房時可將訂房卡指定分類後，報表分析即可用當時指定分類進行產出。

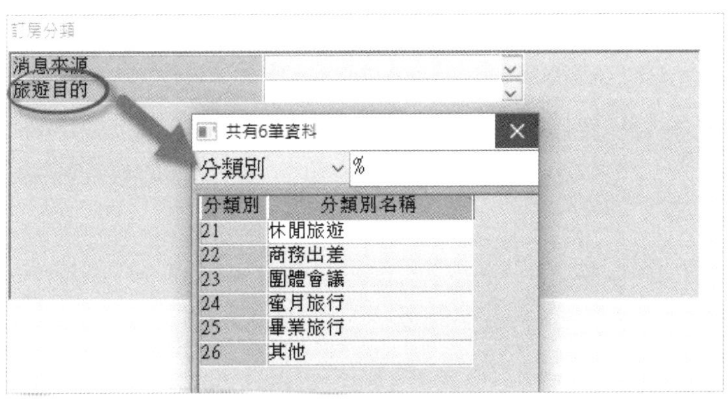

分類別	分類別名稱
21	休閒旅遊
22	商務出差
23	團體會議
24	蜜月旅行
25	畢業旅行
26	其他

圖 7-45 分類別設定畫面

適用80報表紙

德安花園大酒店

User ID

訂房旅遊目的分析報表

Time

User Name

Page 1 of 1

查詢條件:

代號	旅遊目的	當日	百分比	本月	百分比	本年	百分比
21	休閒旅遊	234	42.31%	568	42.48%	1873	49.59%
22	商務出差	89	16.09%	47	3.52%	162	4.29%
23	團體會議	102	18.44%	385	28.80%	1247	33.02%
24	蜜月旅行	36	6.51%	57	4.26%	95	2.52%
25	畢業旅行	20	3.62%	102	7.63%	201	5.32%
26	其他	72	13.02%	178	13.31%	199	5.27%
	合計	553		1337		3777	

圖 7-46 分類別報表畫面

分帳規則

當團體或是多間房間訂房，而結帳對象為同一人時，可利用分帳規則將帳務轉至指定帳夾（一般為公帳號），可直接點選帶入預設的規則或是清除原先的分帳規則，自行設定。

1. 先選取帳夾。
2. 以滑鼠左鍵快點兩下，將欲指定的項目選取，選取成功會顯示“丟公帳”。
3. 存檔後即可。

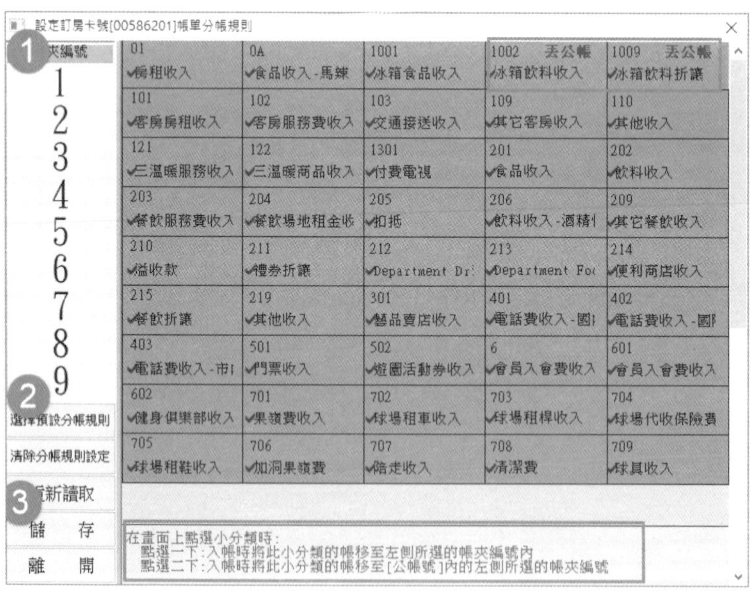

圖 7-47 分帳規則設定畫面

保証方式　透過系統可記錄該訂房的保證方式細項。

1. 選擇付款方式。
2. 輸入註解。
3. 確定後即輸入成功。

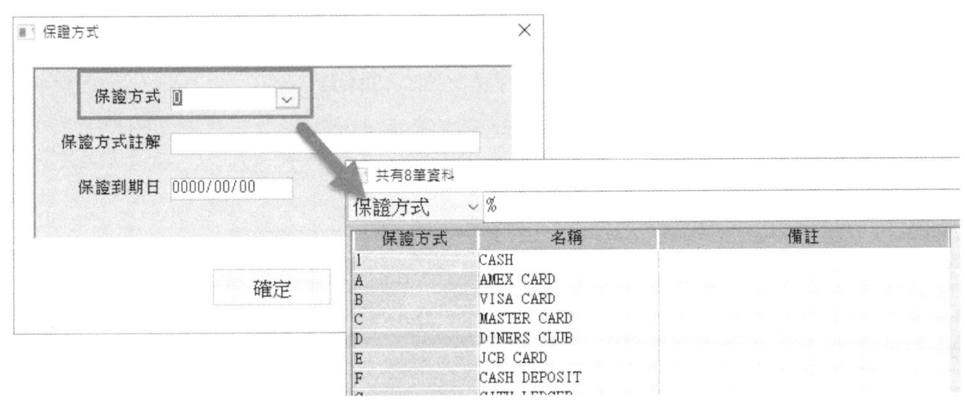

圖 7-48 保證方式輸入畫面

FOC　每家飯店跟公司行號或是旅行社合作，當間數多時，會要求免費贈送間數的規則。一般的規則通常為 8 間送半間，16 間送一間，還是會依照各飯店內部決定。在系統可依照定義的規則設定，並帶入訂房卡，由系統自動算出符合設定規則後的 FOC 的數字再入帳至房號或是公帳號。

1. 選擇 FOC 規則代號。
2. 存檔。

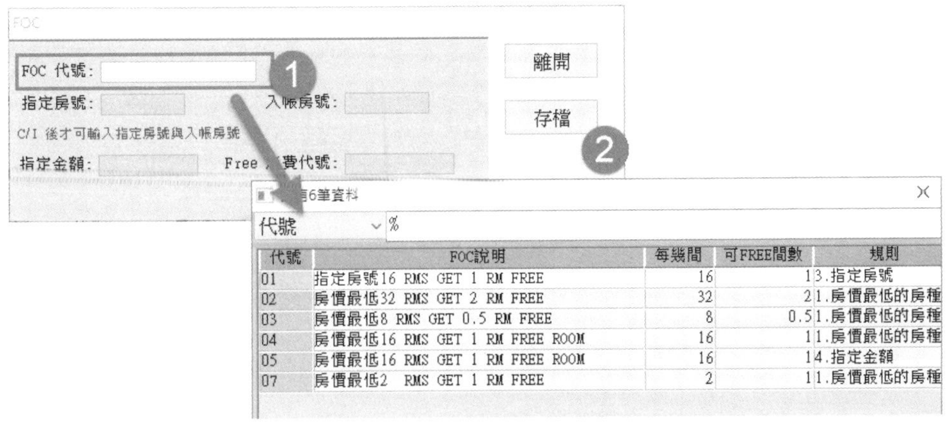

圖 7-49 FOC 設定畫面

訂房卡列印　當訂房組接到電話訂房，於完成後會傳送簡訊或是 EMAIL 給客戶。但有些訂單可能會從內部要求而來，此時當完成訂單的資料時，可以利用訂房卡列印功能給內部，證明該訂單是有輸入至系統內，進而確認。

訂房卡

Full Name: PEIYING CHEN　　訂房卡號:00586501

公司名稱:　　代訂公司:一般散客

連絡人: PEIYING CHEN

連絡方式 1:行動電話02517646546　　2:住家傳真25170886

3:　　4:

訂房來源: 電話訂房　　住客類別:網路訂房-官網

人數:　2 (大人2　小孩0　嬰兒 0　)　已收訂金:0　　訂金代號:

C/I		C/O		房價代號	計價房種	使用房種	間數	房價	服務費
2018/06/06	:	2018/06/07	:	某某專案(含佣金)	SPR	SPR	1	6,500	650

備註:

圖 7-50　訂房卡列印畫面

其他資訊：

確認號碼	C0002181	導遊姓名		訂房數	1	輸入日期	2013/8/9 23:24:59
確認日期	2013/09/16	導遊電話		排房數	1	修改日期	2013/10/9 12:31:52
確認者	GRO2	導遊房號		已C/I數	0	輸入者	WRS_WEP
取消號碼		導遊MCALL		NOSHOW數	0	修改者	GRO6
取消日期		電話機語言	CHI:中文	原始房價/服務費			2,726 / 273
取消者		秘書積點		Upgrade授權			
訂房確認書	☑ 已列印	RCard印房租	☑ 要印	Upgrade原因			

圖 7-51　其他資訊畫面

此處只有白色欄位可以進行編輯，可修改該筆訂房卡的交換機語言、導遊資訊、訂房確認書列印註記、旅客登記卡列印時是否要列印房租（一般 OTA 已在線上付款時，客人入住時，也將不會再收取費用，因會與 OTA 拆帳，帳款部分會與客人在網上的金額不同，因此在辦理入住手續時，會將房租金額隱藏）等。

訂房功能區說明

將整張訂房卡改變狀態為取消，此時也會將該訂房卡的房種庫存釋放。

1. 執行全部取消功能按鈕，系統出現提示視窗，詢問是否要全部取消。

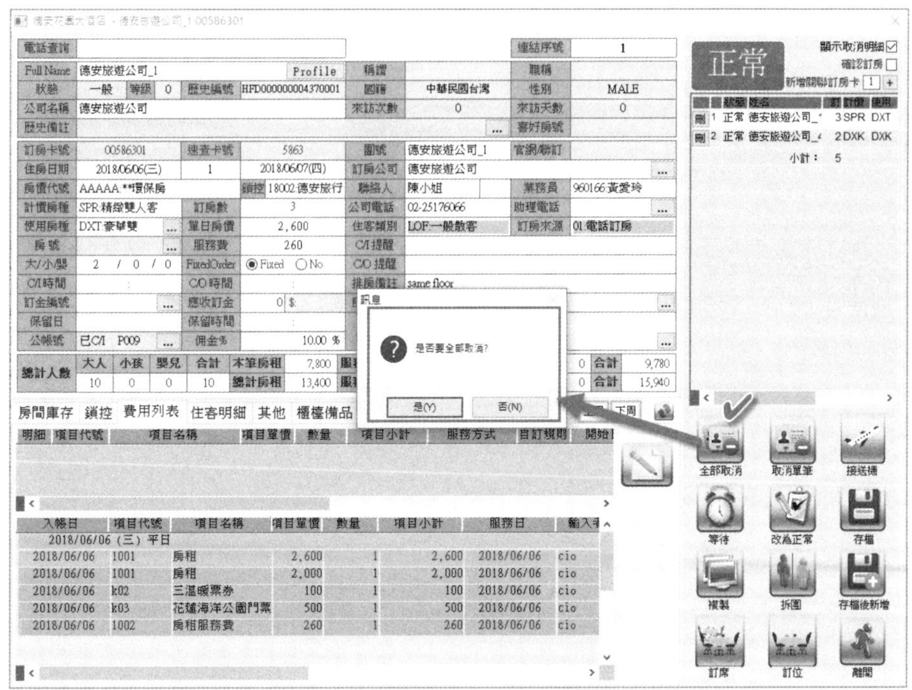

圖 7-52 訂房全部取消畫面

2. 配合參數若取消時需輸入原因，則會再顯示輸入取消原因視窗，若無設定此參數，則省略此步驟。

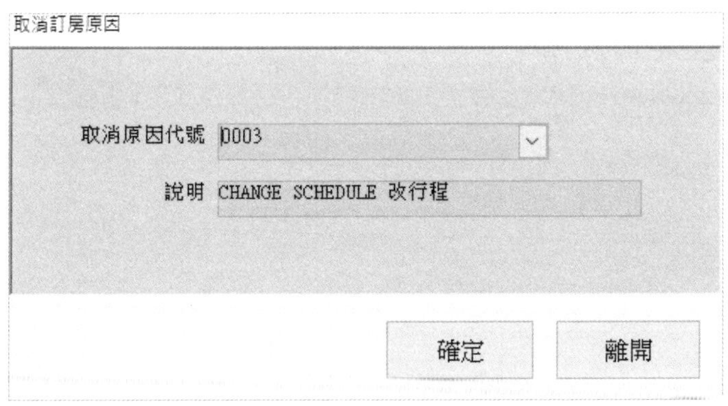

圖 7-53 取消原因輸入畫面

3. 系統將狀態改變為取消。此時請切記須執行存檔功能，才完成取消訂房卡動作，存檔完成後，系統顯示取消號碼即代表取消成功。

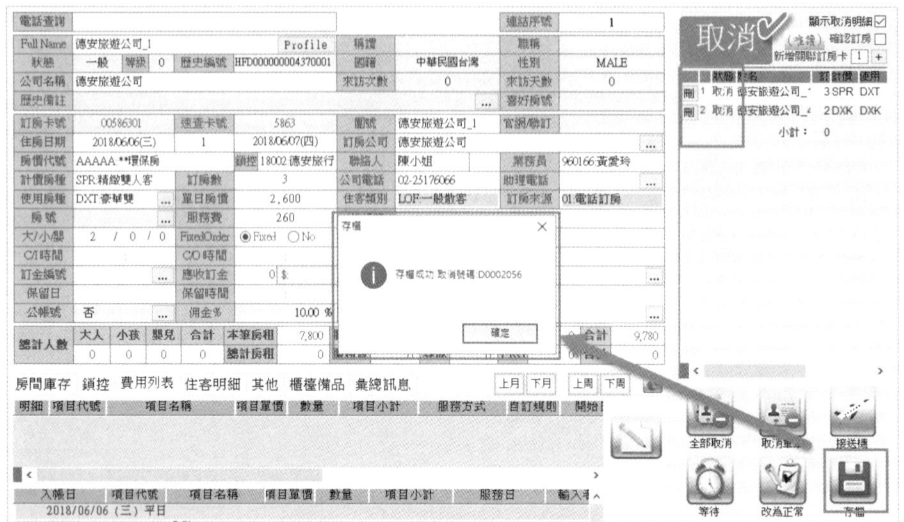

圖 7-54 訂房取消成功畫面

將訂房卡改為等待，此狀態只記錄訂房紀錄，不扣房種庫存。

1. 執行等待功能按鈕，系統出現提示訊息。

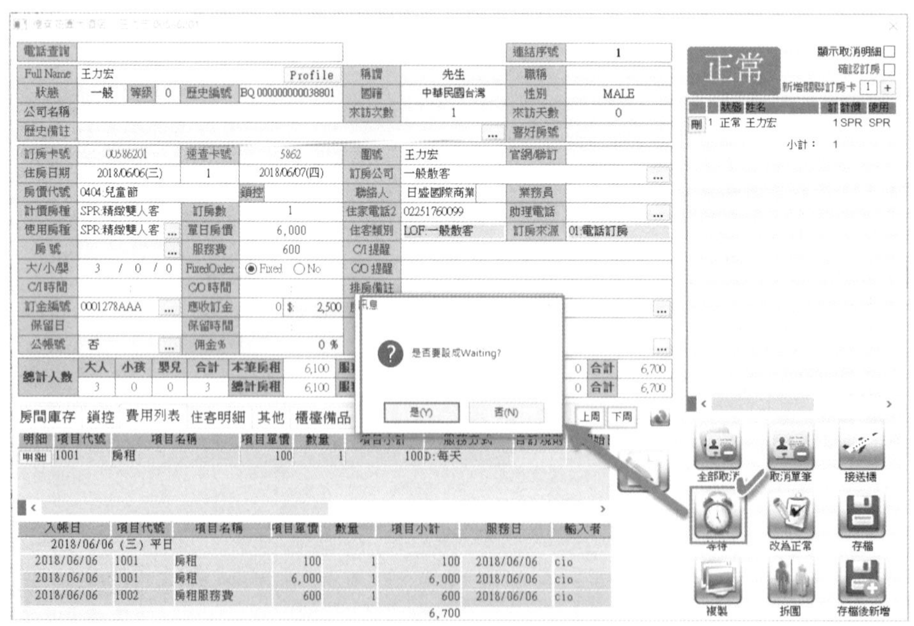

圖 7-55 訂房設成等待畫面

2. 確定後，該筆訂房改變為等待狀態，只記錄訂房單，並不扣房種庫存。若有確定可轉為正常訂單時，可利用改為正常的功能按鈕。

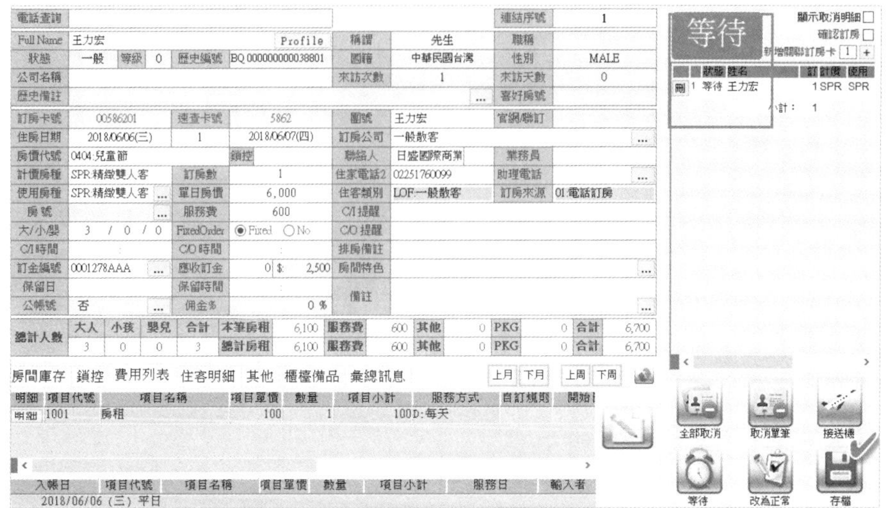

圖 7-56 訂房等待改為正常畫面

當有多筆訂房時，可針對某一筆訂房明細取消，該筆取消紀錄則會統計至當日訂房取消報表。

1. 選擇欲取消的訂房明細，系統提示訊息詢問是否單筆取消。

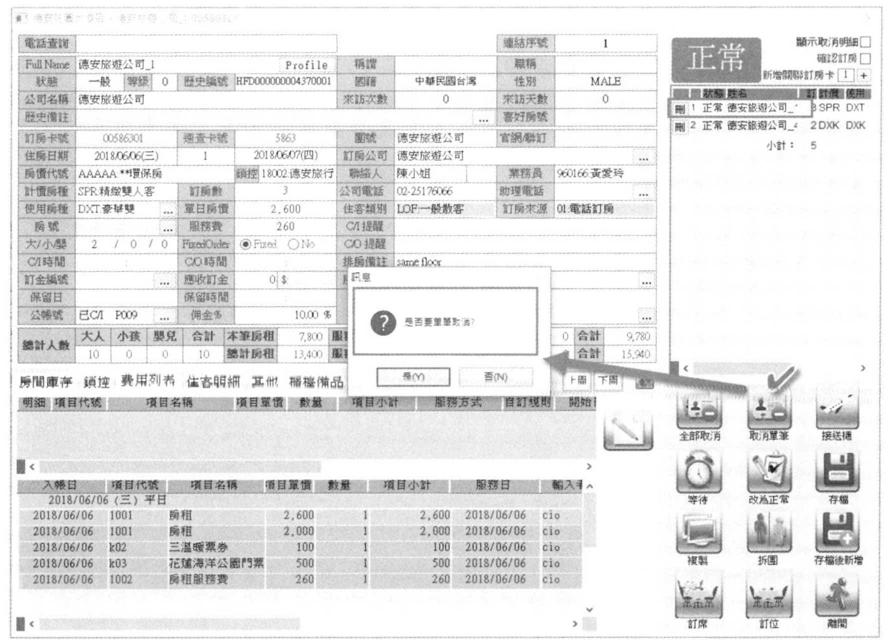

圖 7-57 訂房單筆取消畫面

2. 配合參數若取消時需輸入原因，則會再顯示輸入取消原因視窗。

圖 7-58 取消原因輸入畫面

3. 確定後，該筆訂房明細改變為取消狀態，訂房資料變為唯讀，無法再進行修改。

圖 7-59 取消成功畫面

該筆訂房卡有接送機服務時，可透過該功能記錄，並利用接送機報表，提供給服務中心。

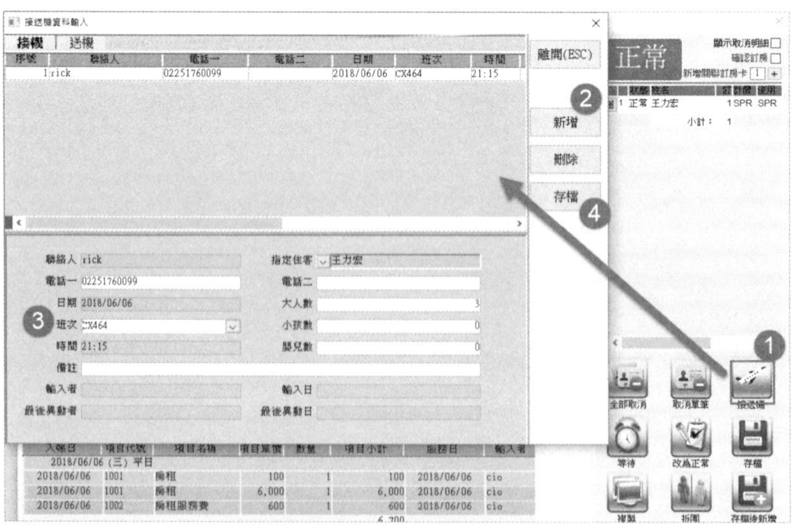

圖 7-60 接送機畫面

1. 系統開啟接送接視窗，選擇接機或是送機。
2. 按下新增按紐，開啟接送機細項畫面。
3. 輸入接送機資訊。
4. 存檔後完成。

當訂房卡狀態為取消、等候時，可將該訂房卡轉換為正常的訂單。

針對該筆訂房卡進行複製，但不同訂房卡號。

1. 當複製時，系統提示訊息是否複製訂房卡。

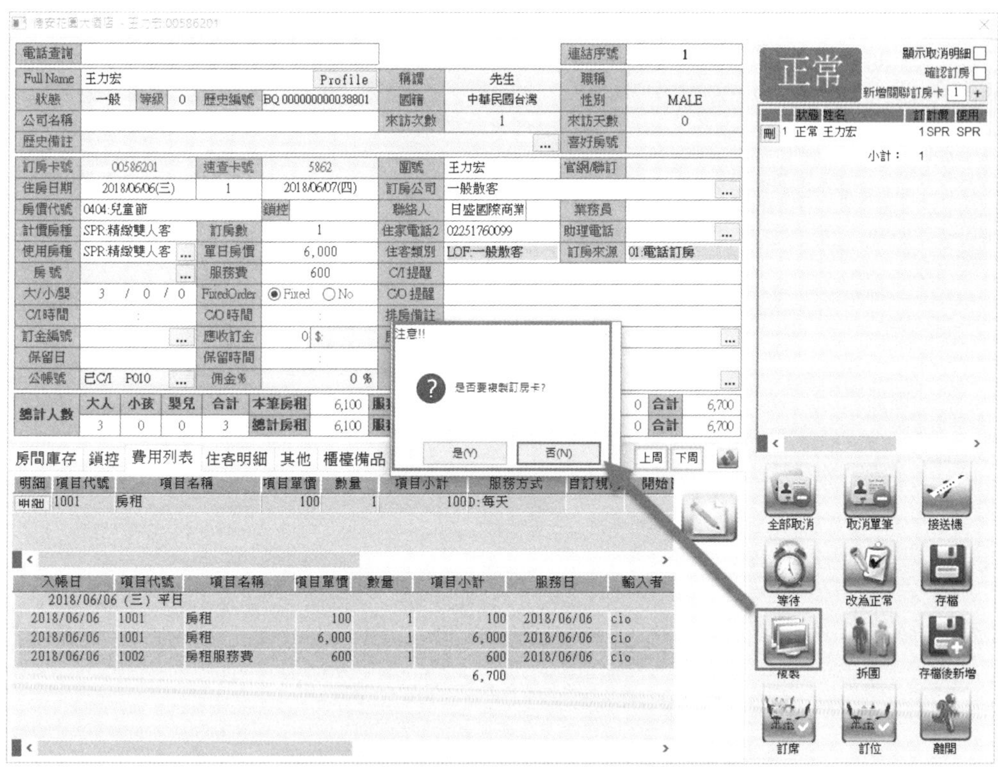

圖 7-61 複製訂房卡畫面

2. 系統會清空訂房卡號，保留訂房資訊，待使用者修改完訂房資訊後存檔，即完成複製功能。

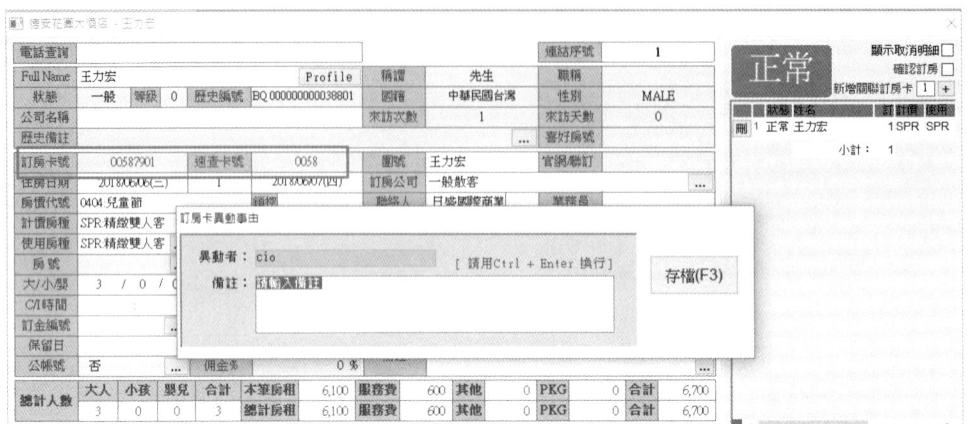

圖 7-62 複製訂房卡成功畫面

訂房多間時，可利用此功能，將訂房明細改為單間顯示。

可連結訂席管理，進行預訂該筆訂房卡的訂席資料。

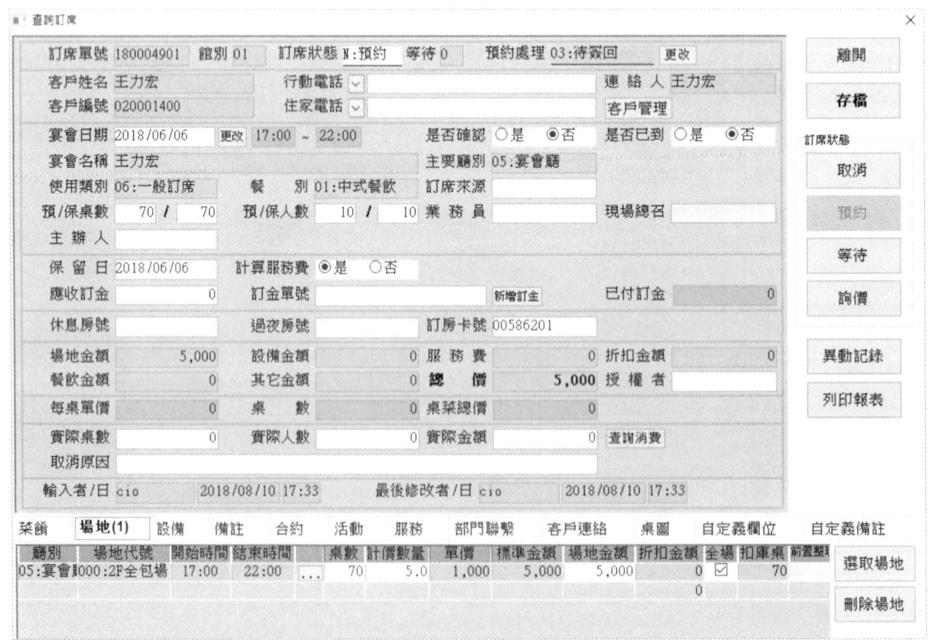

圖 7-63 訂席畫面

該筆訂房卡有訂席資料時所顯示的圖示，方便使用者查看。

可連結訂位管理，進行預訂該筆訂房卡的訂位資料。

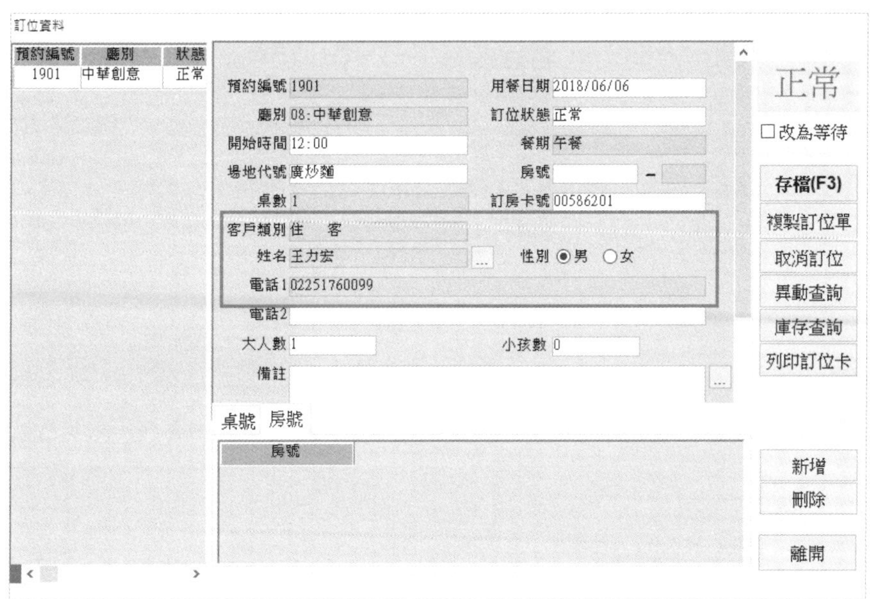

圖 7-64 訂位畫面

該筆訂房卡有訂位資料時，所顯示的圖示，方便使用者查看。

原本存檔會將畫面保留，而此功能是將畫面清空，讓使用者可以繼續再訂一筆訂房。

7.4 訂金入帳

當有訂房時，一般飯店會要求先付訂金，以確保訂房，依照台灣觀光局規定則是訂單的三成，在系統可輸入該訂單的應付訂金，並透過訂房確認書顯示該欄位，再傳真或 EMAIL 給訂房者。

訂金入帳

在系統裡，入帳訂金的方式有兩個途徑，將由下方操作方式說明。

訂房頁面入訂金

1. 找到該筆訂房卡，點選訂金編號後方的按紐，會開啟開般的視窗，請先登入班別後按下確定。

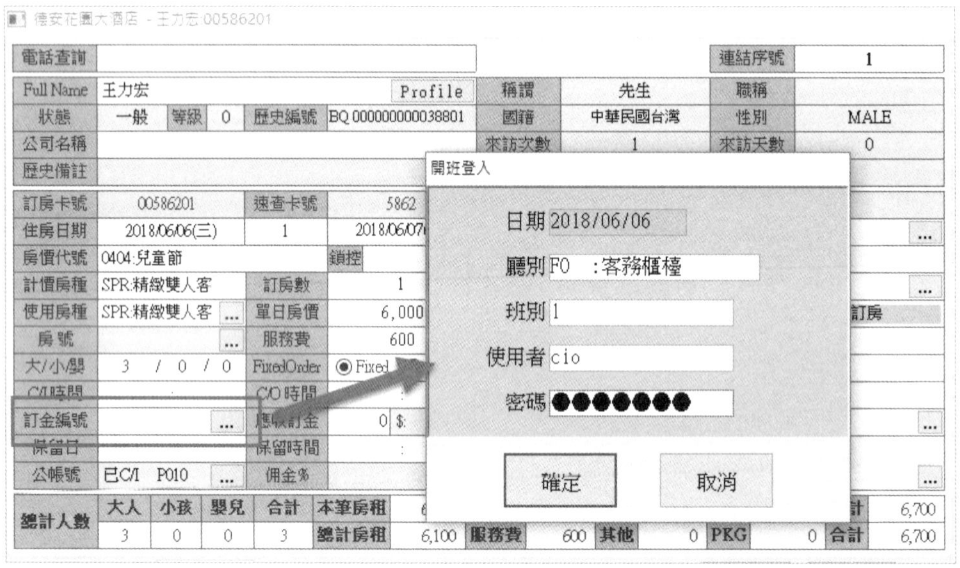

圖 7-65 訂金開班登入畫面

2. 確認訂金類別與開立發票模式後，執行確定按紐。

   訂金類別：

   (1) 單次使用：入帳金額>沖訂金金額，前檯結帳時會提示是否退回剩餘訂金。

   (2) 多次使用：由客戶自行手動結清，可多次入帳。

   (3) 詢問是否關帳：當訂金餘額為零時，系統顯示是否結清訂金帳戶。

發票開立方式：

Y.先開：入訂金帳時開立。

N.後開：沖訂金時開立。

X.已開：系統不開立發票。

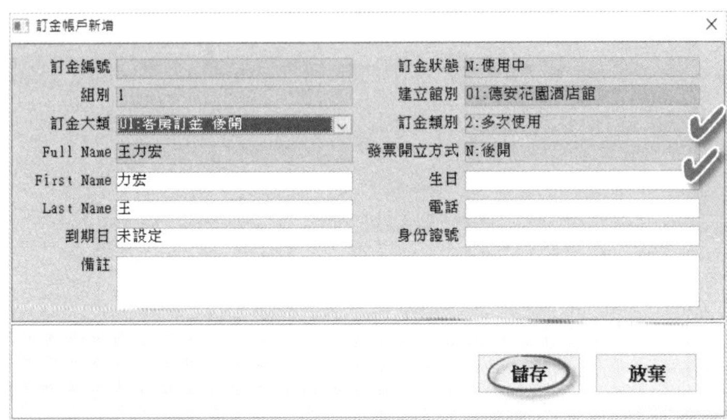

圖 7-66 訂金帳戶新增畫面

3. 輸入訂金金額及付款方式(付款方式會依照種類不同，會有不同的輸入視窗)。

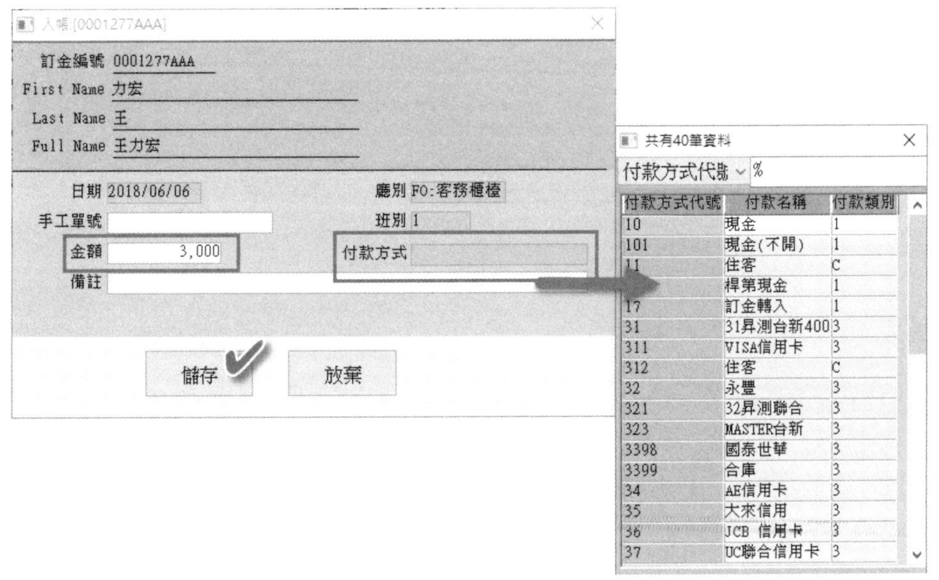

圖 7-67 訂金入帳畫面

4. 存檔後，顯示訂金明細與餘額。

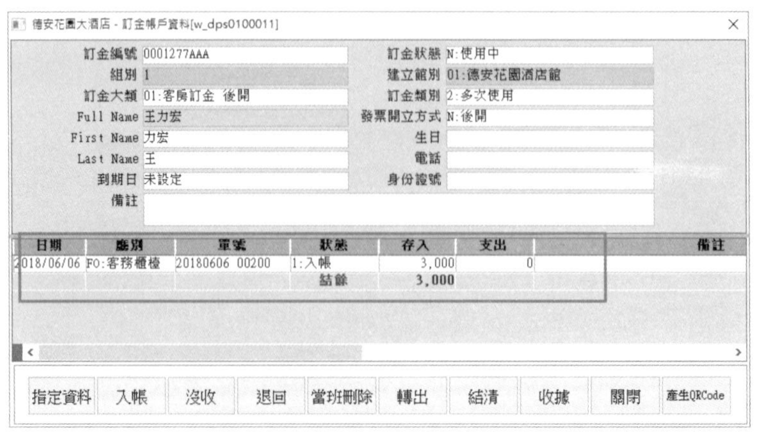

德安花園大酒店 - 訂金帳戶資料[w_dps0100011]

訂金編號	0001277AAA	訂金狀態	N:使用中
組別	1	建立館別	01:德安花園酒店館
訂金大類	01:客房訂金 後開	訂金類別	2:多次使用
Full Name	王力宏	發票開立方式	N:後開
First Name	力宏	生日	
Last Name	王	電話	
到期日	未設定	身份證號	
備註			

日期	廳別	單號	狀態	存入	支出	備註
2018/06/06	F0:客務櫃檯	20180606 00200	1:入帳	3,000	0	
			結餘	3,000		

指定資料 入帳 沒收 退回 當班刪除 轉出 結清 收據 關閉 產生QRCode

圖 7-68 訂金入帳完成畫面

5. 系統會自動與訂房卡串接，於訂房卡顯示訂金的編號以及餘額。

德安花園大酒店 - 王力宏:00586201

電話查詢				連結序號	1
Full Name	王力宏 Profile	稱謂	先生	職稱	
狀態	一般 等級 0 歷史編號 BQ 000000000038801	國籍	中華民國台灣	性別	MALE
公司名稱		來訪次數	1	來訪天數	0
歷史備註	...			喜好房號	
訂房卡號	00586201 速查卡號 5862	團號	王力宏	官網/聯訂	
住房日期	2018/06/06(三) 1 2018/06/07(四)	訂房公司	一般散客 ...		
房價代號	0404:兒童節 鎖控	聯絡人	日盛國際商業	業務員	
計價房種	SPR:精緻雙人客 訂房數 1	住家電話2	02251760099	助理電話	...
使用房種	SPR:精緻雙人客 ... 單日房價 6,000	住客類別	LOF:一般散客	訂房來源	01:電話訂房
房號	... 服務費 600	C/I 提醒			
大/小/嬰	3 / 0 / 0 FixedOrder ◉Fixed ○No	C/O 提醒			
C/I 時間	C/O 時間	排房備註			
訂金編號	0001277AAA ... 應收訂金 0 $: 3,000	房間特色	...		
保留日	保留時間	備註			
公帳號	已C/I P010 ... 佣金% 0 %		...		

圖 7-69 訂金指定畫面

訂金系統入訂金

1. 先到訂金系統。

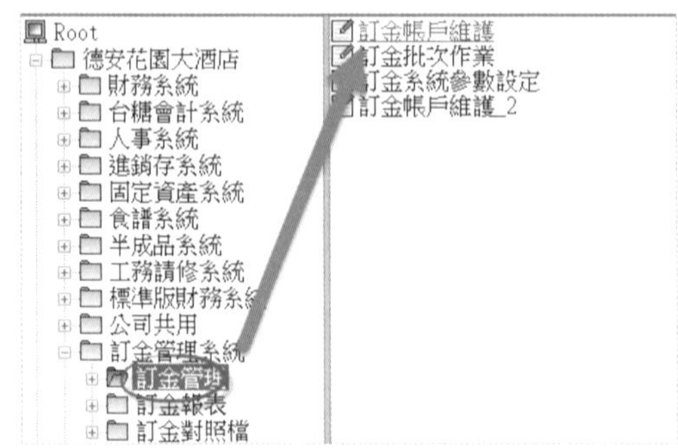

圖 7-70 訂金系統路徑畫面

2. 開班登入。

圖 7-71 開班登入畫面

3. 執行新增基本資料，輸入客戶基本資料後儲存。

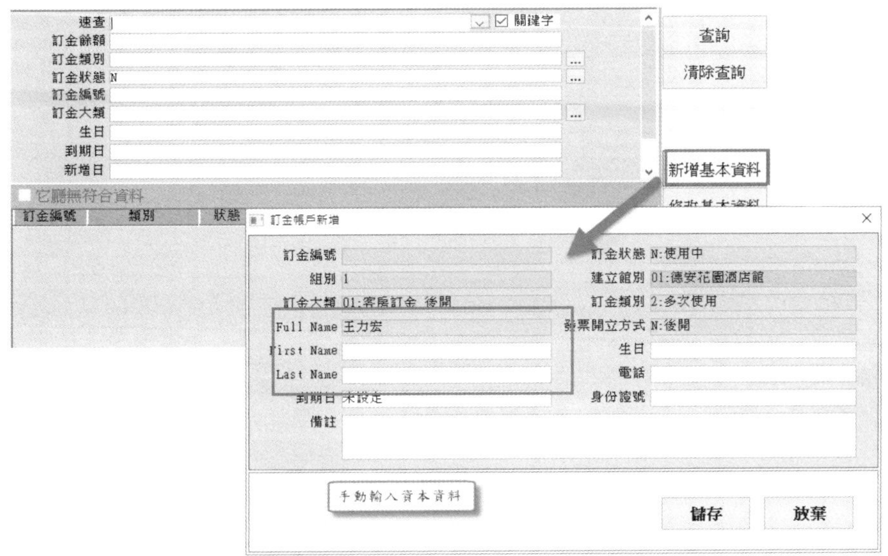

圖 7-72 訂金帳戶新增畫面

4. 後續步驟與訂房卡入訂金相同，透過訂金系統入訂金的方式，系統不會自動指定給訂房卡，需手動指定。

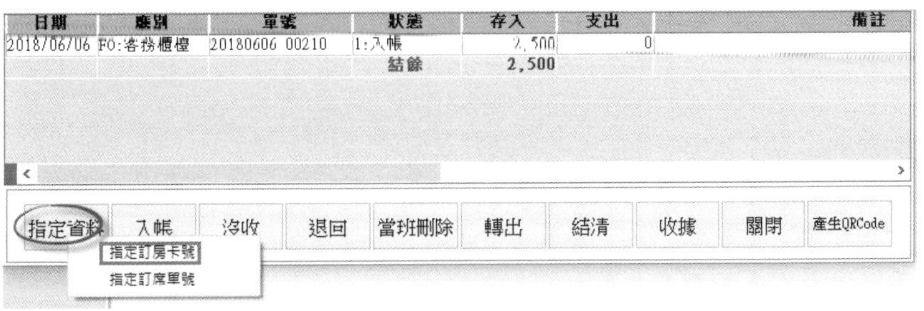

圖 7-73 訂金指定資料畫面

5. 查詢出要指定的訂房資料後，執行指定功能按鈕。

圖 7-74 訂金指定畫面

6. 指定成功後，系統將訂金編號填入。

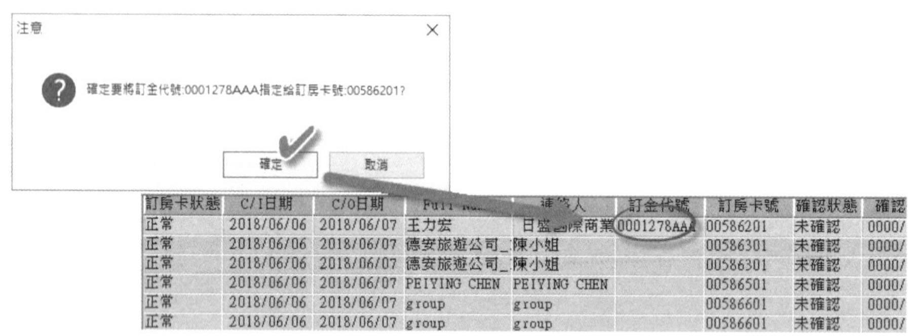

圖 7-75 訂金指定完成畫面

7.5 取消訂房

當已訂房的訂單資料因客人行程變更或是個人因素不克前來，主動與飯店聯絡欲取消訂單時，可找到該筆訂單將狀態改為取消。

取消訂房

1. 找到該筆訂單，執行全部取消功能按鈕，系統出現提示視窗詢問是否要全部取消。

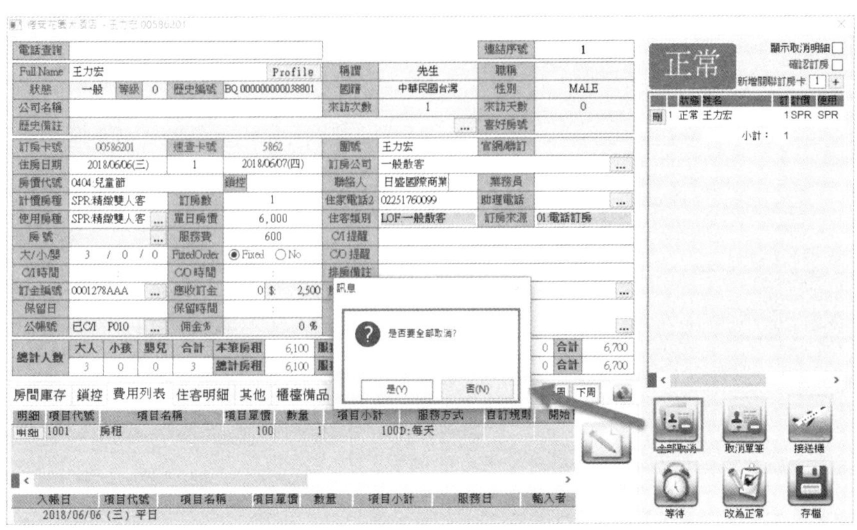

圖 7-76 訂房全部取消畫面

2. 系統將狀態改變為取消。此時請切記必須執行存檔功能，才完成取消訂房卡動作，存檔完成後，系統顯示取消號碼即代表取消成功。

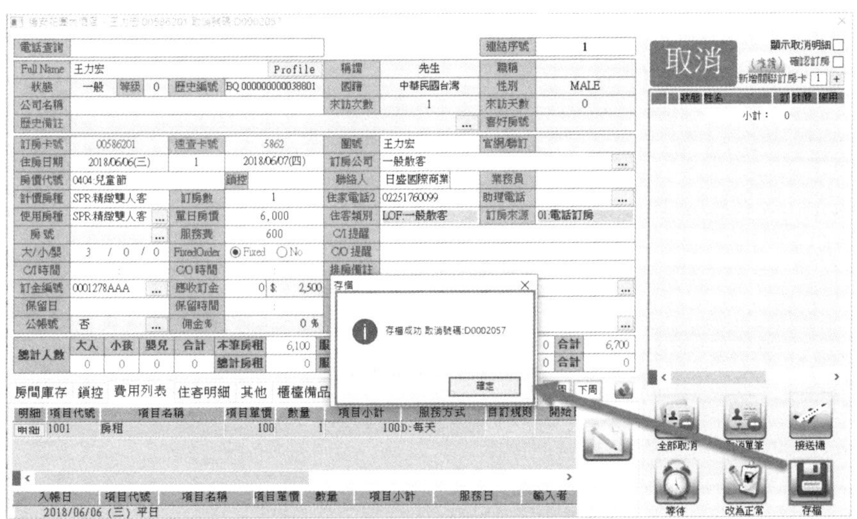

圖 7-77 訂房全部取消完成畫面

7.6 候補等待訂房

當飯店客滿，未能給予訂房的客人房間時，通常飯店的做法會請客人排至候補名單內。

候補等待訂房

將訂房卡改為等待，此狀態只記錄訂房紀錄，但不扣房種庫存。

1. 執行等待功能按鈕，系統出現提示訊息。

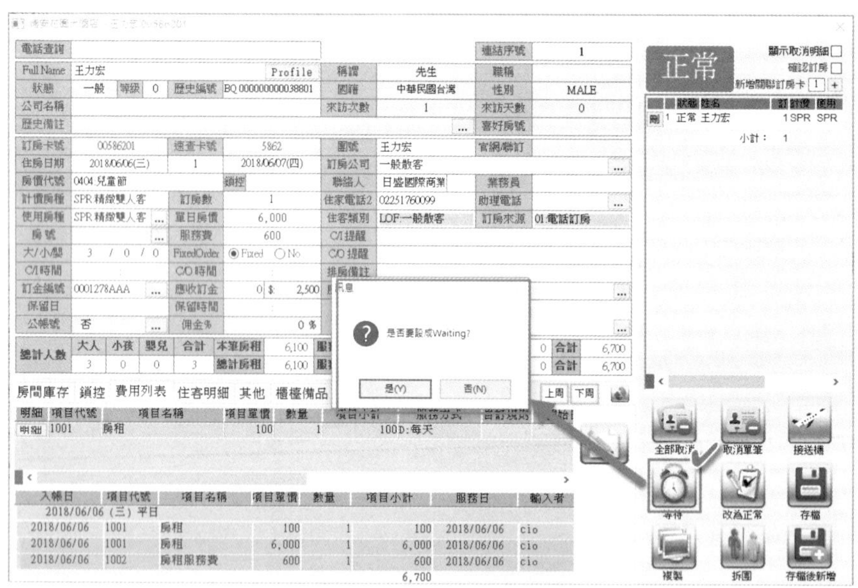

圖 7-78 訂房候補畫面

2. 確定後，該筆訂房改變為等待狀態，只記錄訂房單，並不扣房種庫存。若有確定可轉為正常訂單時，可利用改為正常的功能按鈕。

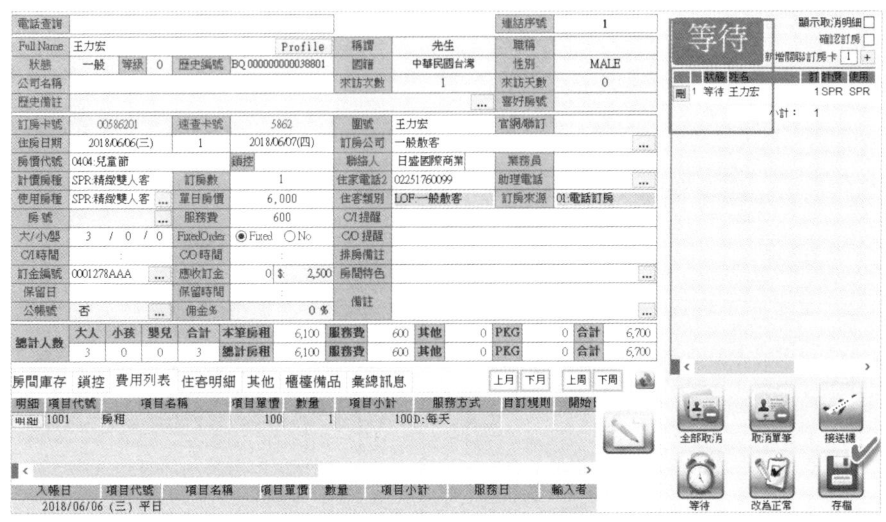

圖 7-79 訂房候補完成畫面

7.7 實作範例練習

實際操作範例一

柯 P 打電話到飯店欲要訂豪華客房一間，但他想查詢該公司簽約的價格，請問可以利用系統哪個功能為他找出可用的房價？

請大家動動手！小試身手一下
你做對了嗎？

操作步驟

1. 到訂房管理\房間管理 V2\新增訂房頁面。
2. 依照客戶需求輸入日期、公司名稱。
3. 執行查詢功能。
4. 畫面出現的即是客戶可以使用房型對應的房價。

實際操作範例二

承上題，因當日的日期房間較滿，可利用哪個選項讓房價顯示的資料更清楚明確？

A.隱藏無空房數房價
B.清除查詢
C.清除訂房資料

請大家動動腦！該怎麼做？
答案：A.隱藏無空房資料

操作步驟

1. 到訂房管理\房間管理 V2\新增訂房頁面。
2. 勾選「隱藏無空房的房價」。
3. 按下查詢。

7.8 模擬試題

選擇題

(　) 1. 在庫存查詢頁面中，如何知道特定房型已被訂房的明細？
(A) 該房型滑鼠左鍵點兩下　(B) 選房型按滑鼠右鍵
(C) 切換空房數　(D) 查詢鎖控數

(　) 2. 下列何者不是訂房查詢中速查的可查詢欄位？
(A) 團號　(B) 公司名稱　(C) 連絡電話　(D) 聯絡人

(　) 3. 若要查詢該張訂房卡的異動紀錄，由下列哪個功能提供？
(A) MEMO 查詢　(B) Change log　(C) 訂房查詢　(D) 接待查詢

(　) 4. 除房租費用外，外加服務需再收費，可於哪個功能先行設定？
(A) 服務費　(B) 單日金額　(C) 房價設定　(D) 費用列表

(　) 5. 針對某訂房卡號需內部溝通或交接，可利用何種功能註記並追蹤？
(A) CI 提醒　(B) 交辦事項　(C) CO 提醒　(D) 排房備註

(　) 6. 若完成訂房且訂金已由財務部入帳，在訂金系統可由哪個功能指定至定房卡？
(A) 指定資料　(B) 轉帳　(C) 當班刪除　(D) 結清

(　) 7. 客戶若有交通接送的服務需求，可由哪個功能註記？
(A) 費用列表　(B) 櫃台備品　(C) 彙總訊息　(D) 接送機

(　) 8. 飯店推出一泊二食專案，訂房時也需要跟餐廳預約，可由哪個功能進行？
(A) 訂席　(B) 訂單　(C) 訂位　(D) 訂房卡

(　) 9. 若要強制人員於取消訂房時輸入取消原因，其設定為前檯參數的？
(A) 出納參數　(B) 帳務參數
(C) 訂房參數　(D) 住客歷史參數

(　) 10. 有訂單資料，但房型不扣庫存數的訂單可稱為？
(A) 取消　(B) 候補　(C) 正常　(D) 已入住

(　) 11. 已取消之訂房應選擇下列哪個功能鍵才可還原？
(A) 改為正常　(B) 複製　(C) 拆團　(D) 重新訂房

(　) 12. 若散客訂房需快速建立多段訂房，可於已建立之訂房選擇下列何者功能鍵？
(A) 新增　(B) 取消　(C) 拆團　(D) 複製

(　) 13. 新增訂房中，訂房公司欄位之資料需從何處建立？
(A) 住客歷史　(B) 餐飲客戶　(C) 業務資料維護　(D) 訂房管理

(　) 14. 若需要將訂房明細一筆 10 間變成 10 筆單間，方便輸入各筆細項的功能為何？
(A) 複製　(B) 拆團　(C) 取消　(D) 存檔

(　) 15. 一般櫃檯員所俗稱的 R CARD 是指？
(A) 訂房確認書　(B) 訂金收據　(C) 帳單　(D) 旅客登記卡

(　) 16. 庫存查詢上的假日日期，該由哪個對照檔設定？
(A) 使用期間對照檔　(B) 假日日期對照檔
(C) 吉日對照檔　(D) 訂房對照檔

(　) 17. 若要知道該筆訂房卡參加的房價專案內含哪些服務，可由哪個功能進行檢視？
(A) 房間庫存　(B) 住客明細　(C) 櫃台備品　(D) 費用列表

(　　) 18. 客人於訂房時告知要用禮券訂房，可由其他選項的哪個功能輸入該禮券編號？

(A) 禮券　(B) 分帳規則　(C) 保證方式　(D) FOC

(　　) 19. OTA 客人的訂單，若旅客登記卡不顯示房租金額時，該選取哪個選項？

(A) 訂房確認書　(B) Rcard 印房租　(C) 帳單　(D) 旅客登記卡

(　　) 20. 針對訂房卡的某些資訊需在辦理住宿手續時顯示，此功能為？

(A) 排房備註　(B) CO 提醒　(C) CI 提醒　(D) 歷史備註

(　　) 21. 在系統內控管物品出借的功能為？

(A) 住客明細　(B) 庫存查詢　(C) 其他　(D) 櫃台備品

(　　) 22. 系統內所謂的 WRS 鎖控數，是指？

(A) 手動鎖控　(B) 自動鎖控數　(C) 官網鎖控數　(D) 人工鎖控數

(　　) 23. 當多台電腦同時訂房，查詢庫存時為確保庫存數的數字正確，可利用何項功能知悉？

(A) 用房數　(B) 重整庫存　(C) 空房數　(D) 另存新檔

(　　) 24. 若要知道當日訂房接單量，可利用哪份報表查詢？

(A) 當日新增訂房報表　(B) 訂房銷售報表

(C) 訂房狀態報表　(D) 訂房確認數報表

(　　) 25. 在訂房多間時，若只想取消一間房間，除修改房間數外還可使用何功能？

(A) 變為取消　(B) 改為取消　(C) 全部取消　(D) 取消單筆

旅客遷入流程

8.1 排房作業

櫃台接待是客房部的中心，負責處理旅客抵達旅館前的準備事宜以及旅客房間安排等工作。在飯店，排房作業是接待工作中一個重要的步驟，如何依照住客本身需求安排適當的房間更是一門學問。在系統內可以由住客歷史的資料知悉客人習性與喜好，進而適切的安排房間，其紀錄資料可參考 5.2 節「住客歷史資料」。

程式路徑：接待管理\排房作業 v2

排房作業

1. 開啟排房作業畫面，如下圖所示。

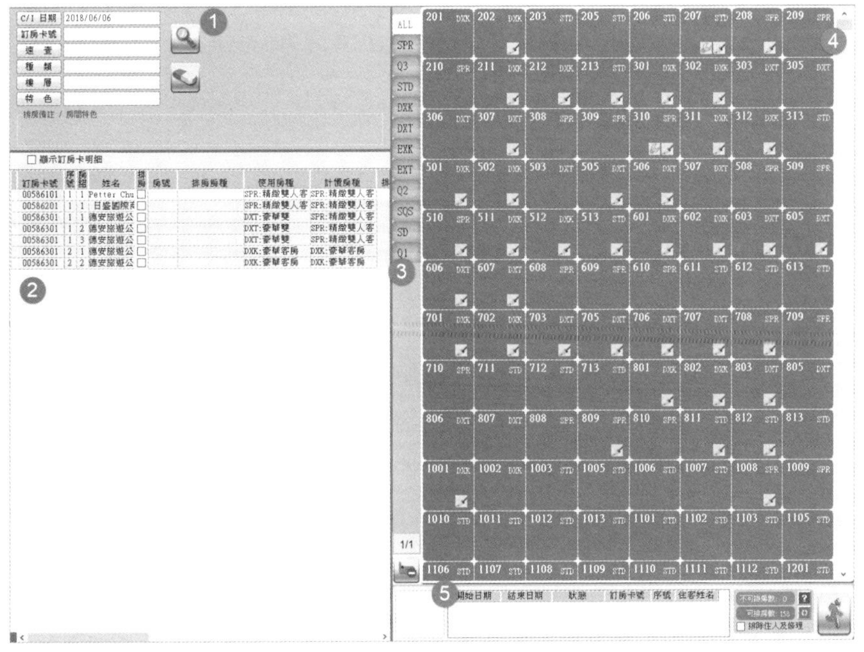

圖 8-1 排房作業主畫面

(1) 查詢條件區域，可以依照欲查詢的條件，輸入資料後查詢。

(2) 查詢後結果頁的訂房明細資料。

(3) 依照房種條件過濾房間。

(4) 可排房間資料。

(5) 單一房間已排或是未來已排資訊。

2. 可於訂房明細資料的房號欄位中輸入房號即完成排房。若下方資料於訂房卡前面有驚嘆號時，則表示該訂房明細有排房備註，應特別注意。其內容會在上方的排房備註與房間特色的顯示框，方便排房人員檢視。

圖 8-2 單筆排房作業畫面

3. 排好房間後，右邊房間圖示會將該客戶資料填上顯示，並將顏色變更為已排房的顏色。

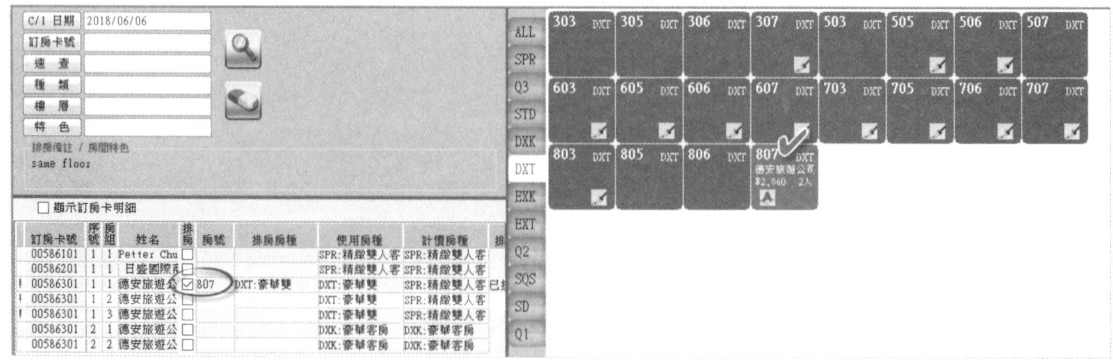

圖 8-3 排房完成畫面

於房間資料下方可看到已排的資訊，或是利用住人與修理的篩選，讓房間資料更明確。

圖 8-4 已排房資訊畫面

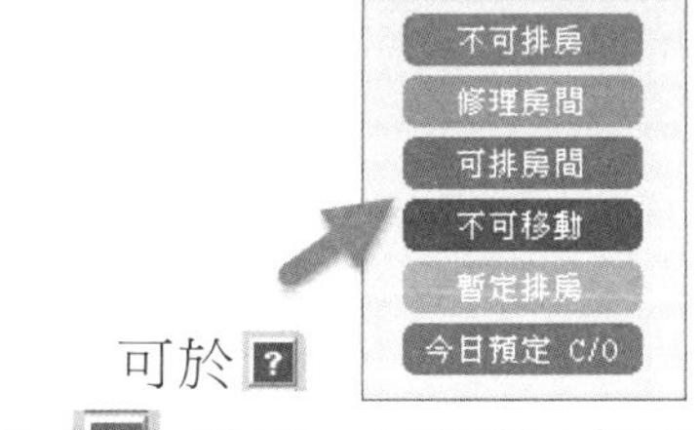

可於 ? 點選開啟，檢視在排房的房間資訊的顏色顯示說明，另於 點選，可切換房間資訊。

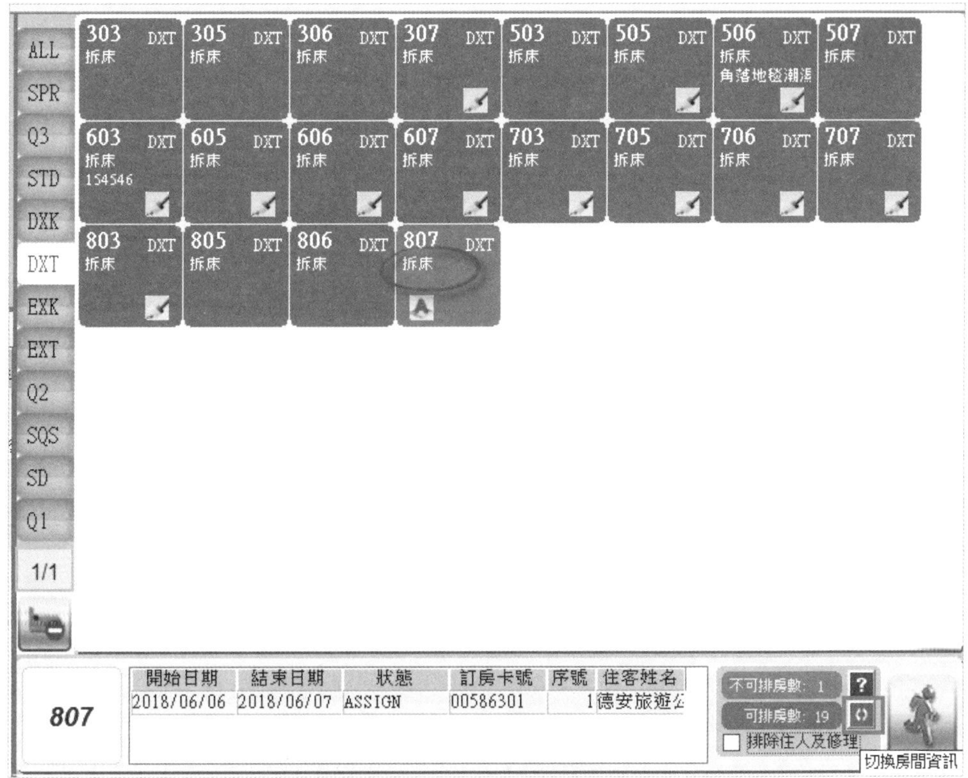

圖 8-5 切換房間資訊畫面

取消排房

取消排房可於訂房明細資料處，將房號前面的打勾取消，即完成取消排房。除上述使用輸入與取消打勾方式，進行排房與取消排房操作外，也可利用按住滑鼠右鍵拖曳的方式進行。

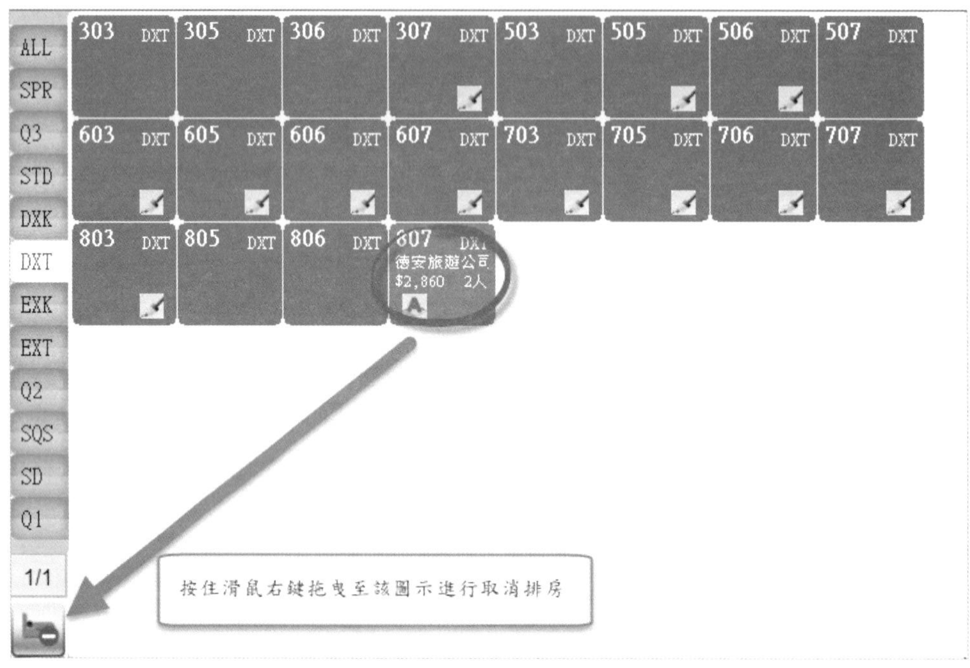

圖 8-6 取消排房畫面

批次排房作業

1. 利用勾選顯示訂房卡明細，將畫面分割兩部分，選取上方資料後，以拖曳的方式，將滑鼠移至房間資料的某個房號，則系統會依序排定房間。

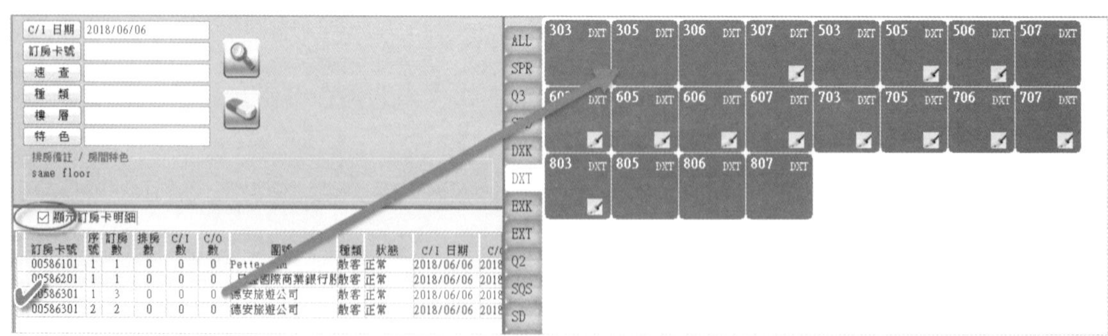

圖 8-7 顯示訂房卡明細畫面

2. 顯示已排列表，若想依照情況調整，則可將房號的勾選移除，若無誤，則於執行確定後，批次排房成功。

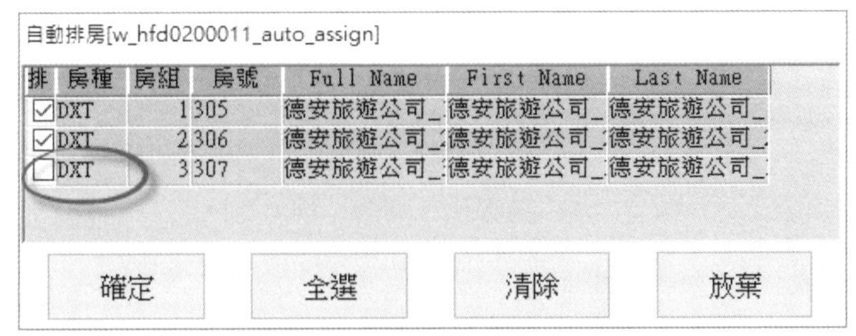

圖 8-8 批次自動排房畫面

自動排房

圖 8-9 自動排房畫面

利用需求條件設定，由系統依條件自動排房，其條件有樓層、房間特色、房間狀態、分佈規則、開始房號等。其功能按鈕於上方，如下圖所示。

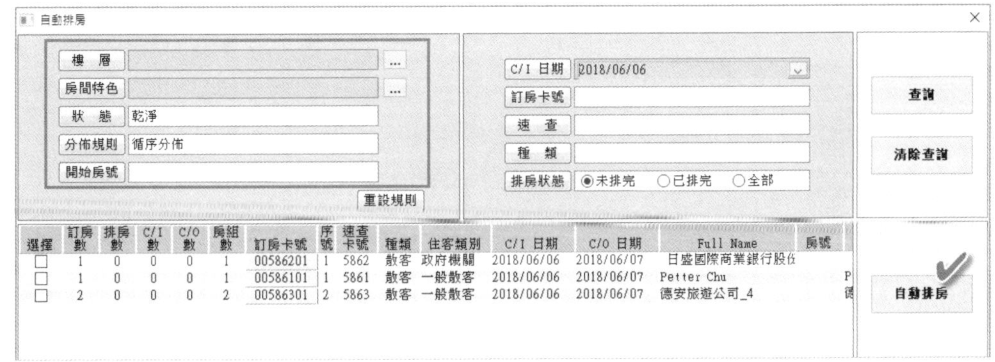

圖 8-10 自動排房作業畫面

修改住客名單

在查詢條件上方的圖示選點進入修改住客名單功能，抑或是按滑鼠右鍵，出現功能選單時，選擇修改住客名單。

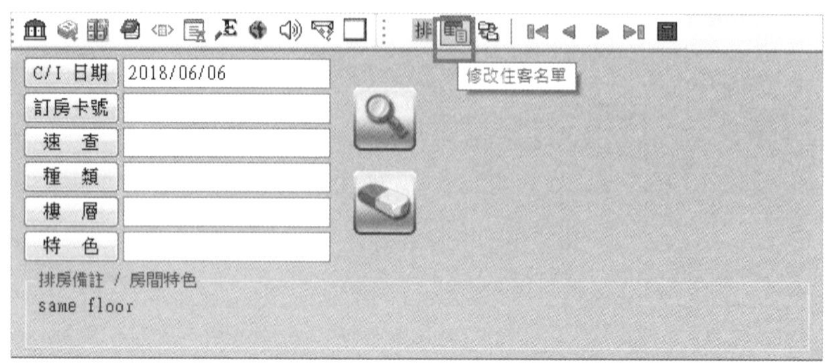

圖 8-11　修改住客名單畫面

於排房作業該團體或住客更換時，也可利用此功能進行修改，可於 Full Name 處進行修改或是使用新增功能在新增住客的資料。

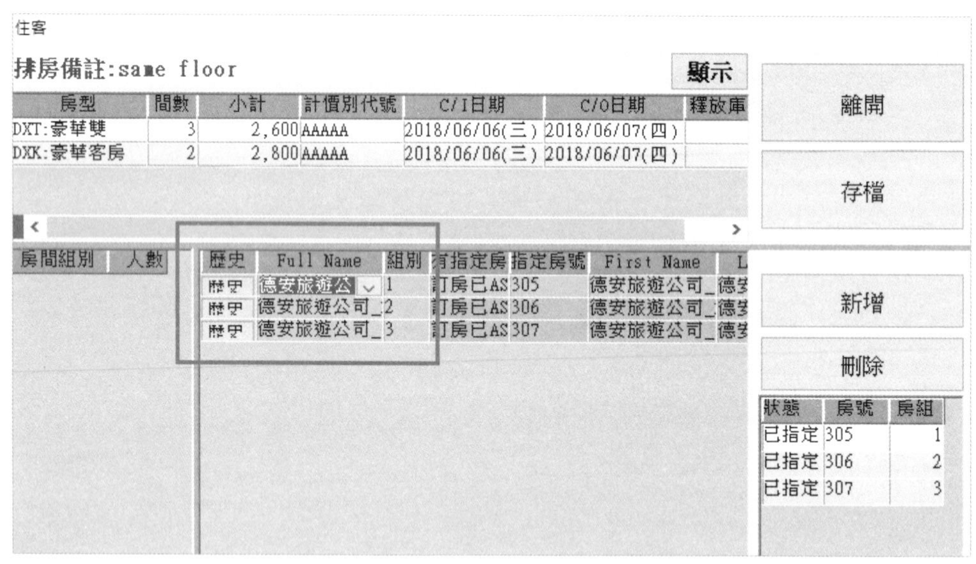

圖 8-12　修改住客名單作業畫面

排房調整

針對需要調整的已完成排房之訂房資料，除了利用原本排房作業的操作功能之外，也可利用排房調整功能來調整排房。在查詢條件上方的圖示選點進入排房調整功能，抑或是按滑鼠右鍵，出現功能選單時，選擇排房調整。

圖 8-13 排房調整畫面

選取排房資料，上方房間資訊會顯示細節，另在排房調整的指定房號也會填入選取的房號。

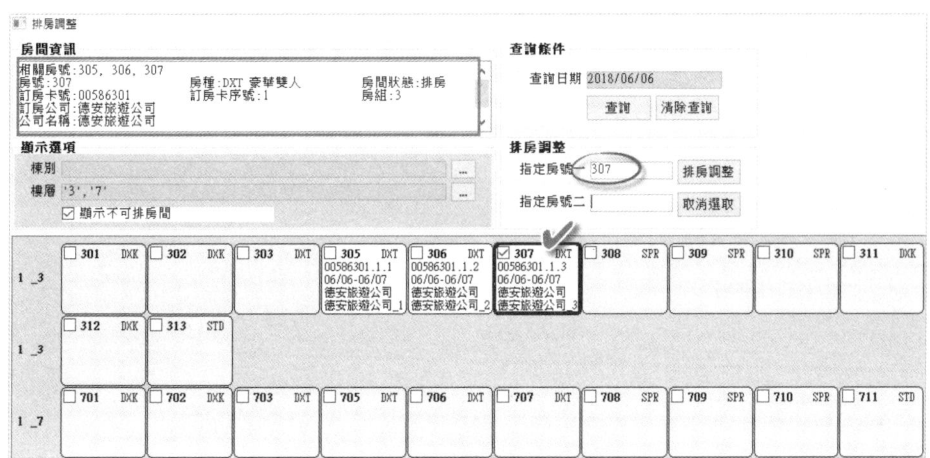

圖 8-14 排房調整作業畫面

再選取欲新調整的房號後，執行排房調整功能，即完成排房調整。

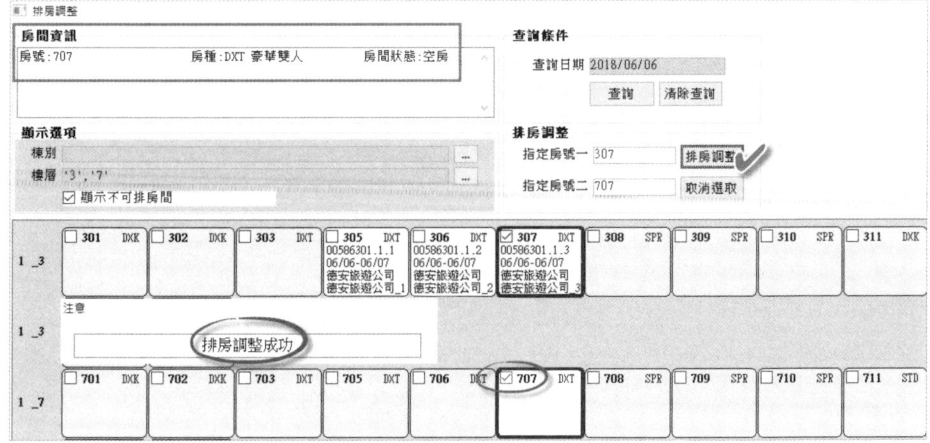

圖 8-15 排房調整完成畫面

可利用接待報表的排房報表，檢視排房狀況。

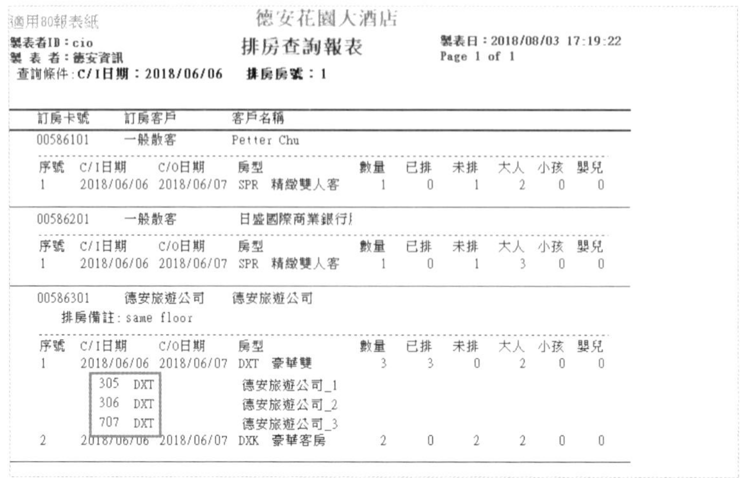

適用80報表紙　　德安花園大酒店

製表者ID：cio　　排房查詢報表　　製表日：2018/08/03 17:19:22
製 表 者：德安資訊　　Page 1 of 1
查詢條件：C/I日期：2018/06/06　排房房號：1

訂房卡號	訂房客戶	客戶名稱
00586101	一般散客	Petter Chu

序號	C/I日期	C/O日期	房型	數量	已排	未排	大人	小孩	嬰兒
1	2018/06/06	2018/06/07	SPR 精緻雙人客	1	0	1	2	0	0

訂房卡號	訂房客戶	客戶名稱
00586201	一般散客	日盛國際商業銀行

序號	C/I日期	C/O日期	房型	數量	已排	未排	大人	小孩	嬰兒
1	2018/06/06	2018/06/07	SPR 精緻雙人客	1	0	1	3	0	0

訂房卡號	訂房客戶	客戶名稱
00586301	德安旅遊公司	德安旅遊公司

排房備註：same floor

序號	C/I日期	C/O日期	房型	數量	已排	未排	大人	小孩	嬰兒
1	2018/06/06	2018/06/07	DXT 豪華雙	3	3	0	2	0	0
	305 DXT		德安旅遊公司_1						
	306 DXT		德安旅遊公司_2						
	707 DXT		德安旅遊公司_3						
2	2018/06/06	2018/06/07	DXK 豪華客房	2	0	2	2	0	0

圖 8-16 排房報表畫面

8.2 旅客 Check In 作業

旅客遷入作業是飯店與客人面對面服務的開始，每天的晚班或大夜班會進行隔天到達旅客的名單與準備工作（即稱晚 P 作業），讓當天服務的人員能快速將客人資料（旅客登記卡、房卡、餐券、各式服務單據等）準備齊全，使櫃台人員可以迅速完成旅客遷入作業，將住客順利辦理住宿。

程式路徑：接待管理\住客 C/I

散客遷入

1. 進入後查詢出現當日抵達的訂房資料。

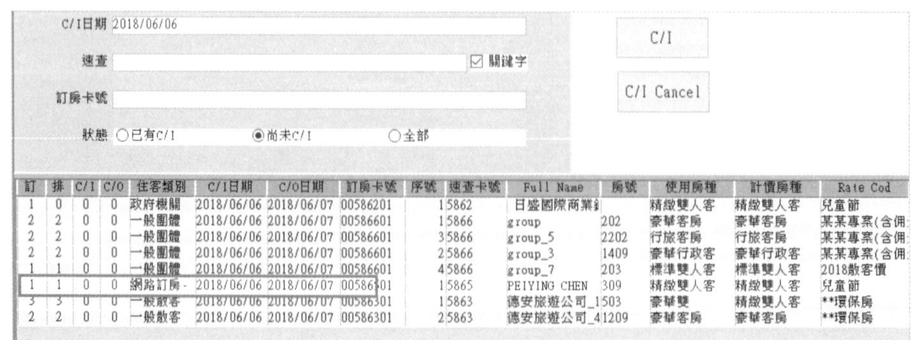

C/I日期 2018/06/06
速查　☑ 關鍵字
訂房卡號
狀態 ○已有C/I ◉尚未C/I ○全部
C/I
C/I Cancel

訂	排	C/I	C/O	住客類別	C/I日期	C/O日期	訂房卡號	序號	速查卡號	Full Name	房號	使用房種	計價房種	Rate Cod
1	0	0	0	政府機關	2018/06/06	2018/06/07	00586201	1	5862	日盛國際商業		精緻雙人客	精緻雙人客	兒童節
2	2	0	0	一般團體	2018/06/06	2018/06/07	00586601	1	5866	group	202	豪華客房	豪華客房	某某專案(含佣
2	2	0	0	一般團體	2018/06/06	2018/06/07	00586601	3	5866	group_5	2202	行旅客房	行旅客房	某某專案(含佣
2	2	0	0	一般團體	2018/06/06	2018/06/07	00586601	2	5866	group_3	1409	豪華行政客	豪華行政客	某某專案(含佣
1	1	0	0	一般團體	2018/06/06	2018/06/07	00586601	4	5866	group_7	203	標準雙人客	標準雙人客	2018散客價
1	1	0	0	網路訂房-	2018/06/06	2018/06/07	00586[illegible]01	1	5865	PEIYING CHEN	309	精緻雙人客	精緻雙人客	兒童節
3	3	0	0	一般散客	2018/06/06	2018/06/07	00586301	1	5863	德安旅遊公司_1	503	豪華雙	精緻雙人客	**環保房
2	2	0	0	一般散客	2018/06/06	2018/06/07	00586301	2	5863	德安旅遊公司_4	1209	豪華客房	豪華客房	**環保房

圖 8-17 住客 CI 查詢畫面

2. 點選該筆訂房資料後，執行 C/I 按鈕或於該筆資料快速點滑鼠左鍵兩下。

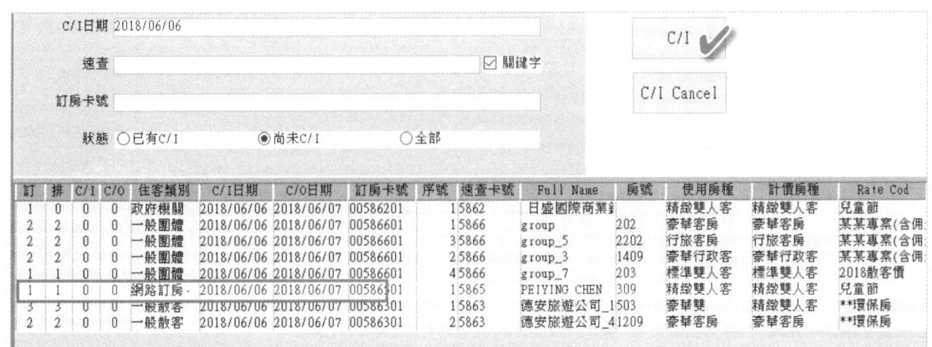

圖 8-18 住客 CI 畫面

3. 開啟 C/I 畫面。

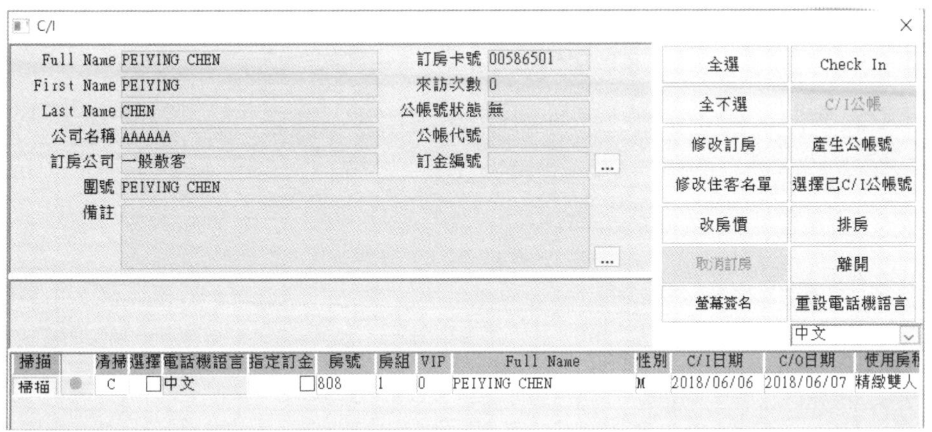

圖 8-19 住客 CI 主畫面

4. 確認訂單資料是否正確以及是否已排房。若有排房，則前面的清掃欄位必須要為 C 才能辦理入住，若為 D 表示該房間為髒房，則不能 Check In。

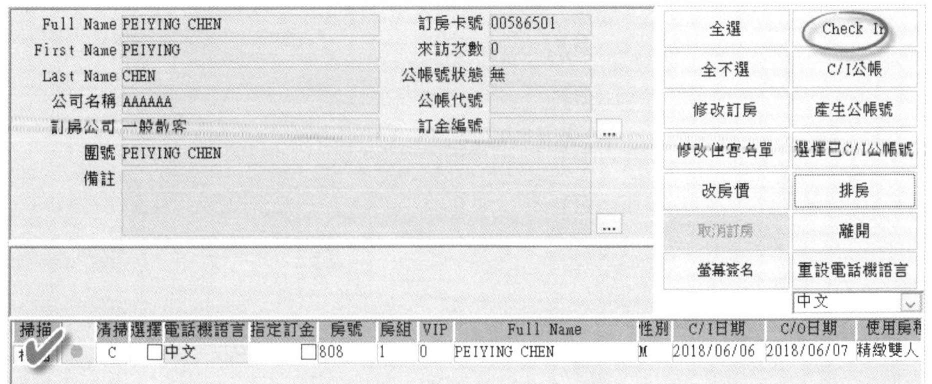

圖 8-20 住客 CI 選取畫面

5. 入住成功。

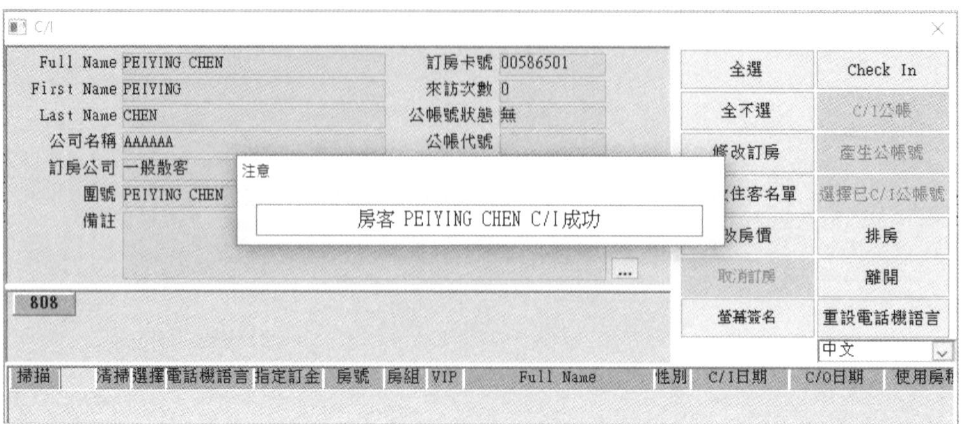

圖 8-21 住客 CI 成功畫面

團體遷入

1. 其步驟與散客遷入一樣，通常團體都會使用公帳號功能，方便導遊一起結帳，若有設定使用公帳號，請先 Check In 公帳號後，才能針對子房間 Check In。

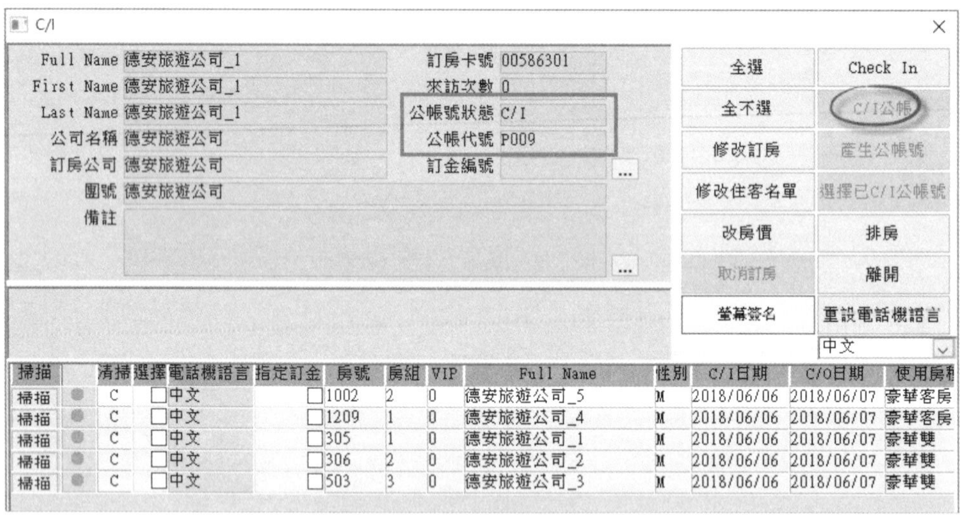

圖 8-22 CI 公帳號畫面

2. 選擇要 Check In 的房間資料，執行 Check In 功能。

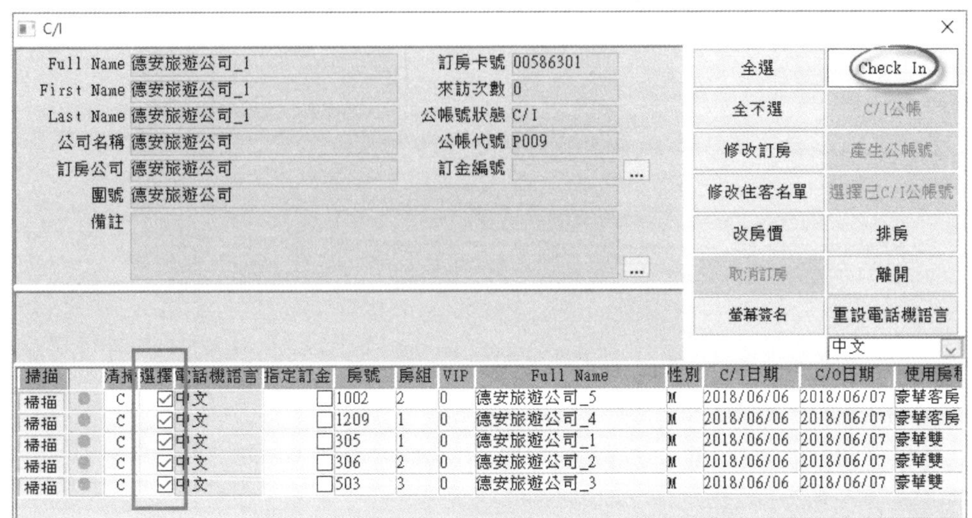

圖 8-23 團體 CI 畫面

3. 團體 Check In 成功。

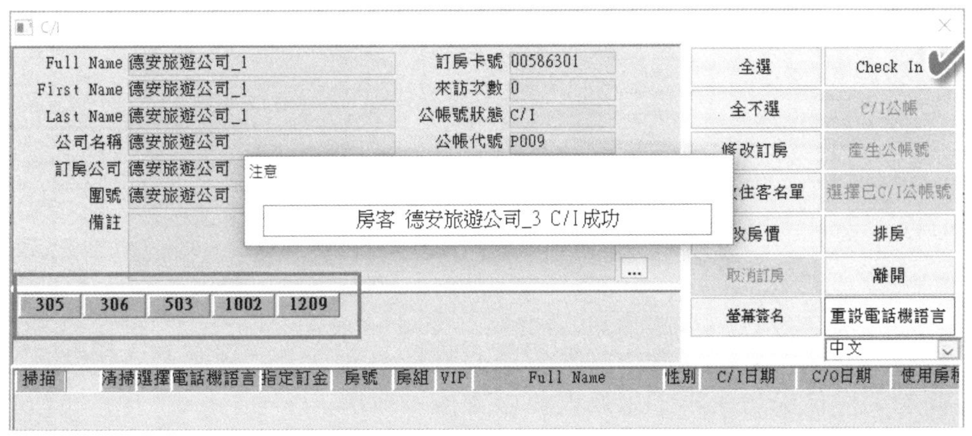

圖 8-24 團體 CI 成功畫面

取消入住

若在已經遷入後發現資料錯誤或是有問題時，可執行 C/I Cancel 功能，將已遷入的資料回復至尚未遷入的狀態。為了帳務控管精確，當該房號已有帳務或是已有結帳資料時，無法執行本功能。

1. 先查詢出已遷入的資料，並執行 C/I Cancel 功能鈕。

圖 8-25 C/I Cancel 畫面

2. 選擇資料後，執行 C/I Cancel 功能鈕，系統詢問是否移除排房。

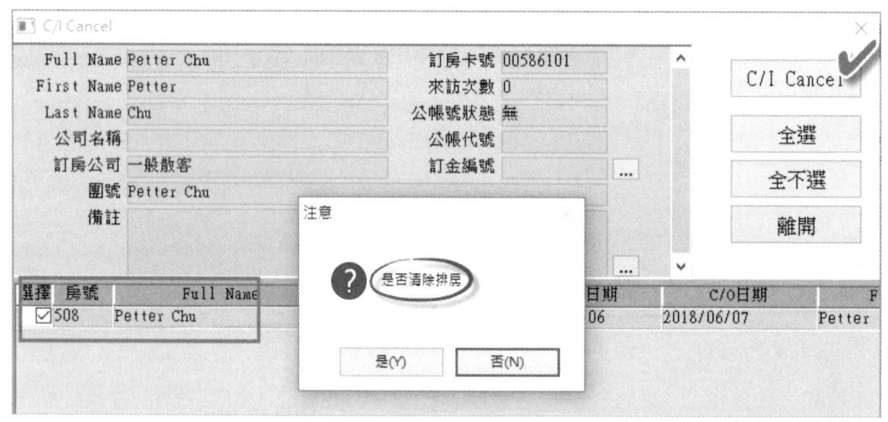

圖 8-26 清除排房訊息畫面

3. 詢問是否將房間改成髒房（一般飯店程序為若住客只要有進入房間，一律會將房間變成髒房，再請房務人員檢查後才放房）。

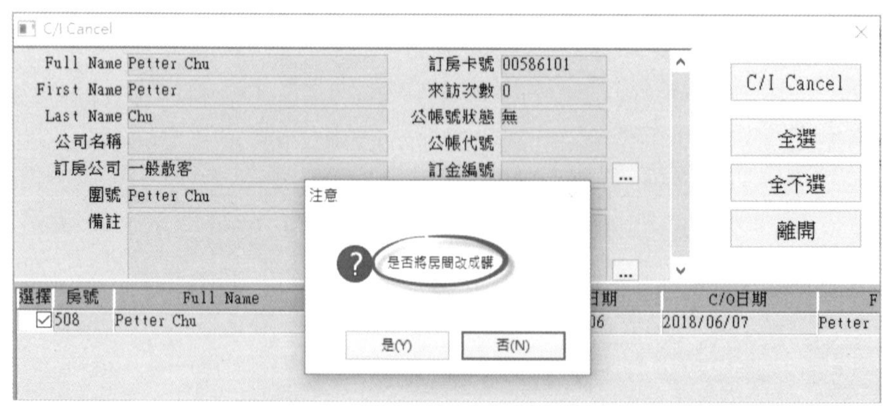

圖 8-27 房間改成髒訊息畫面

4. C/I Cancel 執行成功，該筆資料回到未入住狀態。

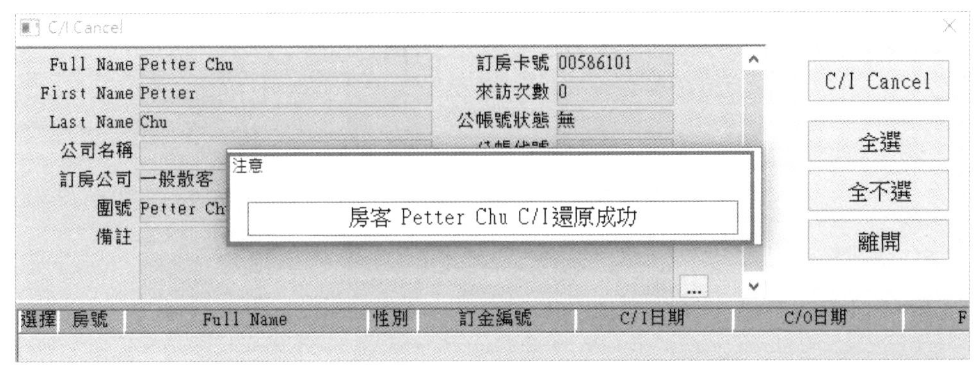

圖 8-28 CI 還原成功畫面

遷入作業畫面功能說明

以下分三個區域進行說明。

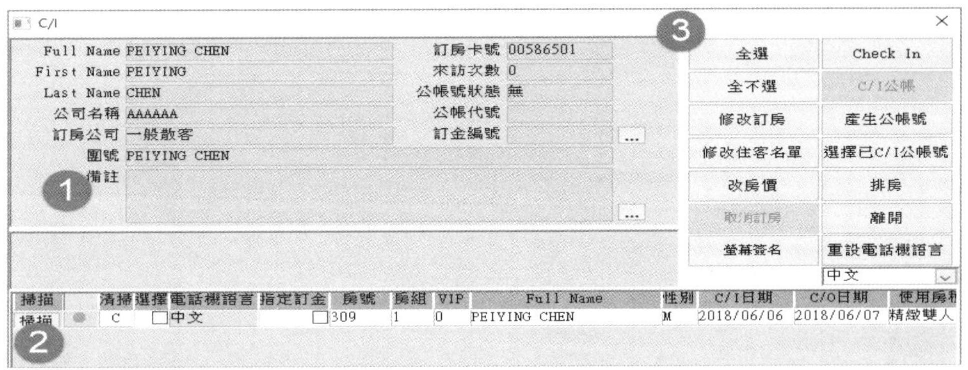

圖 8-29 住客 CI 畫面

1. 訂單資訊區
2. 訂房明細資料區

若有使用證件掃描功能，可連結掃描機器進行證件掃描。掃描後的資料會自動辨識欄位，傳至住客歷史資料裡，人員無須再登打。掃描後的證件檔也會一併存入住客歷史，供飯店人員核對使用。

(1) 執行後，開啟掃描畫面。

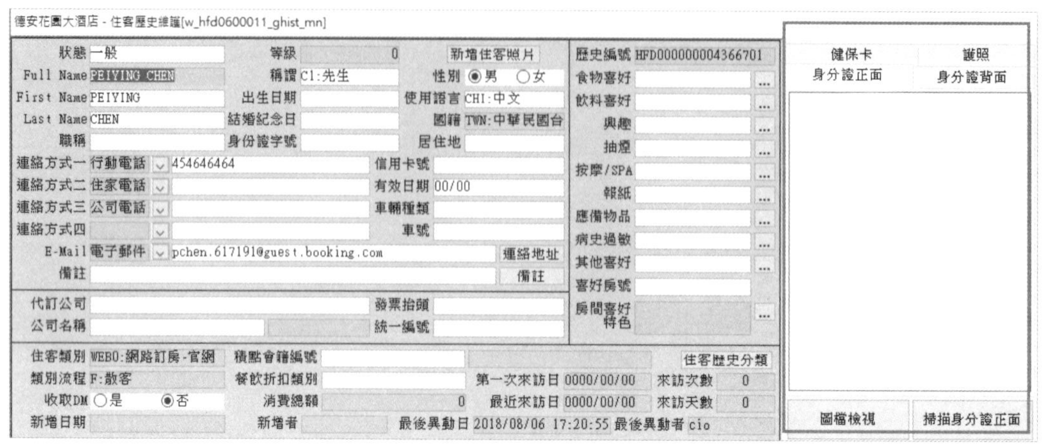

圖 8-30 證件掃描開啟畫面

(2) 依照證件種類選擇，掃描身分證正面（依證件種類不同，名稱有所不同），且會將住客的證件檔存檔至畫面白色空白處，以利稽核。

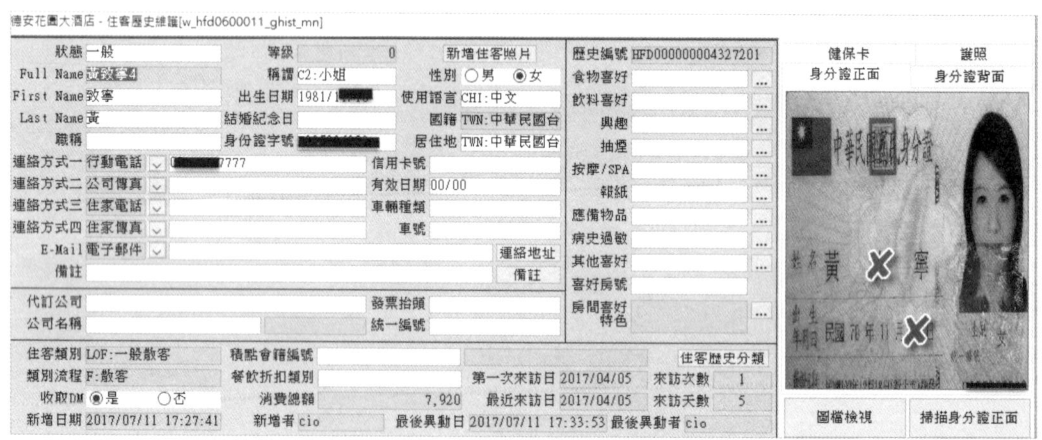

圖 8-31 證件掃描完成畫面

3. 功能區

修改訂房	可針對此訂房卡開啟訂房畫面並修改，無須再切換至訂房管理作業。
產生公帳號	當此訂房卡有使用公帳號又未事先指定公帳號時，依照系統規則需產生一組公帳號，才能繼續執行 Check In。

圖 8-32 產生公帳號畫面

執行產生公帳號功能按鈕後，系統會出現提示視窗選擇公帳號，可手動選擇或是由系統自動產生。

手動產生：

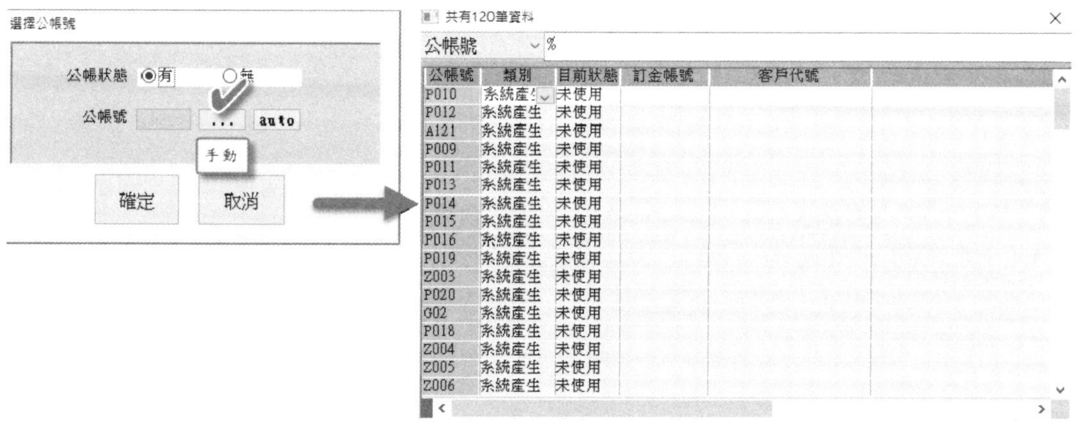

圖 8-33 手動產生公帳號畫面

自動產生：

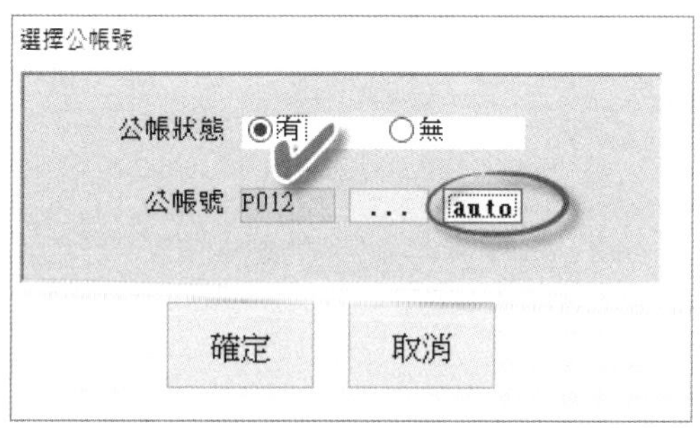

圖 8-34 自動產生公帳號畫面

選擇已C/I公帳號　當此訂房卡有使用公帳號且已有公帳號存在或是於上次使用但未退房的公帳號時，可使用已 C/I 公帳號，通常在同一家旅行社或團體、不同進出日期、帳務必須一起結帳時，會選用此功能。

(1) 執行產生公帳號功能按鈕後，選擇已 C/I 公帳號。

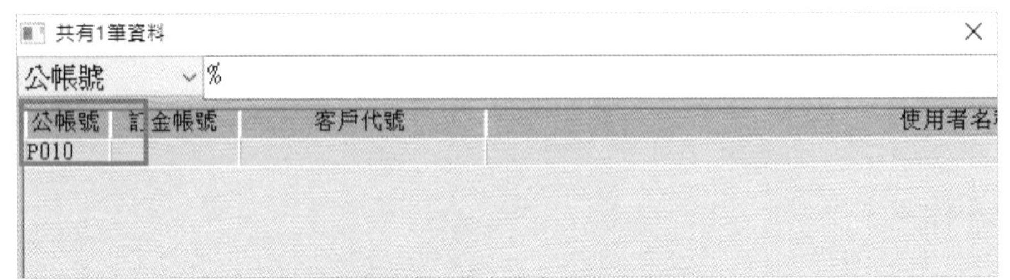

圖 8-35 選擇已 CI 公帳號畫面

(2) 選擇後完成 C/I 公帳號指定。

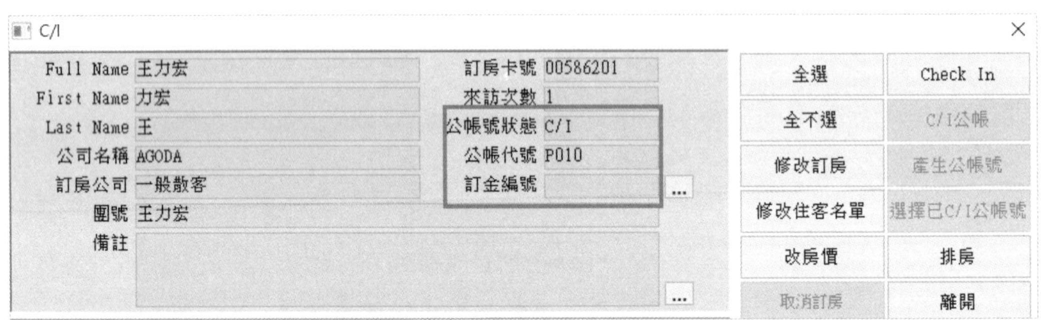

圖 8-36 完成指定 CI 公帳號畫面

修改住客名單　可於此修改已存在或是新增住客資料。

住客明細

旅客客戶代號 HFD000000004366701
房間組別 1
Full Name PEIYING CHEN
First Name PEIYING
Last Name CHEN
C/I提醒
C/O提醒
性別 MALE
國籍 TWN:中華民國台灣
職稱
稱謂 C1:先生
離開
存檔

圖 8-37 修改住客名單畫面

改房價

此功能是針對每筆訂房明細修改房價代號、計價房種、使用房種、房價、服務費等欄位。

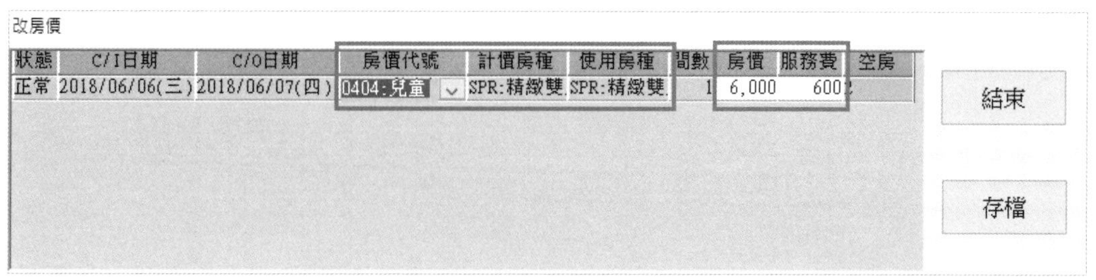

圖 8-38 改房價畫面

排房

若未排房是無法辦理住宿的，已進入到住客 C/I 但尚未排房時可以利用該功能進行排房，其步驟請參考本章 8.1 節的「排房作業」。

螢幕簽名

因應電子化，系統於旅客登記卡可利用訂房資料輸出至觸控螢幕，請客戶確認資料後，直接於螢幕上簽名，簽名後的資料會變成圖檔存入資料庫，並可以利用接待報表的平板住客影像資料查詢功能，查詢已存在的旅客登記卡並可列印。

此功能也可參照 youtobe 頻道，觀看影音實際操作，其連結如下：https://www.youtube.com/watch？v=kS-zjDFqnp0。

CFM NO. 訂房代碼	00626701

GUEST REGISTRATION CARD 旅客住宿登記卡

GUEST NAME 旅客姓名	にっぽんご/にほん 先生		成人 A / 兒童 C 2 / 0
ARR DATE 抵達日期	2018/06/22	DEP DATE 離開日期	2018/06/23
TOTAL RATE 總計房租	NT$ 7150	ROOM TYPE 房間型態	SPR
ROOM NO. 房號			

PASSPORT/ID NO. 護照/證件號碼	DATE OF BIRTH 生日	NATIONALITY 國籍
		中華民國台灣

TELEPHONE NO. 電話號碼	
E-MAIL 電子信箱	yihui@athena.com.tw
COMPANY/TRAVEL AGENCY 訂房公司/旅行社	住宿貴賓

GUI TITLE 收據抬頭		INVOICE NO. 統一編號	

根據個人資料保護法條例，我特此授權/不授權[illegible]定時發送最新的促銷活動及優惠到我的地址、電子郵箱或傳真。

☐ AUTHORIZE 同意　☐ NOT AUTHORIZE 不同意

● I acknowledge the fact that any outstanding balances which occurred on my behalf will be paid in full after confirmation during the time of check out.
我對於帳單上所列出之應付款項，如無異議，將於退房當日結清。

GUEST SIGNATURE 住客簽名

圖 8-39 螢幕簽名畫面

重設電話機語言

當多間房間辦理入住，對應的交換機語言錯誤或是需修正時，利用重設電話機語言功能批次執行。

(1) 選擇需修改的訂房明細，修改語言。

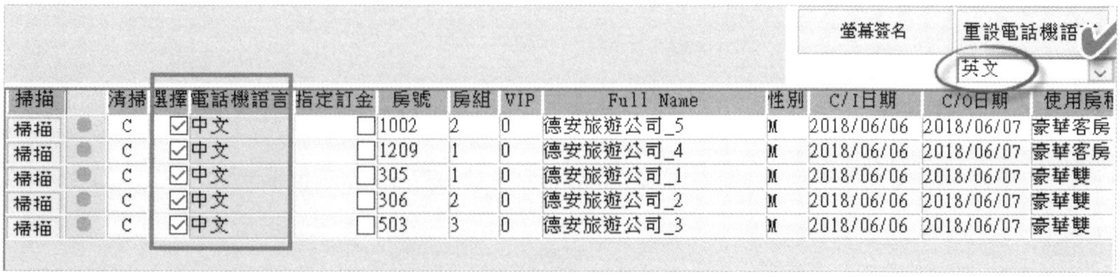

螢幕簽名 重設電話機語言
英文

掃描		清掃	選擇電話機語言	指定訂金	房號	房組	VIP	Full Name	性別	C/I日期	C/O日期	使用房種
掃描		C	☑中文	☐	1002	2	0	德安旅遊公司_5	M	2018/06/06	2018/06/07	豪華客房
掃描		C	☑中文	☐	1209	1	0	德安旅遊公司_4	M	2018/06/06	2018/06/07	豪華客房
掃描		C	☑中文	☐	305	1	0	德安旅遊公司_1	M	2018/06/06	2018/06/07	豪華雙
掃描		C	☑中文	☐	306	2	0	德安旅遊公司_2	M	2018/06/06	2018/06/07	豪華雙
掃描		C	☑中文	☐	503	3	0	德安旅遊公司_3	M	2018/06/06	2018/06/07	豪華雙

圖 8-40 交換機語言畫面

(2) 執行重設電話機語言功能，完成修改。

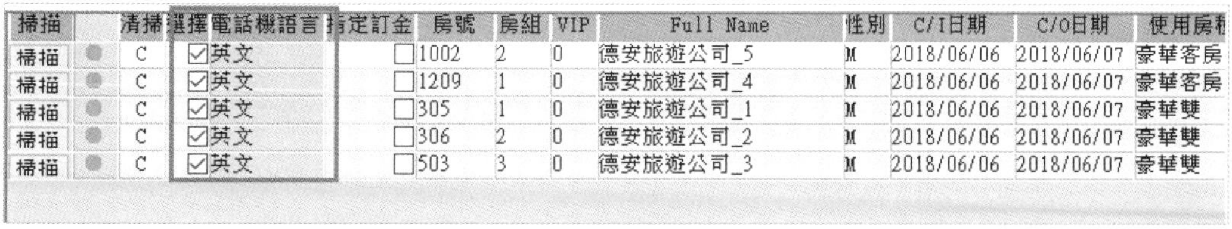

掃描		清掃	選擇電話機語言	指定訂金	房號	房組	VIP	Full Name	性別	C/I日期	C/O日期	使用房種
掃描		C	☑英文	☐	1002	2	0	德安旅遊公司_5	M	2018/06/06	2018/06/07	豪華客房
掃描		C	☑英文	☐	1209	1	0	德安旅遊公司_4	M	2018/06/06	2018/06/07	豪華客房
掃描		C	☑英文	☐	305	1	0	德安旅遊公司_1	M	2018/06/06	2018/06/07	豪華雙
掃描		C	☑英文	☐	306	2	0	德安旅遊公司_2	M	2018/06/06	2018/06/07	豪華雙
掃描		C	☑英文	☐	503	3	0	德安旅遊公司_3	M	2018/06/06	2018/06/07	豪華雙

圖 8-41 交換機語言修改完成畫面

8.3 模擬試題

選擇題

( ) 1. 排房作業左方多筆訂房卡資訊的最前方若出現驚嘆號，則表示？
(A) 有排房　(B) 有住人
(C) 有排房備住　(D) 有訂房備註

( ) 2. 已排好的房間，在房號資訊方格會出現何種字樣？
(A) A 字樣　(B) B 字樣
(C) C 字樣　(D) D 字樣

( ) 3. 若想要篩選掉剩下可排的房間，可利用何種功能？
(A) 選擇房型　(B) 排除住人及修理
(C) 顯示訂房卡明細　(D) 速查

( ) 4. 透過哪個功能可知悉排房作業的房號顏色代表的意思？
(A) 房間顏色說明　(B) 特色
(C) 按右鍵開啟　(D) 顯示訂房卡明細

(　) 5. 依照房間對照檔或房間管理設定的拆併床資訊，在排房頁面如何知悉此資訊？

(A) 排除住人及修理 (B) 切換房間資訊
(C) 顯示訂房卡明細 (D) 速查

(　) 6. 取消排房除了將房號選取移除外，還可利用哪個功能進行取消排房？

(A) 按滑鼠右鍵 (B) 按滑鼠左鍵
(C) 拖曳滑鼠 (D) 移動滑鼠

(　) 7. 若團體想利用批次排房，需透過勾選哪個功能才能執行？

(A) 訂房卡 (B) 排除住人及修理
(C) 拖曳 (D) 顯示訂房卡明細

(　) 8. 透過使用者自行給予條件後進行排房的功能稱為？

(A) 批次排房 (B) 手動排房
(C) 自動排房 (D) 單筆排房

(　) 9. 團體名單有誤，在排房作業裡，可透過何種功能進行調整？

(A) 修改訂房 (B) 修改住客名單
(C) 住房資訊 (D) 訂房卡明細

(　) 10. 當已排房的兩筆訂單或團體需要互調房號時，可利用何種功能？

(A) 排房調整 (B) 訂單調整
(C) 住客調整 (D) 人名調整

(　) 11. 已完成排房後，若要檢查是否正確，可利用哪份報表？

(A) IN HOUSE 報表 (B) 訂房新增報表
(C) 到達旅客報表 (D) 排房報表

(　) 12. 於入住畫面中清單的清掃欄位顯示 D 且為紅色，則表示？

(A) 乾淨房 (B) 修理房
(C) 空房 (D) 髒房

(　) 13. 已辦理入住的房間在什麼情況下無法執行 C/I Cancel？

(A) 有住人 (B) 有帳務
(C) 有訂金 (D) 有排房

(　) 14. 因應時代變遷，不再手抄住客證件資訊，可利用系統中何種功能收集證件資訊？

(A) 螢幕簽名　(B) 平板 CI

(C) 證件掃描　(D) 平板 CO

(　) 15. 若團體指定使用公帳號，但於訂房時未指定，可於入住頁面的哪項功能指定？

(A) 產生公帳號　(B) 選擇已 CI 公帳號

(C) 取消公帳號　(D) 指定公帳號

(　) 16. 若旅行社不同團但帳務想一起結帳，則後入住的團體在指定公帳號時該如何選擇？

(A) 選擇已 CI 公帳號　(B) 產生公帳號

(C) 取消公帳號　(D) 指定公帳號

(　) 17. 產生公帳號的方式，除了手動選擇之外，還有何種方式？

(A) 自動　(B) 半自動

(C) 半手動　(D) 移動

(　) 18. 因應電子化列印旅客登記卡（R-CARD），可由下列哪種功能取代？

(A) EMAIL 簽名　(B) 電腦簽名

(C) 螢幕簽名　(D) 語音簽名

(　) 19. 若住客辦理入住時發現交換機語言不對，可透過何種功能重新設定？

(A) 重新訂房語言　(B) 重設交換機語言

(C) 重設國籍語言　(D) 重設居住地語言

(　) 20. 透過螢幕簽名所產生的影像檔，可於哪個功能查詢或列印？

(A) 住客查詢　(B) 館內客人查詢

(C) 平板住客影像資料查詢　(D) 房間現況查詢

團體訂房操作流程

9
chapter

9.1 團體訂房

公司、機關團體常有大量的訂房數，亦或是簽約的旅行社會提供大量的客源，透過合作關係，飯店會先行保留固定日期以及固定間數給予合作的簽約旅行社。而團體的特色一般對房間的需求往往都是雙床房（TWIN）的房間，但飯店該房型有時會有供不應求的狀況，飯店端會利用該房型超額訂房的方式，提供旅行社價格，於房間安排上就可能會有升等的情形發生，控房的規則或是方式，就端看飯店政策而定，各家飯店也都不盡相同。本章節會先就控房的功能鎖控管理以及超訂管理說明，再帶入團體訂房細節。

鎖控管理

將合作的簽約旅行社或是公司所需的房間先行鎖定，待公司或是旅行社確認後再將訂單輸入，並取用原本已經鎖定的房間數，不與現場的房間庫存數合併計算，其設定說明如下：

1. 進入鎖控管理，新增一筆鎖控後，輸入鎖控代號以及描述。

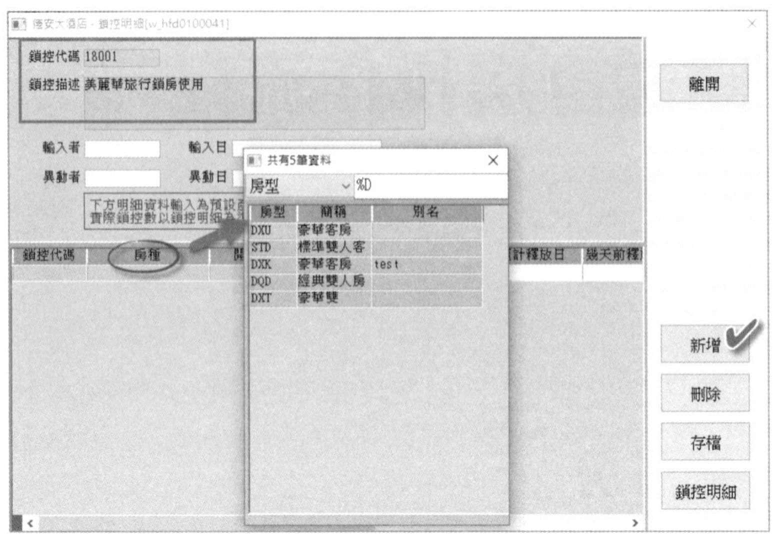

圖 9-1　鎖控設定畫面

2. 輸入欲鎖控的起訖日期、房種並設定該房種若沒使用到時釋放出該庫存的規則。其釋放規則有 1.預計釋放日 2.幾天前釋放等兩種可選擇。

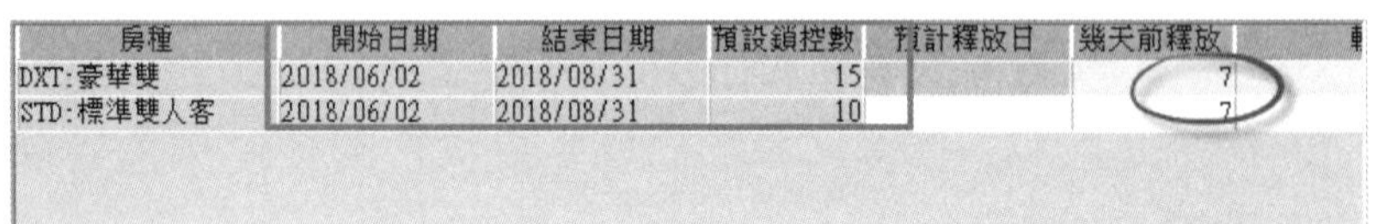

房種 開始日期 結束日期 預設鎖控數 預計釋放日 幾天前釋放
DXT:豪華雙 2018/06/02 2018/08/31 15 7
STD:標準雙人客 2018/06/02 2018/08/31 10 7

圖 9-2　鎖控明細設定畫面

3. 存檔後即完成鎖控作業，若需異動鎖控的結束日期或是間數，可查詢後進入該鎖控異動。

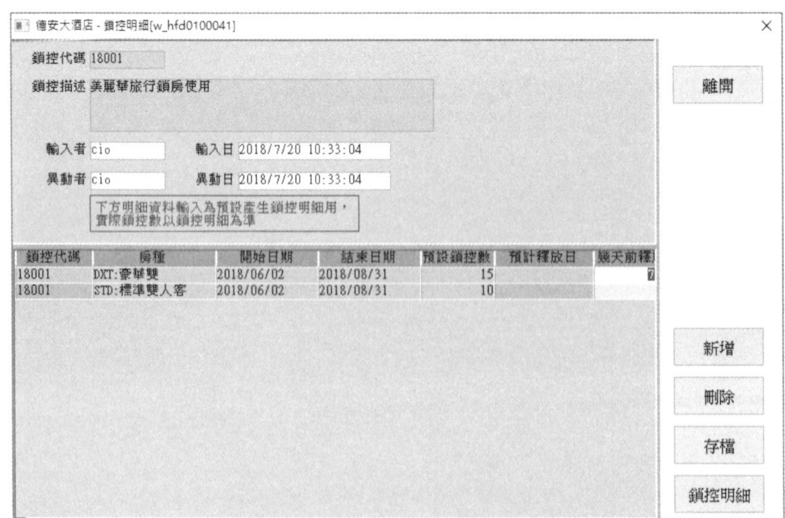

圖 9-3　鎖控設定完成畫面

4. 若需調整間數的日期只是單日要調降或增加，則可利用鎖控明細進行調整，單獨對某日的間數進行異動。也可在此作業畫面進行批次修改動作。

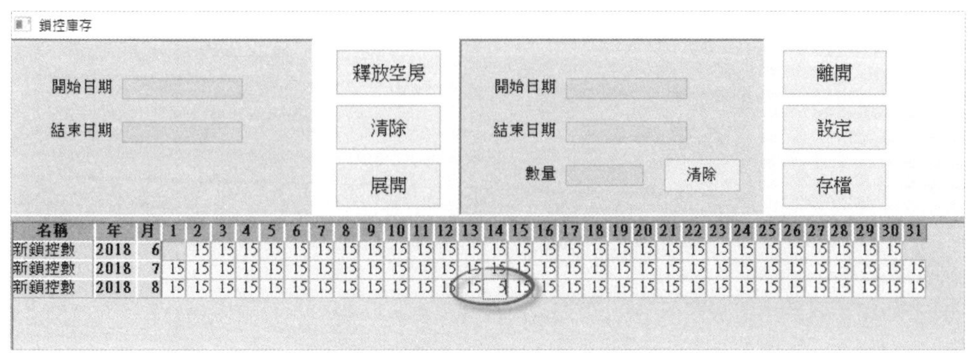

圖 9-4 鎖控明細調整畫面

OVERBOOKING 管理

超訂管理主要是設定各房型的超訂間數，讓訂房時即使該房型庫存不足，也能完成訂房。其設定說明如下：

1. 輸入欲設定超訂的房種後，按下查詢檢視目前超訂數量。

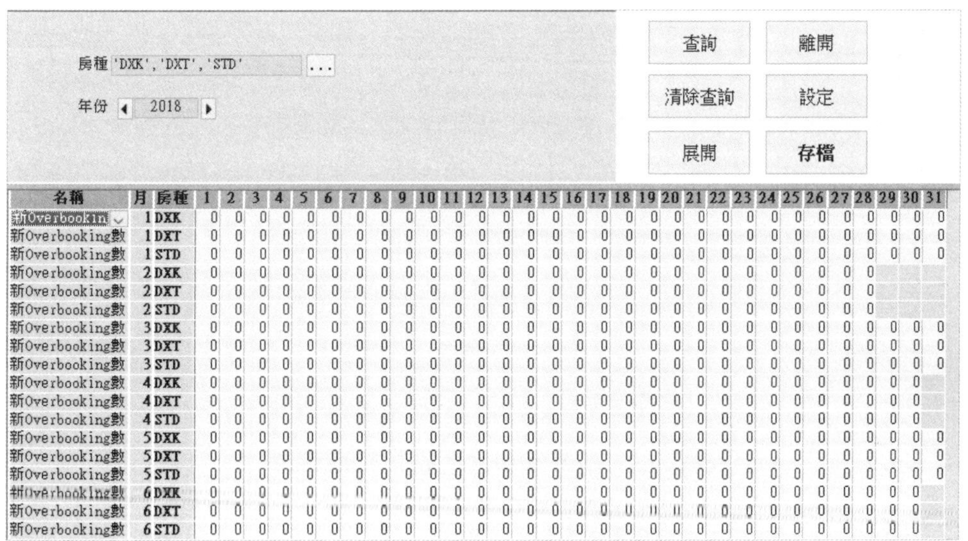

圖 9-5 Overbooking 查詢頁面

2. 點選設定按鈕，出現設定視窗，輸入超訂的起訖日期、房種以及數量，點選確定按鈕。

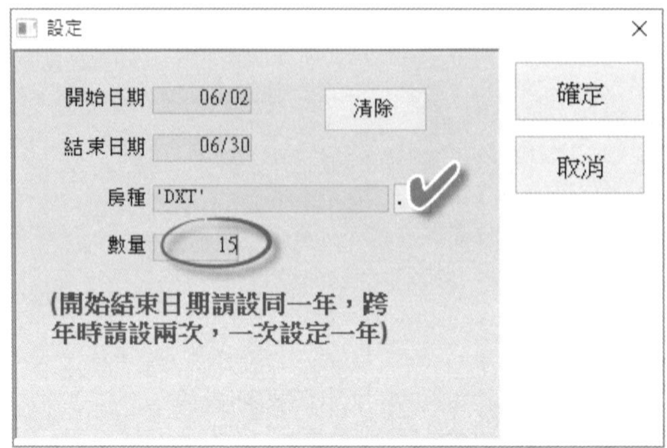

圖 9-6 Overbooking 設定畫面

3. 完成設定後，顯示明細數量並可於該數量欄位調整單天的超訂數量。

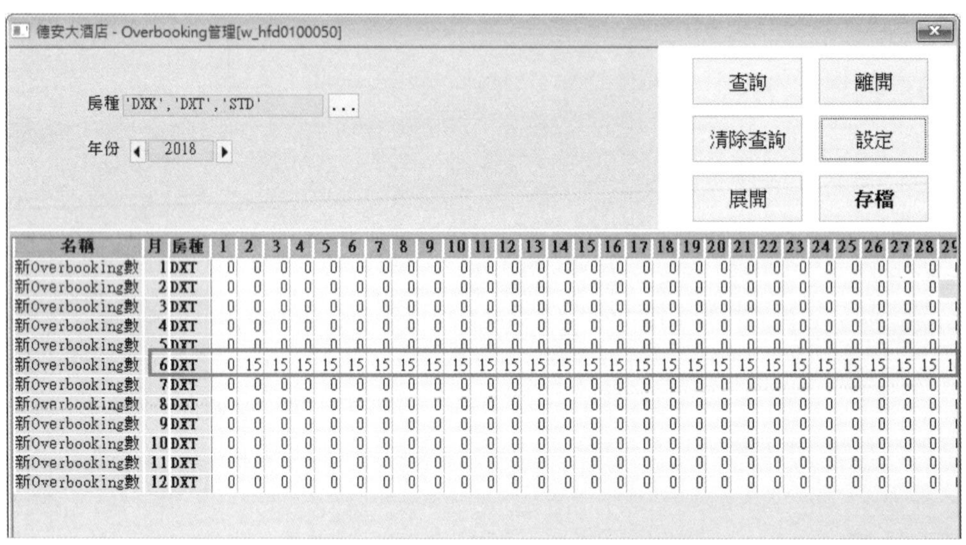

圖 9-7 Overbooking 設定完成畫面

團體訂房

系統內的團體訂房與散客訂房介面的操作是相同的，在於某些輸入資訊有些許的不同，訂房介面說明如下。

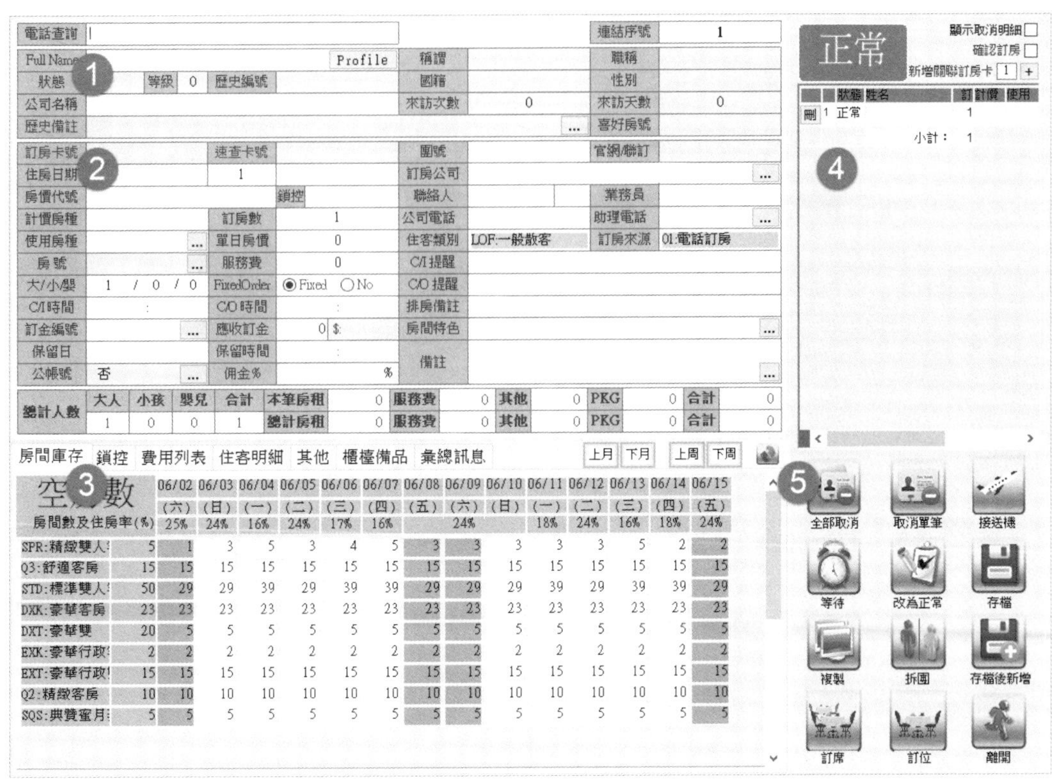

圖 9-8 團體訂房畫面

1. 此部分為住客資料區，其資料可自行新增或是由已產生的住客資料帶入。
2. 此區域則為本次住宿的資訊，包含日期、專案、房價、房種、人數、聯絡方式、住客類別、訂房來源、訂金資訊、各類備註等等。
3. 其他功能項區域，可查詢房間庫存、查詢鎖控、費用明細、住客資料、櫃台備品、彙總訊息以及其他。
4. 此為多筆房明細資料區，可檢視各種訂房明細資料，依房種小計。
5. 訂房功能區，可執行取消、改成正常、複製、拆團、訂席以及訂位。

由於團體訂房的重點資料在於團號，而在訂房時跟散客訂房有稍微不同的是可不輸入住客資訊，即可訂房。以下是團體訂房操作步驟說明：

1. 輸入公司行號或是旅行社資料及團號，團號該欄位系統會自動帶入訂房公司名稱，人員可自行修改。

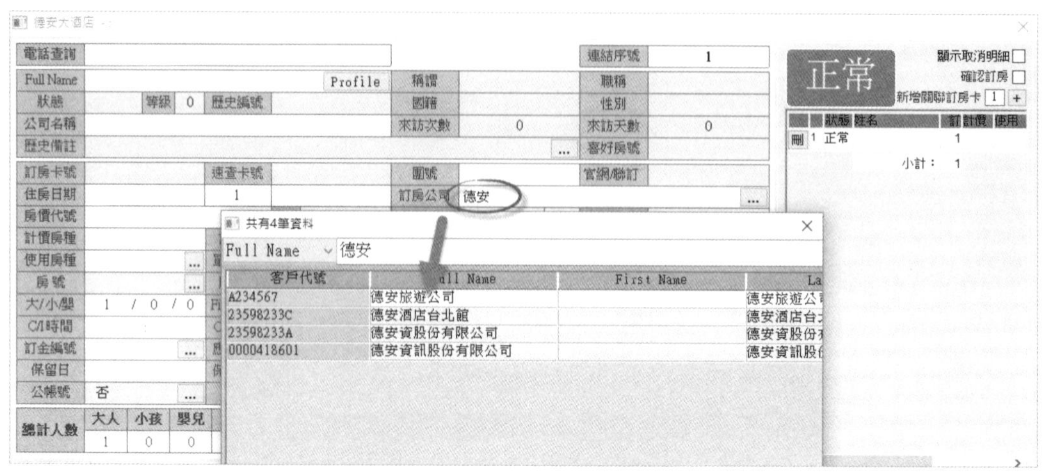

圖 9-9 訂房公司帶入畫面

2. 系統會自動帶入該公司或是旅行社在業務資料維護所建立的資料，若有不同也可進行修改。

團號	德安旅遊公司	官網/聯訂	
訂房公司	德安旅遊公司		...
聯絡人	陳小姐	業務員	960166:黃愛玲
公司電話	02-25176066	助理電話	...
住客類別	LOF:一般散客	訂房來源	01:電話訂房
C/I 提醒			
C/O 提醒			

圖 9-10 訂房公司帶入聯絡人以及業務員畫面

3. 輸入住宿起訖日期、房價代號、房種與間數，系統會自動帶出房價價格。

訂房卡號		速查卡號	
住房日期	2018/06/04(一)	1	2018/06/05(二)
房價代號	AAAAA:**環保房	鎖控	
計價房種	SPR:精緻雙人客	訂房數	3
使用房種	SPR:精緻雙...	單日房價	2,600
房號	...	服務費	260
大/小/嬰	2 / 0 / 0	FixedOrder	◉Fixed ○No
C/I時間	:	C/O時間	:
訂金編號	...	應收訂金	0 $:
保留日		保留時間	:
公帳號	是 ...	佣金%	10.00 %

團號	德安旅遊公司	官網/聯訂	
訂房公司	德安旅遊公司		...
聯絡人	陳小姐	業務員	960166:黃愛玲
公司電話	02-25176066	助理電話	...
住客類別	TAG:旅行社團體8以	訂房來源	01:電話訂房
C/I 提醒			
C/O 提醒			
排房備註			
房間特色			...
備註			...

總計人數	大人	小孩	嬰兒	合計	本筆房租	7,800	服務費	780	其他	1,200	PKG	0	合計	9,780
	6	0	0	6	總計房租	7,800	服務費	780	其他	1,200	PKG	0	合計	9,780

圖 9-11 訂房資訊輸入畫面

4. 若要訂不同房種時，請由畫面右上角的新增關聯訂房卡功能新增，若要新增多間時，可於 新增關聯訂房卡 1 + 輸入間數數字。

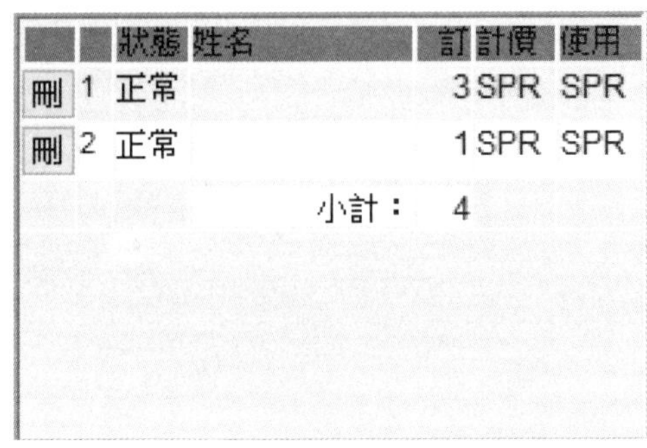

	狀態	姓名	訂	計價	使用
刪	1 正常		3	SPR	SPR
刪	2 正常		1	SPR	SPR
		小計：	4		

圖 9-12 新增關聯訂房卡畫面

5. 變更房種以及房價代號（也可同團號不同訂房明細以及不同時日期進出，意指每筆明細可以不同 C/I 跟 C/O 日期、不同房價、不同房型）。

電話查詢				連結序號	2
Full Name	Profile	稱謂		職稱	
狀態	等級 0 歷史編號	國籍		性別	
公司名稱	德安旅遊公司	來訪次數	0	來訪天數	0
歷史備註				喜好房號	

訂房卡號		速查卡號		團號	德安旅遊公司	官網/聯訂	
住房日期	2018/06/04(一)	1	2018/06/05(二)	訂房公司	德安旅遊公司		
房價代號	AAAAA:**謂保房	鎖控		聯絡人	陳小姐	業務員	960166:黃愛玲
計價房種	DXK:豪華客房	訂房數	5	公司電話	02-25176066	助理電話	
使用房種	DXK:豪華客房	單日房價	2,800	住客類別	TAG:旅行社團體&以	訂房來源	01:電話訂房
房號		服務費	280	C/I 提醒			
大/小/嬰	2 / 0 / 0	FixedOrder	◉Fixed ○No	C/O 提醒			
C/I 時間		C/O 時間		排房備註			
訂金編號		應收訂金	0 $	房間特色			
保留日		保留時間		備註			
公帳號	是	佣金%	10.00 %				

正常　顯示取消明細　確認訂房　新增關聯訂房卡 1 +

	狀態	姓名	訂	計價	使用
刪	1 正常		3	SPR	SPR
刪	2 正常		5	DXK	DXK
		小計：	8		

圖 9-13 計價房種與使用房種畫面

6. 切換訂房明細時，系統依照明細顯示單筆以及全部訂房卡的預估金額。

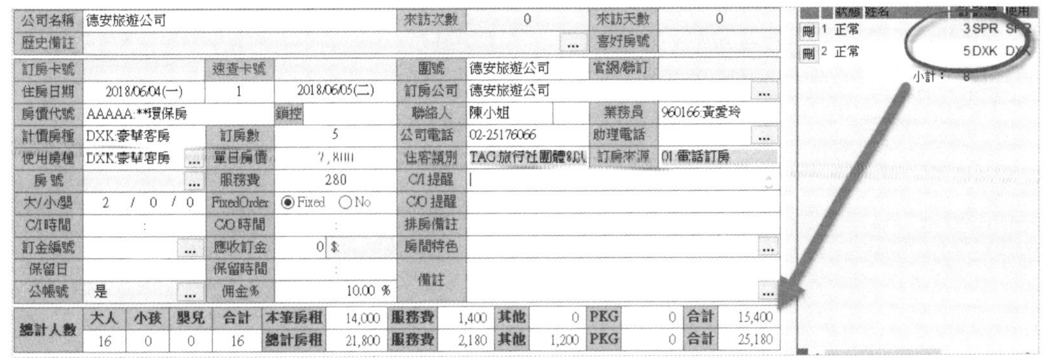

公司名稱	德安旅遊公司			來訪次數	0	來訪天數	0
歷史備註						喜好房號	
訂房卡號		速查卡號		團號	德安旅遊公司	官網/聯訂	
住房日期	2018/06/04(一)	1	2018/06/05(二)	訂房公司	德安旅遊公司		
房價代號	AAAAA:**謂保房	鎖控		聯絡人	陳小姐	業務員	960166:黃愛玲
計價房種	DXK:豪華客房	訂房數	5	公司電話	02-25176066	助理電話	
使用房種	DXK:豪華客房	單日房價	2,800	住客類別	TAG:旅行社團體&以	訂房來源	01:電話訂房
房號		服務費	280	C/I 提醒			
大/小/嬰	2 / 0 / 0	FixedOrder	◉Fixed ○No	C/O 提醒			
C/I 時間		C/O 時間		排房備註			
訂金編號		應收訂金	0 $	房間特色			
保留日		保留時間		備註			
公帳號	是	佣金%	10.00 %				

總計人數	大人	小孩	嬰兒	合計	本筆房租	14,000	服務費	1,400	其他	0	PKG	0	合計	15,400
	16	0	0	16	總計房租	21,800	服務費	2,180	其他	1,200	PKG	0	合計	25,180

	狀態	姓名	訂	計價	使用
刪	1 正常		3	SPR	SPR
刪	2 正常		5	DXK	DXK
		小計：	8		

圖 9-14 多筆訂房預估房租金額畫面

7. 團體可設定公帳號，並透過分帳規則，將每個子房間的房租轉帳至公帳號，導遊或領隊可在公帳號先行結帳，其餘子房間的私帳再由個人自行結帳。而公帳號可由系統自動給號，也可由人員自行選擇。團體佣金部分可以由房價設定而來，於訂房時也可以修改佣金的 %，系統會自動去計算該張訂房卡的佣金總金額。

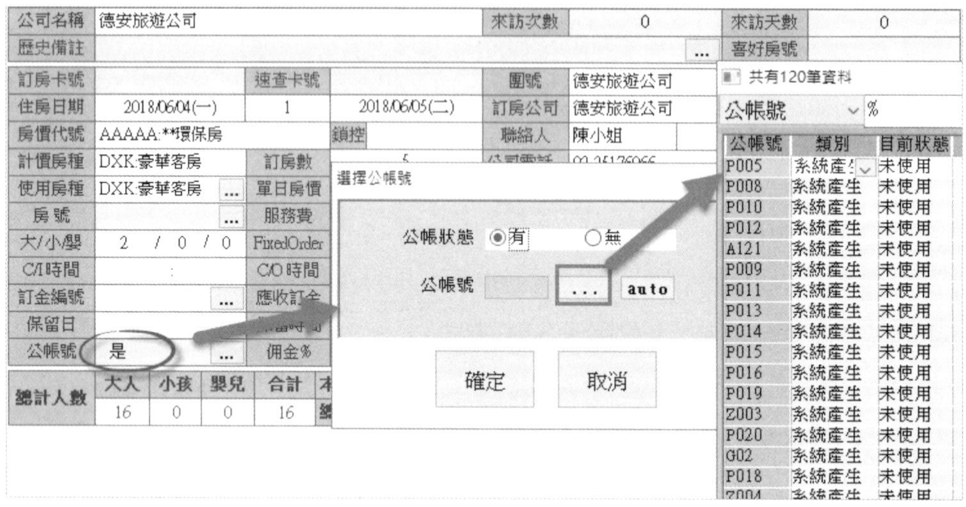

圖 9-15 設定公帳號畫面

8. 倘若此時資訊都已輸入後，直接執行存檔，系統會自動產生訂房卡號（訂房卡編號規則：流水號 6 碼+館別代號 4 碼（一般設定兩碼））。

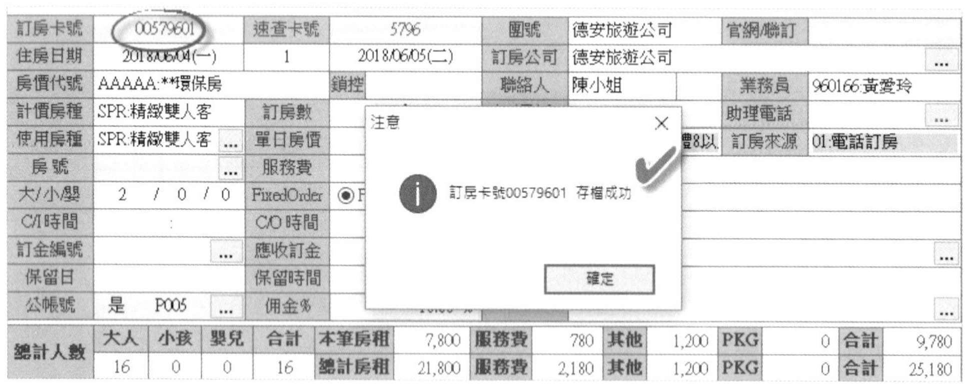

圖 9-16 完成訂房畫面

9. 住客名單輸入，可利用住客明細鍵入名單，或是不輸入名單，當排房時系統會依照團號名稱自動依序產生住客資料。

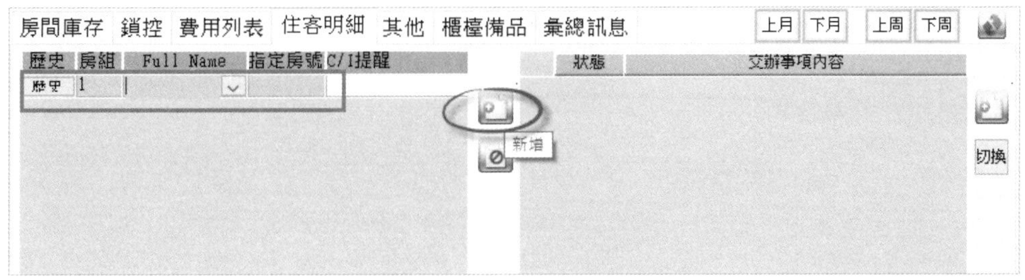

圖 9-17 住客明細畫面

10. 針對住客名單，可設定 CI 及 CO 提醒，並可輸入內部交辦事項，為針對該客戶需準備或是須持續追蹤的事項。

(1) CI 以及 CO 提醒輸入

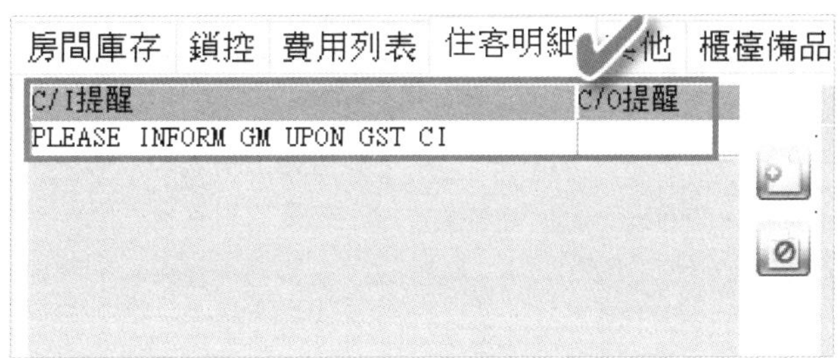

圖 9-18 CI 提醒與 CO 提醒畫面

(2) 交辦事項輸入

圖 9-19 交辦事項畫面

例：針對該客戶每天四瓶水，通知對象則為房務部。

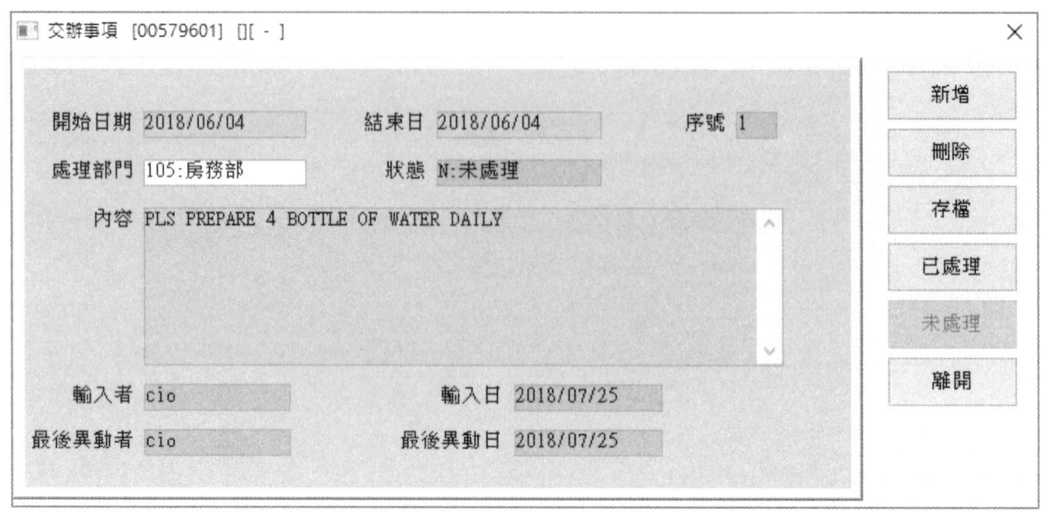

圖 9-20　交辦事項完成畫面

11. 彙總訊息的功能在於可讓使用者依條列式的方式看到訂房明細資訊，當過多訂房明細需要修改如房價、CI 日期、CO 日期及計價房種時，利用彙總訊息的批次修改功能，可達到快速修改的目的。

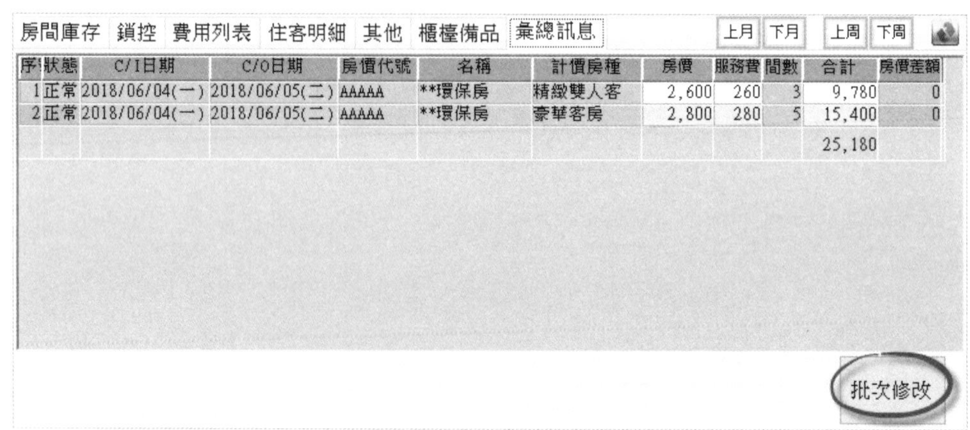

圖 9-21　彙總訊息畫面

執行批次修改，出現修改畫面，並依照當時實際狀況進行修改，每次修改將會存入異動紀錄備查。

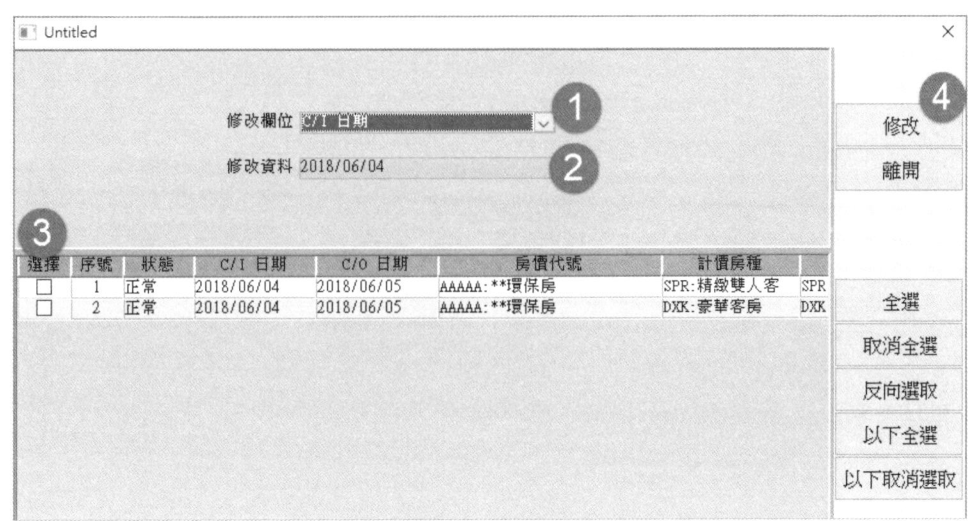

圖 9-22 批次修改畫面

(1) 選擇要修改的欄位。

CI 日期：

圖 9-23 修改 CI 日期畫面

CO 日期：

圖 9-24 修改 CO 日期畫面

房價代號：

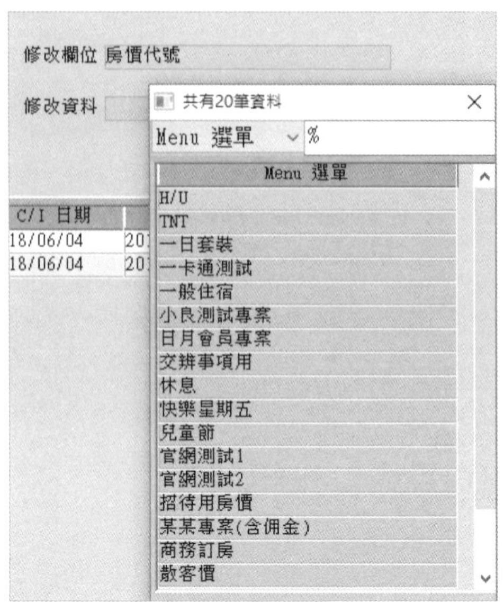

圖 9-25 修改房價代號畫面

計價房種：

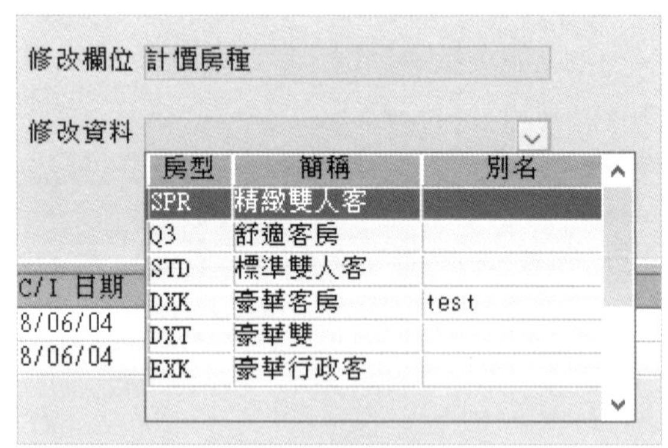

圖 9-26 修改計價房種畫面

(2) 選擇要修改的資料。

(3) 選擇訂房明細資料。

(4) 執行修改按鈕。

鎖控資料帶入訂房

在 9.1 節已說明過鎖控管理，將房種庫存分成兩個部分，一為現場即時庫存數字，另一則為特定公司或是旅行社的保留房。當公司或是旅行社需求訂房時，則取鎖控的房間庫存數。要特別注意該訂房卡明細的房種需與鎖控的房種相同，才能取已鎖控的房間數庫存。

1. 訂房步驟與一般訂房相同。

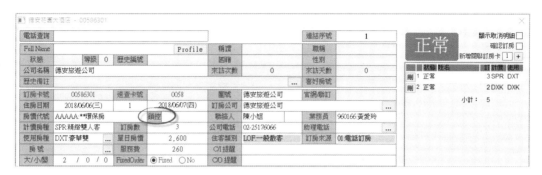

圖 9-27 訂房鎖控畫面

2. 於鎖控欄位下拉選取鎖控代號。

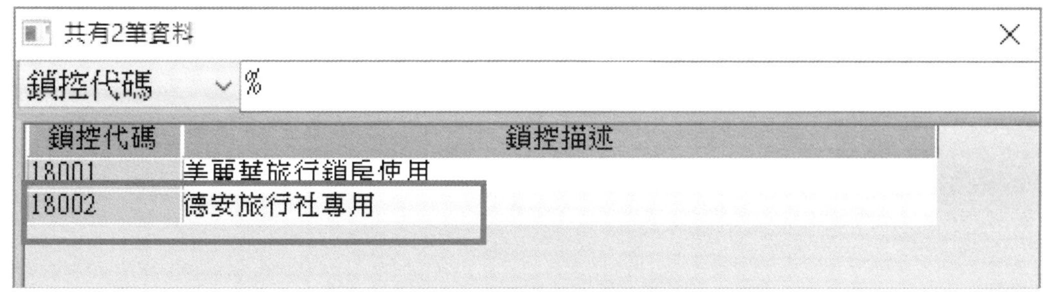

圖 9-28 鎖控選取畫面

3. 確定鎖控房種與訂房的房種是一致的，即可存檔。

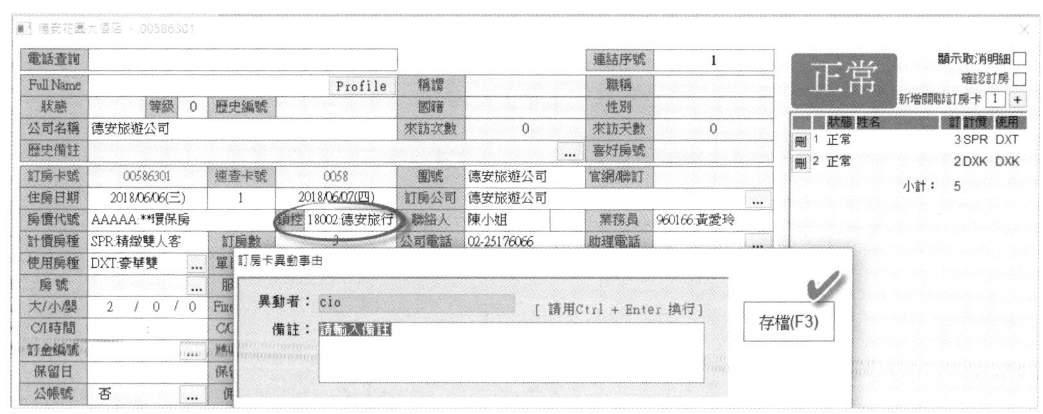

圖 9-29 訂房帶入鎖控完成畫面

4. 完成訂房取用鎖控管理的房間數。

9.2 模擬試題

選擇題

(　) 1. 俗稱保留房間給某家公司或是旅行社的功能為？

(A) 鎖控　(B) 訂房
(C) 排房　(D) 退房

(　) 2. 訂房時要訂兩種不同房型、相同起訖，需用哪功能進行？

(A) 新增訂房　(B) 新增鎖控
(C) 新增關聯訂房卡　(D) 新增住客

(　) 3. 訂房時，團體名單該由何處輸入？

(A) 房間庫存　(B) 住客明細
(C) 交辦事項　(D) 彙總訊息

(　) 4. 團體訂房時，只有一間房有要求要四瓶水，可輸入於何處才能讓房務員知道？

(A) 排房備註　(B) CO 提醒
(C) CI 提醒　(D) 交辦事項

(　) 5. 團體帳務要統一由導遊一起結帳，要如何設定帳務才會統一轉帳？

(A) 合約設定　(B) 分帳規則
(C) 特殊約設定　(D) 旅客帳

(　) 6. 配合團體帳務一起結帳的帳號，系統內稱為？

(A) 公帳號　(B) 公司編號
(C) 訂房卡號　(D) 團號

(　) 7. 團體已有鎖房，於訂房時該在訂房頁面的哪個欄位輸入，才能取自鎖控房間數？

(A) 訂房卡號　(B) 鎖控代號
(C) 聯絡代號　(D) 相關房號

(　) 8. 散客訂房與團體訂房最大不同點在於團號欄位與下列哪個選項？

(A) 彙總訊息　(B) 異動紀錄不記錄
(C) 住客名字可不輸入　(D) 分帳規則可不設定

(　) 9. 團體入住時電話房間要設定限撥，可註記於？
(A) CI 提醒　(B) CO 提醒
(C) 訂房備註　(D) 歷史備註

(　) 10. 公帳號選擇的方式除了自行選擇外，另一種為？
(A) 自動跳號　(B) 自動給號
(C) 手動跳號　(D) 人工補號

(　) 11. 團體訂房後，若需修改入住日期，可利用何種功能批次作業？
(A) 批次排房　(B) 訂房分類
(C) 修改訂房　(D) 批次修改

(　) 12. 設定超訂間數後，可否針對某天明細進行間數修改？
(A) 可調整　(B) 不可調整
(C) 視情況而定　(D) 無此功能

(　) 13. 針對鎖控的釋放方式除了預計釋放日之外，還有下列哪種方式？
(A) 自動釋放　(B) 手動釋放
(C) 幾天前釋放　(D) 無法釋放

(　) 14. 若要知道該訂房團體的訂房總金額，可查看訂房卡上何處的合計？
(A) 本筆房租　(B) 單筆房租
(C) 總計房租　(D) 全筆房租

(　) 15. 團體訂房時，選取的房價無設定佣金比例，要由哪個欄位修改？
(A) 公帳號　(B) 佣金%
(C) 費用列表　(D) 房價欄位

簽約公司維護作業

10.1 簽約公司

旅行社以及公司行號都是飯店業相當重要的合作伙伴，飯店藉由旅行社與公司行號之間的合作創造營收收入，對於該旅行社或是公司行號的產值數字以及合作間的事項紀錄，就顯得相當重要。如何在系統裡建立旅行社或是公司行號的基本資料，甚至是查詢歷史消費紀錄，將由本章節進行細節描述。

業務系統基本操作建檔

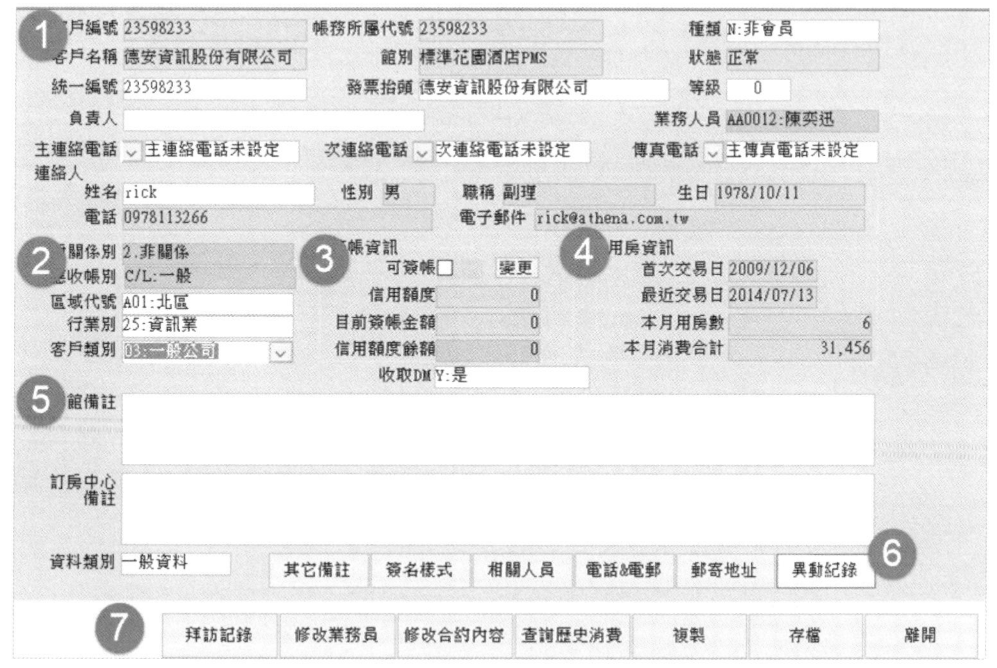

圖 10-1 簽約公司基本資料畫面

1. 公司基本資料區域，設定該公司或旅行社的基本資料如統一編號、發票抬頭、公司負責人、所屬業務人員、連絡電話以及主要聯絡人資訊。
2. 該公司在該飯店的分類，有三個分類可以作為分析報表的查詢條件，透過這三個分類也可當作產值分析的條件，如區域別代號、行業別、客戶類別等。此三分類在系統內是可由飯店端人員依照分析角度自行定義，系統會給預設值資料，人員可調整。再藉由業務報表的「用房同期比較表」來分析各公司/旅行社的產值數字。
3. 該公司簽帳資訊，可設定該公司或旅行社可否簽帳（月結），並設定簽帳額度進行控管。
4. 該公司到目前為止的歷史用房數字，使用該公司或旅行社訂房並實際入住完成後，系統每月統計並顯示於畫面，讓業務人員瞭解該公司每月的貢獻度，若需看到每月列表或整年數字資訊，可利用業務報表的公司產值相關報表。
5. 該公司備註，此備註可於訂房時選擇該公司後，自動代入訂房卡的備註上，讓訂房人員知曉該公司訂房的注意事項。
6. 其他聯絡資訊，此區域可輸入該公司或旅行社的地址資訊、其他連絡電話資訊、相關人員、簽名樣式以及其他備註資訊。每項功能分述如下：
   (1) 其它備註 可針對此公司或旅行社註記的注意事項，並可搭配對照檔編輯注意事項類別。

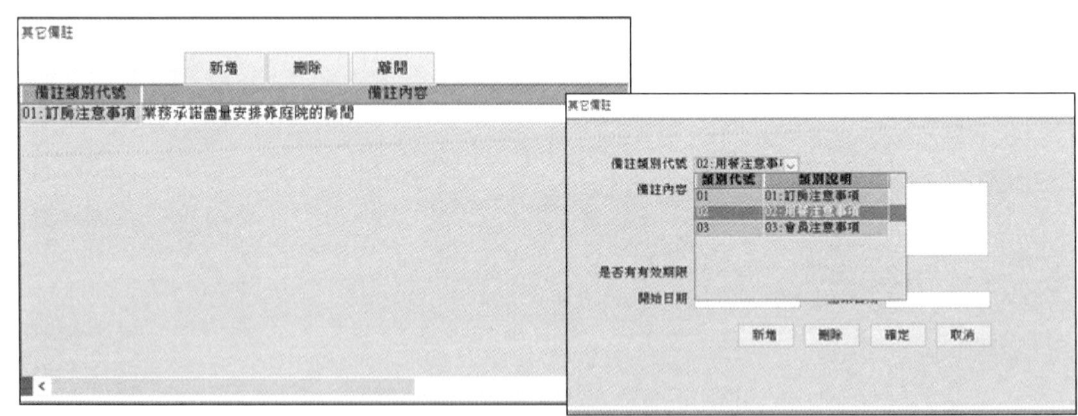

圖 10-2 其他備註畫面

(2) 簽名樣式 上傳客戶簽名檔，若客戶要求掛客戶簽帳時需比對簽名，則可透過此項功能上傳簽名樣式。

圖 10-3 簽名樣式畫面

(3) 相關人員 當有多個窗口時，可記錄於此，並於訂房時，可切換不同聯絡窗口。

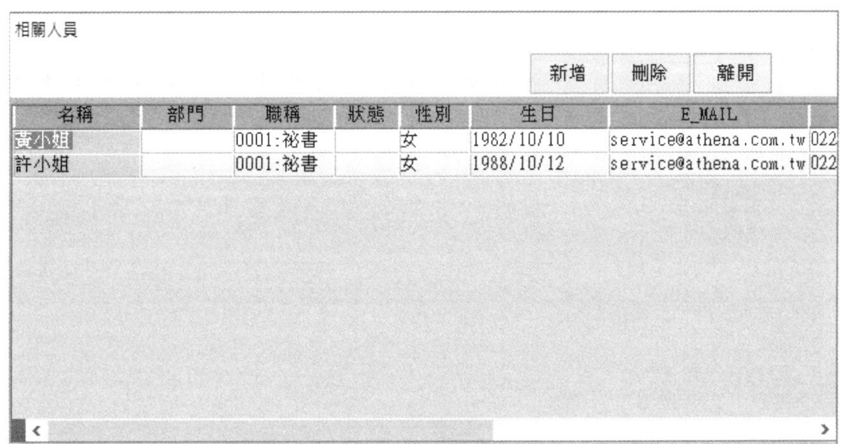

圖 10-4 相關人員畫面

(4) 電話&電郵 此功能可記錄該公司或旅行社的連絡電話及電郵。

圖 10-5 聯絡方式畫面

(5) 郵寄地址 可記錄該公司地址。

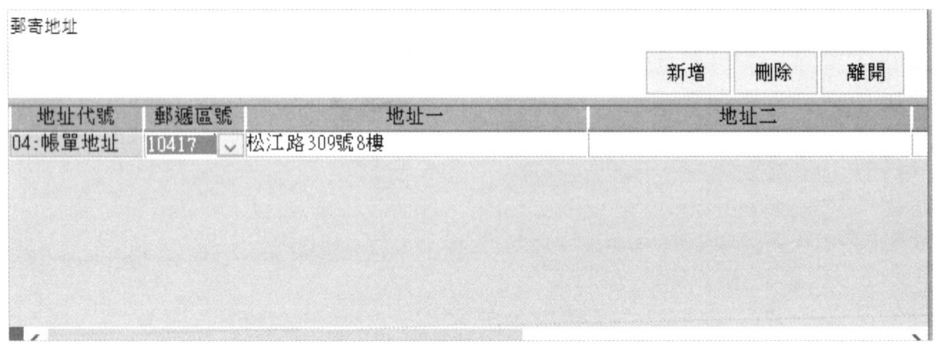

圖 10-6 郵寄地址畫面

(6) 異動紀錄 該公司或旅行社的異動紀錄查詢。

圖 10-7 異動紀錄畫面

7. 其他功能，將每項功能分述如下：

(1) 拜訪記錄 此公司或旅行社的業務人員拜訪過的相關紀錄及內容。

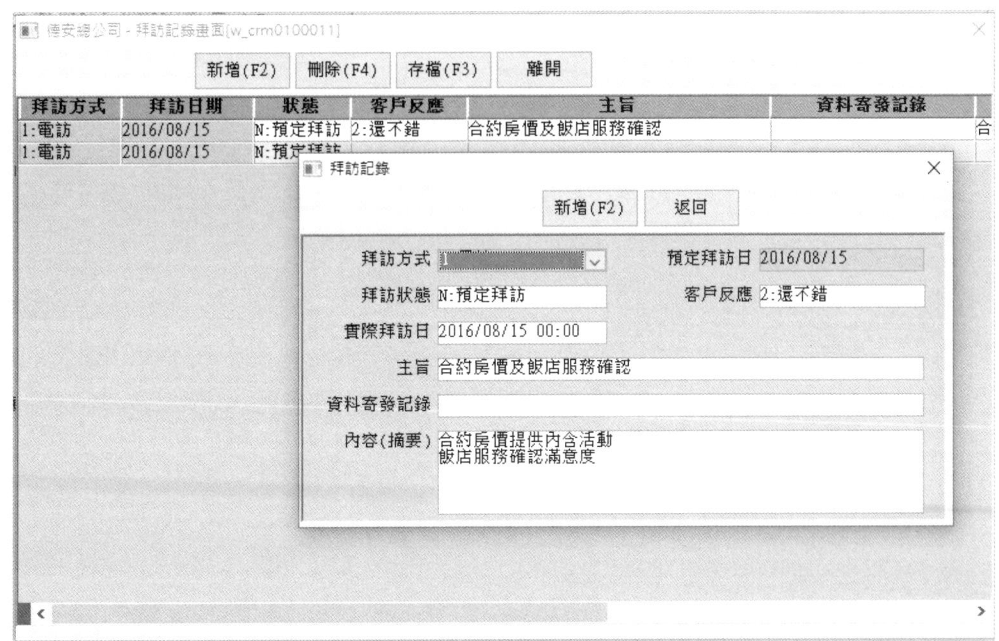

圖 10-8 拜訪紀錄畫面

(2) 修改業務員 若該公司或旅行社對應的業務員有異動可執行此功能，進行修改業務人員。

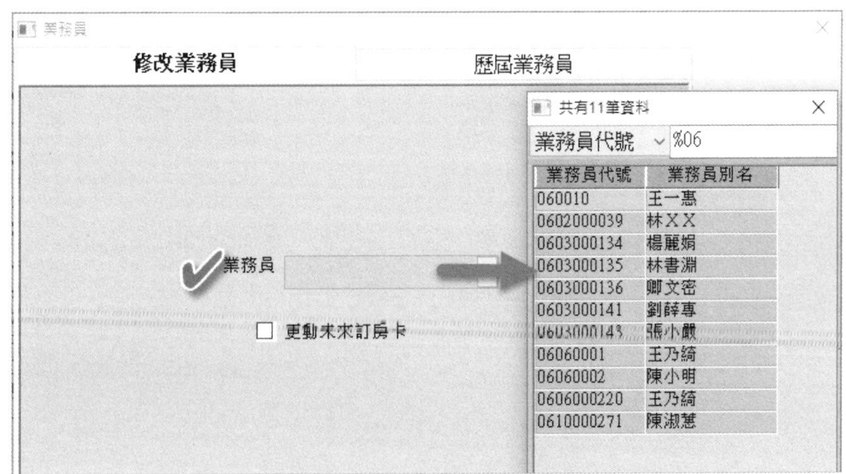

圖 10-9 修改業務員畫面

(3) 修改合約內容 新增該公司訂房時可使用的合約房價設定。

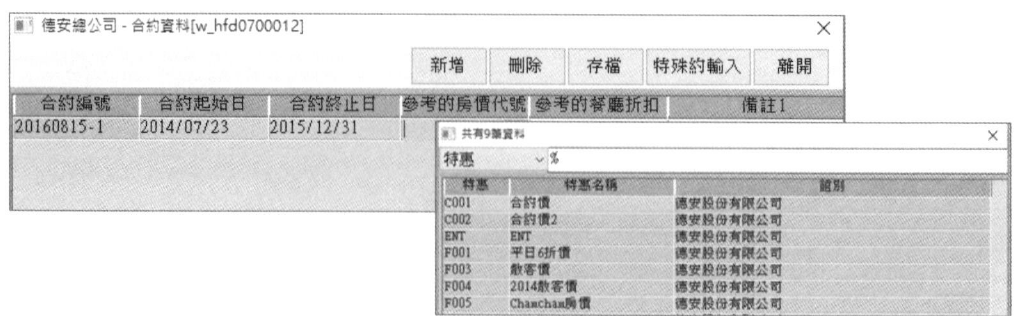

圖 10-10 修改合約內容畫面

特殊約輸人：當指定的合約房價針對該公司尚有特殊價格時，可設定特殊約。若有設定特殊約，該筆資料會變成紅色。

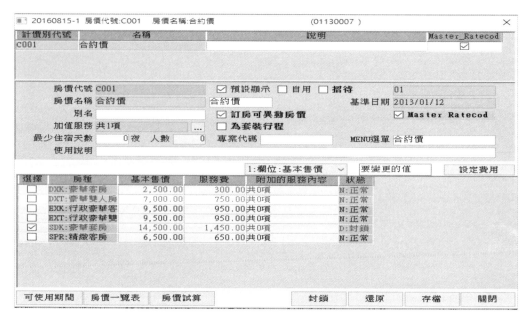

20160815-1 房價代號:C001 房價名稱:合約價 (01130007)

計價別代號	名稱	說明	Master_Ratecod
C001	合約價		☑

房價代號 C001 ☑ 預設顯示 ☐ 自用 ☐ 招待 01
房價名稱 合約價 合約價 基準日期 2013/01/12
別名 ☑ 訂房可異動房價 ☑ Master Ratecod
加值服務 共1項 ... ☐ 為套裝行程
最少住宿天數 0 夜 人數 0 專案代碼 MENU選單 合約價
使用說明

1:欄位:基本售價 要變更的值 設定費用

選擇	房種	基本售價	服務費	附加的服務內容	狀態
☐	DXK:豪華客房	2,500.00	300.00	共0項	N:正常
☐	DXT:豪華雙人房	7,000.00	750.00	共0項	N:正常
☐	EXK:行政豪華客	9,500.00	950.00	共0項	N:正常
☐	EXT:行政豪華雙	9,500.00	950.00	共0項	N:正常
☑	SDK:豪華套房	14,500.00	1,450.00	共0項	D:封鎖
☐	SPR:精緻客房	6,500.00	650.00	共0項	N:正常

可使用期間 房價一覽表 房價試算 封鎖 還原 存檔 關閉

圖 10-11 特殊約設定畫面

(4) 查詢歷史消費 經由此功能可查詢該公司資料的消費歷史。

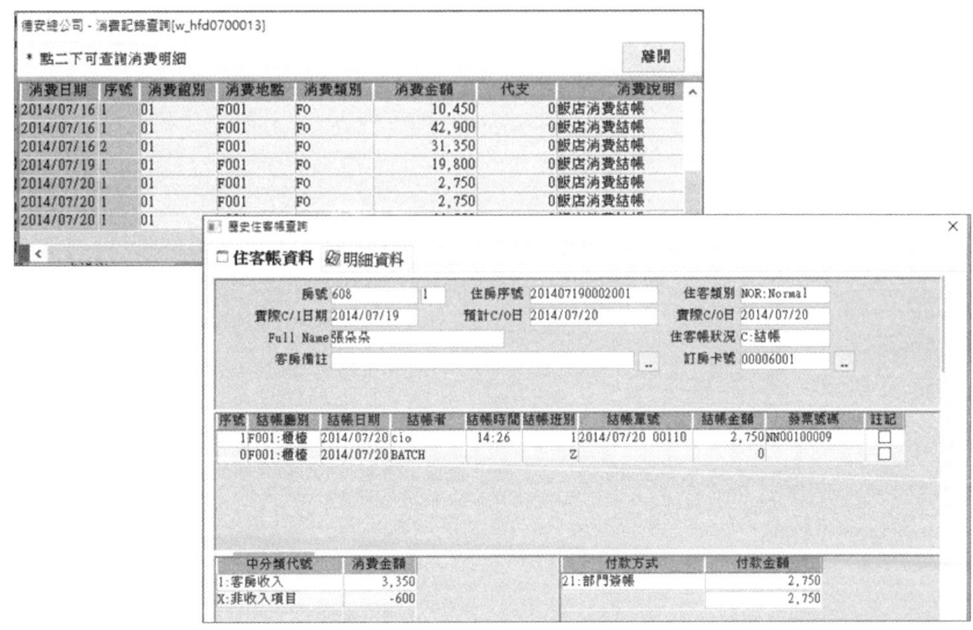

圖 10-12 查詢歷史消費畫面

業務員指派作業

當訂房公司指派的業務人員有異動時，此功能可執行整批訂房公司指定到某一業務人員。先查詢要異動業務員的客戶列表，選取需異動客戶。執行指派業務員功能鍵，點選欲指派業務員名稱後則確認指派。

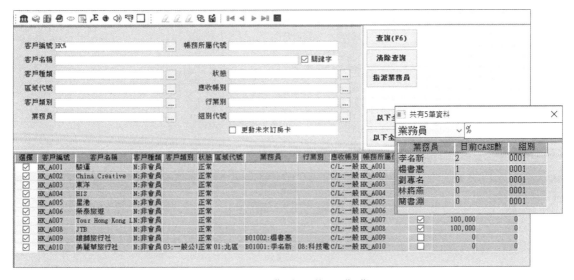

客戶編號 HK% 帳務所屬代號
客戶名稱 ☑ 關鍵字
客戶種類 狀態
區域代號 應收帳別
客戶類別 行業別
業務員 組別代號
☐ 更動未來訂房卡
查詢(F6) 清除查詢 指派業務員

共有5筆資料
業務員 %

業務員	目前CASE數	組別
李名新	2	0001
楊書惠	1	0001
劉專名	0	0001
林將燕	0	0001
簡書淵	0	0001

選擇	客戶編號	客戶名稱	客戶種類	客戶類別	狀態	區域代號	業務員	行業別	應收帳別	帳務所屬代號			
☑	HK_A001	駿運	N:非會員		正常				C/L:一般	HK_A001			
☑	HK_A002	China Creative	N:非會員		正常				C/L:一般	HK_A002			
☑	HK_A003	東洋	N:非會員		正常				C/L:一般	HK_A003			
☑	HK_A004	HIS	N:非會員		正常				C/L:一般	HK_A004			
☑	HK_A005	星港	N:非會員		正常				C/L:一般	HK_A005			
☑	HK_A006	榮泰旅遊	N:非會員		正常				C/L:一般	HK_A006			
☑	HK_A007	Tour Hong Kong L	N:非會員		正常				C/L:一般	HK_A007	☑	100,000	0
☑	HK_A008	JTB	N:非會員		正常				C/L:一般	HK_A008	☑	100,000	0
☑	HK_A009	雄獅旅行社	N:非會員		正常		B01002:楊書惠		C/L:一般	HK_A009	☐	0	0
☑	HK_A010	美麗華旅行社	N:非會員	03:一般公	正常	01:北區	B01001:李名新	08:科技電	C/L:一般	HK_A010	☐	0	0

圖 10-13 業務員指派作業

年度換約作業

當每個年度業務需要進行簽約公司的年度合約展延時，可執行此作業做整批簽約客戶的換約。先查詢需要做換約的客戶編號或目前合約開始/截止日，勾選未轉狀態及需換約的客戶，設定新合約的起始/截止日期。

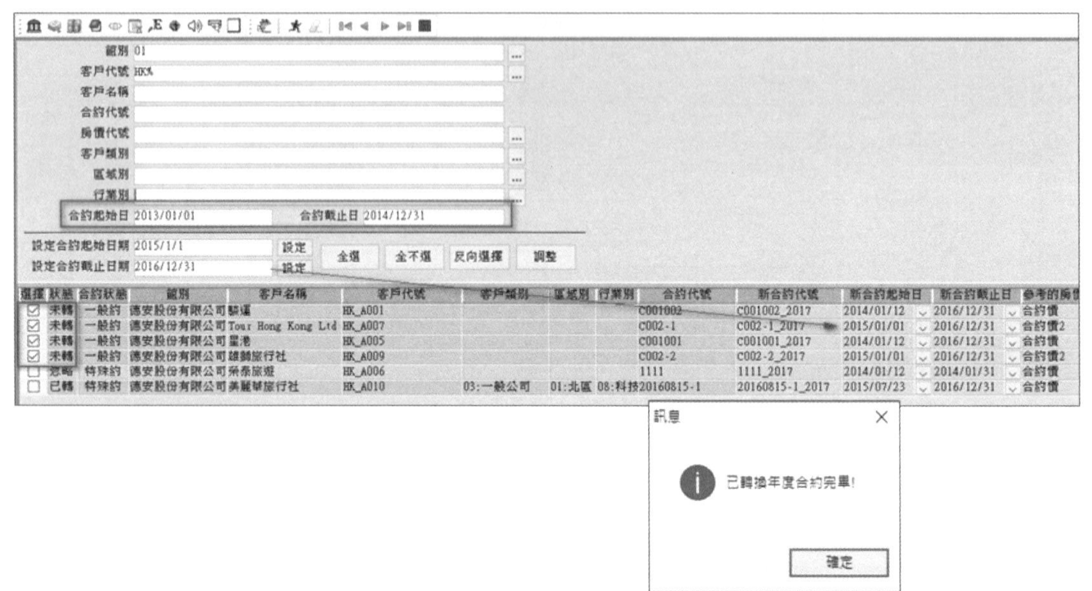

圖 10-14　年度換約作業畫面

10.2 合約價設定

合約價是針對與飯店有往來的公司行號所簽訂的專屬價格，通常與各公司簽訂不同等級的優惠房價。此房價將視該公司每年住宿的產值數字而定，而每年也將會依照每年該公司的住宿產值進行檢討。在說明合約價設定之前，有幾個對照檔須先行設定後，才能進行，如服務項目、房價設定等。以下將針對此兩個設定說明。

服務項目設定

定義在旅客帳維護入帳時可選取的服務項目。

服務種類說明

此對照檔為系統內定，不能刪除（系統會依照不同的使用規則出現不同的設定欄位）一般常用到的種類為 07 房租、99 房租服務費、08 掛帳代號、03 餐飲、09 一般項目、02 服務等，各種類包含的項目簡要說明如下：

序號	服務種類	類別名稱	別名	使用規則
0001	07	房租		2:消費項目
0002	99	房租服務費	Room SVC	2:消費項目
0003	98	套裝行程	Package	2:消費項目
0004	06	接機		1:服務項目
0005	01	贈品		1:服務項目
0006	08	掛帳代號		2:消費項目
0007	03	餐飲		1:服務項目
0008	09	一般項目		2:消費項目
0009	02	服務		1:服務項目
0010	04	報紙		1:服務項目
0011	05	設備		1:服務項目
0013	11	抱怨		3:其它
0014	10	興趣		3:其它
0015	12	組合		4.服務組合

圖 10-15 服務種類畫面

- 07 房租類：例如房租或假日加價。
- 99 房租服務費：例如房租服務費或是假日加價服務費。
- 08 掛帳代號：例如餐廳須掛帳到前檯的項目。
- 03 餐飲：PACKAGE 或是套裝行程會用到的項目，如：早餐拆帳、晚餐拆帳等。
- 09 一般項目：提供服務且需要另外付費但無須統計數量的項目，如：電話費、洗衣等。
- 02 服務類：無論收費與否並提供服務且需統計數量的項目，如：迎賓水果、腳踏車租借等。

服務項目設定說明

1. **進入服務項目對照檔**，畫面上為目前已建之服務項目，點選「新增」以建立新的服務項目。

德安標準大飯店股份有限公司[AISUTF8] [TESTS6][User:cio] - [德安標準大飯店股份有限公司 - 服務項目對照檔[w_hfd01t0120_qbe]]

檔案(F) 資料(T) 檢視(V) 輔助

新增(F2)

服務廳別	中分類	小分類	項目代號	名稱	簡稱	別名	售價	拆給服務廳收入	服務
客房櫃	1:客房收入	101:客房收入	101	房租收入	ROOM CHARGE	ROOM CHARGE	0	0	07:房
客房櫃檯	1:客房收入	103:服務費收入-客	102	房租服務費	SERVICE CHARG	SERVICE CHARGE	0	0	99:房
客房櫃檯	1:客房收入	101:客房收入	103	佣金	佣金		0	0	02:服
客房櫃檯	1:客房收入	102:其他收入-客房	104	報紙	報紙	newspaper	0	0	04:報
客房櫃檯	1:客房收入	101:客房收入	108	旅行社加人房租500	旅行社加人房租		500	0	09:一
	1:客房收入	101:客房收入	109	加人房租	ROOM RATE	ROOM RATE	800	0	09:一
客房櫃檯	1:客房收入	101:客房收入	111	extra fee	extra fee		50	50	07:房

圖 10-16 服務項目的畫面

2. **選擇服務種類**：此來自「服務種類對照檔」的設定。設定服務項目的使用規則，規則有兩種：

- 「服務項目」規則在「房價設定與訂房使用」有服務日期可選。
- 「消費項目」規則在「房價設定與訂房使用」無服務日期可選。

請先選擇接著新增資料的內容

服務種類

序號	服務種類	類別名稱	別名	使用規則
0001	07	房租		2.消費項目
0002	99	房租服務費	Room SVC	2.消費項目
0004	06	接機		1.服務項目
0005	01	贈品		1.服務項目
0006	08	掛帳代號		2.消費項目
0007	03	餐飲		1.服務項目
0008	09	一般項目		2.消費項目
0009	02	服務		1.服務項目
0010	04	報紙		1.服務項目
0011	05	設備		1.服務項目
0013	11	抱怨		3.其它項目
0014	10	興趣		3.其它項目

圖 10-17 服務種類畫面

3. **選擇歸屬的中分類**：由共用設定\對照檔設定\營業收入中分類對照檔中選取。

請先選擇接著新增資料的內容

09:一般項目　中分類

中分類	名稱	別名
1	客房收入	
2	餐飲收入	
3	園區收入	
9	其他收入	
B	預收收入	
C	會員中心收入	
COM	組合收入	
F	住客掛帳	
PKG	Package	
X	非收入項目	

圖 10-18 選取收入中分類畫面

4. **選擇小分類**：收入小分類，依前項所選擇營業收入中分類對照下有的收入小分類中選取；選取位置在共用設定\對照檔設定\營業收入小分類對照檔中（對應財務的會計科目）。

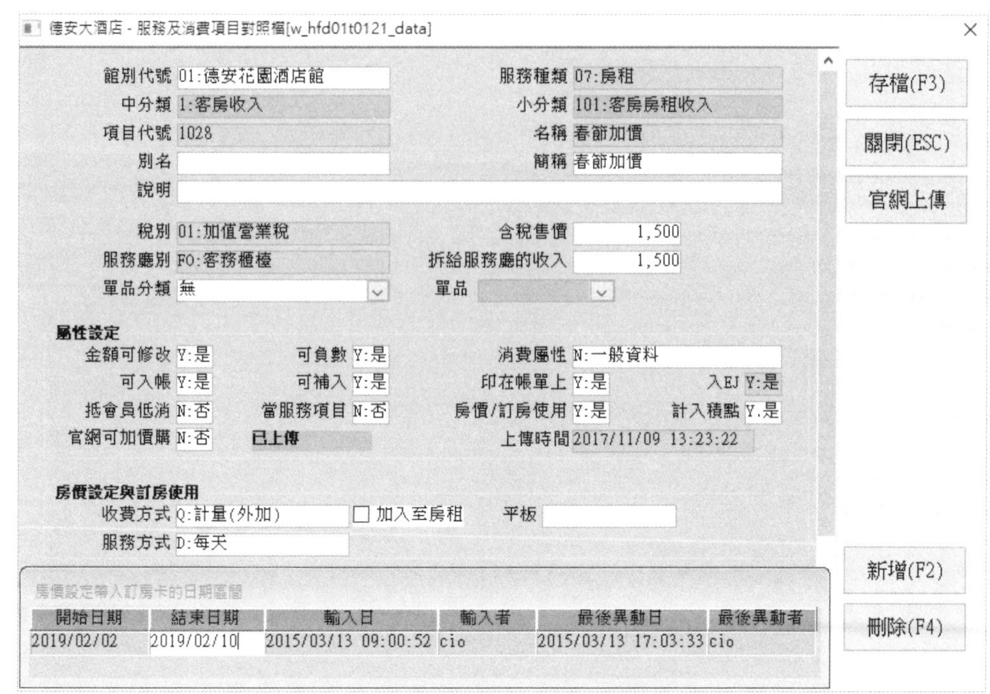

圖 10-19 服務項目畫面

5. **服務廳別**：設定該服務項目服務廳別，亦是服務項目拆帳（拆收入的廳別，結轉傳票時傳票的部門）。
6. **稅別**：加值營業稅、免稅及營業娛樂稅，稅率依共用設定\對照檔設定\稅別對照檔中設定帶入。
7. **含稅金額**：該服務項目的含稅銷售金額。
8. **拆給服務廳的收入**：指服務項目計算收入時，要拆多少收入給「服務廳別」。
9. **金額可修改**：在出納入帳、補入時可否修改服務項目的含稅金額。
10. **可負數**：在出納入帳、補入時可否修改服務項目的含稅金額為負值。
11. **消費屬性**：可分為一般、非營利性代支、預收性質三種。
12. **可入帳**：飯店前檯系統\出納管理、開立現金帳、團體管理\住客帳維護，入帳功能可否使用。
13. **可補入**：於旅客帳維護的調整功能裡面的補入作業，可否選擇該項目。
14. **印在帳單上**：當住客帳有使用這個服務項目時，在旅客帳單上是否列印。
15. **入 EJ**：是否入 EJ 報表（EJ 報表為結轉財務傳票依據）。

16. 抵會員低消：當會員到飯店前檯消費使用這個服務項目時，可不可以扣抵會員最低消費。

17. 當服務項目：該項目可於費用列表上顯示以及選取。

18. 房價/訂房使用：在房價設定或訂房管理時可不可以使用這個服務項目。

19. 計入積點：若有使用會員積點功能，此項目是否要列入積點的計算。

20. 官網可加價購：設定此服務項目是否可供官網訂房作為加價購項目。

21. 房價設定與訂房使用：

收費方式：有兩種， Q：計量（外加）、I：內含。

圖 10-20 房價設定與訂房使用

例如：單人房標準房價為 3,600，服務費為 360，服務項目含稅金額為 300。

(1) Q 計量（外加）：

選擇「計量外加，加入至房租」時；房價為 3,900 = 3,600（房租收入）+ 300（拆帳 300）、房租服務費 360，總房價 4,260。如下圖，框選處部分為住客看到的收費項：

館別: 02 :標準花園酒店PMS 房價代號: 2014FIT :散客價 C/I日期: 2014/07/12 房型: ST
佣金總金額: 0

日期	項目	單價	數量	小計	服務日期	要計算	要顯示
2014/07/12	101:房租收入	3900	1	3900	2014/07/12	N	Y
2014/07/12	EA01:早餐餐券	400	1	400	2014/07/12	Y	N
2014/07/12	W202:加購浪漫晚宴	300	1	300	2014/07/12	Y	N
2014/07/12	101:房租收入	3200	1	3200	2014/07/12	Y	N
2014/07/12	102:房租服務費	360	1	360	2014/07/12	Y	Y
		Saturday	2014/07/12	4260			
				4260			

圖 10-21 房價試算-1 畫面

選擇「計量外加，不加入至房租」時；房價為 3,600（房租收入）、300（拆帳 300）、房租服務費 360，總房價 4,260。如下圖，框選處部分為住客看到的收費項目：

館別: 02 :標準花園酒店PMS　房價代號: 2014FIT :散客價　C/I日期: 2014/07/12　房型: ST.

佣金總金額: 0

日期	項目	單價	數量	小計	服務日期	要計算	要顯示
2014/07/12	101:房租收入	3600	1	3600	2014/07/12	N	Y
2014/07/12	EA01:早餐餐券	400	1	400	2014/07/12	Y	N
2014/07/12	101:房租收入	3200	1	3200	2014/07/12	Y	N
2014/07/12	W202:加購浪漫晚宴	300	1	300	2014/07/12	Y	Y
2014/07/12	102:房租服務費	360	1	360	2014/07/12	Y	Y
		Saturday	2014/07/12	4260			
				4260			

圖 10-22　房價試算-2 畫面

(2) I 內含：選擇內含時，房價為 3,600 = 3,300（房租收入）+ 300（拆帳 300）、房租服務費 360，總房價 3,960。

館別: 02 :標準花園酒店PMS　房價代號: 2014FIT :散客價　C/I日期: 2014/07/12　房型: ST.

佣金總金額: 0

日期	項目	單價	數量	小計	服務日期	要計算	要顯示
2014/07/12	101:房租收入	3600	1	3600	2014/07/12	N	Y
2014/07/12	EA01:早餐餐券	400	1	400	2014/07/12	Y	N
2014/07/12	W202:加購浪漫晚宴	300	1	300	2014/07/12	Y	N
2014/07/12	101:房租收入	2900	1	2900	2014/07/12	Y	N
2014/07/12	102:房租服務費	360	1	360	2014/07/12	Y	Y
		Saturday	2014/07/12	3960			
				3960			

圖 10-23　房價試算-3 畫面

服務方式：依選擇的服務方式做為使用這個服務項目的依據。一般分為第一天、每天、最後一天以及自訂規則，其使用時機以及說明如下：

在房價、訂房入帳日及提供服務都是第一天使用時，設定方式如下：

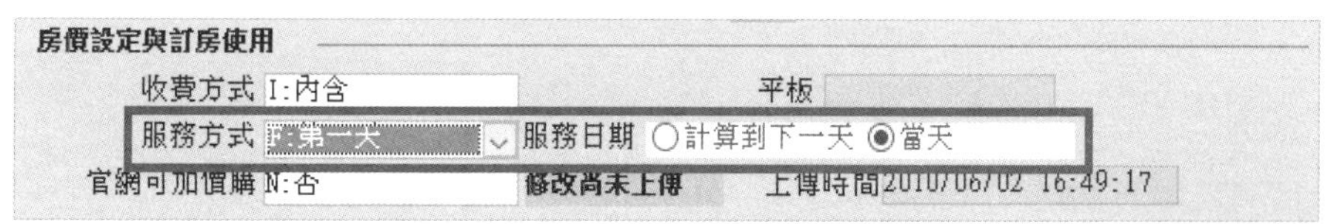

房價設定與訂房使用

收費方式 I:內含　平板

服務方式 F:第一天　服務日期 ○計算到下一天 ◉當天

官網可加價購 N:否　修改尚未上傳　上傳時間 2010/06/02 16:49:17

圖 10-24　服務日期當天設定畫面

在房價、訂房入帳日是第一天使用，提供服務是在下一天時（例如早餐是入住日的隔天使用），設定方式如下：

房價設定與訂房使用

收費方式 I:內含　平板

服務方式 F:第一天　服務日期 ◉計算到下一天 ○當天

官網可加價購 N:否　修改尚未上傳　上傳時間 2010/06/02 16:49:17

圖 10-25　服務日期計算到下一天設定畫面

在房價、訂房每天都使用時，設定方式如下：

圖 10-26　每天使用的服務方式設定畫面

在房價、訂房的最後一天使用時（C/O 那一天），設定方式如下：

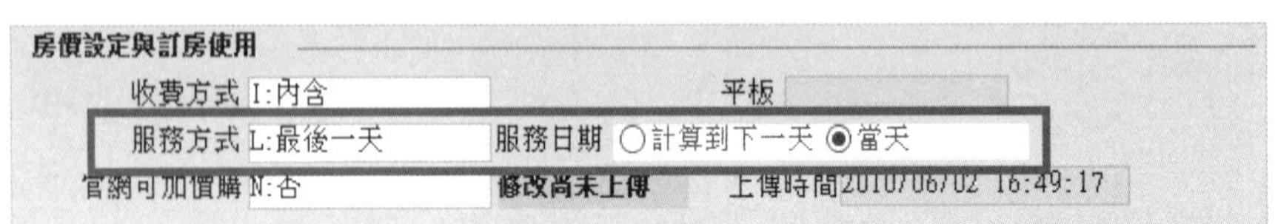

圖 10-27　服務方式為最後一天設定畫面

在房價、訂房此項目的規則不符合每天、第一天或是最後一天時可以使用自訂規則，例如每週三才提供服務的項目，遇到假日也不提供該服務，其設定方式如下：

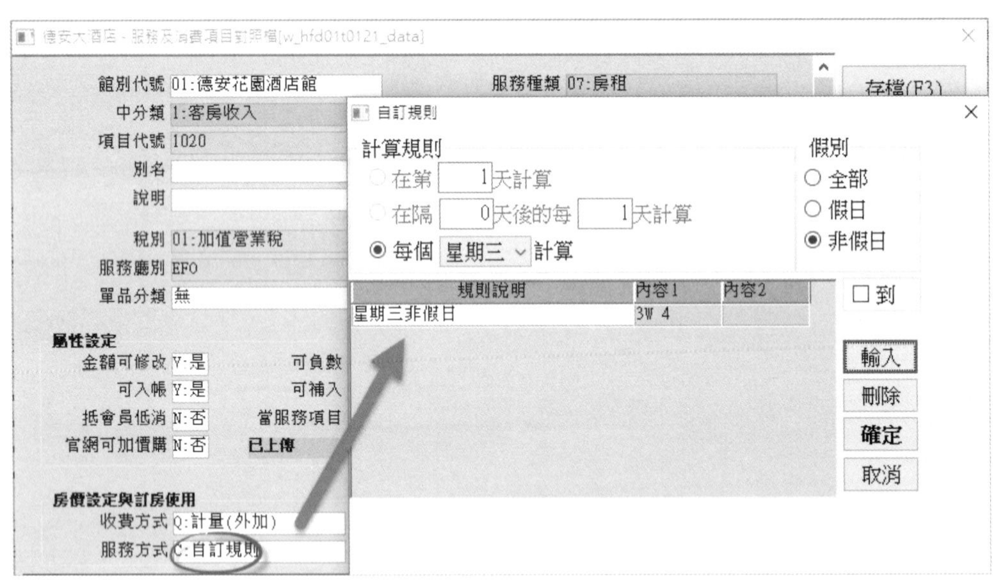

圖 10-28　服務方式為自訂規則設定畫面

房價設定

房價代號	18FIT001	☑ 預設顯示 ☐ 自用 ☐ 招待		01
房價名稱	2018散客價	2018散客價	基準日期	2017/5/9
別名		☑ 訂房可異動房價		☑ Master Ratecod
加值服務	共0項 ...	☐ 為套裝行程		
最少住宿天數	0 夜 人數 0	專案代碼	MENU選單	散客價
使用說明				
佣金%	0 %	☐ 訂房可異動佣金	☐ 會員優惠	

圖 10-29 房價設定主畫面

欄位說明

1. **房價代號**：建立此房價的代碼（英文或數字最多 8 碼）。
2. **房價名稱**：輸入房價的中文名稱，在訂房或報表查詢時會以此名稱作為顯示。
3. **別名**：輸入房價的英文名稱。
4. **加值服務**：該房價或專案共同使用的服務項目。
5. **最少住宿天數**：使用該房價最少需住宿幾晚。
6. **人數**：該房價預計可入住的人數。
7. **使用說明**：該房價的備註說明（房價查詢畫面上會顯示）。
8. **佣金**：指此房價的佣金百分比。
9. **預設顯示**：可把目前不使用的房價設定為不顯示。
10. **自用**：此房價是否為公司自用的房價（會影響營運分析報表自用房數的間數統計）。
11. **招待**：此房價是否為公司招待的房價（會影響營運分析報表招待房數的間數統計）。
12. **訂房可否異動房價**：此房價在訂房時可否修改消費項目為房租項的金額。
13. **為套裝行程**：若設定為套裝行程，則該房價設定的售價為全程售價而非每晚售價。
14. **專案代碼**：當設定為套裝行程時，系統會自動產生一筆入帳代碼，此為系統入帳務使用，不可修改。
15. **訂房可異動佣金**：定義該房價是否可以於訂房時異動佣金百分比的控管。

16. **基準日期**：為該房價的設定日，基準日期需落在房種小類對照檔的開始結束日期內才選得到該房種。

17. Master Ratecode：系統可複製同一個房價代號，該被複製的原始房價就為主要的房價，若用這樣的功能時，該循環模式就必須一個為平日，一個為假日。

18. MENU **選單**：訂房時選擇房價顯示的選單分類。

19. **會員優惠**：該房價設定時配合會員系統使用。

注意事項

- 房價代號為單一值不可重複，若重複就必須為 Master Ratecode 模式，使用過即不可刪除，建議設定代號時依照自行定義的規則建立。
- 若為套裝行程，請將套裝行程的天數輸入在最少住宿天數欄位。
- 基準日期如果沒有在房種的開始結束日期範圍內，則該房價設定時就選不到房種。

1. 設定該房價可使用之房種：點選「新增」並勾選適用於該房價的房種，按下確定。

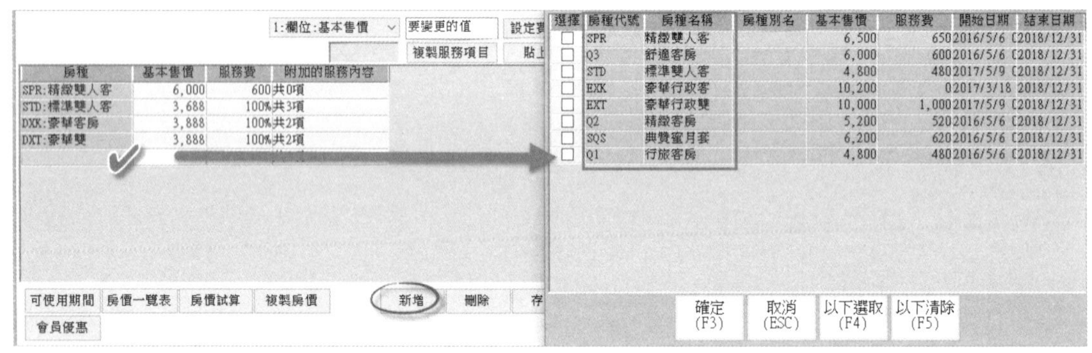

圖 10-30 房價設定的選取房種畫面

2. 建立各房種的基本售價：「基本售價」及「服務費」預設會帶入房間小類對照檔設定的「標準房價」及「標準服務費」，可直接鍵入售價或是鍵入小於 1 的數字來設定折扣數，例如：鍵入 0.1 表示折扣數為 10%。

房種	基本售價	服務費	附加的服務內容
SPR:精緻雙人客	6,000	600	共0項
STD:標準雙人客	3,688	100%	共3項
DXK:豪華客房	3,888	100%	共2項
DXT:豪華雙	3888	100%	共2項

圖 10-31 房價設定的房種金額設定畫面

可利用「欄位：基本售價」以及「要變更的值」批次設定所有房種的基本售價及服務費：

(1) 選取欲設定的欄位。

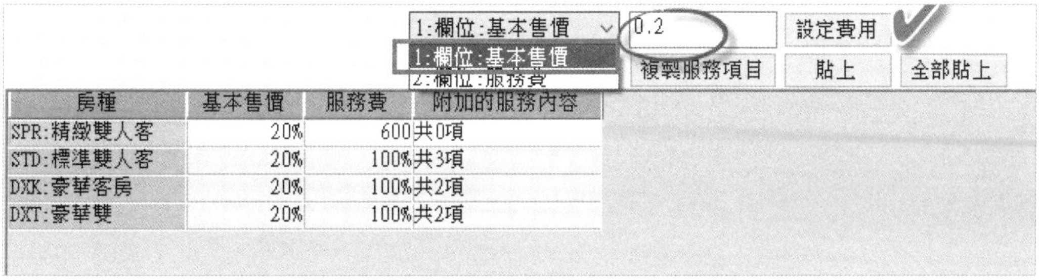

1:欄位:基本售價 | 0.2 | 設定費用
1:欄位:基本售價
2:欄位:服務費
複製服務項目 | 貼上 | 全部貼上

房種	基本售價	服務費	附加的服務內容
SPR:精緻雙人客	20%	600	共0項
STD:標準雙人客	20%	100%	共3項
DXK:豪華客房	20%	100%	共2項
DXT:豪華雙	20%	100%	共2項

圖 10-32 房價設定的房種金額批次設定畫面

(2) 鍵入要變更的值「0.2」，點選「設定費用」即設定完成。

3. 輸入每個房型所包含的服務項目，如早餐、迎賓水果、報紙等。

房種	基本售價	服務費	附加的服務內容
SPR:精緻雙人客	6,000	600	共0項
STD:標準雙人客	3,688	100%	3,01 ,2000,200
DXK:豪華客房	3,888	100%	共2項
DXT:豪華雙	3,888	100%	共2項

加值服務

	館別	服務項目	服務名稱	含稅售價	數量	服務方式	收費方式	加入
☑	台北館	1007	假日加價	500	1	C:自訂規則	Q:外加	Y
☑	台北館	2000	旺日加價	1	200	C:自訂規則	Q:外加	
☑	台北館	M005	客房預估早餐	250	1	D:每天	I:內含	
☐	台北館	0322	加購早餐	250	1	C:自訂規則	Q:外加	Y
☐	台北館	1000	房租用	0	1	D:每天	Q:外加	
☐	台北館	1001	房租	0	1	D:每天	Q:外加	
☐	台北館	1002	房租服務費	0	1	D:每天	I:內含	
☐	台北館	1003	加人費用	500	1	D:每天	Q:外加	
☐	台北館	1005	加床費	650	1	D:每天	Q:外加	
☐	台北館	1008	旺月加價	800	1	C:自訂規則	Q:外加	Y
☐	台北館	1009	休息房租	0	1	D:每天	Q:外加	
☐	台北館	1010	特殊假日	800	1	D:每天	Q:外加	Y

圖 10-33 房種附加服務內容設定畫面

也可利用複製已經設定的房型內含項目，貼上至新的房型，並可全部貼上所有的房型。

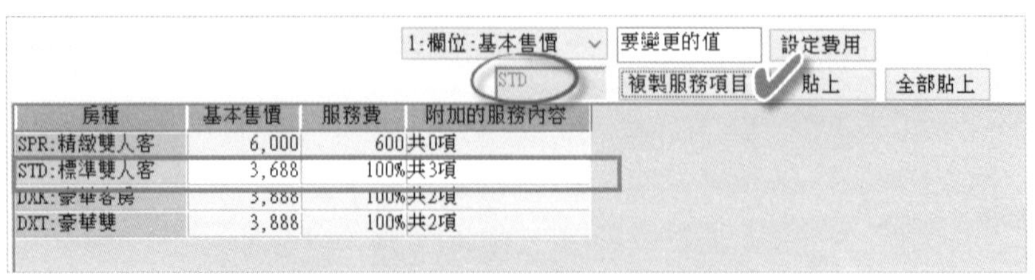

圖 10-34 房種附加服務內容複製設定畫面

4. 設定該房價可以使用的起訖期間，於參數欄位點選後出現視窗定義該房價的可使用模式。

(1) 每天：還可區分是每天的平日或是假日（搭配假日對照檔使用）。

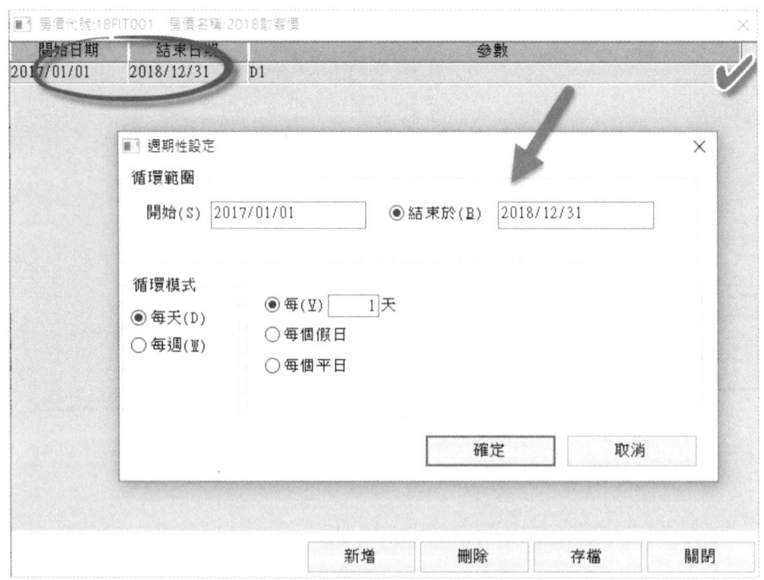

圖 10-35 房價可使用期間設定畫面

(2) 每週：可以指定星期。

圖 10-36 房價設定每週設定畫面

5. 透過房價一覽表可檢視該房價的使用期間是否正確，並可於某一天的日期上點選成紅色，表示該日期是無法使用該房價。

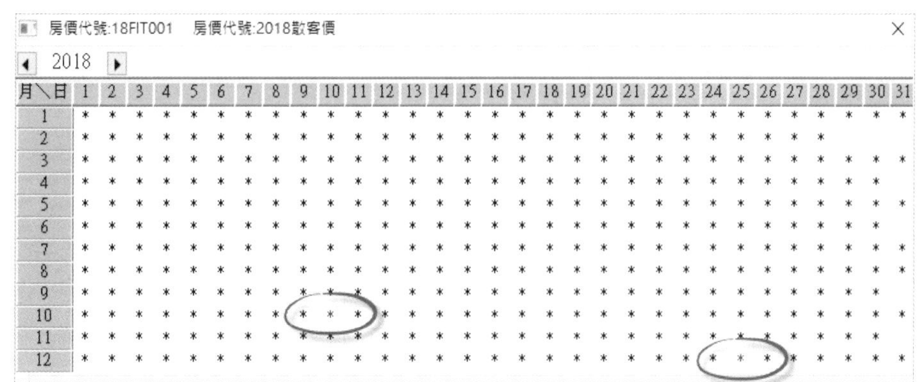

圖 10-37 房價一覽表畫面

6. 為了確認該房價設定的內部拆帳的廳別以及金額是否正確，可利用房價試算的功能，來檢視各數字。

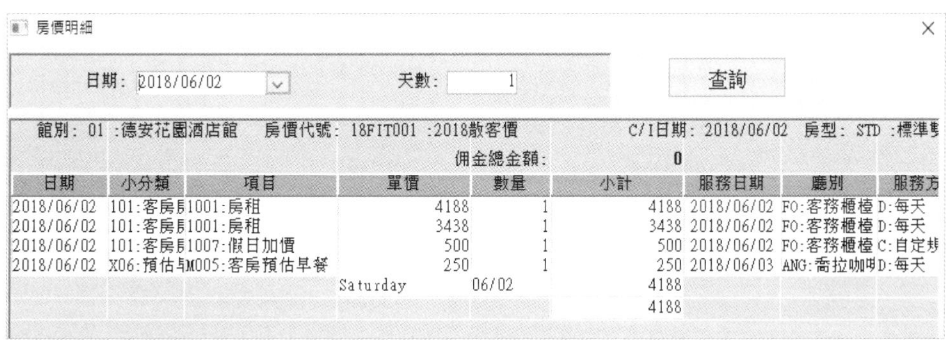

圖 10-38 房價試算畫面

7. 若該房價是配合會員而定的價格，可利用會員優惠的欄位設定哪種類型會員是可以在訂房選到該房價。

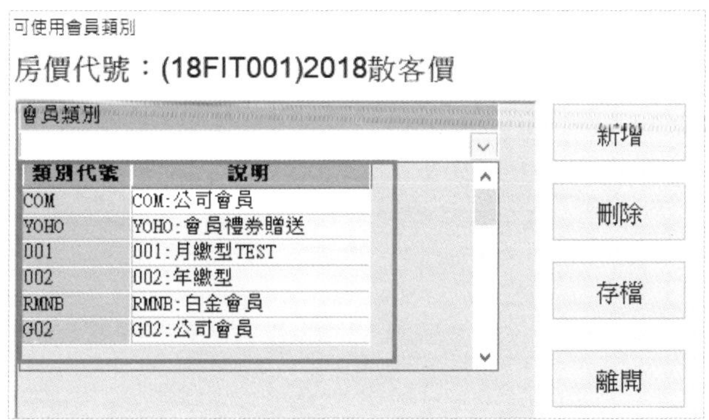

圖 10-39 房價可使用會員類別畫面

合約價設定

透過服務項目完成房價設定後，此時就可設定特定房價要提供給特定公司還是旅行社。此部分可以分為兩種做法：

由房價設定合約

1. 於使用期間參數設定完成存檔時，系統會跳出設定合約視窗，在此可篩選公司或是旅行社，並輸入合約編號以及起訖日期即完成合約設定，此為單間公司或是旅行社設定。
2. 另一種則為批次設定，透過房價查詢完成後，進行批次設定。勾選要設定的房價，按滑鼠右鍵出現功能選單，選擇設定合約。

☑	18FIT001	2018散客價	散客價
☐	20160001	母親節專案	母親節專
☐	20160427	20160427	20160427
☐	2017HU	HouseUse	H/U
☐	64378459	一泊二食	一泊二食
☐	A001	交辦事項用	交辦事項
☐	A16003CB	A16003CB	A16003CB
☐	AAAAA	**環保房	環保住房
☐	ABC0001	kidsplay	kidsplay
☐	BB	浪漫雙人房	浪漫雙人
☐	cool	冬天	冬天
☐	CRM001	日月會員專案	日月會員
☐	CSB+D	CSB+D	CSB+D
☐	HF	快樂星期五	快樂星期
☐	Holiday	假日價	假日價
☐	Holiday	假日價	假日價
☐	KAI01	2016早鳥專案(A)	2016早鳥
☐	KAI02	2016早鳥專案(B)	2016早鳥
☐	LT001	LinkTravel	LinkTrave
☐	LT002	LinkTravel02	LinkTrave

查詢(F6)
新增(F2)
刪除(F3)
排序(F9) F9
剪下 Ctrl+X
複製 Ctrl+C
貼上 Ctrl+V
復原
修改
設定可使用時段
可使用狀況表
其它設定
設定合約

圖 10-40 設定合約功能畫面

出現合約設定視窗。可透過查詢條件，查詢出欲設定的公司或是旅行社資料，進行勾選，按下執行功能，完成合約批次設定。

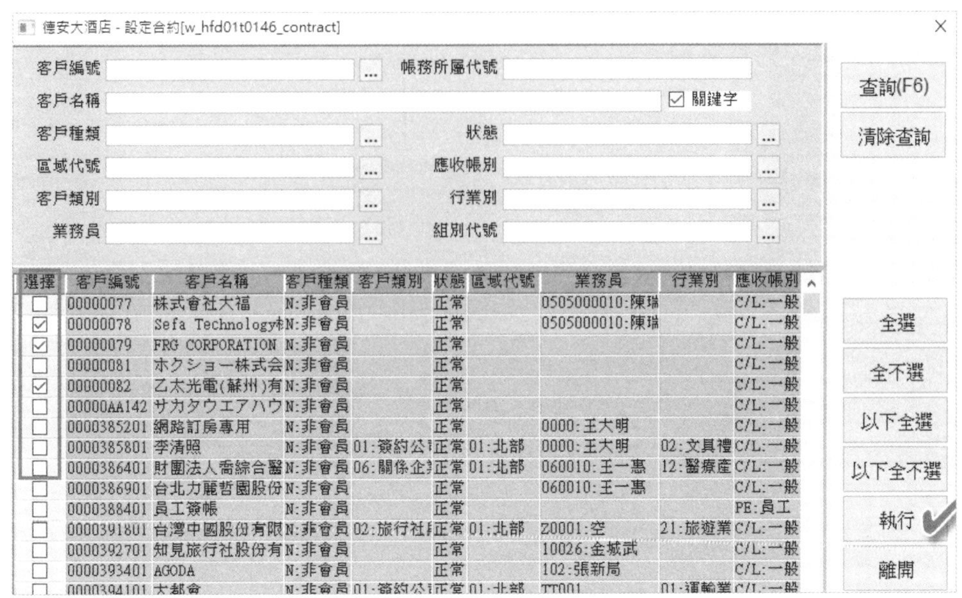

圖 10-41 批次設定合約畫面

由業務資料維護的修改合約內容功能

輸入合約編號、合約開始日期、合約結束日期、房價代號，並存檔後，完成合約設定。

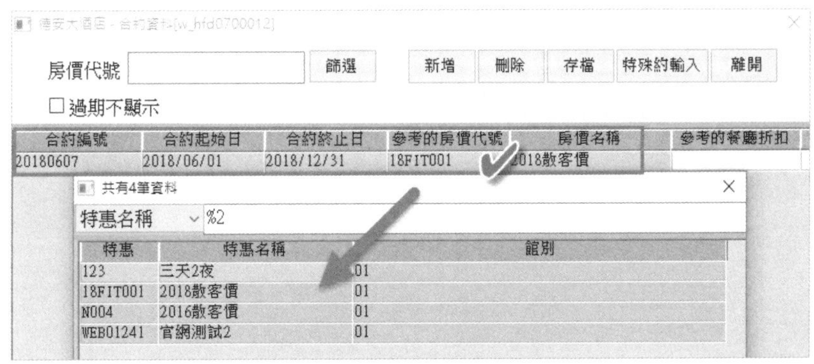

圖 10-42 修改合約內容

10.3 簽帳設定

飯店的客人透過旅行社訂房，並已付完款項給旅行社。此時住宿退房將不再跟客人收取消費的款項，此帳款應該轉為該旅行社的應收帳款，由財務部統一收款，此動作稱為客戶簽帳（City Ledger）。但飯店會依照該旅行社或是公司的規模以及預付的訂金，去訂定該旅行社或是公司可以簽帳的金額，該簽帳額度是為提醒財務部以及櫃台出納人員而設，目的讓相關人員可以進行收帳或是催帳。其設定說明如下：

簽帳設定

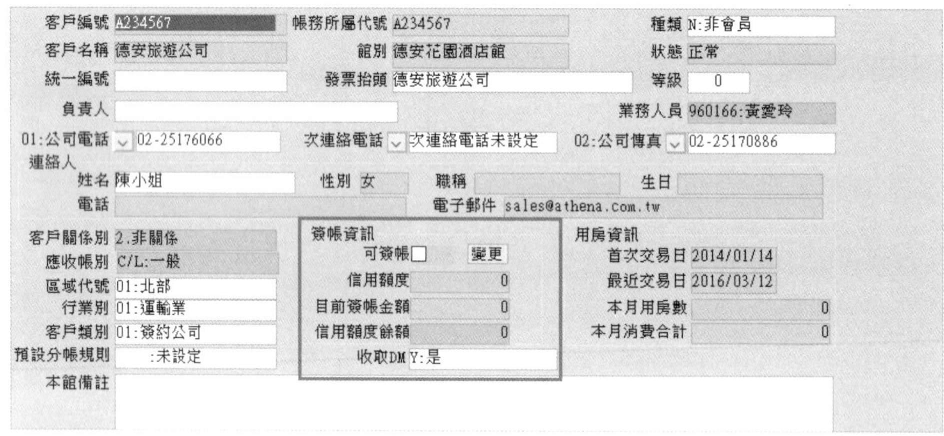

圖 10-43 簽帳設定畫面

1. 按下變更按鈕，出現輸入畫面視窗後，勾起可簽帳欄位並輸入信用額度。

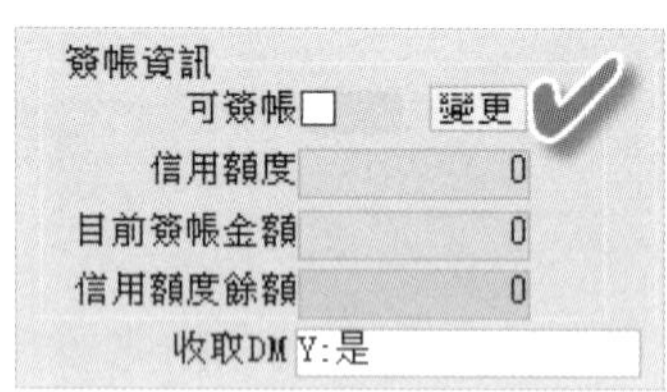

圖 10-44 簽帳資訊畫面

2. 離開後，存檔即完成簽帳額度設定。

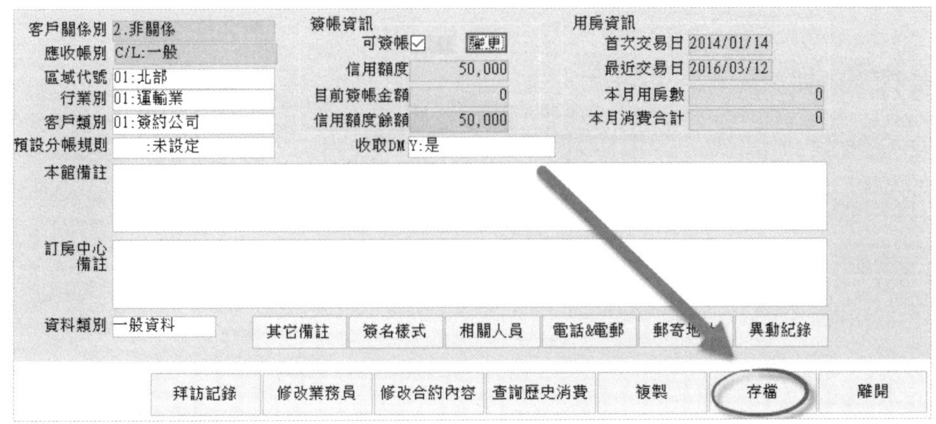

圖 10-45 簽帳完成存檔畫面

若有簽帳則金額就會一直累計，財務部若有沖銷應收帳款，該額度就會增加，反之，則減少。

圖 10-46 簽帳金額與信用額度餘額畫面

10.4 實作範例練習

實際操作範例一

德安資訊股份有限公司跟飯店簽約合作，在合作之前應先建立該公司相關資料，請問如何建立？

請大家動動手！小試身手一下
你做對了嗎？

操作步驟

1. 到飯店前檯系統\業務系統\業務資料維護。
2. 新增一筆資料。
3. 輸入該公司的相關基本資料資訊。
4. 確定都已輸入完畢後存檔。

實際操作範例二

承上題，該公司的合約價格與簽帳額度都需要控管，請試著設定一筆合約資料以及簽帳額度控管為 100,000 元，應該如何設定呢？

請大家動動腦！該怎麼做？

操作步驟

1. 到飯店前檯系統\業務系統\業務資料維護。
2. 找到該公司資料畫面。
3. 選擇修改合約內容，並新增一筆起訖日期的房價資料後存檔。
4. 再至簽帳資訊選擇變更，勾選可簽帳並輸入額度 100,000 後離開。
5. 存檔後即完成設定。

10.5 模擬試題

選擇題

(　) 1. 若業務人員外出進行客戶的 SALES CALL，回來後的所有事項該記錄於何處？

(A) 拜訪紀錄　(B) 其他備註　(C) 修改業務員　(D) 相關人員

(　) 2. 下列何者需要修改該公司的簽帳額度？

(A) 修改合約內容　(B) 修改業務員　(C) 簽帳資訊　(D) 查詢歷史消費

(　) 3. 關於房價的使用期間設定，下列何者正確？

(A) 房價試算　(B) 可使用期間　(C) 房價一覽表　(D) 訂房可以異動房價

(　) 4. 若包裝一個房價，只限定每週三使用，該用哪個功能設定？

(A) 循環模式每天　(B) 循環模式每月

(C) 循環模式每年　(D) 循環模式每周

(　) 5. 房價設定若是專屬飯店會員使用，不與散客使用的話，該透過哪功能設定？

(A) 合約設定　(B) 會員優惠　(C) 特殊約設定　(D) 使用期間設定

(　) 6. PACKAGE 包裝的內含項目，請問是來自於哪個設定？

(A) 服務項目　(B) 收入小分類　(C) 收入中分類　(D) 服務種類

(　) 7. 若要批次設定業務員至商務公司的作業稱為？

(A) 修改業務員　(B) 業務員指派作業

(C) 業務員組別對照檔　(D) 相關人員

(　) 8. 當商務公司的窗口有多個時，可於哪個功能輸入？

(A) 相關備註　(B) 異動紀錄　(C) 相關人員　(D) 簽名格式

(　) 9. 業務資料有備註需要讓訂房人員知道該訂房公司的訊息時，可輸入於何處？

(A) 備註　(B) 其他備註　(C) 公司名稱　(D) 相關人員

(　) 10. 在服務項目的設定規則中，除了服務項目之外，還有另一個規則為何？

(A) 合約項目　(B) 收費項目　(C) 一般項目　(D) 電話項目

(　) 11. 在設定服務項的收入分類有對應會計科目的分類為？

(A) 收入中分類　(B) 收入小分類　(C) 收入大分類　(D) 收入分類

(　) 12. 在設定房價中，若此房價不開放讓使用者修改房價時，可用哪個功能設定？

(A) 訂房可否異動房價　(B) 房價設定為 0

(C) 訂房可否異動佣金　(D) 無此設定

(　) 13. 房價若為套裝行程，則住宿天數不可以小於幾天？
(A) 零天　(B) 一天　(C) 兩天　(D) 三天

(　) 14. 房價設定的服務費若為一成（規則為 discount off），則在系統中應該設定為？
(A) 70%off　(B) 80%off　(C) 90%off　(D) 10%off

(　) 15. 房價設定的內含項目若依照不同房型有不同項目時，則應該設定在？
(A) 加值服務　(B) 附加的服務內容　(C) 房價欄位　(D) 服務費欄位

(　) 16. 若要檢視設定的房價使用期間是否正確，可使用哪個功能進行檢查？
(A) 使用期間　(B) 房價試算　(C) 房價一覽表　(D) 複製房價

(　) 17. 承上題，若該房價須設定使用期間的某一天不能使用該房價，該如何設定？
(A) 該日期點成紅色　(B) 該日期點成黃色
(C) 該日期點成藍色　(D) 自行調整

(　) 18. 設定好的房價，要限定給某個公司或是旅行社使用時，該使用哪個功能？
(A) 人工控管　(B) 使用期間　(C) 修改合約內容　(D) 修改業務員

(　) 19. 若要知道該公司或是旅行社的目前簽帳的金額，應看哪個欄位？
(A) 可簽帳　(B) 目前簽帳額度　(C) 簽帳額度　(D) 沖帳額度

(　) 20. 若要在業務資料維護中查詢該公司或是旅行社的歷史消費資料，該如何查詢？
(A) 查詢房間　(B) 查詢住房　(C) 查詢歷史消費　(D) 查詢訂房

(　) 21. 某旅行社的合約價格比一般價格略低，若不想重新設定單獨房價，可利用哪個功能達到目的？
(A) 服務項目　(B) 修改合約　(C) 自行改價　(D) 特殊約

(　) 22. 合約設定，除可以在業務資料維護給予合約外，還可利用哪個模組批次設定？
(A) 房價設定　(B) 服務項目設定　(C) 公司共用設定　(D) 業務員設定

(　) 23. 可由飯店人員自行定義分類作為產值分析條件的欄位為何？
(A) 房間小類　(B) 團散類別　(C) 客戶類別　(D) 住客類別

(　) 24. 若要以各行業別、區域別的時期來分析比較對飯店的產值，可利用哪個報表？
(A) 用房同期比較表　(B) 簽約公司未來報表
(C) 公司產值報表　(D) 訂房新增報表

(　) 25. 修改業務員時，若要將未來訂單也一併取代，該選擇下列哪個選項？
(A) 更動歷史訂房卡　(B) 更動未來訂房卡
(C) 更動已到訂房卡　(D) 更動所有訂房卡

交班作業

11.1 交班作業

飯店接待與出納工作通常為輪班制，各輪班單位於交接班時會將該班已收到的款項進行結算。在系統上會記錄每個班別的結帳數字，讓櫃台人員可以迅速完成交班及款項結算作業。各班別交班可由系統交班報表進行查核帳款是否正確。

交班

1. 列印交班日報表：該報表所呈現為該班別結帳時所收到的帳款（包含訂金、禮券、儲值卡）紀錄，並可區分出各種付款方式的整合數字以及對應的收入別（此為帳務的借貸方概念），核對每個付款數字是否正確。

適用80報表紙　　德安大酒店

製表者ID：cio　　交班日報表　　製表日：2018/07/13 09:27:47
製 表 者：德安資訊　　小分類--全部　　Page 1 of 1

列印條件：查詢日期：2018/5/30

代號	小分類	金額	付款方式		付款金額
101	客房房租收入	186,930			
102	客房服務費收入	6,888	00	沖客房訂金	14,950
110	其他收入	100	07	沖網路訂金	15,975
801	洗衣收入	800	10	現金	169,343
C01	代支	1,000	F2	土銀匯款	5,000
X06	預估早餐收入	-450			
	合計	195,268			205,268
	收預收	0			
	訂金入帳	10,000			
	訂金合計	10,000			
	禮券銷售	0			
	儲值卡銷售	0			
	外加稅額	0			205,268
	今日總計	205,268			
	－今天的代支	1,000			
	手上總額	204,268			

圖 11-1 交班日報表畫面

2. 依照信用卡別核對刷卡單的加總是否相等於交班報表上的數字，並與刷卡機結帳的明細條也必須一致。
3. 核對現金扣掉櫃台庫存現金後，是否與交班報表上的現金數字相等。
4. 若有誤差可利用列印交班明細表進行細項核對，該報表針對每個房號所付的款項數字、付款方式、發票號碼都會記載，由此報表找出有誤差的資料進行調整（此部分將於下章節說明）。

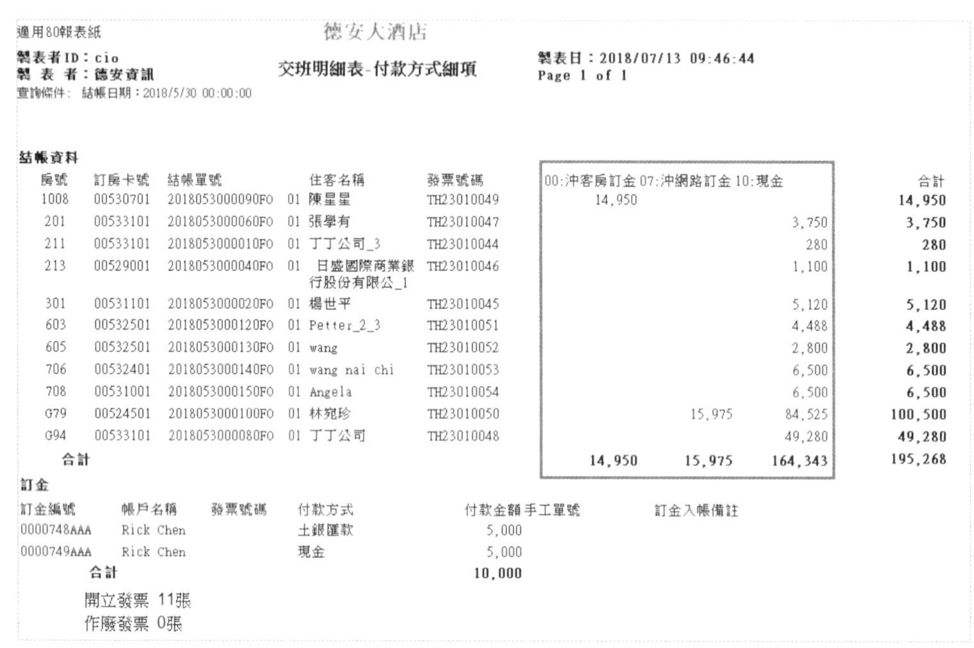

適用80報表紙
德安大酒店

製表者ID：cio
製 表 者：德安資訊
交班明細表-付款方式細項
製表日：2018/07/13 09:46:44
Page 1 of 1
查詢條件：結帳日期：2018/5/30 00:00:00

結帳資料

房號	訂房卡號	結帳單號	住客名稱	發票號碼	00:沖客房訂金	07:沖網路訂金	10:現金	合計
1008	00530701	2018053000090FO 01	陳星星	TH23010049	14,950			14,950
201	00533101	2018053000060FO 01	張學有	TH23010047			3,750	3,750
211	00533101	2018053000010FO 01	丁丁公司_3	TH23010044			280	280
213	00529001	2018053000040FO 01	日盛國際商業銀行股份有限公_1	TH23010046			1,100	1,100
301	00531101	2018053000020FO 01	楊世平	TH23010045			5,120	5,120
603	00532501	2018053000120FO 01	Petter_2_3	TH23010051			4,488	4,488
605	00532501	2018053000130FO 01	wang	TH23010052			2,800	2,800
706	00532401	2018053000140FO 01	wang nai chi	TH23010053			6,500	6,500
708	00531001	2018053000150FO 01	Angela	TH23010054			6,500	6,500
G79	00524501	2018053000100FO 01	林宛珍	TH23010050		15,975	84,525	100,500
G94	00533101	2018053000080FO 01	丁丁公司	TH23010048			49,280	49,280
合計					14,950	15,975	164,343	195,268

訂金

訂金編號	帳戶名稱	發票號碼	付款方式	付款金額	手工單號	訂金入帳備註
0000748AAA	Rick Chen		土銀匯款	5,000		
0000749AAA	Rick Chen		現金	5,000		
合計				10,000		

開立發票 11張
作廢發票 0張

圖 11-2 交班明細表畫面

5. 由於現行配合政府推動電子發票政策，在結帳時，只會印出一聯發票證明聯且會交給客人，並不會有發票存根，因此會建議印出發票開立明細表進行核對。

適用A4橫印報表紙
德安大酒店
發票開立明細表

製表者ID：cio
製 表 者：德安資訊
製表日：2018/07/13 09:54:21
頁 次：Page1 of 1
列印條件：發票日期：2018/05/30

結帳單號	房號/桌號	發票狀態	發票日期	發票號碼	開立班別	開立者	開立時間	發票金額	發票稅額	代支	作廢者	作廢時間
2018053000010FO 01	211.1	N：機器開立	2018/05/30	TH23010044	1	cio	13:02:36	280	13	0		
2018053000020FO 01	301.1	N：機器開立	2018/05/30	TH23010045	1	cio	13:03:22	5,120	244	0		
2018053000040FO 01	212.1	N：機器開立	2018/05/30	TH23010046	1	cio	15:34:37	100	5	1,000		
2018053000060FO 01	201.1	N：機器開立	2018/05/30	TH23010047	1	cio	17:52:02	3,750	179	0		
2018053000080FO 01	G94.0	N：機器開立	2018/05/30	TH23010048	1	cio	16:38:27	49,280	2,347	0		
2018053000090FO 01	1008.1	N：機器開立	2018/05/30	TH23010049	1	cio	16:38:57	14,950	712	0		
2018053000100FO 01	G79.0	N：機器開立	2018/05/30	TH23010050	1	cio	16:39:44	100,500	4,786	0		
2018053000120FO 01	603.1	N：機器開立	2018/05/30	TH23010051	1	cio	16:40:46	4,488	214	0		
2018053000130FO 01	605.1	N：機器開立	2018/05/30	TH23010052	1	cio	16:41:10	2,800	133	0		
2018053000140FO 01	706.1	N：機器開立	2018/05/30	TH23010053	1	cio	16:41:37	6,500	310	0		
2018053000150FO 01	708.1	N：機器開立	2018/05/30	TH23010054	1	cio	16:42:02	6,500	310	0		
合計	11 筆							194,268	9,253	1,000		

圖 11-3 發票開立明細表畫面

6. 一般櫃台結完房帳後，其釘帳方式也會因為飯店的財務人員作帳方式不同而有所不同，結帳後的單據通常會有住客簽名的帳單，若是刷卡則有刷卡單，以及消費單據，如洗衣單、接送機單據之類，收入稽核人員會要求其順序，為的是讓對帳工作更簡單、更有條理。建議順序為：
   (1) 刷卡單據（若為現金則在帳單上註明現金）
   (2) 帳單（有客戶簽名那張）
   (3) 旅客登記卡
   (4) 訂房確認書或是訂房時所開立的單據（SUPPOTINGS）
   (5) 其他單據

11.2 帳務調整

帳務調整

當在交班時，遇到結錯帳、選錯付款方式或是發票開立問題，於系統內可以透過已結帳處理的結帳還原、修改付款方式、重開發票等功能來調整錯帳。

1. 查詢出的已結帳的結果頁中可以看到該住客結帳的資料，此畫面功能會顯示出每次結帳的明細，並可重印帳單、退房還原、預估款以及帳單 e-mail 等功能。

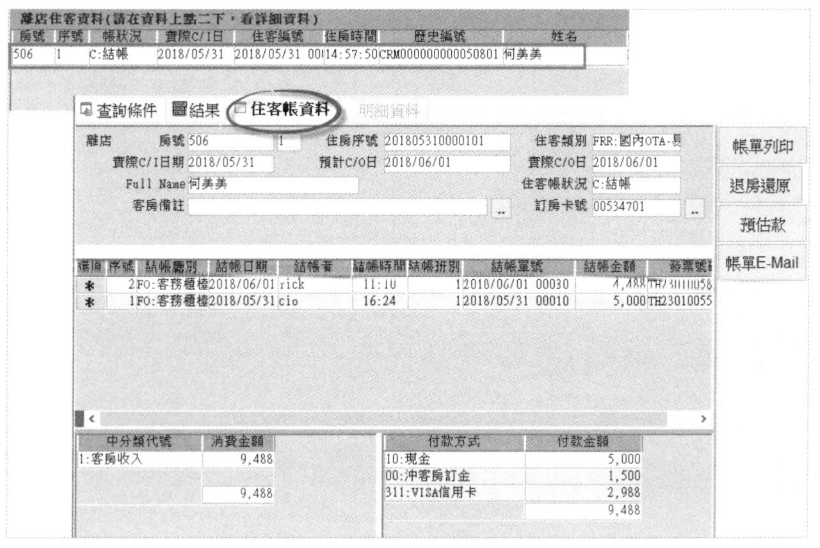

圖 11-4 已結帳資料畫面

(1) 帳單列印：點選結帳資料後，選擇帳單列印，並於出現列印模式後進行列印。

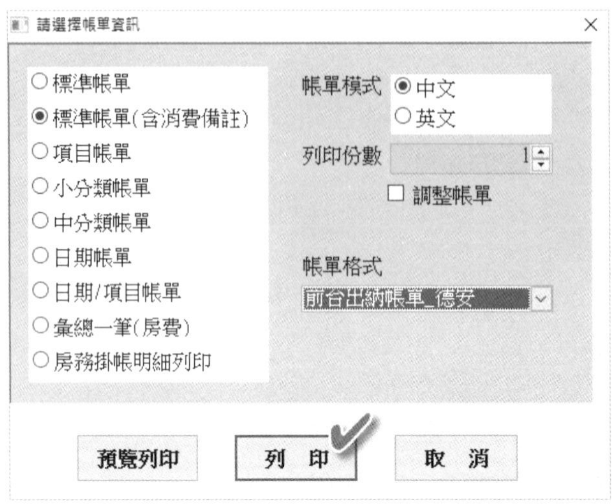

圖 11-5　帳單列印選項畫面

(2) 退房還原：此功能為將房間還原至未退房狀態，但帳務保留不動。

(3) 預估款：於住客帳下點選預估款功能，顯示已入帳或刪除項目。

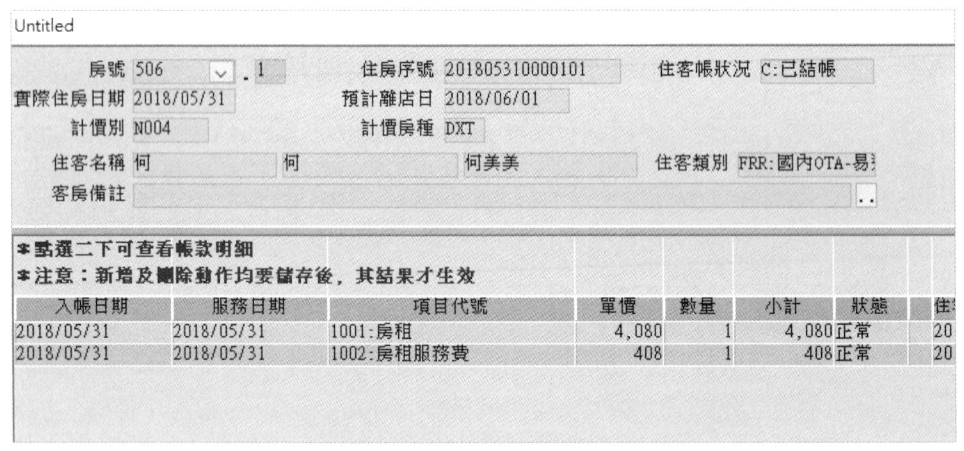

圖 11-6　預估款查詢畫面

(4) 帳單 e-mail：透過 e-mail 方式，寄出帳單。

已結帳單 E-Mail 發送

住客姓名 何美美

電子郵件地址 meiemi@athena.com.tw

主旨 hotel folio

內容 Dear Guest
Please find attachement for your hotel billing copy la

請用 Ctrl + Enter 換行

帳單預覽 發送 取消

圖 11-7 帳單 e-mail 作業畫面

2. 在資料明細中點擊滑鼠左鍵兩下，點開住客帳資料，此畫面可做帳單列印、退房還原、查看預估款功能。但此三個功能系統有限制需當天當班才能執行，在此畫面可以詳細看到當時消費的項目及金額、發票號碼，還有付款方式。

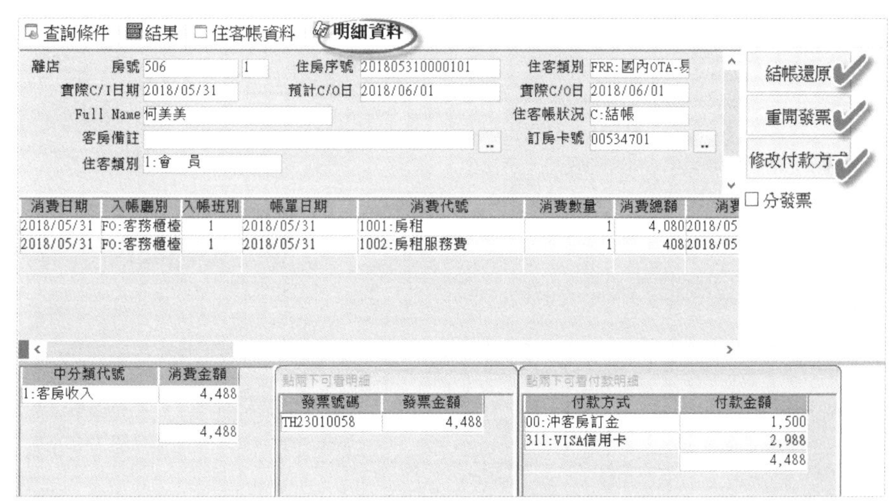

圖 11 8 住客帳資料明細畫面

結帳還原

若當日當班同一廳別已結帳的帳務需重新調整帳務項目時，可執行此功能。若是已退房的房號，將會回到未退房狀態並一併將已開立之發票作廢，建議執行此功能時，應該先收回之前開立的發票證明聯。另執行完結帳還原請離開此住客明細，避免須重新結此帳時被鎖定。

1. 執行結帳還原功能時，要先開立班別。

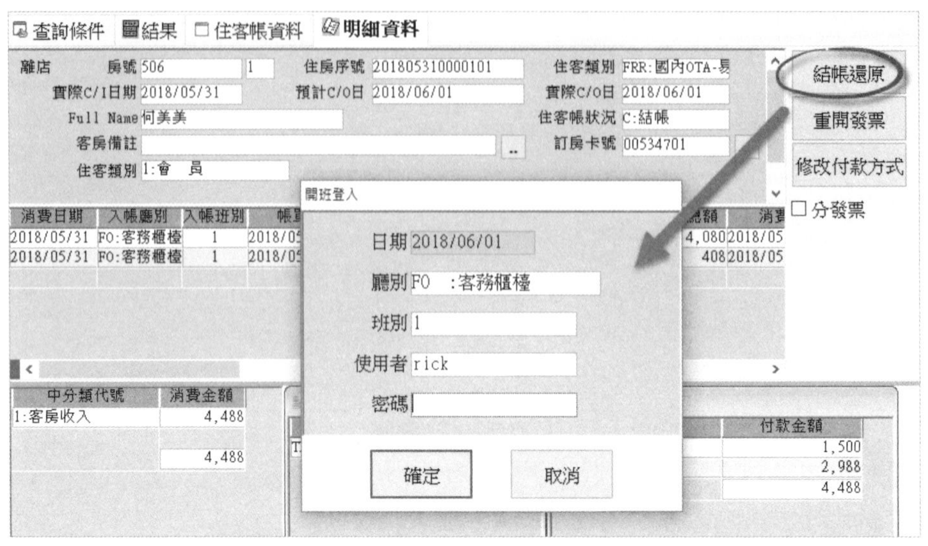

圖 11-9 結帳還原畫面

2. 系統詢問是否確定執行結帳還原，確定執行請按是。

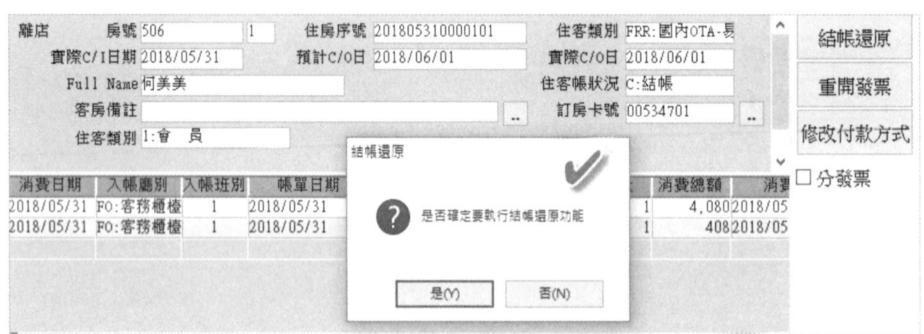

圖 11-10 結帳還原訊息提示畫面

3. 執行後，該房號將變更至未退房的狀態，系統清除付款、作廢該張發票。

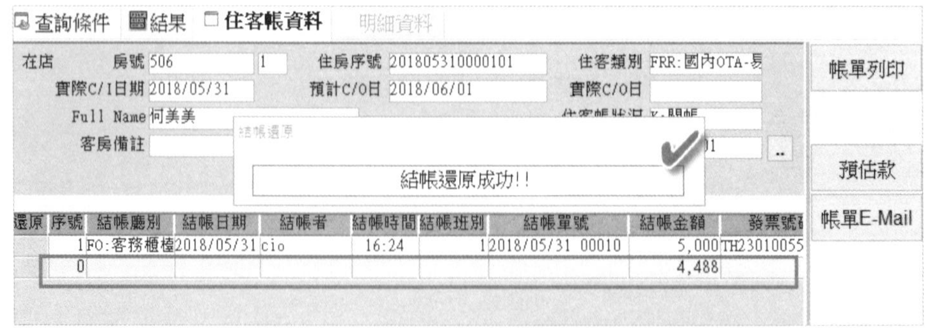

圖 11-11 結帳還原成功訊息畫面

4. 回到旅客帳維護，可搜尋到該房號並可執行出納有關的所有動作。

房號	序	Full Name	旅客帳狀況	預計C/O日期	C/I日期	住房時間	住客帳餘額	訂房卡號	住房序號
1112	1	I	O:開帳	2018/06/02	2018/06/01	13:46	0	00529001	2018060100002
1201	1	RICK CHEN	K:關帳	2018/06/01	2018/05/31	17:11	0	00534801	2018053100003
207	1	王大明	O:開帳	2018/06/02	2018/06/01	13:06	0	00535701	2018060100003
213	1	日盛國際商業銀行股份有	O:開帳	2018/06/25	2018/05/25	15:20	-15,000	00529001	2018052500005
213	2	Long Chua Chen	O:開帳	2018/06/25	2018/05/30	15:48	0	00529001	2018053000001
307	1	luke	O:開帳	2018/06/02	2018/06/01	13:45	0	00529001	2018060100001
506	1	何美美	K:關帳	2018/06/01	2018/05/31	14:57	4,488	00534701	201805310000
811	1	王大文	O:開帳	2018/06/02	2018/06/01	14:26	0	00535801	2018060100004
812	1	陳大華	O:開帳	2018/06/02	2018/06/01	14:27	0	00535801	2018060100005

圖 11-12 還原後至旅客帳維護畫面

重開發票

若當日當班同一廳別已結帳的帳務需重新開立發票，例如補開統一編號或分發票，可執行此功能。系統將會自動作廢原始開立之發票，但房號不會還原至未退房狀態。

1. 執行重開發票時，必須先行開立班別。

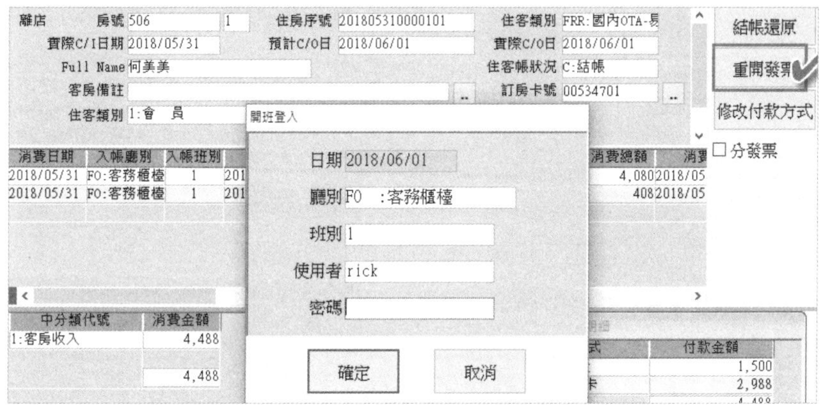

圖 11-13 重開發票作業畫面

2. 系統詢問是否確定執行重開發票，確定執行請按是，也可勾選分發票功能，開出多張發票。

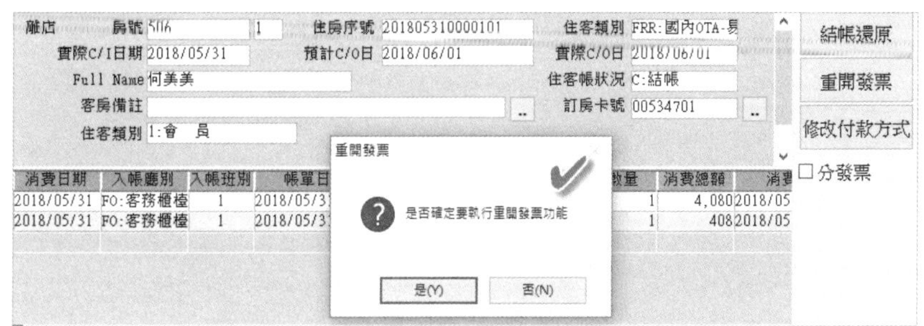

圖 11-14 重開發票確認訊息畫面

3. 輸入統一編號以及發票抬頭。目前為電子發票證明聯不會有發票抬頭欄位顯示。

請輸入統一編號

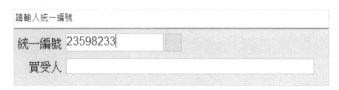

統一編號 23598233

買受人

圖 11-15 輸入統編畫面

4. 重開發票成功後，系統告知訊息。

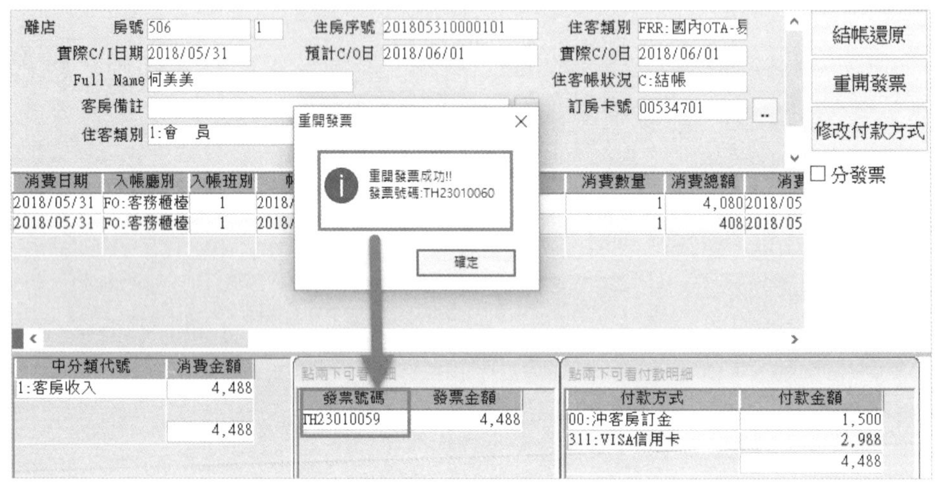

圖 11-16 重開發票成功畫面

修改付款方式

若當日當班同一廳別已結帳的帳務付款方式錯誤，例如 VISA 卡改為 MASTER 卡，修改的付款方式必須為相同的發票開立方式才可修改。此動作針對付款方式修改，房號不會還原至未退房狀態。

1. 執行修改付款方式，系統會將目前已存在的付款方式帶出，可執行清除付款方式功能按鈕後，再選擇正確的付款方式，執行確定功能即修改成功。

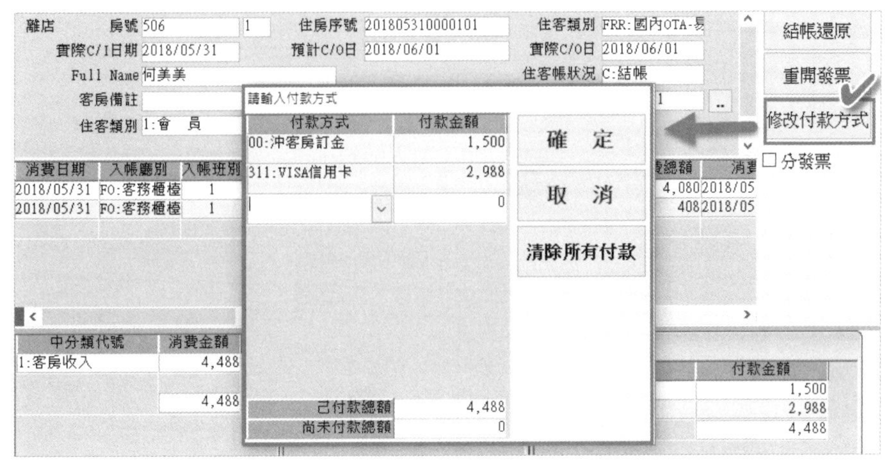

圖 11-17 修改付款方式操作畫面

2. 出現櫃台可使用的付款方式清單。

圖 11-18 選擇付款方式畫面

3. 選擇要修改的付款方式後，系統會依照該付款方式的屬性，出現不同需輸入的資訊對話窗，提供使用者輸入資料，現金付款方式則無須輸入任何資料。

圖 11-19 選擇信用卡號畫面

4. 輸入完畢後，執行確定按鈕，更改付款方式成功。

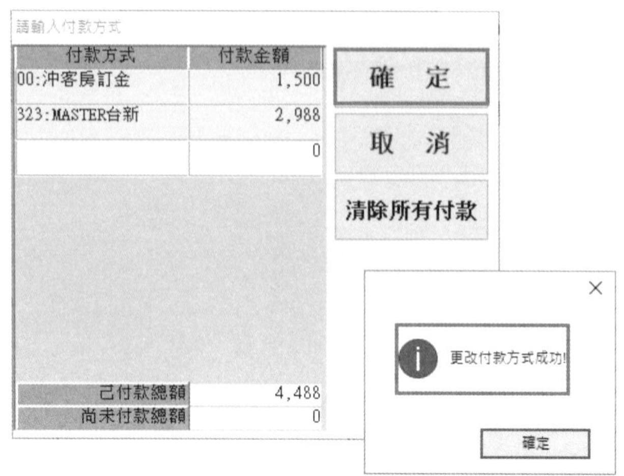

圖 11-20 更改付款方式成功畫面

5. 此時再查詢該筆帳款，已更改成正確的付款方式。

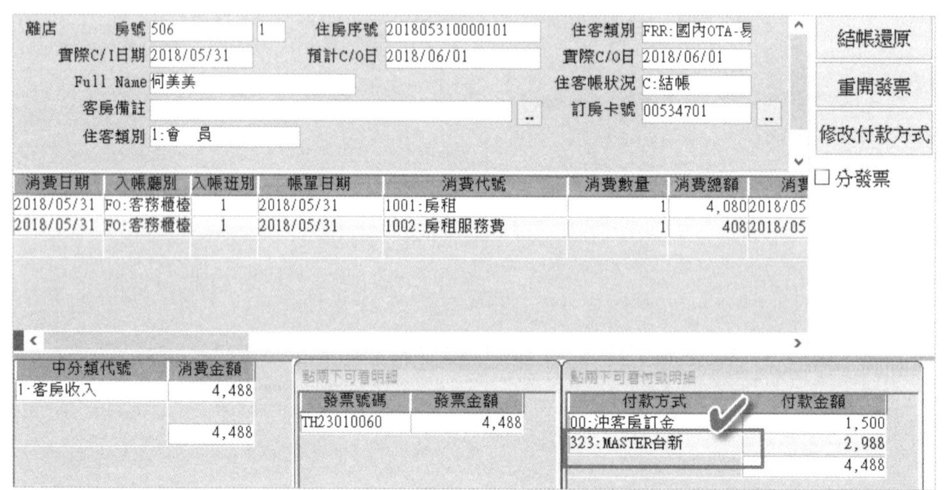

圖 11-21 付款方式修改完成畫面

6. 若帳務都已經調整無誤後，請記得需重新列印交班日報表、交班明細表以及發票開立明細表。

7. 最後將現金以信封裝存，並在交班日報表、交班明細表下方的簽核處簽名後一起放入保險箱或是繳交至收入稽核處。

11.3 關帳

關班

1. 上述動作都已完成，表示帳務無誤，此時應將該班的帳務關閉，以防止其他人員用此班別再進行入帳、結帳，而導致已列印出的交班日報表、交班明細表、發票開立明細表與系統不相符。

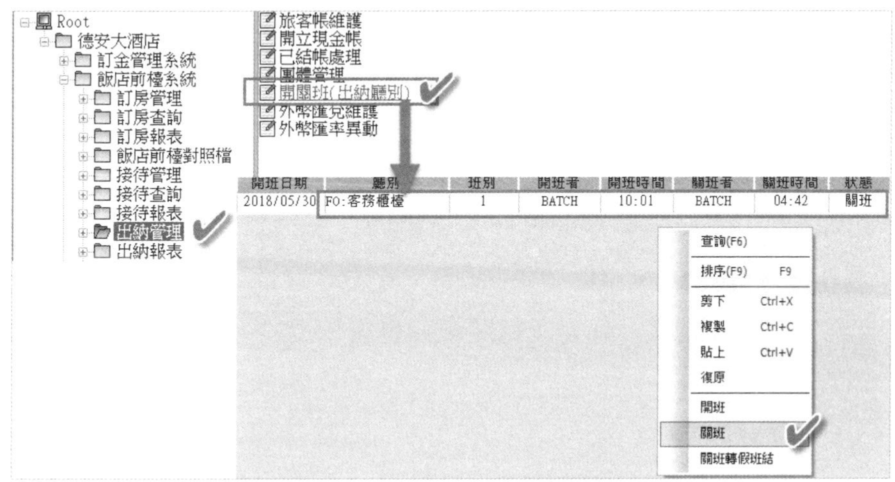

圖 11-22 關班作業畫面

2. 若已關班後才發現帳務仍有問題時，可利用開關班作業的假班結功能，將該班別重啟後，進行帳務調整，待調整完畢後仍需關班。此功能有限制只能用關班的使用者帳戶及密碼，才能對已關班的班別進行假班結開啟及調帳。

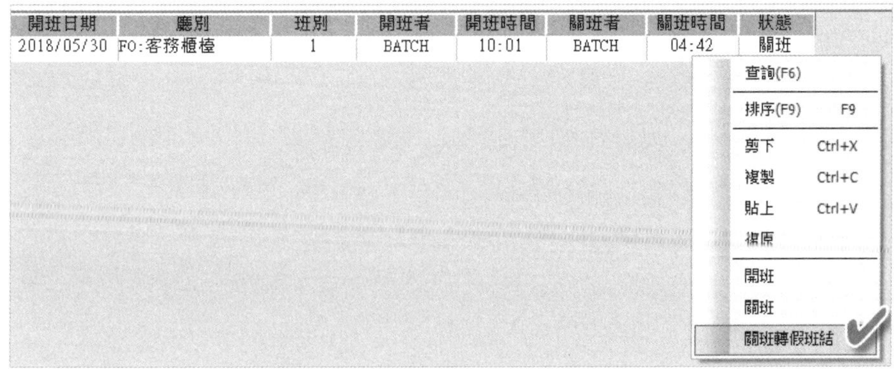

圖 11-23 關班轉假班結畫面

11.4 模擬試題

選擇題

(　) 1. 以下哪一份報表不是於交班作業時需要列印的報表？
(A) 交班日報表　(B) 交班明細表
(C) 房價稽核報表　(D) 發票開立明細表

(　) 2. 若於交班時發現帳務有問題，可以透過哪項功能回到未結帳狀態進行帳務調整？
(A) 結帳還原　(B) 退房還原
(C) CI 還原　(D) 後檯調整結轉還原

(　) 3. 承上題，若只是發票要修改有統編時，可透過下列哪個功能調整？
(A) 結帳還原　(B) 重開發票　(C) 修改付款方式　(D) 退房還原

(　) 4. 若住客先行結帳，帳務沒有問題只是誤按退房，可以透過哪個功能回復？
(A) 退房還原　(B) 結帳還原
(C) CI 還原　(D) 後檯調整結轉還原

(　) 5. 若已關班後才發現該班帳務有問題，可透過哪個功能進行該班帳務調整？
(A) 開班　(B) 關班　(C) 交班　(D) 假班結

(　) 6. 在帳務無誤的狀況下，只有付款方式選擇錯誤時，可以利用何種功能修改？
(A) 調整　(B) 修改付款方式　(C) 修改退房日期　(D) 重開發票

(　) 7. 已退房的房號資料若想要看當時結帳明細，可於哪個功能檢視？
(A) 已結帳處理　(B) 旅客帳維護　(C) 開關班　(D) 團體管理

(　) 8. 客人於退房一個月後帳單遺失，要求重印帳單時，該由哪個功能執行？
(A) 住客帳維護　(B) 現金帳　(C) 已結帳處裡　(D) 退房還原

(　) 9. 若想列印出某日所開出的發票資料，該由哪個報表查詢？
(A) 交班日報表　(B) 交班明細表
(C) 房價稽核報表　(D) 發票開立明細表

(　) 10. 交班程序中最後的步驟為？
(A) 開班　(B) 關班　(C) 交班　(D) 假班結

夜間稽核

12.1 夜間稽核

飯店都是為輪班制，各班輪班於交接班時，將該班收到的款項做個總結後繳交報表與款項至總出納或投放至保險櫃。而大夜班的工作重點則在於系統上各房號的帳務是否依據 1.當時訂房的商務公司合約的價格產生；2.辦理入住時客戶所簽屬的旅客登記卡（Registration Card）上的入住相關是否一致。另有許多統計分析報表也會透過夜間稽核印出。其操作步驟說明如下：

核對帳務

1. 列印房價稽核表，核對當日 IN HOUSE 的每個房間房價（預估款）是否正確。由飯店前檯系統/日結報表/房價稽核報表，核對當日每一間在店房間，滾房租時房價計算是否正確。其查詢條件有三種，可由操作人員自行判斷何種方式適合飯店對帳。

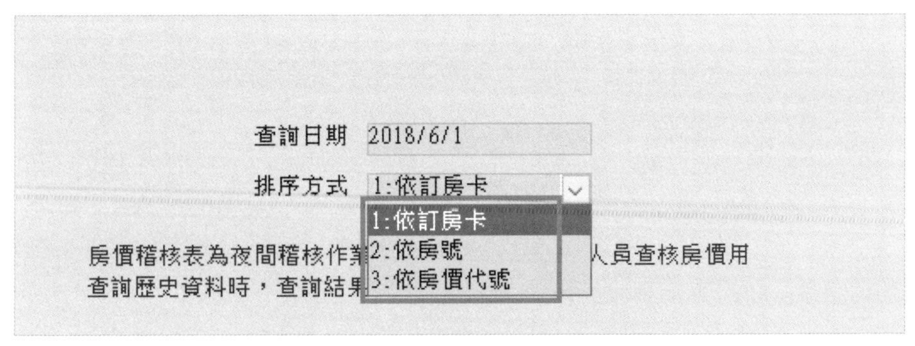

圖 12-1 房價稽核報表查詢條件

報表會顯示該房號的住宿起訖日期與房價對應的房種，並區分出訂房當時所使用價格與入住後的預估款項再進行比對。

- 訂房：訂房時的原始房價、房租服務費和其他收費。
- 預估款：夜間稽核滾房租時的房價、房租服務費和其他收費。

  另以訂房卡 00533101 房號 201-1 為例：在訂房時房租 2800、服務費 280，而在預估款的房租 2800、服務費 280，這表示預定訂房時與入住時都無異動，也是當時跟客人確認的價格，如果在預估款的房租、服務費、其他收費以及佣金欄位有標註＊號，則是表示訂房卡在住客 C/I 後，有修改過房租服務費。如訂房卡 00530701 為例。

適用80報表紙

德安大酒店

房價稽核表

製表者ID：cio
製 表 者：德安資訊
列印條件： 查詢日期： 2018/05/29

製表日：2018/07/12 11:45:34
頁 次：Page1 of 2

房號	住客姓名		訂房房價代號			住房房價代號				公司名稱					
				房種		訂房				預估款				異動者	
房號	住客姓名		C/I ~ C/O	訂房	住房	房租	服務費	其它	佣金	房租	服務費	其它	佣金	房租	服務費
1001-1	丁丁公司_17		AAAAA:**環保房			AAAAA:**環保房				丁丁公司					
散客	00533101	G94	05/29~05/30	DXK	DXK	2,800	280	0	280	2,800	280	0	280		
1008-1	陳星星		123AA:某某專案(含佣金)			123AA:某某專案(含佣金)				華南產物保險股份有限公i					
散客	00530701	1008	05/28~05/30	SPR	SPR	0	0	0	0	6,500*	650*	0	628*	cio	cio
201-1	張學有		AAAAA:**環保房			AAAAA:**環保房				丁丁公司					
散客	00533101	G94	05/29~05/30	DXK	DXK	2,800	280	0	280	2,800	280	0	280		
202-1	丁丁公司_2		AAAAA:**環保房			AAAAA:**環保房				丁丁公司					
散客	00533101	G94	05/29~05/30	DXK	DXK	2,800	280	0	280	2,800	280	0	280		
211-1	丁丁公司_3		AAAAA:**環保房			AAAAA:**環保房				丁丁公司					

圖 12-2 房價稽核報表

2. 如上述步驟一一核對已入住房號後，需檢查每個餐廳（OUTLET）都已經營業結束，並且於系統上都已交班且已完成關班動作。若餐廳營業時間已過，但班別狀態為未關班，則表示餐廳人員忘記執行關班動作，夜核人員有權限將該未關班廳別關班。

- 關班動作：按滑鼠右鍵，點選關班，輸入密碼後確定，即完成關班動作。可留下櫃檯的班別不用關班，於系統滾帳時使用。

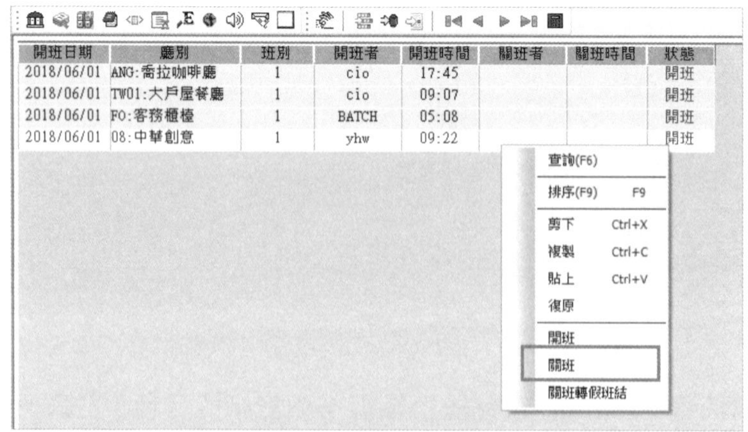

圖 12-3 開關班畫面

夜核前報表列印

在夜間稽核前，有些報表是需要先印出來歸檔的，已備停電時或是系統當機之用，如 IN HOUSE 報表 H/UandENT 報表、DAY USE 報表、長期住客報表、晨呼報表、HIGH BELANCE 報表等，實際列印報表項目請依照該飯店實務需要調整。

夜間稽核

當上述動作都已完成後，即可進行夜間稽核，一般凌晨過後（約 01:00-02:00 之間）為關帳清理帳務時間，作為當日營業的結束。該執行項目系統會逐一檢查並提示相關訊息告知夜核執行者，方便判斷。

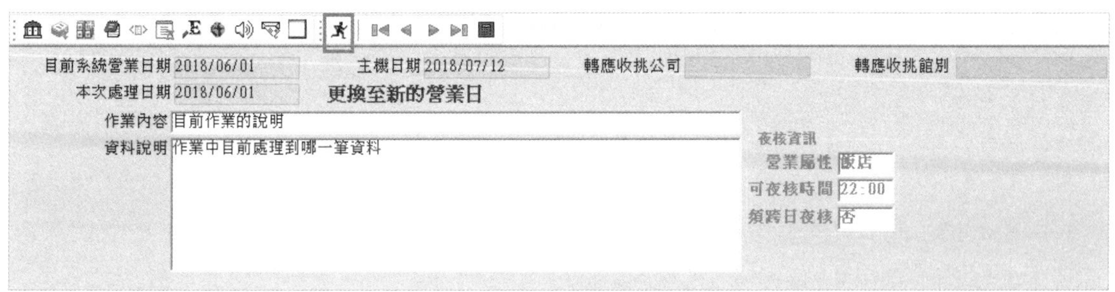

圖 12-4 夜間稽核畫面

執行前檢查項目

必須完全處理完成才可以往下執行夜核，若有一個執行失敗就無法繼續。

- A0010：檢查住客離店日期。檢查是否有應 C/O 卻尚未離店的住客。
- A0020：檢查住客主檔開帳狀態。檢查在店住客的旅客帳是否為開帳，開帳狀態下才能由夜核動作將房租帶入旅客帳內。
- A0030：檢查住客帳資料。檢查滾帳時房租項目的關連是否正常，可由日結報表/房價稽核表、IN HOUSE 班報表（小分類）輔助檢查。
- A0040：檢查房間狀態。檢查修理或參觀房的狀態是否需要變更，例如提早、延後修理或參觀時間。
- A0060：檢查 FOC 的資料是否正確。檢查 free of charge 設定是否正確。
- A0070：檢查俱樂部消費卡狀態。檢查俱樂部是否有未結帳資料。

執行	執行結果	編號	說明	描述
☑	尚未執行	A0020	檢查住客主檔開帳狀態	
☑	尚未執行	A0030	檢查住客帳資料	檢查滾帳時房租項目的關連是否正常
☑	尚未執行	A0040	檢查房間狀態	檢查修理或參觀房的狀態是否需要變更
☑	尚未執行	A0060	檢查FOC的資料是否正確	
☑	尚未執行	A0070	檢查俱樂部消費卡狀態	
	▲	以上為檢查項目 ,必需完全處理完成可以往下執行		

圖 12-5 A 段檢查畫面

執行重要項目

下列項目為夜核重要項目，執行時有任何問題可依緊急維護合約規定由值班工程師處理。

- B0010：房租計算，將每一個房間的房租由預估帳款轉至旅客帳內。
- B0020：每日統計資料備份。
- B0030：訂房卡資料處理，修改訂房卡狀態，將當日應到未到的訂房狀態改為 no-show。
- B0040：更新餐廳供應時間及供應價，依餐飲管理系統對照檔設定更新餐廳供應時間及供應價的變更。
- B0050：員工已簽帳金額處理，依下次員工簽帳額度計算起始日為基準，清除員工已簽帳金額。

☑	尚未執行	B0010	房租計算	將房租資料由預估帳款檔匯入至住客帳內
☑	尚未執行	B0060	沖轉未使用的客房餐券	預估客房餐券沖轉
☑	尚未執行	B0020	每日統計資料備份	
☑	尚未執行	B0030	訂房卡資料處理	修改訂房卡狀態
☑	尚未執行	B0040	更新餐廳供應時間及供應價	
☑	尚未執行	B0050	員工已使用額度處理	依下次員工額度計算起始日為基準,清除員工已簽帳招待自用金額
	▲	以上為重要項目 ,若發生錯誤時 ,請立即通知德安值班人員 ,以便問題排除		

圖 12-6 B 段檢查畫面

次要項目

執行時如發現有誤，請於隔天或一般上班時間由客服人員處理。

- C0140：計算餐廳菜餚收入，將套餐菜餚收入分配至子菜餚。
- C0010：當日收入計算。
- C0020：當日收款計算。
- C0030：當日餘額計算。
- C0040：應收帳款結轉至後檯。
- C0041：前檯匯款資料結轉後檯。

- C0050：今日房間資料統計。
- C0060：計算需重整的房價資料。
- C0070：住客歷史處理。
- C0080：住客帳轉歷史。
- C0090：會員資料處理。
- C0100：房間狀態更改。
- C0110：統計客房營業日報表。
- C0120：統計餐廳廳別的銷售收入。

☑	尚未執行	C0140	計算餐廳菜餚收入	將菜餚收入分配至子菜餚
☑	尚未執行	C0010	當日收入計算	
☑	尚未執行	C0020	當日收款計算	
☑	尚未執行	C0030	當日餘額計算	
☑	尚未執行	C0040	應收帳款結轉至後檯	
☑	尚未執行	C0130	前台匯款資料結轉後台	
☑	尚未執行	C0050	今日房間資料統計	
☑	尚未執行	C0070	住客歷史處理	
☑	尚未執行	C0080	住客帳轉歷史	
☑	尚未執行	C0090	會員資料處理	
☑	尚未執行	C0091	會員帳款資料處理	入會收款確認及開發票
☑	尚未執行	C0092	會員積點計算	會員消費結轉積點
☑	尚未執行	C0100	房間狀態更改	
☑	尚未執行	C0110	統計客房營業日報表	
☑	尚未執行	C0120	統計餐廳廳別的銷售收入	
☑	尚未執行	C0170	業務消費金額統計	
☑	尚未執行	C0180	統計營運分析資料	
☑	尚未執行	C0190	統計營運分析資料(客戶專用)	
☑	尚未執行	C0210	單品成本價更新	
☑	尚未執行	C0220	修理房改為修理完成	
☑	尚未執行	C0250	預估收入拆帳轉檔	今日預估早餐轉明日收入
	▲	以上為次	重要項目 ,若發生錯誤時 ,請傳	真或E-Mail錯誤畫面至德安資訊,以便隔天做資料維護

圖 12-7 C 段檢查畫面

一般次要項目

執行時如發現有誤，請於隔天或一般上班時間由客服人員處理。

- D0010：清除系統備份資料。
- D0020：清除留言資料。
- D0030：清除晨呼資料。
- D0040：房間庫存資料處理。
- D0050：住房數量預估。
- D0060：房價設定資料處理，將房價設定可使用區間結束日等於處理日期者，預設顯示設成否。

☑	尚未執行	D0010	清除系統備份資料	
☑	尚未執行	D0011	清除系統資料	清同步、門卡等過期資料
☑	尚未執行	D0040	房間庫存資料處理	
☑	尚未執行	D0050	住房數量預估	
☑	尚未執行	D0060	房價設定資料處理	將房價設定可使用區間結束日等於處理日期者,預設顯示設成否
	▲	以上為一般項目 ,若發生錯誤時 ,請傳真或E-Mail錯誤畫面至德安資訊,以便資料維護		

圖 12-8 C 段檢查畫面

建議全部電腦重新登入系統。

夜核後列印報表

在夜間稽核前有列印報表，相對的在夜核後也有報表建議列印，如到達旅客報表、NO SHOW 報表、MARKET SEGMENT 報表、旅客來源分析報表、BIRTHDAY 報表、訂房預估月報表、IN HOUSE 班報表、預收款明細表、客房未收帳款餘額明細表、前檯與服務廳拆收入報表、服務數量報表、客房營業日報表、EARNINGS JOUNAL 報表、收入日報表、MANAGER REPORT 等，實際列印報表項目請依照該飯店實務需要調整。

12.2 模擬試題

選擇題

(　) 1. 執行夜間稽核前要核對所有房號的帳務資料，應該要印哪一份報表？
(A) IN HOUSE 報表　(B) 排房報表
(C) 房價稽核報表　(D) 送警名單

(　) 2. 承上題，此報表的排序條件下列何者不正確？
(A) 訂房卡號　(B) 房號　(C) 房價代號　(D) 團號

(　) 3. 若夜核前餐廳忘記關班可利用何種功能協助關班？
(A) 出納管理　(B) 接待管理　(C) 房務管理　(D) 開關班

(　) 4. 哪個夜核項目階段為使用者可自行處理之後才可以進行下個階段？
(A) 檢查項目　(B) 重要項目　(C) 次要項目　(D) 一般項目

(　) 5. 在檢查項目中的哪一項目是可以忽略的？
(A) 住客離店日期　(B) 住客開帳狀態
(C) 檢查房間狀態　(D) FOC 檢查

報表分析與價值管理（一）

13 chapter

德安旅館資訊系統已規劃旅館各服務部門或業務單位所需之統計報表，各主要模組概分為訂房模組（reservation module）、接待模組（reception module）、客房管理模組（rooms management module）及帳務模組（Cashiering module）。相關資訊系統介面（Interface）會帶出各種報表分析，例如訂房報表分析、接待報表分析、住客歷史報表分析、房務報表分析、出納報表分析以及業務報表分析。本章主要先介紹訂房模組、接待模組及住客歷史之報表分析。有關房務報表分析、出納報表分析以及業務報表分析將接續在第 14 章做介紹。

13.1 訂房模組報表分析

旅館訂房模組的使用，主要在使旅館即時了解客房訂房狀況，並且快速提供旅客訂房服務，以及產生即時且正確之客房收入及預測報表。因此旅館可以直接接受來自中央訂房系統，或全球訂房系統之訂房資料。而旅館內的訂房紀錄、檔案以及收入預測，都可以在旅館接收到訂房資訊後自動更新。

訂房模組功能主要在設定旅館各種房型的售價，以及顯示旅館在不同期間，依客戶及簽約公司與團體之可售房間數。因此當旅館接到訂房資料時，旅館資訊系統也具有將訂房資料自動轉成旅客辦理預付訂金及訂房等功能。此外，在旅館接到訂房資料時，訂房模組也具備自動檢查旅客歷史紀錄，以確認旅客過去是否入住我們旅館及了解當時入住旨趣等功能。旅館訂房模組也能保留特定房號供貴賓或有特殊要求的旅客使用，也可以接受或保留各種房型及房間數的團體訂房，並由團體房間分配名單。因此，旅館作業人員可以快速地輸入房客姓名及房號。相關訂房模組報表說明如下。

當日新增訂房報表

適用132報表紙

德安大酒店

當日新增訂房報表

製表者ID：cio
製 表 者：德安資訊

製表日：2019/12/19 17:27:32
Page 1 of 1

查詢條件：輸入日：2018/10/05　報表格式：當日新增訂房報表

輸入日	訂房卡號	序	輸入者	訂房者	公司名稱	代訂公司名稱	連絡人	狀態	C/I日期	C/O日期	夜數	房價代號	計價房種	訂房數	新房價	住客類別	小計	訂房卡備註	
18/10/05	00608001	- 1	德安資訊	aaaaaaa		一般散客	aaaaaaa	已到	18/06/12	18/06/13	1	PKG0003	STD	2	4,800	一般散客	3	手機:092277711	2
		- 2							18/06/22	18/06/23	1	PKG0003	STD	1	4,800	一般散客		手機:092277711	1
18/10/05	00608301	- 1	德安資訊	luke		一般散客	luke	NO-SHO	18/06/12	18/06/13	1	WEB0316	SPR	1	6,000	一般散客	1		1
18/10/05	00608401	- 1	WRS_WEP	SMITH JOHN	網路訂房專用	網路訂房專用	Smith John	正常	18/11/01	18/11/02	1	REST	SQS	1	510	網路訂房	1	支付網路VISA 15001301 休息r ,BookingId=4 to register,que 10:12:34	1
18/10/05	00608501	- 1	WRS_WEP	SMITH JOHN	網路訂房專用	網路訂房專用	Smith John	正常	18/11/01	18/11/02	1	REST	SQS	1	510	網路訂房	1	支付網路VISA 15001301 休息r ,BookingId=4 to register,que 10:12:34	1
													總計：		21,420	房間數：	6		

- 此報表是依據每日新增訂房的訂房卡做統計。
- 明細資料會依輸入日期及訂房卡號和房種來排序呈現。

此報表可查詢及了解當日及近期旅館訂房來源資料、住宿天數、計價方式、房價收入及住房間數，有利旅館排房調整及住房率分析。

當日取消訂房報表

適用132報表紙

德安大酒店

當日取消訂房報表

製表者ID：cio
製 表 者：德安資訊

製表日：2019/12/19 17:28:48
Page 1 of 1

查詢條件：取消日：2018/10/01:2018/10/15　是否確認：Y　報表格式：當日取消訂房報表

取消日期 / 取消原因	訂房卡號	序	取消號碼	取消者	訂房者	公司名稱	代訂公司名稱	訂房來源	連絡人	連絡方式 / 訂房卡備註	C/I日期	C/O日期	計價房種	訂房數	小計	訂房取消數（釋放庫存）	新房價	住客類別	小計（NO SHOW數）	產生方式
18/10/14	00845301	- 1	D0002433	cio	孟		一般散客	關係企業	孟	行動電話	18/10/14	18/10/17	SPR	1	0	1	3,650	一般散客	3	訂房確認、取消
0001	TYPHOON 颱風 / 天候因素																			
18/10/14	00845801	- 2	D0002432	cio	多筆明細		一般散客	關係企業	多筆明細	行動電話	10/10/14	18/10/15	SPR	1	0	0	6,000	一般散客	1	
0001	TYPHOON 颱風 / 天候因素																			
													總計：			1			4	

- 此報表是依據每日新增訂房的訂房卡做統計。
- 明細資料會依輸入日期及訂房卡號和房種來排序呈現。

此報表可查詢及了解當日旅館訂房取消來源資料、住宿天數、計價方式、房價收入、住房間數及取消原因，有利旅館排房調整及住房率分析。

訂房狀態報表

適用132行報表紙

德安大酒店

製表者ID：cio
製 表 者：德安資訊

訂房狀態報表

製表日：2019/12/19 17:29:28
Page 1 of 4

查詢條件：C/I日期：2018/10/15

訂房卡號	鎖控代號	訂金編號	訂房公司	連絡電話一	訂房者(團號)	保留日/時間	輸入日期/輸入者	確認號碼/確認日期/確認者
公帳號	住客類別	業務員	連絡人	連絡電話二	公司名稱		修改日期/修改者	取消號碼/取消日期/取消者
	狀態	C/I日期 到達時間	C/O日期 離開時間	房價代號	計價房種	使用房種	實際房價 房數	大人 小孩 嬰兒
	VIP 國籍	Full Name		稱謂 來訪	歷史編號	歷史備註		
	服務項目							
	排房備註							
導遊姓名	連絡電話		房號 晨呼時間 接送機					
訂房備註								
00592601		0001338AAA	網路訂房專用	0978587937	林宛珍	2018/09/04 17:	2018/09/04 WRS_WEP	
	網路訂房 -	王大明	林宛珍		網路訂房專用		2018/09/04 WRS_WEP	1900/01/01
	I:已有C/I	2018/10/15	2018/10/16	一同去郊遊	SPR	SPR	6,000 1	2 0 0
	0 TWN:中華民[	林宛珍		小姐 8	HFD000000004264901			
支付網路VISA 18013101 單賣 18013101 單賣r								
00607401		0001456AAA	BOOKING.COM	886225176066	ALLEN LEE	2018/10/04 13(	2018/10/04 WRS_WEP	
	BOOKING.CO	王大明	allen lee		BOOKING.COM		2018/10/04 INIT	D0002133 2018/10/04 BATCH
	D:取消	2018/10/15	2018/10/16	五周年優惠	SPR	SPR	2,345 1	2 0 0
	0 TWN:中華民[	ALLEN LEE		先生 0	HFD000000004384501			
	D:取消	2018/10/15	2018/10/16	五周年優惠	SPR	SPR	2,345 1	2 0 0
	0 TWN:中華民[	ALLEN LEE		先生 0	HFD000000004384501			
支付網路VISA 18011701 五周年優惠 18011701 五周年優惠r 2018-10-04 13:13:16 / Modified from Booking.com: 2018-10-04 13:13:18 / modify by BOOKING.com flag:booker_i								

• 提供訂房卡的明細資料查詢，可使用的查詢條件如下：

此份報表可查詢條件很多，是一份提供詳細訂房卡資料的報表，使用者可自行定義條件查詢，有利旅館了解訂房資訊及住客基本資料。

NO SHOW 報表

各欄位數字變化說明如下：

適用132報表紙

德安大酒店

NO-SHOW報表

製表者ID：cio
製 表 者：德安資訊

製表日：2019/12/19 17:30:23
Page 1 of 1

查詢條件：C/I日期：2018/10/14

訂房卡號	訂房者	公司名稱	代訂公司名稱	訂房來源	連絡人	聯絡方式		C/I日期	C/O日期	計價房種	訂房數量	C/I數量	訂房取消數（釋放庫存）	房價	住客類別	小計（NO SHOW數）	訂房卡備註
00845401	Angela		一般散客	關係企業	Angela	公司電話	02-25176066	18/10/14	18/10/15	EXK	1	0	0	12,200	一般散客	1	
00845801	多筆明細		一般散客	關係企業	多筆明細	行動電話	0905	18/10/14	18/10/16	SPR	2	1	0	6,000	一般散客	1	
										總計：	3	1	0			2	

- NO SHOW 即是有訂房但未住宿的房間，若取消則出現在當日取消報表，而不列入 NO SHOW 報表中。
- NO SHOW 數是依據訂房時的房種的房間數去做統計，查詢條件可以起迄日期去做區間的 NO SHOW 統計數。

此報表可查詢及了解當日旅館 NO SHOW 訂房來源資料、住宿天數、計價方式、房價收入及住房間數，有利旅館日後排房調整及住客歷史資料分析。

Market Segment 分析報表

適用132報表紙

德安大酒店

Market Segment 分析報表

製表者ID：cio
製 表 者：德安資訊

製表日：2019/12/19 17:31:07
Page 1 of 1

2018/10/14

	TODAY					MTD					YTD				
	NGTS	人數	房租收入	平均房價	百分比	NGTS	人數	房租收入	平均房價	百分比	NGTS	人數	房租收入	平均房價	百分比
商務															
COG:合約公司團體	0	0	0	0	0.00%	0	0	0	0	0.00%	53	106	210,000	3,962	3.69%
CORP:簽約客戶	0	0	0	0	0.00%	0	0	0	0	0.00%	11	22	53,750	4,886	0.77%
GOV:政府機關	0	0	0	0	0.00%	0	0	0	0	0.00%	10	19	39,250	3,925	0.70%
小計	0	0	0	0	0.00%	0	0	0	0	0.00%	74	147	303,000	4,095	5.15%
散客															
CMP:公關招待	0	0	0	0	0.00%	0	0	0	0	0.00%	2	4	13,210	6,605	0.14%
COMP:持票卷	0	0	0	0	0.00%	0	0	0	0	0.00%	16	23	98,090	6,131	1.11%
CRM:會員	0	0	0	0	0.00%	1	4	4,230	4,230	1.20%	14	21	85,330	6,095	0.97%
DIS:國內OTA-LINK TRAVE	0	0	0	0	0.00%	0	0	0	0	0.00%	0	0	0	0	0.00%
FRR:國內OTA-易遊網	0	0	0	0	0.00%	0	0	0	0	0.00%	1	1	9,080	9,080	0.07%
GDS:國內OTA-易飛網	0	0	0	0	0.00%	0	0	0	0	0.00%	0	0	0	0	0.00%
LOF:一般散客	6	11	30,416	5,069	75.00%	75	154	302,194	4,029	90.36%	874	1805	8,790,244	10,057	60.82%
OTA1:BOOKING	0	0	0	0	0.00%	0	0	0	0	0.00%	6	12	9,000	1,500	0.42%
OTA2:EXPEDIA	0	0	0	0	0.00%	0	0	0	0	0.00%	0	0	0	0	0.00%
OTA3:AGODA	0	0	0	0	0.00%	0	0	0	0	0.00%	0	0	0	0	0.00%
PAG:套裝行程	0	0	0	0	0.00%	0	0	0	0	0.00%	205	385	896,520	4,373	14.27%
TW:本地	0	0	0	0	0.00%	0	0	0	0	0.00%	5	8	51,200	10,240	0.35%
WEBO:網路訂房-官網	1	2	-3,568	-3,568	12.50%	3	6	3,732	1,244	3.61%	87	183	674,691	7,755	6.05%
小計	7	13	26,848	3,835	87.50%	79	164	310,156	3,926	95.18%	1210	2442	10,627,365	8,783	84.20%
團體															
GIT:旅行社散客	1	1	3,850	3,850	12.50%	4	7	14,710	3,678	4.82%	13	26	41,940	3,226	0.90%
GUP:一般團體	0	0	0	0	0.00%	0	0	0	0	0.00%	50	100	246,210	4,924	3.48%
TAG:旅行社團體	0	0	0	0	0.00%	0	0	0	0	0.00%	90	180	420,750	4,675	6.26%
小計	1	1	3,850	3,850	12.50%	4	7	14,710	3,678	4.82%	153	306	708,900	4,633	10.65%
總計	8	14	30,698	3,837		83	171	324,866	3,914		1437	2895	11,639,265	8,100	
總住房率					4.62%					3.41%					3.07%

- TODAY

  NGTS：所屬住客類別的房間數。

  人　數：所屬住客類別的住房人數。

  房租收入：所屬住客類別的房租加總。

  平均房價：房租收入除以 NGTS（間數）。

  例如（散客）：140154/38 = 3688.263（可四捨五入）。

  百 分 比：所屬住客類別的間數除以總計間數

  例如（散客）：38/80 = 0.475。

  總住房率：住房數/總房數－修理－參觀。

- MTD

  與 TODAY 不同，MTD 統計每月月初加總至查詢日為止的數字。

- YTD

  與 TODAY 不同，YTD 統計每年年初加總至查詢月份為止的數字。

  旅館可查詢及了解當日（TODAY）、每月（MTD）及當年（YTD）所屬住客類別的住房間數、住房人數及房租收入。旅館可以統計各階段平均房價、住房百分比及總住房率，此資料將有利旅館日後成本利潤計算、行銷及經營管理之參考。

客戶類別	類別名稱	類別簡稱	類別別名	留歷史資料、可印登記卡	類別流程	是否使用	RCARD印房租
CMP	公關招待	公關招待	COMP&HU	Y:留資料,可印登記卡	F:散客	Y:是	Y:是
COG	合約公司團體	合約公司團		Y:留資料,可印登記卡	C:商務	Y:是	Y:是
COMP	持票卷	持票卷	Coupon	Y:留資料,可印登記卡	F:散客	Y:是	N:否
CORP	簽約客戶	簽約客戶		N:不留資料,不印登記卡	C:商務	Y:是	Y:是
CRM	會員	會員		Y:留資料,可印登記卡	F:散客	Y:是	Y:是
DIS	國內OTA-LINK TRAVEL	國內OTA-LI		Y:留資料,可印登記卡	F:散客	Y:是	Y:是
FRR	國內OTA-易遊網	國內OTA-易		Y:留資料,可印登記卡	F:散客	Y:是	N:否
GDS	國內OTA-易飛網	國內OTA-易		Y:留資料,可印登記卡	F:散客	Y:是	N:否
GIT	旅行社散客	旅行社散客		Y:留資料,可印登記卡	G:團體	Y:是	N:否
GOV	政府機關	政府機關		N:不留資料,不印登記卡	C:商務	Y:是	Y:是
GUP	一般團體	一般團體		Y:留資料,可印登記卡	G:團體	Y:是	N:否
LOF	一般散客	一般散客		Y:留資料,可印登記卡	F:散客	Y:是	Y:是
OTA1	BOOKING	BOOKING.CC		Y:留資料,可印登記卡	F:散客	Y:是	N:否
OTA2	EXPEDIA	EXPEDIA		Y:留資料,可印登記卡	F:散客	Y:是	N:否
OTA3	AGODA	AGODA		Y:留資料,可印登記卡	F:散客	Y:是	N:否
PAG	套裝行程	套裝行程		Y:留資料,可印登記卡	F:散客	Y:是	Y:是
TAG	旅行社團體	旅行社團體		N:不留資料,不印登記卡	G:團體	Y:是	N:否
TW	本地	本地		Y:留資料,可印登記卡	F:散客	Y:是	Y:是
WEBO	網路訂房-官網	網路訂房-		Y:留資料,可印登記卡	F:散客	Y:是	Y:是

- 此報表為分析訂房住客的來源及類別。
- 系統內設有三種類別流程：1.商務、2.散客、3.團體。

- 此報表的分類細項設定需於飯店前檯對照檔中的“訂房房客類別對照檔”，使用者依照各自的來源做定義。

  旅館可依照訂房住客的來源、類別及流程等，事先於系統內做定義，以利旅館作業人員使用及後檯統計分析。

訂房預估月報表（依月份）

適用A4橫印報表紙

德安大酒店
訂房預估月報表

製表者ID：cio
製 表 者：德安資訊
列印條件：起訖年月：2018/10 至 2018/12

製表日：2019/12/19 17:32:38
Page 1 of 3

2018/10

日期		星期	假別	總房間數	住房間數	+ 修理參觀	住房率	到達	離店	續住	Walk In	Dayuse + Rest	房租收入	餐飲收入	房租收入及餐飲收入合計	平均房價(不含餐)	平均房價(含餐)
01	*	一	平日	393	8	0	2.04%	2	0	4	2	0	15,768	740	16,508	1,971	2,064
02	*	二	平日	393	7	0	1.78%	0	1	7	0	0	12,210	740	12,950	1,744	1,850
03	*	三	平日	393	5	0	1.27%	0	2	5	0	0	19,730	1,570	21,300	3,946	4,260
04	*	四	平日	393	6	0	1.53%	1	0	5	0	0	21,150	1,650	22,800	3,525	3,800
05	*	五	假日	393	5	0	1.27%	0	1	5	0	0	16,890	1,410	18,300	3,378	3,660
06	*	六	假日	393	8	0	2.04%	5	2	3	0	0	27,820	1,480	29,300	3,478	3,663
07	*	日	假日	393	7	0	1.78%	3	4	4	0	0	22,070	2,230	24,300	3,153	3,471
08	*	一	平日	393	7	0	1.78%	1	1	6	0	0	21,600	2,800	24,400	3,086	3,486
09	*	二	平日	393	7	0	1.78%	3	5	2	0	0	6,730	1,570	8,300	961	1,186
10	*	三	假日	393	2	0	1.02%	0	3	2	0	2	-2,630	-1,070	-3,700	-658	-925
11	*	四	平日	393	2	0	0.51%	0	0	2	0	0	2,050	250	2,300	1,025	1,150
12	*	五	假日	393	9	0	2.29%	7	0	2	0	0	40,340	820	41,160	4,482	4,573
13	*	六	假日	393	2	0	0.51%	1	8	1	0	0	102,940	0	102,940	51,470	51,470
14	*	日	假日	393	8	1	2.30%	4	0	2	1	1	30,698	1,992	32,690	3,411	3,632
15		一	平日	393	17	0	4.33%	12	3	5	0	0	64,230	4,512	68,742	3,778	4,044
16		二	平日	393	7	0	1.78%	3	13	4	0	0	32,450	4,770	37,220	4,636	5,317
17		三	平日	393	3	0	0.76%	2	6	1	0	0	9,388	500	9,888	3,129	3,296
18		四	平日	393	2	0	0.51%	1	2	1	0	0	7,000	0	7,000	3,500	3,500
19		五	假日	393	4	0	1.02%	3	1	1	0	0	22,600	750	23,350	5,650	5,838
20		六	假日	393	3	0	0.76%	2	3	1	0	0	100,250	750	101,000	33,417	33,667
21		日	假日	393	2	0	0.51%	1	2	1	0	0	8,000	250	8,250	4,000	4,125
22		一	平日	393	1	0	0.25%	0	1	1	0	0	1,000	0	1,000	1,000	1,000
23		二	平日	393	3	0	0.76%	2	0	1	0	0	10,175	500	10,675	3,392	3,558
24		三	平日	393	3	0	0.76%	2	2	1	0	0	26,497	250	26,747	8,832	8,916
25		四	平日	393	1	0	0.25%	0	2	1	0	0	1,000	0	1,000	1,000	1,000
26		五	假日	393	3	0	0.76%	2	0	1	0	0	1,000	0	1,000	333	333
27		六	假日	393	1	0	0.25%	0	2	1	0	0	1,000	0	1,000	1,000	1,000
28		日	假日	393	1	0	0.25%	0	0	1	0	0	1,000	0	1,000	1,000	1,000
29		一	平日	393	1	0	0.25%	0	0	1	0	0	1,000	0	1,000	1,000	1,000
30		二	平日	393	4	0	1.02%	3	0	1	0	0	21,600	750	22,350	5,400	5,588
31		三	平日	393	2	0	0.51%	1	3	1	0	0	4,550	0	4,550	2,275	2,275
月統計				12,183	141	1	1.18%	61	67	74	3	3	650,106	29,214	679,320	4,515	4,718

住房間數 = 到達 + 續住 + WALK IN

$$住房率 = \frac{住房間數 + (DAYUSE + REST)}{總房間數 - (修理 + 參觀)}$$

$$平均房價(不含餐) = \frac{房租收入}{住房間數 + (DAYUSE + REST)}$$

$$平均房價(含餐) = \frac{房租收入 + 餐飲收入}{住房間數 + (DAYUSE + REST)}$$

- Sold Room：為當日使用房間數，不含住半天 Day Use 或短暫停留 Rest。

  Sold Room ＝ 到達＋續住＋Walk In 的房間數。

- 平均房價 ＝ 房租收入／已賣房數（Sold Room＋Day Use）。
- 房租收入 ＝ 設為房租的消費項目不含後檯調整。
- 餐飲收入 ＝ 計算收入的餐飲收入（如下圖訂房卡餐飲收入小分類），可由消費明細表條件選擇只列算收入，以拆帳（查子帳）及一般帳（查父帳）分別查詢並合計，即為訂房預估月報表合計。預估的數字是抓訂房的房價。

訂房預估月報表可顯示該月訂房平均房價、房租收入及餐飲收入等資料，旅館可做當期與基期比較及統計分析使用。

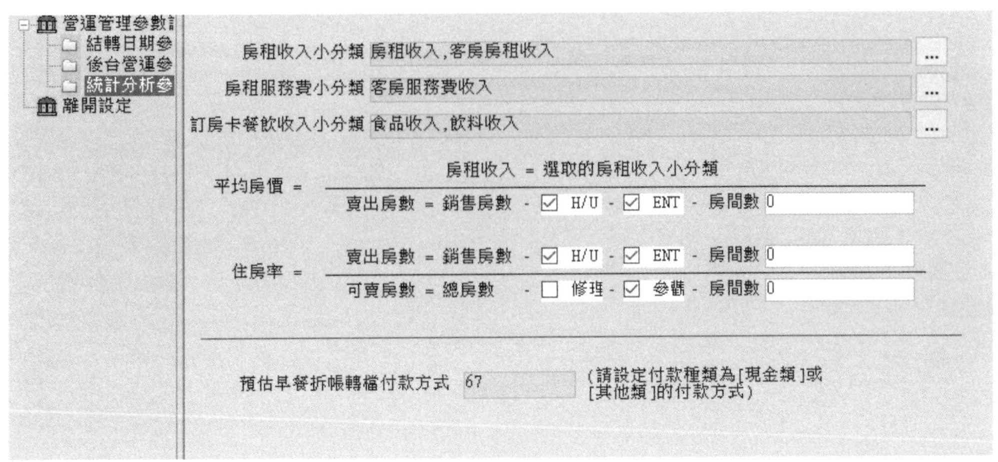

訂房預估月報表（依房種）

適用A4直印報表紙　　德安大酒店

製表者ID：cio　　訂房預估報表(依房種)　　**製表日：2019/12/19 17:34:04**

製 表 者：德安資訊　　**Page 1 of 5**

查詢條件：開始日期：2018/10/15　結束日期：2018/12/31　報表類別：1

日期	SPR	Q3	STD	DXK	DXT	EXK	EXT	TEST	Q2	SQS	QQ	BSPR	FDFD	Ming	Q1	ZXC	小計	訂房率
2018/10/15(MON)	10	0	1	1	4	0	0	0	1	0	0	0	0	0	0	0	17	4.44%
2018/10/16(TUE)	3	0	0	1	3	0	0	0	0	0	0	0	0	0	0	0	7	1.83%
2018/10/17(WED)	2	0	0	1	0	0	0	0	0	0	0	0	0	0	0	0	3	0.78%
2018/10/18(THU)	1	0	0	1	0	0	0	0	0	0	0	0	0	0	0	0	2	0.52%
2018/10/19(FRI)	3	0	0	1	0	0	0	0	0	0	0	0	0	0	0	0	4	1.04%
2018/10/20(SAT)	2	0	0	1	0	0	0	0	0	0	0	0	0	0	0	0	3	0.78%
2018/10/21(SUN)	1	0	0	1	0	0	0	0	0	0	0	0	0	0	0	0	2	0.52%
2018/10/22(MON)	0	0	0	1	0	0	0	0	0	0	0	0	0	0	0	0	1	0.26%
2018/10/23(TUE)	2	0	0	1	0	0	0	0	0	0	0	0	0	0	0	0	3	0.78%
2018/10/24(WED)	2	0	0	1	0	0	0	0	0	0	0	0	0	0	0	0	3	0.78%
2018/10/25(THU)	0	0	0	1	0	0	0	0	0	0	0	0	0	0	0	0	1	0.26%
2018/10/26(FRI)	2	0	0	1	0	0	0	0	0	0	0	0	0	0	0	0	3	0.78%
2018/10/27(SAT)	0	0	0	1	0	0	0	0	0	0	0	0	0	0	0	0	1	0.26%
2018/10/28(SUN)	0	0	0	1	0	0	0	0	0	0	0	0	0	0	0	0	1	0.26%
2018/10/29(MON)	0	0	0	1	0	0	0	0	0	0	0	0	0	0	0	0	1	0.26%
2018/10/30(TUE)	1	0	0	1	2	0	0	0	0	0	0	0	0	0	0	0	4	1.04%
2018/10/31(WED)	1	0	0	1	0	0	0	0	0	0	0	0	0	0	0	0	2	0.52%
月累計	30	0	1	17	9	0	0	0	1	0	0	0	0	0	0	0	58	0.89%

- 此報表是依據每日訂房房種去做分析，在加總後計算出訂房率進而做月累計。

此報表可顯示該月各房種之訂房率等資料，旅館可以不同時期、不同房型之使用間數做統計與分析。

訂房預估月報表（依類別）

- 此報表各欄位說明：該報表是依照散客、商務、團體的類別作間數統計及其訂房率，並可依照數量及類別來顯示。
- 查詢條件：

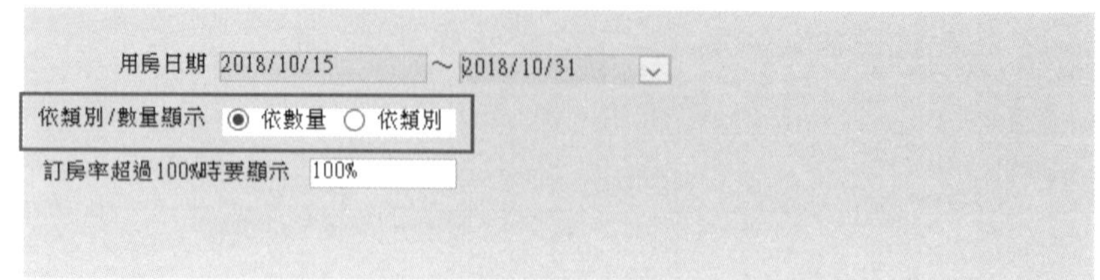

- 依數量各欄位數字變化說明如下：

適用132報表紙

德安大酒店

訂房數量預估報表

製表者ID：cio
製 表 者：德安資訊
查詢條件 開始日期：2018/10/15　結束日期：2018/10/31

製表日：2019/12/19 17:36:08
Page 1 of 1

		散客				商務				團體				合計						訂房率				
用房日期	星期	到達	離店	住宿	人數	到達	離店	住宿	人數	到達	離店	住宿	人數	到達	離店	住宿	人數	修理	參觀	散客%	團體%	商務%	合計%	不含000%
2018/10/15	一	10	0	17	33	0	0	0	0	0	0	0	0	10	0	17	33	0	0	100.00%	0.00%	0.00%	4.33%	4.33%
2018/10/16	二	3	13	7	15	0	0	0	0	0	0	0	0	3	13	7	15	0	0	100.00%	0.00%	0.00%	1.78%	1.78%
2018/10/17	三	2	6	3	7	0	0	0	0	0	0	0	0	2	6	3	7	0	0	100.00%	0.00%	0.00%	0.76%	0.76%
2018/10/18	四	1	2	2	5	0	0	0	0	0	0	0	0	1	2	2	5	0	0	100.00%	0.00%	0.00%	0.51%	0.51%
2018/10/19	五	3	1	4	9	0	0	0	0	0	0	0	0	3	1	4	9	0	0	100.00%	0.00%	0.00%	1.02%	1.02%
2018/10/20	六	2	3	3	7	0	0	0	0	0	0	0	0	2	3	3	7	0	0	100.00%	0.00%	0.00%	0.76%	0.76%
2018/10/21	日	1	2	2	5	0	0	0	0	0	0	0	0	1	2	2	5	0	0	100.00%	0.00%	0.00%	0.51%	0.51%
2018/10/22	一	0	1	1	3	0	0	0	0	0	0	0	0	0	1	1	3	0	0	100.00%	0.00%	0.00%	0.25%	0.25%
2018/10/23	二	2	0	3	7	0	0	0	0	0	0	0	0	2	0	3	7	0	0	100.00%	0.00%	0.00%	0.76%	0.76%
2018/10/24	三	2	2	3	7	0	0	0	0	0	0	0	0	2	2	3	7	0	0	100.00%	0.00%	0.00%	0.76%	0.76%
2018/10/25	四	0	2	1	3	0	0	0	0	0	0	0	0	0	2	1	3	0	0	100.00%	0.00%	0.00%	0.25%	0.25%
2018/10/26	五	2	0	3	7	0	0	0	0	0	0	0	0	2	0	3	7	0	0	100.00%	0.00%	0.00%	0.76%	0.76%
2018/10/27	六	0	2	1	3	0	0	0	0	0	0	0	0	0	2	1	3	0	0	100.00%	0.00%	0.00%	0.25%	0.25%
2018/10/28	日	0	0	1	3	0	0	0	0	0	0	0	0	0	0	1	3	0	0	100.00%	0.00%	0.00%	0.25%	0.25%
2018/10/29	一	0	0	1	3	0	0	0	0	0	0	0	0	0	0	1	3	0	0	100.00%	0.00%	0.00%	0.25%	0.25%
2018/10/30	二	3	0	4	9	0	0	0	0	0	0	0	0	3	0	4	9	0	0	100.00%	0.00%	0.00%	1.02%	1.02%
2018/10/31	三	1	3	2	5	0	0	0	0	0	0	0	0	1	3	2	5	0	0	100.00%	0.00%	0.00%	0.51%	0.51%
	總計	32	37	58	131	0	0	0	0	0	0	0	0	32	37	58	131	0	0					
	平均	1.9	2.2	3.4	7.7	0.0	0.0	0.0	0.0	0.0	0.0	0.0	0.0	1.9	2.2	3.4	7.7	0.0	0.0	100.00%	0.00%	0.00%	0.87%	0.87%

以 2007/06/18 為例：

散客 38+團體 42 ＝ 合計住宿 80

散客訂房率 ＝ 38/80 ＝ 0.475

團體訂房率 ＝ 42/80 ＝ 0.525

合計訂房率 ＝ 住宿間數 80/房間總間數 88＝0.90909

不含參觀修理之訂房率 ＝ 住宿間數 80/（房間總間數-修理房 1）87＝0.9195

- 依類別各欄位數字變化說明如下：

適用A4橫印

德安大酒店

訂房預估報表(依類別)

製表者ID：cio　　**製表日：2019/12/19 17:36:49**

查詢條件： 開始日期：2018/10/15　結束日期：2018/10/31　　**頁　次：Page1 of 1**

		房間數				房間收入				住房率				平均房價			
用房日期	星期	散客	團體	商務	合計	散客	團體	商務	合計	散客	團體	商務	當日	散客	團體	商務	平均
2018/10/15	一	17	0	0	17	64,230	0	0	64,230	4.33%	0.00%	0.00%	4.33%	3778.24	0.00	0.00	3778.24
2018/10/16	二	7	0	0	7	32,450	0	0	32,450	1.78%	0.00%	0.00%	1.78%	4635.71	0.00	0.00	4635.71
2018/10/17	三	3	0	0	3	9,388	0	0	9,388	0.76%	0.00%	0.00%	0.76%	3129.33	0.00	0.00	3129.33
2018/10/18	四	2	0	0	2	7,000	0	0	7,000	0.51%	0.00%	0.00%	0.51%	3500.00	0.00	0.00	3500.00
2018/10/19	五	4	0	0	4	22,600	0	0	22,600	1.02%	0.00%	0.00%	1.02%	5650.00	0.00	0.00	5650.00
2018/10/20	六	3	0	0	3	100,250	0	0	100,250	0.76%	0.00%	0.00%	0.76%	33416.67	0.00	0.00	33416.67
2018/10/21	日	2	0	0	2	8,000	0	0	8,000	0.51%	0.00%	0.00%	0.51%	4000.00	0.00	0.00	4000.00
2018/10/22	一	1	0	0	1	1,000	0	0	1,000	0.25%	0.00%	0.00%	0.25%	1000.00	0.00	0.00	1000.00
2018/10/23	二	3	0	0	3	10,175	0	0	10,175	0.76%	0.00%	0.00%	0.76%	3391.67	0.00	0.00	3391.67
2018/10/24	三	3	0	0	3	26,497	0	0	26,497	0.76%	0.00%	0.00%	0.76%	8832.33	0.00	0.00	8832.33
2018/10/25	四	1	0	0	1	1,000	0	0	1,000	0.25%	0.00%	0.00%	0.25%	1000.00	0.00	0.00	1000.00
2018/10/26	五	3	0	0	3	1,000	0	0	1,000	0.76%	0.00%	0.00%	0.76%	333.33	0.00	0.00	333.33
2018/10/27	六	1	0	0	1	1,000	0	0	1,000	0.25%	0.00%	0.00%	0.25%	1000.00	0.00	0.00	1000.00
2018/10/28	日	1	0	0	1	1,000	0	0	1,000	0.25%	0.00%	0.00%	0.25%	1000.00	0.00	0.00	1000.00
2018/10/29	一	1	0	0	1	1,000	0	0	1,000	0.25%	0.00%	0.00%	0.25%	1000.00	0.00	0.00	1000.00
2018/10/30	二	4	0	0	4	21,600	0	0	21,600	1.02%	0.00%	0.00%	1.02%	5400.00	0.00	0.00	5400.00
2018/10/31	三	2	0	0	2	4,550	0	0	4,550	0.51%	0.00%	0.00%	0.51%	2275.00	0.00	0.00	2275.00
加總		58	0	0	58		0		312,740	0.87%	0.00%	0.00%	0.87%	5392.07	0.00	0.00	5392.07
						312,740		0									

- 以 2015/05/04 為例說明：

房間數：訂房數

散客：依照住客類別對照檔的類別流程為散客的訂房數

商務：依照住客類別對照檔的類別流程為商務的訂房數

團體：依照住客類別對照檔的類別流程為團體的訂房數

房間收入：指認收入別為房租的數字（不含拆帳）

散客：依照住客類別對照檔的類別流程為散客的房租收入

商務：依照住客類別對照檔的類別流程為商務的房租收入

團體：依照住客類別對照檔的類別流程為團體的房租收入

住房率：

散客：依照住客類別對照檔的類別流程為散客的間數/總間數

商務：依照住客類別對照檔的類別流程為商務的間數/總間數

團體：依照住客類別對照檔的類別流程為團體的間數/總間數

平均房價

散客：依照住客類別對照檔的類別流程為散客的房租收入/當日總收入

商務：依照住客類別對照檔的類別流程為商務的房租收入/當日總收入

團體：依照住客類別對照檔的類別流程為團體的房租收入/當日總收入

此報表可顯示該月散客、商務及團體之住房房間數、房間收入、住房率及平均房價等資料，旅館可做不同時期各類別之綜合統計與分析，以利旅館日後成本利潤計算、行銷及經營管理之參考。。

房價銷售狀況預估年報表

適用132帳表紙

德安大酒店
房間銷售狀況預估年報表

製表者ID：cio
製 表 者：德安資訊

製表日：2019/12/19 17:37:3
Page 1 of 3

日期	類別	01	02	03	04	05	06	07	08	09	10	11	12	13	14	15	16	17	18	19	20	21	22	23	24	25	26	27	28	29	30	31	合計
2018/10	星期	MON	TUE	WED	THU	FRI	SAT	SUN	MON	TUE	WED	THU	FRI	SAT	SUN	MON	TUE	WED	THU	FRI	SAT	SUN	MON	TUE	WED	THU	FRI	SAT	SUN	MON	TUE	WED	
	散客	8	7	5	6	5	8	7	7	5	2	2	4	2	7	17	7	3	2	4	3	2	1	3	3	1	3	1	1	1	4	2	133
	團體	0	0	0	0	0	0	0	0	0	0	0	5	0	1	0	0	0	0	0	0	0	0	0	0	0	0	0	0	0	0	0	6
	商務	0	0	0	0	0	0	0	0	0	0	0	0	0	0	0	0	0	0	0	0	0	0	0	0	0	0	0	0	0	0	0	0
	每日	8	7	5	6	5	8	7	7	5	2	2	9	2	8	17	7	3	2	4	3	2	1	3	3	1	3	1	1	1	4	2	139
	館內鎖控	0	0	0	0	0	1	2	2	2	3	3	3	3	4	3	3	3	3	0	0	0	0	0	0	0	0	0	0	0	0	0	35
	官網鎖控	0	0	0	1	0	29	28	28	29	29	29	0	26	29	0	0	29	29	0	29	28	29	0	29	29	27	29	29	29	29	29	602
2018/11	星期	THU	FRI	SAT	SUN	MON	TUE	WED	THU	FRI	SAT	SUN	MON	TUE	WED	THU	FRI	SAT	SUN	MON	TUE	WED	THU	FRI	SAT	SUN	MON	TUE	WED	THU	FRI		
	散客	4	1	1	1	4	1	1	1	0	1	0	0	7	2	2	0	1	1	5	0	4	5	5	3	0	0	1	3	0	4		58
	團體	0	0	0	0	0	0	0	0	0	0	0	0	0	0	0	0	0	0	0	0	0	0	0	0	0	0	0	0	0	0		0
	商務	0	0	0	0	0	0	0	0	0	0	0	0	0	0	0	0	0	0	0	0	0	0	0	0	0	0	0	0	0	0		0
	每日	4	1	1	1	4	1	1	1	0	1	0	0	7	2	2	0	1	1	5	0	4	5	5	3	0	0	1	3	0	4		58
	館內鎖控	0	0	0	0	0	0	0	0	0	0	0	0	0	0	0	0	0	0	0	0	0	0	0	0	0	0	0	0	0	0		0
	官網鎖控	28	29	29	29	26	3	29	28	28	27	28	28	27	26	26	28	28	28	27	0	27	26	26	26	28	28	28	28	28	28		775
2018/12	星期	SAT	SUN	MON	TUE	WED	THU	FRI	SAT	SUN	MON	TUE	WED	THU	FRI	SAT	SUN	MON	TUE	WED	THU	FRI	SAT	SUN	MON	TUE	WED	THU	FRI	SAT	SUN	MON	
	散客	1	0	7	3	4	0	1	0	0	0	4	0	0	1	1	2	0	0	8	1	1	1	1	1	4	0	1	1	0	2	0	45
	團體	0	0	0	0	0	0	0	0	0	0	0	0	0	0	0	0	0	0	0	0	0	0	0	0	0	0	0	0	0	0	0	0
	商務	0	0	0	0	0	0	0	0	0	0	0	0	0	0	0	0	0	0	0	0	0	0	0	0	0	0	0	0	0	0	0	0
	每日	1	0	7	3	4	0	1	0	0	0	4	0	0	1	1	2	0	0	8	1	1	1	1	1	4	0	1	1	0	2	0	45
	館內鎖控	0	0	0	0	0	0	0	0	0	0	0	0	0	0	0	0	0	0	0	0	0	0	0	0	0	0	0	0	0	0	0	0
	官網鎖控	18	18	14	0	0	14	21	25	25	25	21	25	25	21	25	23	25	25	21	25	25	25	25	39	21	39	39	39	24	20	24	716
2019/01	星期	TUE	WED	THU	FRI	SAT	SUN	MON	TUE	WED	THU	FRI	SAT	SUN	MON	TUE	WED	THU	FRI	SAT	SUN	MON	TUE	WED	THU	FRI	SAT	SUN	MON	TUE	WED	THU	
	散客	0	0	0	0	1	0	0	0	0	0	0	0	0	0	0	0	0	0	2	2	1	1	0	1	1	1	0	0	7	9	6	32
	團體	0	0	0	0	0	0	0	0	0	0	0	0	0	0	0	0	0	0	0	0	0	0	0	0	0	0	0	0	0	0	0	0
	商務	0	0	0	0	0	0	0	0	0	0	0	0	0	0	0	0	0	0	0	0	0	0	0	0	0	0	0	0	0	0	0	0
	每日	0	0	0	0	1	0	0	0	0	0	0	0	0	0	0	0	0	0	2	2	1	1	0	1	1	1	0	0	7	9	6	32
	館內鎖控	0	0	0	0	0	0	0	0	0	0	0	0	0	0	0	0	0	0	0	0	0	0	0	0	0	0	0	0	0	0	0	0
	官網鎖控	24	3	0	0	2	3	8	8	0	8	8	8	8	8	0	0	0	0	6	6	7	5	5	7	7	7	0	54	54	0	0	246

- 提供月份區間的查詢條件。
- 此報表各欄位說明：該報表是依照散客、商務、團體的類別做訂房間數統計。
- 報表資料已過滾房租日期的訂房統計為實際訂房數，未過滾房租日期的為現有訂房管理中有效訂房間數。

  此年報表可協助旅館日後訂房預估及行銷管理之參考。

房價銷售狀況預估報表

適用132報表紙

德安大酒店

房間銷售狀況預估報表

製表者ID：cio
製 表 者：德安資訊

製表日：2019/12/19 17:38:38
Page 1 of 8

查詢條件： 起訖日期：：2018/10/15 至：2018/12/14

用房日期	星期	日期別	房種	待訂	使用	鎖控	修理參觀	房種	待訂	使用	鎖控	修理參觀	房種	待訂	使用	鎖控	修理參觀	房種	待訂	使用	鎖控	修理參觀	合計 待訂	合計 使用	合計 鎖控	合計 修理參觀	合計 住房率
2018/10/15	一	平日	123	0	0	0	0	BSPR	1	0	0	0	DXX	22	1	0	0	DXT	16	4	0	0	373	17	3	0	4.33%
			EXX	2	0	0	0	EXT	15	0	0	0	FDFD	50	0	0	0	Ming	10	0	0	0					
			Q1	15	0	0	0	Q2	9	1	0	0	Q3	15	0	0	0	QQ	30	0	0	0					
			SPR	40	10	0	0	SQS	5	0	0	0	STD	46	1	3	0	TEST	37	0	0	0					
			ZXC	50	0	0	0	ab	10	0	0	0															
2018/10/16	二	平日	123	0	0	0	0	BSPR	1	0	0	0	DXX	22	1	0	0	DXT	17	3	0	0	383	7	3	0	1.78%
			EXX	2	0	0	0	EXT	15	0	0	0	FDFD	50	0	0	0	Ming	10	0	0	0					
			Q1	15	0	0	0	Q2	10	0	0	0	Q3	15	0	0	0	QQ	30	0	0	0					
			SPR	47	3	0	0	SQS	5	0	0	0	STD	47	0	3	0	TEST	37	0	0	0					
			ZXC	50	0	0	0	ab	10	0	0	0															
2018/10/17	三	平日	123	0	0	0	0	BSPR	0	0	1	0	DXX	22	1	0	0	DXT	17	0	3	0	358	3	32	0	0.76%
			EXX	2	0	0	0	EXT	15	0	0	0	FDFD	50	0	0	0	Ming	10	0	0	0					
			Q1	15	0	0	0	Q2	10	0	0	0	Q3	15	0	0	0	QQ	30	0	0	0					
			SPR	33	2	15	0	SQS	5	0	0	0	STD	37	0	13	0	TEST	37	0	0	0					
			ZXC	50	0	0	0	ab	10	0	0	0															
2018/10/18	四	平日	123	0	0	0	0	BSPR	0	0	1	0	DXX	22	1	0	0	DXT	17	0	3	0	359	2	32	0	0.51%
			EXX	2	0	0	0	EXT	15	0	0	0	FDFD	50	0	0	0	Ming	10	0	0	0					
			Q1	15	0	0	0	Q2	10	0	0	0	Q3	15	0	0	0	QQ	30	0	0	0					
			SPR	34	1	15	0	SQS	5	0	0	0	STD	37	0	13	0	TEST	37	0	0	0					
			ZXC	50	0	0	0	ab	10	0	0	0															
2018/10/19	五	假日	123	0	0	0	0	BSPR	1	0	0	0	DXX	22	1	0	0	DXT	20	0	0	0	389	4	0	0	1.02%
			EXX	2	0	0	0	EXT	15	0	0	0	FDFD	50	0	0	0	Ming	10	0	0	0					
			Q1	15	0	0	0	Q2	10	0	0	0	Q3	15	0	0	0	QQ	30	0	0	0					
			SPR	47	3	0	0	SQS	5	0	0	0	STD	50	0	0	0	TEST	37	0	0	0					
			ZXC	50	0	0	0	ab	10	0	0	0															
2018/10/20	六	假日	123	0	0	0	0	BSPR	0	0	1	0	DXX	22	1	0	0	DXT	17	0	3	0	361	3	29	0	0.76%
			EXX	2	0	0	0	EXT	15	0	0	0	FDFD	50	0	0	0	Ming	10	0	0	0					
			Q1	15	0	0	0	Q2	10	0	0	0	Q3	15	0	0	0	QQ	30	0	0	0					
			SPR	33	2	15	0	SQS	5	0	0	0	STD	40	0	10	0	TEST	37	0	0	0					
			ZXC	50	0	0	0	ab	10	0	0	0															
2018/10/21	日	假日	123	0	0	0	0	BSPR	0	0	1	0	DXX	22	1	0	0	DXT	17	0	3	0	363	2	28	0	0.51%
			EXX	2	0	0	0	EXT	15	0	0	0	FDFD	50	0	0	0	Ming	10	0	0	0					
			Q1	15	0	0	0	Q2	10	0	0	0	Q3	15	0	0	0	QQ	30	0	0	0					
			SPR	35	1	14	0	SQS	5	0	0	0	STD	40	0	10	0	TEST	37	0	0	0					
			ZXC	50	0	0	0	ab	10	0	0	0															
2018/10/22	一	平日	123	0	0	0	0	BSPR	0	0	1	0	DXX	22	1	0	0	DXT	17	0	3	0	363	1	29	0	0.25%
			EXX	2	0	0	0	EXT	15	0	0	0	FDFD	50	0	0	0	Ming	10	0	0	0					
			Q1	15	0	0	0	Q2	10	0	0	0	Q3	15	0	0	0	QQ	30	0	0	0					
			SPR	35	0	15	0	SQS	5	0	0	0	STD	40	0	10	0	TEST	37	0	0	0					
			ZXC	50	0	0	0	ab	10	0	0	0															

- 提供以日期為區間的查詢條件。
- 此報表以查詢的日期，依房種顯示當日的房型使用情形；在用房日期後有＊表示那一天是滾過房租的，並且顯示日期的星期別及依照“假日對照檔”的假日設定顯示日期性質。
- 報表資料已過滾房租日期的訂房統計為實際訂房數，未過滾房租日期的為現有訂房管理中有效訂房間數。

此報表可提供旅館經理人日後調整房價，及行銷人員推展業務之參考。

Rate Cod 統計分析表

適用80報表紙
製表者ID：cio　　　德安大酒店　Rate Code統計分析表　　　製表日：2019/12/19 17:39:32
製 表 者：德安資訊　　　Page 1 of 1

列印條件：起訖日期:2018/10/01 至2018/10/14

排序欄位

Rate Cod	說明	使用次數（訂房）	使用次數（已住）	合計使用次數	Sold Room（訂房）	Sold Room（已住）	合計Sold Room	房租收入	平均房價
WEB0316	一般住宿	0	16	16	0	16	16	79,018	4,939
20191118	單人計價	0	14	14	0	14	14	35,660	2,547
test1122	heiditest	0	13	13	0	13	13	5,000	385
16PKG01	港式美食旅	0	12	12	0	12	12	16,100	1,342
0780-2	0780-2	0	9	9	0	11	11	9,360	851
201904	一般訂房	0	7	7	0	8	8	29,310	3,664
CRM002	桂田會員專案	0	3	3	0	3	3	116,890	38,963
N004	2016散客價	0	3	3	0	3	3	11,700	3,900
REST	休息	0	3	3	0	3	3	-1,772	-591
16002PKG	六福村合作專案	0	1	1	0	1	1	9,680	9,680
MIFARE	一卡通測試	0	1	1	0	1	1	5,440	5,440
PKG004	小資旅行專案	0	1	1	0	1	1	3,200	3,200
WEB0504	商務訂房	0	0	0	0	0	0	5,280	0
	總計	0	83	83	0	86	86	324,866	3,778

- 提供以日期區間及房價代號（提供多選）的查詢條件。
- 此報表以查詢的日期區間合計房價使用次數，並且計算該區間的房租收入（營業收入小分類）及平均房價。
- 使用次數（訂房）：訂房數。
- 使用次數（已住）：已住房的訂房數。
- Sold Room（訂房）：訂房數加 Day use 及 Rest 休息，若查詢未來日期則會計算訂房的日期使用次數。
- Sold Room（已住）：已住房數加 Day use 及 Rest 休息，若查詢未來日期則會計算已住房的日期使用次數。

此報表依房價代號查詢，亦可提供旅館經理人日後調整房價，及行銷人員推展業務之參考。

房價設定一覽表

- 該報表是顯示在房價設定時，該房價可使用的各房種所提供的價格（含可使用的日期），若為星號即表示該日該房價不能使用。

館別 01:德安花園酒店館
起訖日期 2018/10/15 2018/10/29
房價代號
客戶代號
房種

Rate Cod	Room Cod	Oct 15 Mon.	Oct 16 Tue.	Oct 17 Wed.	Oct 18 Thu.	Oct 19 Fri.	Oct 20 Sat.	Oct 21 Sun.	Oct 22 Mon.	Oct 23 Tue.	Oct 24 Wed.	Oct 25 Thu.	Oct 26 Fri.	Oct 27 Sat.	Oct 28 Sun.	Oct 29 Mon.
18FIT001	SPR	3050	3050	3050	3050	3050	3050	3050	3050	3050	3050	3050	3050	3050	3050	3050
	STD	2400	2400	2400	2400	2400	2400	2400	2400	2400	2400	2400	2400	2400	2400	2400
20160001	SPR	165080	165080	165080	165080	165080	165080	165080	165080	165080	165080	165080	165080	165080	165080	165080
	STD	3380	3380	3380	3380	3380	3380	3380	3380	3380	3380	3380	3380	3380	3380	3380
20160427	Q1	*	*	*	*	*	*	*	*	*	*	*	*	*	*	*
	Q2	2820	2820	2820	2820	3320	3320	3320	2820	2820	2820	2820	3320	3320	3320	2820
	Q3	2900	2900	2900	2900	3400	3400	3400	2900	2900	2900	2900	3400	3400	3400	2900

可點選滑鼠左鍵兩下進去看明細。

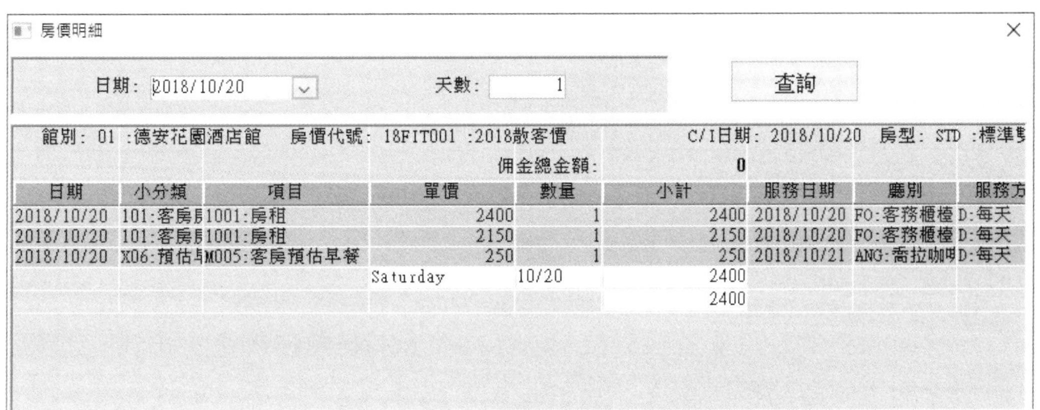

房價明細

日期：2018/10/20　天數：1　查詢

館別：01 :德安花園酒店館　房價代號：18FIT001 :2018散客價　C/I日期：2018/10/20　房型：STD :標準隻

佣金總金額：0

日期	小分類	項目	單價	數量	小計	服務日期	廳別	服務方
2018/10/20	101:客房扌	1001:房租	2400	1	2400	2018/10/20	FO:客務櫃檯	D:每天
2018/10/20	101:客房扌	1001:房租	2150	1	2150	2018/10/20	FO:客務櫃檯	D:每天
2018/10/20	X06:預估早	M005:客房預估早餐	250	1	250	2018/10/21	ANG:喬拉咖啡	D:每天
			Saturday	10/20	2400			
					2400			

- 在選定的的房價（價錢處點選滑鼠左鍵兩下）即可看到該房價在該房種內拆的所有項目及金額。

  1. 藍色部分是客人會看到的項目（應收）。
  2. 黑色部分是內部拆帳的項目。

  此報表依房種代號查詢，方便旅館作業人員及行銷人員了解，該房價在該房種內拆的所有項目及金額，以便於旅館前後檯人員作業。

業務員未來訂房報表

適用132報表紙　　　　德安大酒店

製表者ID：cio
製　表　者：德安資訊　　　　**業務員未來訂房報表**　　　　製表日：2019/12/19 17:46:38
Page 1 of 1

列印條件：C/I日期：2018/10/16:2018/10/31　查詢方式：1　基數：1.000

公司名稱	連絡人/團名	C/I日期	C/O日期	房種	NGTS	間數	房租收入	餐飲收入	其他收入
業務員：0000001:陳圓圓									
一般散客	李紹偉	2018/10/16	2018/10/17	SPR	1	1	1,950	0	2,000
一般散客	Alice	2018/10/20	2018/10/21	SPR	1	1	49,750	250	0
一般散客	Hana	2018/10/20	2018/10/21	SPR	1	1	49,500	500	0
一般散客	CLAIRE LIAO	2018/10/31	2018/11/01	SPR	1	1	3,550	0	1,450
共4筆			**小計：**		**4**		**104,750**	**750**	**3,450**
業務員：0000:王大明									
網路訂房專用	林宛珍	2018/10/16	2018/10/17	SPR	1	1	6,000	0	5,000
網路訂房專用	林宛珍	2018/10/16	2018/10/17	SPR	1	1	6,000	250	0
網路訂房專用	CALDARULO IRENE	2018/10/17	2018/10/18	SPR	1	1	4,194	250	0
網路訂房專用	CALDARULO IRENE	2018/10/17	2018/10/18	SPR	1	1	4,194	250	0
網路訂房專用	林宛珍	2018/10/18	2018/10/19	SPR	1	1	6,000	0	0
網路訂房專用	林宛珍	2018/10/19	2018/10/20	SPR	1	1	6,600	250	0
網路訂房專用	林宛珍	2018/10/19	2018/10/20	SPR	2	2	15,000	500	0
網路訂房專用	林宛珍	2018/10/21	2018/10/22	SPR	1	1	7,000	250	0
網路訂房專用	林宛珍	2018/10/23	2018/10/24	SPR	1	1	6,900	250	0
網路訂房專用	林宛珍	2018/10/23	2018/10/24	SPR	1	1	2,275	250	0
網路訂房專用	林宛珍	2018/10/24	2018/10/25	SPR	1	1	22,222	0	0
網路訂房專用	林宛珍	2018/10/24	2018/10/25	SPR	1	1	3,275	250	0
BOOKING.COM	ALLEN LEE	2018/10/26	2018/10/27	SPR	1	1	0	0	0
BOOKING.COM	ALLEN LEE	2018/10/26	2018/10/27	SPR	1	1	0	0	0
網路訂房專用	林宛珍	2018/10/30	2018/10/31	SPR	1	1	7,000	250	0
網路訂房專用	林宛珍	2018/10/30	2018/10/31	DXT	1	1	6,800	250	0
網路訂房專用	林宛珍	2018/10/30	2018/10/31	DXT	1	1	6,800	250	0
共17筆			**小計：**		**18**		**110,260**	**3,250**	**5,000**
			總計：		**22**		**215,010**	**4,000**	**8,450**

其統計規則：

訂房管理的有效訂房卡資料統計（該訂房卡上所屬業務人員的統計，其明細為單一訂房卡的房間數及預估產生的房租收入）。

情況一：

若是在訂房時選擇訂房公司，系統會自動帶入業務主檔內該客戶資料的所屬業務人員，所以結帳時就會一連串帶入 1.該客戶業績統計 2.該客戶所屬業務業績 3.該住客的住房歷史資料，業務人員報表與業務報表的業績統計數字會一致。

情況二：

若是在訂房時沒有帶入簽約公司資料，系統會在存檔時在該訂房公司欄位填入“一般散客”業務人員為空白，此時若是在該業務人員欄位填入業務資料，該報表會有統計值，但業務業績報表會統計至一般客戶裡，業績並不會跑到該業務人員（因為一般散客不會有業務人員）。

此報表代表業務人員的業績與業務報表顯示的統計數字，藉由訂房及結帳時，就會一連串帶出業務人員業績的統計資料，旅館及業務人員可以了解某期間的行銷績效。

業務員未來訂房產能報表

適用80報表紙

德安大酒店

業務員未來訂房產能比較表

製表者ID：cio
製 表 者：德安資訊
列印條件：C/I日期：2018/10/16:2018/10/31　基數：1.000

製表日：2019/12/19 17:47:39
Page 1 of 1

業務員	筆數	間數	NGTS	AVG.NGTS	房租收入	平均房價	排名
0000:王大明	16	18	18	1.0	110,260	6,126	1
0000001:陳圓圓	4	4	4	1.0	104,750	26,188	2
總計	20	22	22	1.0	215,010		

其統計規則：

- 簽約公司筆數：該業務人員所屬簽約公司所訂房的筆數（累加）。
- 間數：所有訂房卡的訂房房間數加起來。
- NGTS：所有訂房的天數。
- 房租收入：每一筆訂房卡上房租收入的加總。
- 平均房價：房租收入/夜數（天數）。
- 排名：以夜數（天數）排名。

此報表亦顯示業務人員的業績相關資料，旅館及業務人員可以了解某期間的行銷績效細項，以作為日後提升績效之參考。

簽約公司未來訂房報表

適用132報表紙

德安大酒店

簽約公司未來訂房報表

製表者ID：cio
製 表 者：德安資訊
列印條件：C/I日期：>=2018/10/16　查詢方式：1　基數：1.000

製表日：2019/12/19 17:48:22
Page 28 of 43

序號	C/I日期	C/O日期	房種	NGTS	間數	房價代號	連絡人/團名	VIP	訂房卡備註	房租收入	餐飲收入	其他收入
	2019/06/20	2019/06/21	DXT	1	1	U780-1	S S	0	支付網路VISA 18013401 快樂一人住r	0	0	0
	2019/06/20	2019/06/21	DXT	1	1	基本住宿	黃小莛	0	支付網路VISA 19002301 基本住宿專案r	6,800	270	0
	2019/06/25	2019/06/26	STD	1	1	LinkTrave	林宛珍	0	支付網路VISA 19002401 LinkTravelr 副單:CSWHT190000004	4,800	270	0
	2019/06/26	2019/06/27	Q1	1	1	休息	CLAIRE LIAO	0	支付網路VISA 0000001765 :	1,796	204	0
	2019/06/26	2019/06/27	SPR	1	1	LinkTrave	林宛珍	0	支付網路匯款 19002501 LinkTravelr 主單:CSWHT190000003	6,000	0	0
	2019/06/27	2019/06/28	DXT	1	1	基本住宿	黃小莛	0	支付網路VISA 19002301 基本住宿專案r	6,800	270	0

- 提供大約滾房租日期後的日期條件、訂房公司及住客類別的查詢條件。
- 此報表以查詢的日期區間，訂房卡的訂房間數及 room night 數，並合計訂房公司訂房筆數。

  此報表顯示簽約公司訂房的相關資料，旅館及業務人員可以了解一般散客及網路訂房的來源比率，以做為日後行銷績效提升之參考。

簽約公司未來訂房彙總表

適用80報表紙

德安大酒店

簽約公司未來訂房彙總表

製表者ID：cio
製 表 者：德安資訊
列印條件：C/I日期：2018/10/16:2018/10/31　查詢方式：1　報表類別：1　基數：1.000

製表日：2019/12/19 17:49:58
Page 1 of 1

公司名稱	業務員	間數	NGTS	AVG.NGTS	房租收入	平均房價	排名
網路訂房專用	王大明	16	16	1.0	110,260	6,891	1
一般散客	陳圓圓	4	4	1.0	104,750	26,188	2
BOOKING.COM	劉曉明	2	2	1.0	0		3
總計		22	22	1.0	215,010		

其統計規則：

- 以簽約公司訂房數做統計，統計該日期的間數、夜數、房租收入及平均房價。
- 間數：該簽約公司的房間數統計值。
- 夜數：該簽約公司訂房天數統計值。
- 平均夜數：夜數/間數。
- 房租收入：該簽約公司每一筆訂房卡上房租收入的加總。
- 平均房價：房租收入/夜數。

  此報表顯示簽約公司訂房的相關資料，旅館及業務人員可以了解目標客群的來源及比率，以作為旅館行銷績效調整之參考。

旅客來源分析統計表

適用80報表紙
製表者ID：cio
製 表 者：德安資訊

德安大酒店
旅客來源分析統計表

製表日：2019/12/19 18:06:35
Page 1 of 1

2018/10/15		TODAY			MTD			YTD		
來源	說明	NGTS	%	房租收入	NGTS	%	房租收入	NGTS	%	房租收入
01	電話訂房	0	0%	0	0	0%	5,280	637	44%	3,783,089
03	關係企業訂房	8	47%	28,000	71	71%	314,938	388	27%	1,717,018
WI	WALK IN	1	6%	9,780	17	17%	41,000	300	21%	1,717,255
04	官網	2	12%	24,654	5	5%	24,286	59	4%	473,034
web1	國內網路訂房	0	0%	0	0	0%	0	28	2%	166,180
web2	國外網路訂房	5	29%	0	5	5%	0	11	1%	9,000
02	票券住宿	0	0%	0	0	0%	0	10	1%	64,550
RT	休息	1	6%	1,796	2	2%	3,592	8	1%	3,704,270
12	海外網路旅行社	0	0%	0	0	0%	0	8	1%	35,000
DU	DAY USE	0	0%	0	0	0%	0	6	0%	34,100
11	網路旅行社	0	0%	0	0	0%	0	3	0%	-1
	總計	17		64,230	100		389,096	1458		11,703,495

各欄位數字變化說明如下：

- 此報表依照“訂房卡來源對照檔”統計訂房卡 NGTS 數及房租收入。
- TODAY

  NGTS：對應的旅客來源所住宿的間數房租收入；滾房租的房價金額但扣掉內部拆帳的房租收入。
- MTD

  NGTS：以查詢月份的起日到所下的查詢日期的統計，如：20007/6/18 意指 2007/6/1-2007/6/18 的累計間數房租收入；計算到查詢日的月份房租收入的累計（含到最小值 2007/6/18 的數字）。
- YTD

  NGTS：以查詢年份的 1/1 到所下的查詢日期的統計，如：20007/6/18 意指 2007/1/1-2007/6/18 的累計間數房租收入；計算到查詢日的年份房租收入的累計（含到最小值 2007/1/1-2007/6/18 的數字）。

  此報表顯示旅客來源的相關資料，旅館及業務人員除了可以了解目標客群的來源及比率，也能了解房租收入等產值細項，以作為旅館行銷策略調整之參考。

國籍統計分析表

適用80輯表紙　　德安大酒店

製表者ID：cio　　**國籍分析統計表**　　製表日：2019/12/19 18:07:23

製 表 者：德安資訊　　Page 1 of 1

列印條件：起訖日期：2018/10/01 至 2018/10/15 客戶類別：

代碼	國籍	人數	NGTS	百分比	房租	平均房租	去年同期間數	間數差異	去年同期房租	房租差異
TWN	中華民國台灣	178	87	98.86%	244,426	2,809	0	87	0	244,426
JP	日本	2	1	1.14%	7,000	7,000	0	1	0	7,000
	總計	180	88	100.00%	251,426	2,857	0	88	0	251,426

- 此報表可提供日期區間、訂房客戶類別，以及是否依“國籍對照檔”中對應洲別的查詢條件。
- 此報表以查詢的日期區間，依照訂房卡上住客國籍的訂房人數及 room night 數統計，並與去年同期比較。

此報表顯示旅客來源的國籍相關資料，旅館及業務人員除了可以了解目標客群的來源及比率，也能了解房租收入等不同時期的產值收益做比較，以供旅館行銷目標調整之參考。

訂金催收報表

適用132輯表紙　　德安大酒店

製表者ID：cio　　**訂金催收報表**　　製表日：2019/12/19 18:08:

製 表 者：德安資訊　　Page 1 of 1

列印條件：　保留日期：2018/10/16　訂金收取：4

序號	訂房卡號 Full Name	電話一	電話二	輸入日 公司名稱	應收	已收	總價	訂金編號 連絡人	訂金帳戶姓名	保留日 訂房卡備註	C/I日期	使用房種	計價房種	房價名稱	訂房數	房價報價	訂房業務員
1	00611801 李艾倫	0917091062	0225176066	2018/10/15 網路訂房專用	10,331	0	19,222	0001492AAA 李艾倫	名深	2018/10/16 支付網路VISA 18010801 休息 r 2018-10-15 10:10:10 / 李明璋 / 入賬:2919 原訂單(R	2018/10/21	精緻雙人	精緻雙人	休息	1	22,222	王大明
2	00611901 李艾倫	0917091062	0225176066	2018/10/15 網路訂房專用	9,731	0	19,222	0001493AAA 李艾倫	李艾倫	2018/10/16 支付網路VISA 18010801 休息 r 2018-10-15 10:10:10 / 李明璋 / 入賬:2919 原訂單(R	2018/10/21	精緻雙人	精緻雙人	休息	1	22,222	王大明
3	00612101 李艾倫	0917091062	0225176066	2018/10/15 網路訂房專用	10,951	4,153	19,222	0001494AAA 李艾倫	李艾倫	2018/10/16 支付網路VISA 18010801 休息 r 2018-10-15 10:10:10 / 李明璋 / 入賬:2919 原訂單(R	2018/10/21	精緻雙人	精緻雙人	休息	1	22,222	王大明
4	00613301 SMITH JOHN			2018/10/16 網路訂房專用	510	0	260	0001497AAA Smith John	Smith John	2018/10/16 支付網路VISA 16003601 歡慶耶誕(YA) r ,BookingRef=028/1234567/3,BookingId=498217,c	2018/11/01	精緻雙人	精緻雙人	歡慶耶誕	1	260	王大明
5	00620201 SMITH JOHN			2018/10/16 網路訂房專用	510	0	635	0001533AAA Smith John	Smith John	2018/10/16 支付網路VISA 16001801 r	2018/11/01	精緻雙人	精緻雙人	官網訂房	1	510	王大明
6	00622601 SMITH JOHN			2018/10/16 網路訂房專用	510	0	635	0001554AAA Smith John	Smith John	2018/10/16 支付網路VISA 16001801 r	2018/11/01	精緻雙人	精緻雙人	官網訂房	1	510	王大明
7	00622701 SMITH JOHN			2018/10/16 網路訂房專用	510	0	635	0001555AAA Smith John	Smith John	2018/10/16 支付網路VISA 16001801 r	2018/11/01	精緻雙人	精緻雙人	官網訂房	1	510	王大明
8	00622801 SMITH JOHN			2018/10/16 網路訂房專用	510	0	635	0001556AAA Smith John	Smith John	2018/10/16 支付網路VISA 16001801 r	2018/11/02	精緻雙人	精緻雙人	官網訂房	1	510	王大明
9	00622901 SMITH JOHN			2018/10/16 網路訂房專用	510	0	635	0001557AAA Smith John	Smith John	2018/10/16 支付網路VISA 16001801 r	2018/11/02	精緻雙人	精緻雙人	官網訂房	1	510	王大明
10	00623001 SMITH JOHN			2018/10/16 網路訂房專用	510	0	635	0001558AAA Smith John	Smith John	2018/10/16 支付網路VISA 16001801 r	2018/11/01	精緻雙人	精緻雙人	官網訂房	1	510	王大明
11	00623201 SMITH JOHN			2018/10/16 網路訂房專用	510	0	635	0001560AAA Smith John	Smith John	2018/10/16 支付網路VISA 16001801 r	2018/11/01	精緻雙人	精緻雙人	官網訂房	1	510	王大明
12	00846001 王曉明	0912345678		2019/12/18 船井生醫股份有限公司	3,000	3,000	7,420	0003721AAA Angela	王曉明	2018/10/16 含交通接送一趟 此單不含	2018/10/15	精緻雙人	精緻雙人	**環保房	2	5,200	

應收合計：38,093　總價合計：69,791

已收合計：7,153

- 此報表提供 C/I 日期、訂房保留日、訂房卡號、訂房卡狀態及訂房業務員的查詢條件。

此報表顯示旅客應收而未收訂金之相關資料，旅館及前後檯人員可以了解訂房之相關資料，以利旅館稽核催收之參考。

在店房間數量報表

適用A4橫印

德安大酒店
在店房間數量表

製表者ID：cio
製 表 者：德安資訊
查詢日期：2018/10/16

房間總數：174間　可用房數：88間　使用房數：86間

製表日：2019/12/19 18:08:57
Page 2 of 3

訂房卡號-序號	房號	訂房數	房間數	人數	房種	C/I日期	C/O日期	公司名稱	Full Name	狀態	釋放數	訂房備註
	210	0	1	0	SPR	18/10/06	19/11/26			修理	0	
	308	0	1	0	SPR	18/10/06	19/11/26			修理	0	
	309	0	1	0	SPR	18/10/06	19/11/26			修理	0	
	310	0	1	0	SPR	18/10/06	19/11/26			修理	0	
00592601-1		1	1	2	SPR	18/10/16	18/10/17	網路訂房專用	林宛珍	訂房未C/I	0	支付網路VISA 18013101 單賣 18013101 單賣r
00605101-1		1	1	2	SPR	18/10/16	18/10/17	網路訂房專用	林宛珍	訂房未C/I	0	支付網路VISA 16003601 歡慶耶誕(YA)r
00846101-2		1	1	2	SPR	18/10/16	18/10/17		李紹偉	訂房未C/I	0	
						SPR 共使用 10 間						
	2605	0	1	0	SQS	18/08/11	19/08/02			參觀房	0	
						SQS 共使用 1 間						
	203	0	1	0	STD	18/06/22	18/12/13			修理	0	
	513	0	1	0	STD	18/06/22	18/12/27			修理	0	
	513	0	1	0	STD	18/06/22	18/12/27			修理	0	
	513	0	1	0	STD	18/06/22	18/12/27			修理	0	
	513	0	1	0	STD	18/06/22	18/12/27			修理	0	
	313	0	1	0	STD	18/06/29	19/02/18			參觀房	0	
	1103	0	1	0	STD	18/07/01	19/01/03			參觀房	0	
	207	0	1	0	STD	18/07/01	19/02/22			修理	0	
	205	0	1	0	STD	18/07/02	19/03/11			參觀房	0	
	513	0	1	0	STD	18/08/11	19/08/02			修理	0	
	203	0	1	0	STD	18/10/06	19/11/26			修理	0	
	205	0	1	0	STD	18/10/06	19/11/26			修理	0	
	207	0	1	0	STD	18/10/06	19/11/26			修理	0	
	213	0	1	0	STD	18/10/06	19/11/26			修理	0	
	313	0	1	0	STD	18/10/06	19/11/26			修理	0	
		3	3	0	STD	18/10/16	18/10/16			鎖控:2we	0	
						STD 共使用 18 間						
						共使用 86 間						

- 報表提供 C/I 日期以及是否依訂房卡號排序的查詢條件。
- 報表依房種統計在店房間使用數量（房間總數 ＝ 可用房數+使用房數）。

此報表顯示房間使用狀態等之相關資料，旅館及前後檯人員可以了解目前房間租用狀態之相關資料，方便訂房人員作業之參考。

Change Log（異動表）

適用80行報表紙

德安大酒店
Change Log

製表者ID：cio
製 表 者：德安資訊
列印條件：異動日期：2019/12/19

製表日：2019/12/19 18:12:30
Page 1 of 2

異動日期 2019/12/19 異動時間 17:44:30 異動者 cio 保留期限 2020/02/17 異動系統日 2018/10/16
訂房卡號 00607601 房號 209 住客
動作 取消排房
說明 明細序號 1 原訂房卡使用房種 SPR
訂房期間 2018/10/15-2018/10/16 取消排房房種 SPR

異動日期 2019/12/19 異動時間 17:44:30 異動者 cio 保留期限 2020/02/17 異動系統日 2018/10/16
訂房卡號 00844401 房號 806 住客
動作 取消排房
說明 明細序號 1 原訂房卡使用房種 DXT
訂房期間 2018/10/15-2018/10/17 取消排房房種 DXT

異動日期 2019/12/19 異動時間 17:44:30 異動者 cio 保留期限 2020/02/17 異動系統日 2018/10/16
訂房卡號 00844401 房號 803 住客
動作 取消排房
說明 明細序號 3 原訂房卡使用房種 DXT
訂房期間 2018/10/15-2018/10/17 取消排房房種 DXT

異動日期 2019/12/19 異動時間 17:44:30 異動者 cio 保留期限 2020/02/17 異動系統日 2018/10/16
訂房卡號 00844401 房號 805 住客
動作 取消排房
說明 明細序號 2 原訂房卡使用房種 DXT
訂房期間 2018/10/15-2018/10/17 取消排房房種 DXT

- 報表提供異動日期、訂房卡號、異動動作及說明的查詢條件。
- 記錄訂房卡異動資料：房價及服務費修改、訂房備註修改、房間數修改。
- 該異動只針對較為重要的欄位做記錄。

  此報表顯示訂房卡重要異動之相關資料，旅館及前後檯人員可以即時了解訂房資料異動之原因，方便旅館稽核催收作業之參考。

訂房取消原因統計表

可透過參數定義是否要啟用取消必輸入原因（如下圖）：

預設使用語言 CHI:中文
預設訂房來源 03:關係企業訂房
預設國籍 TWN:中華民國台灣
預設訂房住客類別 PAG:套裝行程
預設 Fixed Order Y:是
預設確認狀態為已確認 Y:是
預設聯絡方式一 01:公司電話
預設聯絡方式二 11:LINE ID
訂房取消時必需輸入原因 Y:是
訂房卡顯示取消明細 Y:顯示 (企業版參數)
訂房卡部分入住可修改訂金 Y:是
使用合約鎖控 ○是 ◉否 (企業版參數)
訂房確認書格式 訂房確認書_高雄久居棧
旅客登記卡格式 旅客登記卡_凱旋
訂房確認書份數 1
休息C/I後立即結帳 N:否
休息預設房價代號 REST
W/I預設訂金大類 客房訂金
休息預設住客代號 休息 (HFD000000004195701) ...

並於前檯對照檔的訂房取消原因對照檔定義取消原因（如下圖）：

取消原因代號	說明	訂房取消時可否修改說明	輸入者	輸入日	最後異動者	最後異動日
0001	TYPHOON 颱風 / 天候因素	Y:是	cio	2008/03/19 09:28:02	carol	2012/12/08 14:00:30
0002	DOUBLE BOOKING 重複訂房TEST	N:否	cio	2008/03/19 09:28:02	cio	2014/11/14 10:21:59
0003	CHANGE SCHEDULE 改行程	N:否	cio	2008/08/28 14:41:41	carol	2012/12/08 14:00:30
0004	BOOKED OTHER HOTEL 訂了別的飯店	N:否	cio	2008/08/28 14:43:03	carol	2012/12/08 14:00:30
0005	家裡有事取消	Y:是	cio	2012/07/19 13:34:59	carol	2012/12/08 13:59:57
0006	價格因素	Y:是	cio	2014/08/05 13:29:37	cio	2014/08/05 13:29:37
0007	NoShow	N:否	cio	2016/12/05 09:55:46	cio	2016/12/05 09:55:46

適用132報表紙
製表者ID：cio
製 表 者：德安資訊

德安大酒店
訂房取消原因統計表

查詢條件消日：2018/08/01:2018/10/16　是否已確認訂房：Y

※數量計算方式: 只計算 C/I日期訂房間數

代碼	C/I日期 / 取消原因	2014/03/29 SAT 假日	2018/08/18 假日	2018/08/21 TUE 平日	2018/08/22 WED 平日	2018/08/23 THU 平日	2018/08/25 SAT 假日	2018/09/06 THU 平日	2018/09/09 SUN 假日	2018/10/14 假日	小計
0001	TYPHOON 颱風 /					4			1	2	**7**
0003	CHANGE SCHEDUI				1						**1**
0004	BOOKED OTHER H							1			**1**
0005	家裡有事取消		2	2		2					**6**
0006	價格因素	1					2				**3**
0007	NoShow								3		**3**
合計		**1**	**2**	**2**	**1**	**6**	**2**	**1**	**4**	**2**	**21**

- 依照住宿日期統計已訂房有輸入取消原因的取消訂單。

  此報表顯示訂房取消原因之相關資料，旅館及前後檯人員可以即時了解訂房資料異動之原因，有助旅館行銷及服務作業之參考。

訂房預估月報表（依參數）

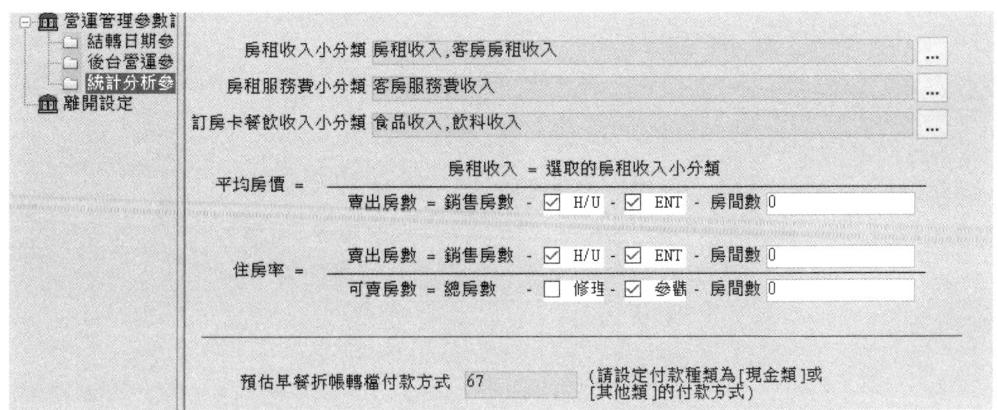

透過營運分析系統的營運分析參數的統計分析參數，定義各收入別及平均房價與住房率的公式（如上圖）。

適用A4橫印報表紙

德安大酒店

訂房預估月報表(依參數)

製表者ID：cio

製 表 者：德安資訊

製表日：2019/12/19 18:34:17

Page 1 of 3

列印條件：起訖年月:2018/10 至2018/12

2018/10

日期	星期	假別	總房間數	住房間數 +	修理參觀	住房率	到達	離店	續住	Walk In	Dayuse + Rest	H/U	ENT	人數 大	小	嬰	總	房租收入	餐飲收入	房租收入及餐飲收入合計	平均房價(不含餐)	平均房價(含餐)
01 *	一	平日	393	8	0	2.04%	2	0	4	2	0	0	0	13	2	0	15	15,768	740	16,508	1,971	2,064
02 *	二	平日	393	7	0	1.78%	0	1	7	0	0	0	0	12	2	0	14	12,210	740	12,950	1,744	1,850
03 *	三	平日	393	5	0	1.27%	0	2	5	0	0	0	0	9	2	0	11	19,730	1,570	21,300	3,946	4,260
04 *	四	平日	393	6	0	1.53%	1	0	5	0	0	0	0	11	2	0	13	21,150	1,650	22,800	3,525	3,800
05 *	五	假日	393	5	0	1.27%	0	1	5	0	0	0	0	9	2	0	11	16,890	1,410	18,300	3,378	3,660
06 *	六	假日	393	8	0	2.04%	5	2	3	0	0	0	0	14	2	0	16	27,820	1,480	29,300	3,478	3,663
07 *	日	假日	393	7	0	1.78%	3	4	4	0	0	0	0	12	2	0	14	22,070	2,230	24,300	3,153	3,471
08 *	一	平日	393	7	0	1.78%	1	1	6	0	0	0	0	12	2	0	14	21,600	2,800	24,400	3,086	3,486
09 *	二	平日	393	7	0	1.78%	3	5	2	0	0	0	0	13	2	0	15	6,730	1,570	8,300	961	1,186
10 *	三	假日	393	2	0	1.02%	0	3	2	0	2	0	0	3	2	0	5	-2,630	-1,070	-3,700	-658	-925
11 *	四	平日	393	2	0	0.51%	0	0	2	0	0	0	0	3	2	0	5	2,050	250	2,300	1,025	1,150
12 *	五	假日	393	9	0	2.29%	7	0	2	0	0	0	0	17	2	0	19	40,340	820	41,160	4,482	4,573
13 *	六	假日	393	2	0	0.51%	1	8	1	0	0	0	0	3	2	0	5	102,940	0	102,940	51,470	51,470
14 *	日	假日	393	8	1	2.30%	4	0	2	1	1	0	0	12	2	0	14	30,698	1,992	32,690	3,411	3,632
15 *	一	平日	393	7	0	1.78%	2	3	5	0	0	0	0	11	2	0	13	49,670	1,742	51,412	7,096	7,345
16	二	平日	393	4	0	1.02%	3	6	1	0	0	0	0	7	2	0	9	20,450	750	21,200	5,113	5,300
17	三	平日	393	3	0	0.76%	2	3	1	0	0	0	0	5	2	0	7	9,388	500	9,888	3,129	3,296
18	四	平日	393	2	0	0.51%	1	2	1	0	0	0	0	3	2	0	5	7,000	0	7,000	3,500	3,500
19	五	假日	393	4	0	1.02%	3	1	1	0	0	0	0	7	2	0	9	22,600	750	23,350	5,650	5,838
20	六	假日	393	3	0	0.76%	2	3	1	0	0	0	0	5	2	0	7	100,250	750	101,000	33,417	33,667
21	日	假日	393	2	0	0.51%	1	2	1	0	0	0	0	3	2	0	5	8,000	250	8,250	4,000	4,125
22	一	平日	393	1	0	0.25%	0	1	1	0	0	0	0	1	2	0	3	1,000	0	1,000	1,000	1,000
23	二	平日	393	3	0	0.76%	2	0	1	0	0	0	0	5	2	0	7	10,175	500	10,675	3,392	3,558
24	三	平日	393	3	0	0.76%	2	2	1	0	0	0	0	5	2	0	7	26,497	250	26,747	8,832	8,916
25	四	平日	393	1	0	0.25%	0	2	1	0	0	0	0	1	2	0	3	1,000	0	1,000	1,000	1,000
26	五	假日	393	3	0	0.76%	2	0	1	0	0	0	0	5	2	0	7	1,000	0	1,000	333	333
27	六	假日	393	1	0	0.25%	0	2	1	0	0	0	0	1	2	0	3	1,000	0	1,000	1,000	1,000
28	日	假日	393	1	0	0.25%	0	0	1	0	0	0	0	1	2	0	3	1,000	0	1,000	1,000	1,000
29	一	平日	393	1	0	0.25%	0	0	1	0	0	0	0	1	2	0	3	1,000	0	1,000	1,000	1,000
30	二	平日	393	4	0	1.02%	3	0	1	0	0	0	0	7	2	0	9	21,600	750	22,350	5,400	5,588
31	三	平日	393	2	0	0.51%	1	3	1	0	0	0	0	3	2	0	5	4,550	0	4,550	2,275	2,275
月統計			12,183	128	1	1.08%	51	57	71	3	3	0	0	214	62	0	276	623,546	22,424	645,970	4,760	4,931

住房間數 = 到達 + 續住 + WALK IN

住房率 = $\frac{\text{住房間數 + (DAYUSE + REST) - H/U - ENT}}{\text{總房間數 - 參觀}}$ 平均房價(不含餐) = $\frac{\text{房租收入}}{\text{住房間數 + (DAYUSE + REST) - H/U - ENT}}$ 平均房價(含餐) = $\frac{\text{房租收入 + 餐飲收入}}{\text{住房間數 + (DAYUSE + REST) - H/U - ENT}}$

- 顯示每天住房間數之變化及收入金額與人數統計。

  此報表顯示住房間數之變化，及收入金額與人數統計之相關資料，透過營運分析系統的營運分析，旅館及前後檯人員可以即時了解，各收入別、平均房價與住房率之影響。

Rate Code 產值分析報表

查詢條件可下日期、彙總及房型等三種方式。

查詢條件 結果

住宿日期 2018/10/17

房價代號 ...

訂房公司 ...

報表類別 依日期

依日期

彙總

依房型

- 依日期（可下期間）

適用A4報表紙

德安大酒店

製表者ID：cio Rate Code 產值統計表 **製表日：2019/12/24 11:41:17**

製 表 者：德安資訊 **頁 次：Page1 of 1**

列印條件： 住宿日期：2018/10/17 報表類別：1

房價代號	房間數	人數	房租收入	餐飲收入	其他收入	總收入
2018/10/17						
0780-3:0780-3	5	10	11,400	0	1,100	12,500
201904:一般訂房	1	2	1,950	0	2,000	3,950
MC0001:歡慶耶誕	2	4	8,388	500	0	8,888
PKG007:夏樂 暑期熟客專屬優惠	1	1	5,560	0	440	6,000
WEB0316:一般住宿	6	12	33,000	3,000	0	36,000
WEB0504:商務訂房	0	0	0	0	440	440
小計	15	29	60,298	3,500	3,980	67,778
合計	15	29	60,298	3,500	3,980	67,778

- 依彙總

適用A4報表紙

德安大酒店

製表者ID：cio Rate Code 產值統計表 **製表日：2019/12/24 11:42:05**

製 表 者：德安資訊 **頁 次：Page1 of 1**

列印條件： 住宿日期：2018/10/17 報表類別：2

房價代號	房間數	人數	房租收入	餐飲收入	其他收入	總收入
0223:長租	0	0	0	0	0	0
0780-3:0780-3	5	10	11,400	0	1,100	12,500
201904:一般訂房	1	2	1,950	0	2,000	3,950
20191118:單人計價	0	0	0	0	0	0
MC0001:歡慶耶誕	2	4	8,388	500	0	8,888
PKG007:夏樂 暑期熟客專屬優惠	1	1	5,560	0	440	6,000
test1122:heiditest	0	0	0	0	0	0
WEB0316:一般住宿	6	12	33,000	3,000	0	36,000
WEB0504:商務訂房	0	0	0	0	440	440
WEB1221:一般訂房	0	0	0	0	0	0
合計	15	29	60,298	3,500	3,980	67,778

- 依房型

適用A4報表紙

德安大酒店

Rate Code 產值統計表

製表者ID：cio
製 表 者：德安資訊
製表日：2019/12/24 11:42:35
頁 次：Page1 of 1
列印條件： 住宿日期：2018/10/17 報表類別：3

房型		房間數	人數	房租收入	餐飲收入	其他收入	總收入
0223:長租 標準雙人客		0	0	0	0	0	0
	小計	0	0	0	0	0	0
0780-3:0780-3 豪華雙		5	10	11,400	0	1,100	12,500
	小計	5	10	11,400	0	1,100	12,500
201904:一般訂房 精緻雙人客		1	2	1,950	0	2,000	3,950
	小計	1	2	1,950	0	2,000	3,950
20191118:單人計價 FDFD		0	0	0	0	0	0
	小計	0	0	0	0	0	0
MC0001:歡慶耶誕 精緻雙人客		2	4	8,388	500	0	8,888
	小計	2	4	8,388	500	0	8,888
PKG007:夏樂 暑期熟客專屬優惠 精緻雙人客		1	1	5,560	0	440	6,000
	小計	1	1	5,560	0	440	6,000
test1122:heiditest FDFD		0	0	0	0	0	0
	小計	0	0	0	0	0	0
WEB0316:一般住宿 精緻雙人客		6	12	33,000	3,000	0	36,000
	小計	6	12	33,000	3,000	0	36,000
WEB0504:商務訂房 NULL		0	0	0	0	440	440
	小計	0	0	0	0	440	440
WEB1221:一般訂房 豪華客房		0	0	0	0	0	0
	小計	0	0	0	0	0	0
	合計	15	29	60,298	3,500	3,980	67,778

- 依照房價角度去統計每日彙總及針對房型統計。

  此報表顯示依房租計價方式帶出不同日期、彙總及房型之變化，透過產值統計分析，旅館及前後檯人員可以即時了解，不同時期房價產值變化之影響。

訂房銷售分析表

適用132報表紙

德安大酒店

訂房銷售分析報表

製表者ID：cio
製 表 者：德安資訊
查詢條件：起訖日期：2018/10/1 至：2018/12/31

製表日：2019/12/24 11:43:44
Page 1 of 2

2018/10 日期	01	02	03	04	05	06	07	08	09	10	11	12	13	14	15	16	17	18	19	20	21	22	23	24	25	26	27	28	29	30	31	佔比
星期	一	二	三	四	五	六	日	一	二	三	四	五	六	日	一	二	三	四	五	六	日	一	二	三	四	五	六	日	一	二	三	合計
住客類別： 用房數 （佔比 = 用房數 / 總房間數）																																
團體	0%	0%	0%	0%	0%	0%	0%	0%	0%	0%	0%	2%	0%	1%	0%	0%	0%	0%	0%	0%	0%	0%	0%	0%	0%	0%	0%	0%	0%	0%	0%	0%
旅行社散客	0	0	0	0	0	0	0	0	0	0	0	3	0	1	0	0	0	0	0	0	0	0	0	0	0	0	0	0	0	0	0	4
散客	5%	4%	3%	3%	3%	5%	4%	4%	4%	1%	1%	3%	1%	4%	4%	1%	9%	2%	2%	1%	1%	0%	1%	1%	0%	1%	0%	0%	0%	2%	1%	2%
會員	0	0	0	0	0	1	0	0	0	0	0	0	0	0	0	0	0	0	0	0	0	0	0	0	0	0	0	0	0	0	0	1
一般散客	8	7	5	6	5	7	6	7	7	2	2	6	1	6	5	1	13	2	1	2	0	0	0	0	0	0	0	0	0	0	0	99
BOOKING	0	0	0	0	0	0	0	0	0	0	0	0	0	0	0	0	0	0	0	0	0	0	0	0	0	2	0	0	0	0	0	2
套裝行程	0	0	0	0	0	0	0	0	0	0	0	0	0	0	0	0	0	0	0	0	0	0	0	0	0	0	0	0	0	0	0	0
網路訂房-官網	0	0	0	0	0	0	1	0	0	0	0	0	1	1	2	1	2	1	3	0	1	0	2	2	0	0	0	0	0	3	1	21
商務	0%	0%	0%	0%	0%	0%	0%	0%	0%	0%	0%	0%	0%	0%	0%	0%	0%	0%	0%	0%	0%	0%	0%	0%	0%	0%	0%	0%	0%	0%	0%	0%
簽約客戶	0	0	0	0	0	0	0	0	0	0	0	0	0	0	0	0	0	0	0	0	0	0	0	0	0	0	0	0	0	0	0	0
用房數 合計	8	7	5	6	5	8	7	7	7	2	2	9	2	8	7	2	15	3	4	2	1	0	2	2	0	2	0	0	0	3	1	127
住客類別： 人數 （佔比 = 人數 / 總人數）																																
團體	0%	0%	0%	0%	0%	0%	0%	0%	0%	0%	0%	32%	0%	7%	0%	0%	0%	0%	0%	0%	0%	0%	0%	0%	0%	0%	0%	0%	0%	0%	0%	3%
旅行社散客	0	0	0	0	0	0	0	0	0	0	0	6	0	1	0	0	0	0	0	0	0	0	0	0	0	0	0	0	0	0	0	7
散客	100%	100%	100%	100%	100%	100%	100%	100%	100%	100%	100%	68%	100%	93%	100%	100%	100%	100%	100%	100%	100%	0%	100%	100%	0%	100%	0%	0%	0%	100%	100%	97%
會員	0	0	0	0	0	4	0	0	0	0	0	0	0	0	0	0	0	0	0	0	0	0	0	0	0	0	0	0	0	0	0	4
一般散客	15	14	11	13	11	12	12	14	15	5	5	13	3	11	9	3	25	3	1	4	0	0	0	0	0	0	0	0	0	0	0	199
BOOKING	0	0	0	0	0	0	0	0	0	0	0	0	0	0	0	0	0	0	0	0	0	0	0	0	0	4	0	0	0	0	0	4
套裝行程	0	0	0	0	0	0	0	0	0	0	0	0	0	0	0	0	0	0	0	0	0	0	0	0	0	0	0	0	0	0	0	0
網路訂房-官網	0	0	0	0	0	0	2	0	0	0	0	0	2	2	4	2	4	2	6	0	2	0	4	4	0	0	0	0	0	6	2	42
商務	0%	0%	0%	0%	0%	0%	0%	0%	0%	0%	0%	0%	0%	0%	0%	0%	0%	0%	0%	0%	0%	0%	0%	0%	0%	0%	0%	0%	0%	0%	0%	0%
簽約客戶	0	0	0	0	0	0	0	0	0	0	0	0	0	0	0	0	0	0	0	0	0	0	0	0	0	0	0	0	0	0	0	0
人數 合計	15	14	11	13	11	16	14	14	15	5	5	19	5	14	13	5	29	5	7	4	2	0	4	4	0	4	0	0	0	6	2	256

- 報表統計該月份每日不同住客類別的房間數，並依照散客、商務、團體人數作占比顯示。
- 間數占比以該類別間數/總間數計算，人數占比以該類別的人數/總人數計算。

此報表顯示某一時期，每日不同住客類別的房間數及散客、商務、團體人數之占比。旅館及前後檯人員可以即時了解，不同時期住客及房間數變化對旅館營運之影響。

訂房預估報表（依房種）—房間大類

館別	代號	簡稱	名稱	間數	標準房價	標準服務費	開始日期	結束日期	房間大類
德安花園酒店館	TEST	TEST	TEST	37	5,000	500	2018/09/26	2020/03/18	DEF:
德安花園酒店館	QQ	主題房(妖)	主題房(妖)	30	10,000	0	2018/07/04	2019/12/31	DEF:
德安花園酒店館	AAA	AAA	雙床房		3,000	300	2019/10/01	2020/06/30	DEF:
德安花園酒店館	DDT	豪華雙	豪華雙人	20	6,800	680	2019/07/10	2019/12/31	DEF:
德安花園酒店館	THMP	綺幻客房	綺幻客房	40	35,000	3,500	2019/03/07	2020/03/07	DEF:
德安花園酒店館	ZXC	ZXC	ZXC	50	5,000	500	2018/03/24	2020/04/24	DEF:
德安花園酒店館	FDFD	FDFD	FDFD	50	5,000	500	2018/04/24	2021/04/24	DEF:
德安花園酒店館	STT	TEST4	TEST4	50	5,800	580	2019/03/24	2021/04/24	DEF:
德安花園酒店館	SDFG	SDFGH	SDFGH	50	500	50	2019/03/24	2020/04/24	DEF:
德安花園酒店館	DXK	豪華客房	豪華客房	23	7,000	700	2016/05/06	2019/12/31	H:飯店
德安花園酒店館	QP	悠遊客房	悠遊客房(妖)	30	28,000	2,800	2019/03/07	2020/03/07	H:飯店
德安花園酒店館	SPR	精緻雙人客	精緻雙人客房	50	6,000	600	2019/01/01	2020/12/31	H:飯店
德安花園酒店館	EXT	豪華行政雙人	豪華行政雙人房	15	10,000	1,000	2017/05/09	2019/12/31	H:飯店
德安花園酒店館	DXT	豪華雙	豪華雙人	20	6,800	680	2016/05/06	2019/12/31	H:飯店
德安花園酒店館	EXK	豪華行政客	豪華行政客房	2	12,200	1,220	2019/01/01	2019/12/31	H:飯店
德安花園酒店館	Q2	精緻客房	精緻客房1	10	5,200	520	2016/05/06	2019/12/31	HO:客房會館
德安花園酒店館	Ming	閣樓房	閣樓房	10	10,000	1,000	2018/08/01	2099/12/31	Ming:Ming

房間小類對照檔可以歸屬在不同房間大類下（如上圖）。

適用A4直印報表紙

德安大酒店

製表者ID：cio
製 表 者：德安資訊

訂房預估報表(依房種)-房間大類

製表日：2019/12/24 11:50:41
Page 1 of 3

查詢條件：開始日期：2018/10/17　結束日期：2018/12/31　顯示方式：依訂房計價房種顯示.

日期	H BSPR	DXK	DXT	EXK	EXT	SPR	STD	ab	小計	訂房率	全館小計	訂房率
2018/10/17(WED)	0	5	4	0	0	2	4	0	15	8.77%	15	8.77%
2018/10/18(THU)	0	0	0	0	0	3	0	0	3	1.75%	3	1.75%
2018/10/19(FRI)	0	0	0	0	0	4	0	0	4	2.34%	4	2.34%
2018/10/20(SAT)	0	0	0	0	0	2	0	0	2	1.17%	2	1.17%
2018/10/21(SUN)	0	0	0	0	0	1	0	0	1	0.58%	1	0.58%
2018/10/22(MON)	0	0	0	0	0	0	0	0	0	0.00%	0	0.00%
2018/10/23(TUE)	0	0	0	0	0	2	0	0	2	1.17%	2	1.17%
2018/10/24(WED)	0	0	0	0	0	2	0	0	2	1.17%	2	1.17%
2018/10/25(THU)	0	0	0	0	0	0	0	0	0	0.00%	0	0.00%
2018/10/26(FRI)	0	0	0	0	0	2	0	0	2	1.17%	2	1.17%
2018/10/27(SAT)	0	0	0	0	0	0	0	0	0	0.00%	0	0.00%
2018/10/28(SUN)	0	0	0	0	0	0	0	0	0	0.00%	0	0.00%
2018/10/29(MON)	0	0	0	0	0	0	0	0	0	0.00%	0	0.00%
2018/10/30(TUE)	0	0	2	0	0	1	0	0	3	1.75%	3	1.75%
2018/10/31(WED)	0	0	0	0	0	1	0	0	1	0.58%	1	0.58%
月累計：	**0**	**5**	**6**	**0**	**0**	**20**	**4**	**0**	35	1.36%	35	1.36%
2018/11/01(THU)	0	0	0	0	0	1	0	0	1	0.58%	1	0.58%
2018/11/02(FRI)	0	0	0	0	0	0	0	0	0	0.00%	0	0.00%
2018/11/03(SAT)	0	0	0	0	0	0	0	0	0	0.00%	0	0.00%
2018/11/04(SUN)	0	0	0	0	0	0	0	0	0	0.00%	0	0.00%
2018/11/05(MON)	0	0	0	0	0	3	0	0	3	1.75%	3	1.75%
2018/11/06(TUE)	0	0	0	0	0	0	0	0	0	0.00%	0	0.00%
2018/11/07(WED)	0	0	0	0	0	0	0	0	0	0.00%	0	0.00%
2018/11/08(THU)	0	0	0	0	0	0	0	0	0	0.00%	0	0.00%
2018/11/09(FRI)	0	0	0	0	0	0	0	0	0	0.00%	0	0.00%
2018/11/10(SAT)	0	0	0	0	0	1	0	0	1	0.58%	1	0.58%
2018/11/11(SUN)	0	0	0	0	0	0	0	0	0	0.00%	0	0.00%
2018/11/12(MON)	0	0	0	0	0	0	0	0	0	0.00%	0	0.00%
2018/11/13(TUE)	1	0	0	0	0	6	0	0	7	4.09%	7	4.09%
2018/11/14(WED)	0	0	0	0	0	2	0	0	2	1.17%	2	1.17%
2018/11/15(THU)	0	0	0	0	0	2	0	0	2	1.17%	2	1.17%
2018/11/16(FRI)	0	0	0	0	0	0	0	0	0	0.00%	0	0.00%

- 顯示每日依照房間小類上的房間大類來統計每個房型被訂的間數，進而算出該房型訂房率。
- 訂房率：每日房型小計/總房間數。

  此報表可依某一時期每個房型被訂的房間數算出該房型訂房率，旅館及前後檯人員可以即時了解，不同時期房型與訂房率的變化對旅館行銷策略之影響。

訂房預估報表（依類別）—房間大類

館別	代號	簡稱	名稱	間數	標準房價	標準服務費	開始日期	結束日期	房間大類
德安花園酒店館	AAA	AAA	雙床房		3,000	300	2019/10/01	2020/06/30	DEF:
德安花園酒店館	FDFD	FDFD	FDFD	50	5,000	500	2018/04/24	2021/04/24	DEF:
德安花園酒店館	Ming	閣樓房	閣樓房	11	10,000	1,000	2018/08/01	2099/12/31	Ming:Ming
德安花園酒店館	QP	悠遊客房	悠遊客房(妖)	30	28,000	2,800	2019/03/07	2020/03/07	H:飯店
德安花園酒店館	SDFG	SDFGH	SDFGH	50	500	50	2019/03/24	2020/04/24	DEF:
德安花園酒店館	SPR	精緻雙人客	精緻雙人客房	50	6,000	600	2019/01/01	2020/12/31	H:飯店
德安花園酒店館	STT	TEST4	TEST4	50	5,800	580	2019/03/24	2021/04/24	DEF:
德安花園酒店館	TEST	TEST	TEST	37	5,000	500	2018/09/26	2020/03/18	DEF:
德安花園酒店館	THMP	綺幻客房	綺幻客房	40	35,000	3,500	2019/03/07	2020/03/07	DEF:
德安花園酒店館	ZXC	ZXC	ZXC	50	5,000	500	2018/03/24	2020/04/24	DEF:

房間小類對照檔可以歸屬在不同房間大類下（如上圖）。

德安大酒店

訂房數量預估報表

製表者ID：cio
製 表 者：德安資訊

製表日：2019/12/24 11:54:21
Page 1 of 1

查詢條件:開始日期：2018/10/24 結束日期：2018/10/31 房間大類：'H' 館別：'01'

用房日期	星期	房間大類	散客			商務			團體			合計					訂房率				
			到達	離店	住宿	到達	離店	住宿	到達	離店	住宿	到達	離店	住宿	修理	參觀	散客%	團體%	商務%	合計%	總間數不含參觀、修理%
2018/10/24	三	H	2	2	2	0	0	0	0	0	0	2	2	2	0	0	100.00%	0.00%	0.00%	1.17%	1.17%
		全館	2	2	2	0	0	0	0	0	0	2	2	2	0	0					
2018/10/25	四	H	0	2	0	0	0	0	0	0	0	0	2	0	0	0	0.00%	0.00%	0.00%	0.00%	0.00%
		全館	0	2	0	0	0	0	0	0	0	0	2	0	0	0					
2018/10/26	五	H	2	0	2	0	0	0	0	0	0	2	0	2	0	0	100.00%	0.00%	0.00%	1.17%	1.17%
		全館	2	0	2	0	0	0	0	0	0	2	0	2	0	0					
2018/10/27	六	H	0	2	0	0	0	0	0	0	0	0	2	0	0	0	0.00%	0.00%	0.00%	0.00%	0.00%
		全館	0	2	0	0	0	0	0	0	0	0	2	0	0	0					
2018/10/28	日	H	0	0	0	0	0	0	0	0	0	0	0	0	0	0	0.00%	0.00%	0.00%	0.00%	0.00%
		全館	0	0	0	0	0	0	0	0	0	0	0	0	0	0					
2018/10/29	一	H	0	0	0	0	0	0	0	0	0	0	0	0	0	0	0.00%	0.00%	0.00%	0.00%	0.00%
		全館	0	0	0	0	0	0	0	0	0	0	0	0	0	0					
2018/10/30	二	H	3	0	3	0	0	0	0	0	0	3	0	3	0	0	100.00%	0.00%	0.00%	1.75%	1.75%
		全館	3	0	3	0	0	0	0	0	0	3	0	3	0	0					
2018/10/31	三	H	1	3	1	0	0	0	0	0	0	1	3	1	0	0	100.00%	0.00%	0.00%	0.58%	0.58%
		全館	1	3	1	0	0	0	0	0	0	1	3	1	0	0					
總計		H	8	9	8	0	0	0	0	0	0	8	9	8	0	0					
		全館	8	9	8	0	0	0	0	0	0	8	9	8	0	0					
平均		H	1.0	1.1	1.0	0.0	0.0	0.0	0.0	0.0	0.0	1.0	1.1	1.0							
		全館	1.0	1.1	1.0	0.0	0.0	0.0	0.0	0.0	0.0	1.0	1.1	1.0							

- 顯示每日依照房間小類上的房間大類來統計每個類別的房間數變化，進而算出該房型訂房率，以及加總與平均值。

  此報表可依某一時期每個類別被訂的房間數算出該房型訂房率，旅館及前後檯人員可以即時了解，不同時期類別與訂房率的變化對旅館營運之影響。

房間銷售狀況預估年報表—房間大類

館別	代號	簡稱	名稱	間數	標準房價	標準服務費	開始日期	結束日期	房間大類
德安花園酒店館	AAA	AAA	雙床房		3,000	300	2019/10/01	2020/06/30	DEF:
德安花園酒店館	FDFD	FDFD	FDFD	50	5,000	500	2018/04/24	2021/04/24	DEF:
德安花園酒店館	Ming	閣樓房	閣樓房	11	10,000	1,000	2018/08/01	2099/12/31	Ming:Ming
德安花園酒店館	QP	悠遊客房	悠遊客房(妖)	30	28,000	2,800	2019/03/07	2020/03/07	H:飯店
德安花園酒店館	SDFG	SDFGH	SDFGH	50	500	50	2019/03/24	2020/04/24	DEF:
德安花園酒店館	SPR	精緻雙人客	精緻雙人客房	50	6,000	600	2019/01/01	2020/12/31	H:飯店
德安花園酒店館	STT	TEST4	TEST4	50	5,800	580	2019/03/24	2021/04/24	DEF:
德安花園酒店館	TEST	TEST	TEST	37	5,000	500	2018/09/26	2020/03/18	DEF:
德安花園酒店館	THMP	綺幻客房	綺幻客房	40	35,000	3,500	2019/03/07	2020/03/07	DEF:
德安花園酒店館	ZXC	ZXC	ZXC	50	5,000	500	2018/03/24	2020/04/24	DEF:

房間小類對照檔可以歸屬在不同房間大類下（如上圖）。

適用132報表紙

德安大酒店

房間銷售狀況預估年表-房間大類

製表者ID：cio
製 表 者：德安資訊

製表日：2019/12/24 11:55:17
Page 1 of 12

日期	類別	01	02	03	04	05	06	07	08	09	10	11	12	13	14	15	16	17	18	19	20	21	22	23	24	25	26	27	28	29	30	31	合計
2018/10	散客	0	0	0	0	0	0	0	0	0	0	0	0	0	0	0	0	0	0	0	0	0	0	0	0	0	0	0	0	0	0	0	0
DEF	團體	0	0	0	0	0	0	0	0	0	0	0	0	0	0	0	0	0	0	0	0	0	0	0	0	0	0	0	0	0	0	0	0
	商務	0	0	0	0	0	0	0	0	0	0	0	0	0	0	0	0	0	0	0	0	0	0	0	0	0	0	0	0	0	0	0	0
	每日	0	0	0	0	0	0	0	0	0	0	0	0	0	0	0	0	0	0	0	0	0	0	0	0	0	0	0	0	0	0	0	0
	館內鎖控	0	0	0	0	0	1	2	2	2	3	3	3	3	4	3	3	3	3	0	0	0	0	0	0	0	0	0	0	0	0	0	35
2018/10	散客	7	6	4	5	4	7	6	6	4	1	1	3	2	6	6	2	15	3	4	2	1	0	2	2	0	2	0	0	0	3	1	105
X	團體	0	0	0	0	0	0	0	0	0	0	0	5	0	1	0	0	0	0	0	0	0	0	0	0	0	0	0	0	0	0	0	6
	商務	0	0	0	0	0	0	0	0	0	0	0	0	0	0	0	0	0	0	0	0	0	0	0	0	0	0	0	0	0	0	0	0
	每日	7	6	4	5	4	7	6	6	4	1	1	8	2	7	6	2	15	3	4	2	1	0	2	2	0	2	0	0	0	3	1	111
	館內鎖控	0	0	0	0	0	1	2	2	2	3	3	3	3	4	3	3	3	3	0	0	0	0	0	0	0	0	0	0	0	0	0	35
2018/10	散客	1	1	1	1	1	1	1	1	1	1	1	1	0	1	1	0	0	0	0	0	0	0	0	0	0	0	0	0	0	0	0	14
XO	團體	0	0	0	0	0	0	0	0	0	0	0	0	0	0	0	0	0	0	0	0	0	0	0	0	0	0	0	0	0	0	0	0
	商務	0	0	0	0	0	0	0	0	0	0	0	0	0	0	0	0	0	0	0	0	0	0	0	0	0	0	0	0	0	0	0	0
	每日	1	1	1	1	1	1	1	1	1	1	1	1	0	1	1	0	0	0	0	0	0	0	0	0	0	0	0	0	0	0	0	14
	館內鎖控	0	0	0	0	0	1	2	2	2	3	3	3	3	4	3	3	3	3	0	0	0	0	0	0	0	0	0	0	0	0	0	35
2018/10	散客	0	0	0	0	0	0	0	0	0	0	0	0	0	0	0	0	0	0	0	0	0	0	0	0	0	0	0	0	0	0	0	0
Ming	團體	0	0	0	0	0	0	0	0	0	0	0	0	0	0	0	0	0	0	0	0	0	0	0	0	0	0	0	0	0	0	0	0
	商務	0	0	0	0	0	0	0	0	0	0	0	0	0	0	0	0	0	0	0	0	0	0	0	0	0	0	0	0	0	0	0	0
	每日	0	0	0	0	0	0	0	0	0	0	0	0	0	0	0	0	0	0	0	0	0	0	0	0	0	0	0	0	0	0	0	0
	館內鎖控	0	0	0	0	0	1	2	2	2	3	3	3	3	4	3	3	3	3	0	0	0	0	0	0	0	0	0	0	0	0	0	35
全館	散客	8	7	5	6	5	8	7	7	5	2	2	4	2	7	7	2	15	3	4	2	1	0	2	2	0	2	0	0	0	3	1	119
	團體	0	0	0	0	0	0	0	0	0	0	0	5	0	1	0	0	0	0	0	0	0	0	0	0	0	0	0	0	0	0	0	6
	商務	0	0	0	0	0	0	0	0	0	0	0	0	0	0	0	0	0	0	0	0	0	0	0	0	0	0	0	0	0	0	0	0
	每日	8	7	5	6	5	8	7	7	5	2	2	9	2	8	7	2	15	3	4	2	1	0	2	2	0	2	0	0	0	3	1	125
	館內鎖控	0	0	0	0	0	1	2	2	2	3	3	3	3	4	3	3	3	3	0	0	0	0	0	0	0	0	0	0	0	0	0	35
2018/11	散客	0	0	0	0	0	0	0	0	0	0	0	0	0	0	0	0	1	1	1	0	0	0	0	0	0	0	0	0	0	0		3
DEF	團體	0	0	0	0	0	0	0	0	0	0	0	0	0	0	0	0	0	0	0	0	0	0	0	0	0	0	0	0	0	0		0
	商務	0	0	0	0	0	0	0	0	0	0	0	0	0	0	0	0	0	0	0	0	0	0	0	0	0	0	0	0	0	0		0
	每日	0	0	0	0	0	0	0	0	0	0	0	0	0	0	0	0	1	1	1	0	0	0	0	0	0	0	0	0	0	0		3
	館內鎖控	0	0	0	0	0	0	0	0	0	0	0	0	0	0	0	0	0	0	0	0	0	0	0	0	0	0	0	0	0	0		0

- 顯示每一天每個類別的訂房數及鎖控數，一次可查詢一年。

  此報表可查詢一年或依某一時期，每個類別被訂的房間數及鎖控房間數，可以了解每個類別的變化對旅館行銷策略之影響。

房種空房數月報表

適用A4直印報表紙

德安大酒店

製表者ID：cio

製 表 者：德安資訊

房種空房數月報表

製表日：2019/12/24 11:56:30

Page 1 of 5

查詢條件：開始日期：2018/10/17　結束日期：2018/12/31

（ * 號表示歷史空房數統計 ）

日期	SPR	Q3	STD	DXK	DXT	EXK	EXT	TEST	Q2	SQS	QQ	BSPR	FDFD	Ming	Q1	ZXC	小計	空房率
2018/10/17(WED)	33	15	33	18	13	2	15	37	10	5	30	0	50	10	15	50	**336**	**87.73%**
2018/10/18(THU)	32	15	37	23	17	2	15	37	10	5	30	0	50	10	15	50	**348**	**90.86%**
2018/10/19(FRI)	46	15	50	23	20	2	15	37	10	5	30	1	50	10	15	50	**379**	**98.96%**
2018/10/20(SAT)	33	15	40	23	17	2	15	37	10	5	30	0	50	10	15	50	**352**	**91.91%**
2018/10/21(SUN)	35	15	40	23	17	2	15	37	10	5	30	0	50	10	15	50	**354**	**92.43%**
2018/10/22(MON)	35	15	40	23	17	2	15	37	10	5	30	0	50	10	15	50	**354**	**92.43%**
2018/10/23(TUE)	48	15	50	23	20	2	15	37	10	5	30	1	50	10	15	50	**381**	**99.48%**
2018/10/24(WED)	33	15	40	23	17	2	15	37	10	5	30	0	50	10	15	50	**352**	**91.91%**
2018/10/25(THU)	35	15	40	23	17	2	15	37	10	5	30	0	50	10	15	50	**354**	**92.43%**
2018/10/26(FRI)	35	15	40	23	17	2	15	37	10	5	30	0	50	10	15	50	**354**	**92.43%**
2018/10/27(SAT)	35	15	40	23	17	2	15	37	10	5	30	0	50	10	15	50	**354**	**92.43%**
2018/10/28(SUN)	35	15	40	23	17	2	15	37	10	5	30	0	50	10	15	50	**354**	**92.43%**
2018/10/29(MON)	35	15	40	23	17	2	15	37	10	5	30	0	50	10	15	50	**354**	**92.43%**
2018/10/30(TUE)	34	15	40	23	15	2	15	37	10	5	30	0	50	10	15	50	**351**	**91.64%**
2018/10/31(WED)	34	15	40	23	17	2	15	37	10	5	30	0	50	10	15	50	**353**	**92.17%**
"月累計"	538	225	610	340	255	30	225	555	150	75	450	2	750	150	225	750	**5330**	**92.78%**

- 依每日統計每個房型的空房數量，進而算出空房率（空房小計/總房間數）。

  此報表可查詢某一時期的空房數量並算出空房率，旅館可了解空房率對旅館營運之影響，適時調整行銷策略。

訂房數量異動折線圖

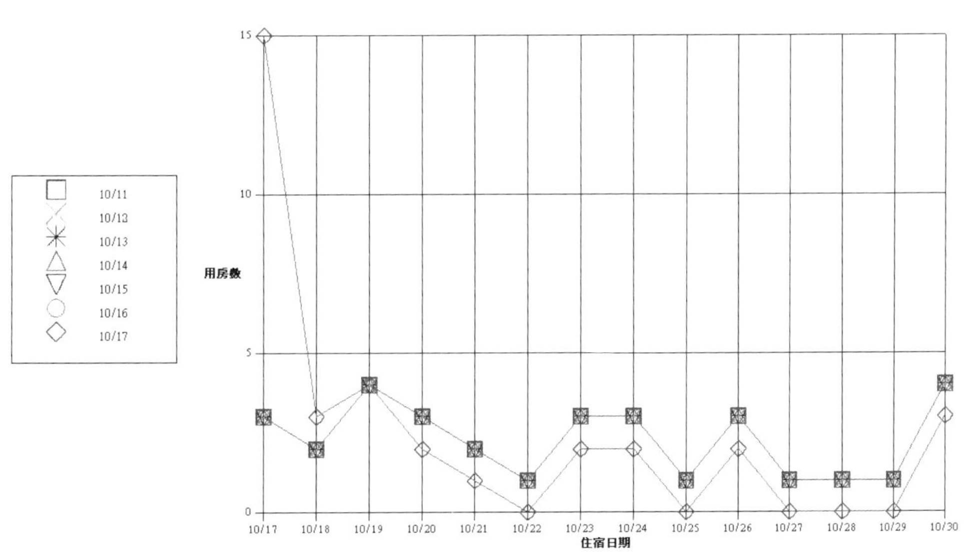

- 依資料日期區間統計未來用房數，並用折線圖顯示（可用日期或月份顯示）。

  此報表查詢某一時期訂房數的異動並以圖形顯示，旅館可立即了解訂房數的變化是否對旅館營運有所影響，以利適時調整營運策略。

預期訂房報表

建議列印紙張：132 報表紙

德安大酒店

預期訂房報表

製表者ID：cio

製 表 者：德安資訊

製表日：2019/12/24 11:58:17

Page 1 of 1

查詢條件　C/I日期：2018/10/17

C/I日期	C/O日期	種類	狀態	訂房卡號	訂房人	公司/單位名稱	聯絡人	業務員	DXT:豪華雙	PR:精緻雙人套	合計
2018/10/17	2018/10/18	散客	取消	00606901	CALDARULO IRENE	網路訂房專用	Caldarulo Ir	王大明		1	1
			已有C/	00846301	Angela	一般散客	Angela			1	1
			正常	00607101	CALDARULO IRENE	網路訂房專用	Caldarulo Ir	王大明		1	1
				00608101	CALDARULO IRENE	網路訂房專用	Caldarulo Ir	王大明		1	1
				00846401	aabbcc	東南旅行社	aabbcc	陳瑞克		5	5
				00846501	test	東南旅行社	test	陳瑞克	5		5
				00846601	孟	一般散客	孟			1	1
	2018/10/20	散客	已有C/	00846701	Angela	一般散客	Angela			1	1

- 可查詢某段起迄期間的訂房卡，且針對房型間數顯示。

  此報表可查詢某一時期的房型房間數，旅館可即時調整房型數量租售，適時採取行銷策略。

訂房取消及候補報表

適用132報表紙

德安大酒店

訂房取消及候補報表

製表者ID：cio

製 表 者：德安資訊

製表日：2019/12/24 11:58:49

Page 1 of 1

查詢條件：C/I日期：2018/10/17　訂房卡狀態：'D','W'

最後異動日	訂房卡號	序	最後異動者	訂房者	公司名稱	代訂公司名稱	連絡人	業務員	C/I日期	C/O日期	房價代號	計價房種	訂房數	新房價	住客類別	小計	訂房卡備註
狀態：取消																	
18/10/05	00606901	- 1	INIT	CALDARULO IRENE	網路訂房專用	網路訂房專用	Caldarul	王大明	18/10/17	18/10/18	MC0001	SPR	1	4,194	網路訂房	1	支付網路VISA 16003601 歡慶耶誕(YA)r 2018-10-04 10:02:01 / Modified from gta.com: 2018-10-04 10:02:01 / modify by GTA.com,BookingId=153958 to register,queues_modifiedI 18:29:04
											房價 X 間數 總計：			4,194	房間數：	1	

- 分別統計訂房卡狀態取消及等待訂單資料。

  此報表可查詢某一時期的訂房狀態取消及等待候補訂單資料，旅館可適時調整租售策略。

訂房確認數統計表

德安大酒店 - Angela:00846301 確認號碼:C0001540

電話查詢						連結序號	1
Full Name	Angela	Profile		稱謂	先生	職稱	
狀態	一般	等級 0	歷史編號 020006000	國籍	中華民國台灣	性別	MALE
公司名稱				來訪次數	0	來訪天數	0
歷史備註			...			喜好房號	
訂房卡號	00846301	速查卡號	8463	團號	Angela	官網/聯訂	
住房日期	2018/10/17(三)	1	2018/10/18(四)	訂房公司	一般散客		...
房價代號	WEB0316 一般住宿		鎖控	聯絡人	Angela	業務員	
計價房種	SPR 精緻雙人客	訂房數	1	公司電話	0	LINE ID	123 ...
使用房種	SPR 精緻雙人客 ...	單日房價	6,000	住客類別	LOF 一般散客	訂房來源	03:關係企業訂房
房號	208 ...	服務費	0	C/I 提醒	接駁部分為您安排如下： 12/31 - 16:00接至飯店(約16:		

已CI 顯示取消明細☑ (准核) 確認訂房☑ 新增關聯訂房卡 1 +

		狀態	姓名	訂	計價	使用
刪	1	入住	Angela	1	SPR	SPR
			小計：	1		

於訂房卡上有勾選確認訂房的訂單。

適用A4報表紙
製表者ID：cio
製 表 者：德安資訊

德安大酒店
訂房確認數統計表

製表日：2019/12/24 12:38:51
頁 次：Page1 of 1

查詢條件：起訖日期:2018/10/18 - 2018/10/24 顯示天數:7

C/I 日期	星期	已確認訂房	未確認訂房	總訂房數	已確認比例%
2018/10/18	四	1	1	2	50
2018/10/19	五	0	3	3	0
2018/10/20	六	0	2	2	0
2018/10/21	日	0	1	1	0
2018/10/22	一	0	0	0	0
2018/10/23	二	0	2	2	0
2018/10/24	三	0	2	2	0
	合計	1	11	12	8.33

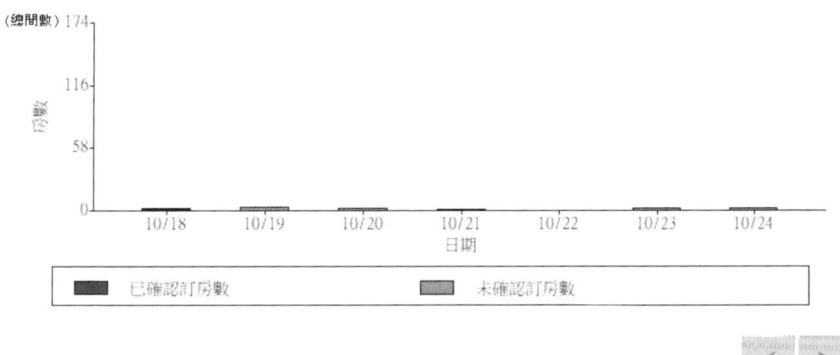

< >

- 統計每日訂房單確認與否的數量，並用條狀圖顯示。
- 已確認比例公式：已確認訂房數/總訂房數。

此報表可確認每日訂房資料，旅館可適時調整訂房策略，以利收益統計分析及提升旅館訂房率。

旅客停留天數分析表

查詢條件：

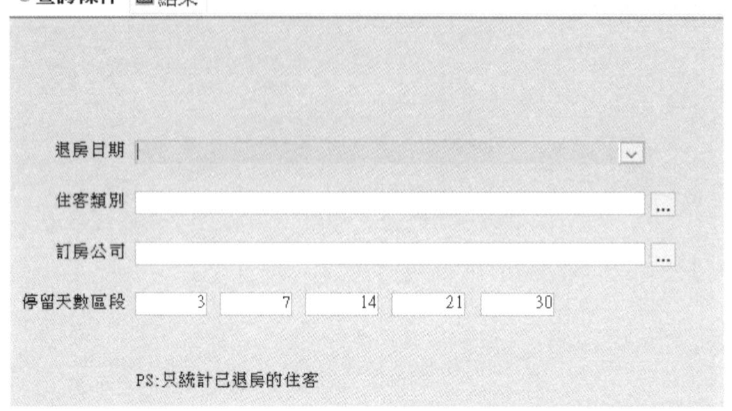

- 日期可下區間並可依照訂房公司或住客類別（散團）查詢。
- 停留天數可依照所需分析的天數下條件查詢。

適用A4橫印報表紙

德安大酒店

旅客停留天數分析表

製表者ID：cio

製 表 者：德安資訊

製表日：2019/12/24 13:22:15

Page 1 of 1

查詢條件： 退房日期：2016/12/22:2016/12/31 天數一：3 天數二：7 天數三：14 天數四：21 天數五：30

	0-3天			4-7天			8-14天			15-21天			22-30天			31天以上			合計	
日期	房間數	住房人數	平均人數	房間數	住房人數	平均人數	房間數	住房人數	平均人數	房間數	住房人數	平均人數	房間數	住房人數	平均人數	房間數	住房人數	平均人數	房間數	總人數
2016/12/22	1	2	2.0	0	0	0.0	0	0	0.0	0	0	0.0	0	0	0.0	0	0	0.0	1	2
2016/12/23	1	0	0.0	0	0	0.0	0	0	0.0	0	0	0.0	0	0	0.0	0	0	0.0	1	0
2016/12/24	11	21	1.9	0	0	0.0	0	0	0.0	0	0	0.0	0	0	0.0	0	0	0.0	11	21
2016/12/25	5	8	1.6	0	0	0.0	0	0	0.0	0	0	0.0	0	0	0.0	1	1	1.0	6	9
2016/12/26	0	0	0.0	0	0	0.0	0	0	0.0	0	0	0.0	0	0	0.0	0	0	0.0	0	0
2016/12/27	0	0	0.0	0	0	0.0	0	0	0.0	0	0	0.0	0	0	0.0	0	0	0.0	0	0
2016/12/28	0	0	0.0	0	0	0.0	0	0	0.0	0	0	0.0	0	0	0.0	0	0	0.0	0	0
2016/12/29	0	0	0.0	0	0	0.0	0	0	0.0	0	0	0.0	0	0	0.0	0	0	0.0	0	0
2016/12/30	0	0	0.0	0	0	0.0	0	0	0.0	0	0	0.0	0	0	0.0	0	0	0.0	0	0
2016/12/31	0	0	0.0	0	0	0.0	0	0	0.0	0	0	0.0	0	0	0.0	0	0	0.0	0	0
小計	18	31		0	0		0	0		0	0		0	0		1	1		19	32

- 依照住宿房間計算住宿的天數（其天數是含顯示的天數）。

  例：0-3 是指住宿 0-3 天（含 3 天）的房間數統計。

  此報表可確認旅客停留天數，旅館可依旅客常駐狀態適時調整計價方式以及訂房策略，以利收益統計分析及提升旅館住房率。

訂房日與入住日差異天數報表

查詢條件：

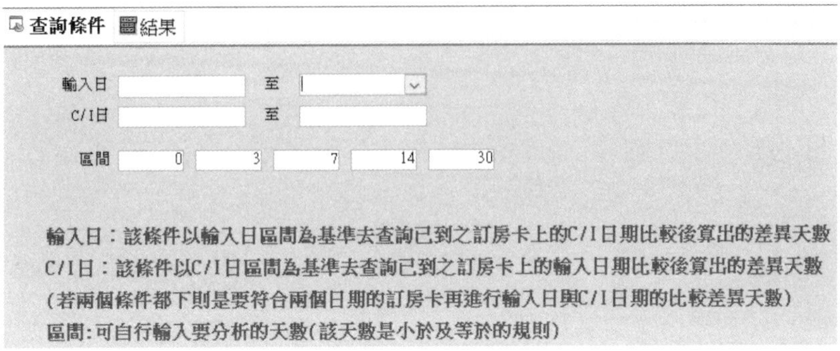

查詢條件 結果

輸入日 [ ] 至 [ ]
C/I日 [ ] 至 [ ]

區間 0 3 7 14 30

輸入日：該條件以輸入日區間為基準去查詢已到之訂房卡上的C/I日期比較後算出的差異天數
C/I日：該條件以C/I日區間為基準去查詢已到之訂房卡上的輸入日期比較後算出的差異天數
(若兩個條件都下則是要符合兩個日期的訂房卡再進行輸入日與C/I日期的比較差異天數)
區間：可自行輸入要分析的天數(該天數是小於及等於的規則)

如圖所示：

查詢條件 結果

適用A4直印

德安大酒店

製表者ID：cio
製 表 者：德安資訊

訂房日與入住日差異天數報表

製表日：2019/12/24 13:24:58
Page 1 of 1

查詢條件：輸入日起：2019/8/1 輸入日迄：2019/12/16 區間一：0 區間二：3 區間三：7 區間四：14
區間五：30

差異日	案件數	間數	房租收入	案件占比%	間數占比%	平均房價
8-14天	1	1	3,000	1.27%	.81%	3,000
15-30天	5	5	14,105	6.33%	4.03%	2,821
31天以上	73	118	459,330	92.41%	95.16%	3,893
小計	79	124	476,435			

- 依照所下條件天數分析案件數（訂房卡）及間數，並統計百分比例。

  此報表可了解旅客訂房日與入住日差異的天數資料，旅館藉此報表亦可了解天數差異是否影響房租收入與平均房價。

年齡層報表

適用A4直印

德安大酒店

製表者ID：cio
製 表 者：德安資訊

年齡層報表

製表日：2019/12/24 13:27:42
Page 1 of 1

查詢條件：住宿期間：2018/6/3

	Today		MTD		YTD	
年齡層範圍	人數	占比%	人數	占比%	人數	占比%
0-10歲	0	0.00%	0	0.00%	1	0.90%
11-20歲	0	0.00%	0	0.00%	0	0.00%
21-30歲	1	100.00%	3	15.79%	10	9.01%
31-40歲	0	0.00%	1	5.26%	1	0.90%
41-50歲	0	0.00%	2	10.53%	7	6.31%
其他未計入	0	0.00%	13	68.42%	92	82.88%
小計	1		19		111	

- 依照日期去統計每位住客的出生年月日（要輸入才能分析），再轉換成歲數做統計並依日月年概念呈現。

  此報表依旅客年齡層做資料分析，旅館可以旅客年齡住房比率進一步做客源分析，以利調整行銷策略。

旅客性別報表

適用A4直印報表紙

德安大酒店

旅客性別報表

製表者ID：cio
製 表 者：德安資訊
製表日：2019/12/24 13:28:38
Page 1 of 1

查詢條件： 住宿日期：2018/9/1 至：2018/9/15

日期	星期	男	佔比%	女	佔比%	總數
2018/09/01	(六)	0	0.00%	0	0.00%	0
2018/09/02	(日)	0	0.00%	0	0.00%	0
2018/09/03	(一)	0	0.00%	0	0.00%	0
2018/09/04	(二)	0	0.00%	0	0.00%	0
2018/09/05	(三)	0	0.00%	0	0.00%	0
2018/09/06	(四)	0	0.00%	0	0.00%	0
2018/09/07	(五)	0	0.00%	0	0.00%	0
2018/09/08	(六)	3	100.00%	0	0.00%	3
2018/09/09	(日)	10	66.67%	5	33.33%	15
2018/09/10	(一)	12	70.59%	5	29.41%	17
2018/09/11	(二)	13	72.22%	5	27.78%	18
2018/09/12	(三)	17	85.00%	3	15.00%	20
2018/09/13	(四)	10	76.92%	3	23.08%	13
2018/09/14	(五)	15	83.33%	3	16.67%	18
2018/09/15	(六)	13	81.25%	3	18.75%	16
合計		93	77.50%	27	22.50%	120

- 依每位住客上的性別欄位統計每日男女比例。

  此報表依旅客性別做資料分析，旅館可以性別住房比率進一步做客源分析，以利調整行銷策略。

13.2 接待模組報表分析

德安旅館資訊系統之接待模組，主要係提供前檯人員每個房間狀態的資訊。並可根據房間狀況隨時提供最新資訊，在住宿登記時協助客房分配。而接待模組功能主要在讀取顧客訂房資料，適時顯示所有符合訂房要求之可售房間，以供櫃檯人員排房需要，並完成旅客住宿登記工作，必要時還能手動更改房務部的房間狀態。以上作業在確認團體名單、房型及共用房間等資料後，可以單一步驟快速完成團體住宿登記手續，相關接待模組報表說明如下。

服務數量報表

彙總式：

適用80報表紙　　德安大酒店

製表者ID：cio　　**服務數量報表**　　製表日：2019/12/24 13:29:35
製 表 者：德安資訊　　Page 1 of 1

查詢條件：服務日期：2018/10/17　排序：1　查詢範圍：IN_HOUSE

棟別	樓別	服務項目	總數量	房號	數量	房號	數量	房號	數量	房號	數量	房號	數量
-	--	9023:預估樂園票	2	G01	2								
1	02	0322:加購早餐	2	208	2								
1	05	2011:客房早餐	2	508	2								
	05	3010:預估早餐	1	506	1								
	05	R001:夏樂暑期熟客專屬	1	508	1								

總數量：	服務項目	數量	服務項目	數量	服務項目	數量
	加購早餐	2	客房早餐	2	夏樂暑期熟客專屬優惠	1
	預估早餐	1	預估樂園票	2		

- 依照服務項目設定服務種類為「服務」或「餐飲」的都會列在此報表中。有分為彙總格式及明細格式兩種。

  此報表提供住宿旅客使用旅館周邊之服務資料，旅館可以了解旅客使用服務分類及分項做住宿旨趣分析，以利旅館調整住宿周邊服務之行銷策略。

到達旅客報表

到達旅客報表系統提供包含到達旅客報表 ALL、到達旅客報表（散客）、到達旅客報表（團體）及到達旅客報表（依來訪次數）。

- 到達旅客報表 ALL：可以不分住客類別查出所有預定到達的訂房卡資料。

適用132報表紙　　德安大酒店

製表者ID：cio　　**到達旅客報表ALL**　　製表日：2019/12/24 13:30:35
製 表 者：德安資訊　　Page 3 of 3

查詢條件：C/I日期：2018/10/17　報表格式：標準格式　接送機：0

序號 訂房者　訂金 連絡人　公司名稱　連絡電話一　連絡電話二　住客類別　訂房備註
訂房卡號　C/I日期　C/O日期　房價代號　到達時間　使用房種　實際房價　房數　大人　小孩　嬰兒
VIP　Full Name　車號　來訪　國籍　歷史備註
服務項目　數量　服務項目　數量　服務項目　數量　服務項目　數量　服務項目　數量　服務項目　數量
導遊姓名　連絡電話　房號　晨呼時間 接送機

7　Angela　無　Angela　02-25176066　一般散客
00846701　2018/10/17　2018/10/20　夏樂 暑期熟客專屬1　SPR　6000　1　1　0　0
0　Angela　0　TWN　已C/I
夏樂暑期熟客專1　客房早餐　2

人數總計：大人總數：29 位　小孩總數：0 位　嬰兒總數：0 位

房種	團體	散客	商務	小計
DXK	0	5	0	5
DXT	0	4	0	4
SPR	0	2	0	2
STD	0	4	0	4
	0	15	0	15

- 到達旅客報表（散客）：提供查詢住客類別為「散客」類別的預定到達的訂房卡資料。

適用132報表紙

德安大酒店

製表者ID：cio
製 表 者：德安資訊

到達旅客報表(散客)

製表日：2019/12/24 13:32:43
Page 1 of 2

查詢條件：C/I日期：2018/10/17　報表格式：到達旅客報表

```
訂房者                    訂金 連絡人          公司名稱          連絡電話一             連絡電話二            訂房備註
  序號 C/I日期    C/O日期    房價代號                      到達時間  大人  小孩  嬰兒 使用房種      房數    實際房價 住客類別       訂房卡號
  VIP Full Name                              來訪    住客歷史備註
CALDARULO IRENE           有  Caldarulo Irene  網路訂房專用                                              支付網路VISA  16003601 歡慶耶誕(YA)r ,BookingId=1539581
  1    2018/10/17 2018/10/18 歡慶耶誕                             2     0     0 SPR              1     4194 網路訂房-      00607101
  (服務項目/ 數量):(加購早餐 / 1)
  0    CALDARULO IRENE                        0
CALDARULO IRENE           有  Caldarulo Irene  網路訂房專用                                              支付網路VISA  16003601 歡慶耶誕(YA)r ...d from gta.com:
  2    2018/10/17 2018/10/18 歡慶耶誕                             2     0     0 SPR              1     4194 網路訂房-      00608101
  (服務項目/ 數量):(加購早餐 / 1)
  0    CALDARULO IRENE                        0
Angela                    無  Angela                               0                    123          歡迎新的合作夥伴  皇家薇庭  台中萬楓酒店  佳適迎旅舍-中
  3    2018/10/17 2018/10/18 一般住宿                             2     0     0 SPR              1     6000 一般散客       00846301
  (服務項目/ 數量):(早餐成人 / 2)(加購早餐 / 2)
  0    Angela                                 0      接駁部分為您安排如下： 12/31 - 16:00接至飯店(約16:30抵達飯店) 01/02 - 14:00接至車站(約14:30抵達車站，下
aabbcc                    無  aabbcc           德安酒店台北館                           0222334445
  4    2018/10/17 2018/10/18 一般住宿                             2     0     0 SPR              5     6000 一般散客       00846401
  (服務項目/ 數量):(早餐成人 / 2)(加購早餐 / 2)
  9    aabbcc                                 0
```

- 到達旅客報表（團體）：提供查詢住客類別為「團體」類別的預定到達的訂房卡資料。

適用80報表紙

德安大酒店

製表者ID：cio
製 表 者：德安資訊

到達旅客報表(團體)

製表日：2019/12/24 13:39:21
Page 1 of 1

查詢條件: C/I日期：2018/10/17

團名：上上旅行社	公司名稱：上上旅行社	公帳號：G78
導遊：	代訂公司：上上旅行社	訂房卡號：00846801

序號	C/I日期	C/O日期	計價房種	使用房種	數量	Rate Cod	大人數	小孩數	嬰兒數	房價	服務費
3	2018/10/17	2018/10/18	STD	STD	2	PKG0003	4	0	0	4800	480
	服務項目： 客房早餐（早茶）				2						
	加購早餐				1						
	SAUNA				2						
	客房晚餐（晚茶				1						
3	2018/10/17	2018/10/18	DXT	DXT	1	PKG0003	2	0	0	6800	680
	服務項目： 客房早餐（早茶）				2						
	加購早餐				1						
	SAUNA				2						
	客房晚餐（晚茶				1						
3	2018/10/17	2018/10/18	SPR	SPR	2	PKG0003	4	0	0	6500	650
	服務項目： 客房早餐（早茶）				2						
	加購早餐				1						
	SAUNA				2						
	客房晚餐（晚茶				1						

備註

人數總計: 大人總數: 10 位　小孩總數: 0 位　嬰兒總數: 0 位

房種	團體	散客	小計
DXK		5	**5**
DXT	1	4	**5**
SPR	2	2	**4**
STD	2	4	**6**
合計	**5**	**15**	**20**

- 到達旅客報表（依來訪次數）：可以不分住客類別查出所有預定到達的訂房卡資料，以來訪數由大到小排序。

適用132報表紙

德安大酒店

到達旅客報表(依來訪次數)

製表者ID：cio
製 表 者：德安資訊
列印條件：C/I日期：2018/10/18

序號	Full Name	公司名稱	房號	C/I日期	C/O日期	天數	房種	房價代號	VIP	次數	訂房卡號	消費總額	到達時間	備註
1	林宛珍	網路訂房專用		2018/10/18	2018/10/19	1	SPR	一同去郊遊	0	8	00592701	91,280		
2	孟			2018/10/18	2018/10/19	1	SPR	一般訂房	0	2	00846601	127,018		人很好給優惠

此報表提供住宿旅客包含到達旅客報表 ALL、散客、團體及來訪次數分類資料，旅館可以依住客分類，了解旅客住房房種、數量、房價等資料做分析，以利旅館調整住宿行銷策略。

預定離開報表（Room No.）

適用80報表紙

德安大酒店

預定離開報表(Room No.)

製表者ID：cio
製 表 者：德安資訊
製表日：2019/12/24 13:43:57
Page 1 of 1
列印條件: 預定 C/O 日期:2018/10/18

公帳號	客戶名稱 住客姓名	C/O備註	公司名稱	房數	房號	房號	房號	房號	房號
208	Angela Angela	統編23598233		1	208				
G78	上上旅行社		23598233_2 上上旅行社	5	1111	1112	1202	1203	202

合計： 6 間

- 此報表是依據每日預定離店的訂房卡顯示。
- 報表以公帳號→房號排序。

此報表提供每日離店旅客資料，旅館可依此資料做房間清潔準備派工，並調整可預約訂房資料，以提升旅館住房率。

C/I 報表

適用132報表紙

德安大酒店

C/I報表

製表者ID：cio
製 表 者：德安資訊
製表日：2019/12/24 13:44:41
Page 1 of 1
查詢條件：查詢日期：2018/10/17

公帳號	房號	Full Name	住房房種	VIP	住房日期	時間	預計C/O 日期	公司名稱	訂房卡號	歷史編號	客房備註
508	508-1	Angela	SPR	0	2018/10/17	10:44	2018/10/20		00846701	CRM000000000056601	
208	208-1	Angela	SPR	0	2018/10/17	11:16	2018/10/18		00846301	CRM000000000056601	歡迎新的合作夥伴 皇家薇庭 台中滇
378	1111-1	Angela	STD	0	2018/10/17	13:42	2018/10/18	上上旅行社	00846801	CRM000000000056601	
378	1112-1	Angela	STD	0	2018/10/17	13:42	2018/10/18	上上旅行社	00846801	CRM000000000056601	
378	1203-1	上上旅行社_5	STD	0	2018/10/17	13:42	2018/10/18	上上旅行社	00846801	HFD000000004446901	
378	1202-1	Angela	STD	0	2018/10/17	13:43	2018/10/18	上上旅行社	00846801	CRM000000000056601	
378	202-1	上上旅行社_4	DXK	0	2018/10/17	13:43	2018/10/18	上上旅行社	00846801	HFD000000004446801	

共 7 人　　房間：7間

- 統計當日 C／I 資料。

  此報表提供每日 C/I 旅客資料，旅館可依此資料進行常客以及重要旅客之顧客關係管理，並做好新客源之拓展服務。

C/I 總表

適用A4橫印

德安大酒店

C/I總表

製表者ID：cio
製 表 者：德安資訊
C/I Date： 2018/10/17

製表日：2019/12/24 13:45:27
Page 1 of 1

訂房卡號	序	公帳號	訂房房種	間數	C/I間數	釋放庫存數	差異	C/O日期	住客姓名	公司名稱	房號
00607101	- 1		SPR	1	0	0	1	10/18	CALDARULO IRENE	網路訂房專用	
00608101	- 1		SPR	1	0	0	1	10/18	CALDARULO IRENE	網路訂房專用	
00846301	- 1		SPR	1	1	0	0	10/18	Angela		208
00846401	- 1		SPR	5	0	0	5	10/18	aabbcc	德安酒店台北館	
00846501	- 1		DXT	5	0	0	5	10/18	test	東南旅行社	
00846601	- 1		SPR	1	0	0	1	10/18	孟		
00846701	- 1		SPR	1	1	0	0	10/20	Angela		508
00846801	- 1	G78	SPR	2	2	0	0	10/18	Angela	上上旅行社	1111,202
	- 2		STD	2	2	0	0	10/18	Angela	上上旅行社	1112,1203
	- 3		DXT	1	1	0	0	10/18	Angela	上上旅行社	1202
				20	7	0	13				

- 統計某一天的 C／I 資料。

  此 C/I 總表提供某日旅客訂房及實際 C/I 房間數，以及旅館釋放庫存房間數的差異分析資料，旅館可依此資料做 C/I 房間數差異性分析，進一步了解客源訂房與實際住房之差異原因。

Early C/O 報表

Early C/O 指實際退房日小於當初訂房時的退房日期。

適用A4橫印

德安大酒店

Early C/O報表

製表者ID：cio
製 表 者：德安資訊
查詢條件：實際C/O日期：2018/10/17

製表日：2019/12/24 13:46:17
Page 1 of 1

房號	Full Name	VIP	C/I日	實際C/O日	原訂C/O日	天數	計價別	公司名稱	出納備註
201	陳麗花	0	2018/09/09	2018/10/17	2018/11/09	38	單人計價		

- 統計當日天的 Early C/O 資料。

  此報表提供某日旅客提早 C/O 房間資料，旅館可進一步了解客源提早退房之原因。

Late C/O 報表

適用132報表紙
製表者ID：cio
製 表 者：德安資訊
查詢條件：查詢日期：2018/10/17

德安大酒店

Late C/O 報表

製表日：2019/12/24 13:46:53
Page 1 of 1

尚未C/O

逾時

房號	Full Name	公司名稱	C/I時間	VIP	核准時間	核准者	備註
506	luke		2018/10/16 10:44:02	0			

共： 1 人

已逾時C/O

房號	Full Name	公司名稱	C/I時間	C/O時間	VIP	核准時間	核准者	備註
201	陳麗花		2018/09/09 16:58:08	2018/10/17 12:55:23	0			

共： 1 人

前檯出納參數：

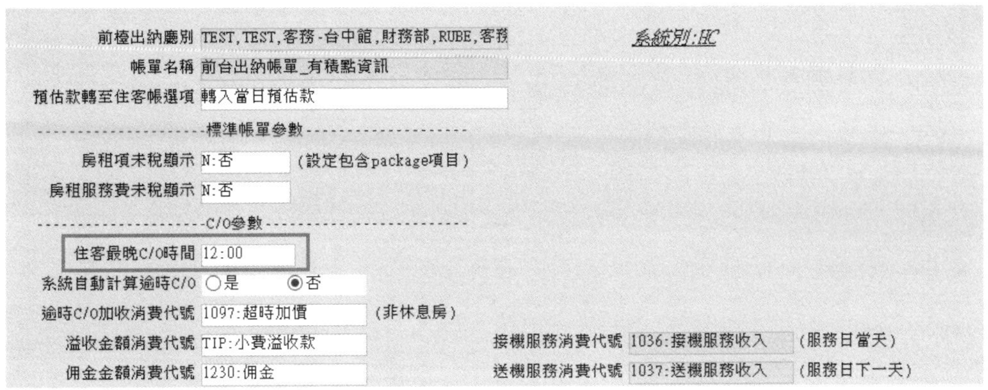

Late C/O 指退房時間大於前檯參數的住客最晚 C/O 時間即列為 Late C/O（除了有輸入 LATE C/O 時間的住客如下圖）。

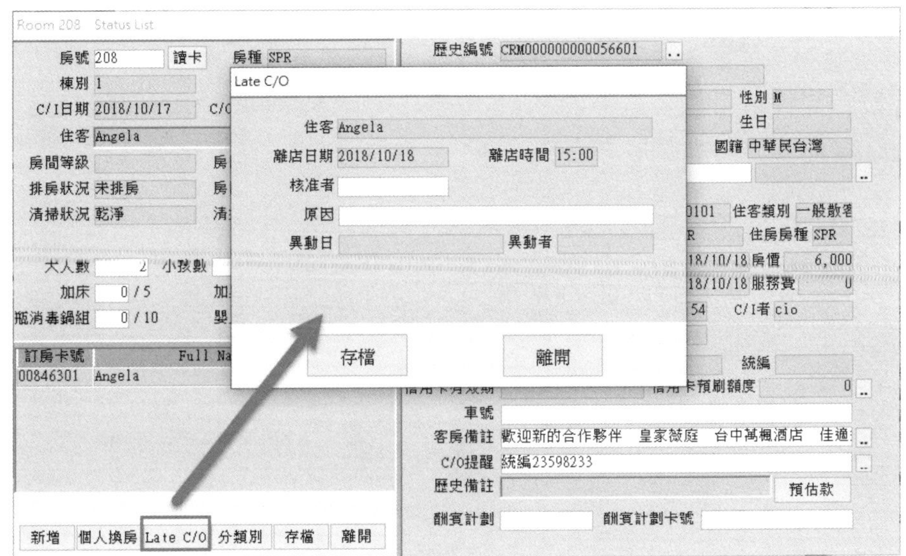

- 統計預計當天 C/O 但逾時未 C/O 的住客資料。

  此報表提供當日旅客逾時未 C/O 房間資料，旅館可進一步了解旅客是否付費續住或付費逾時停留之處理。

延後 C/O 報表

延後 C/O 指實際退房日大於當初訂房時的退房日期，通常稱作“Extend”，也就是延長該次退房日期。

適用A4橫印

德安大酒店

製表者ID：cio
製 表 者：德安資訊
查詢條件：實際C/O日期：2018/10/19

延後C/O報表

製表日：2019/12/24 13:52:25
Page 1 of 1

房號	Full Name	VIP	C/I日	C/O日	原訂C/O日	天數	計價別	公司名稱	出納備註
506	luke	0	2018/10/16	2018/10/19	2018/10/17	3	一般訂房		

- 統計當天要 C/O 但有做修改 C/O 日期的住客資料。

  此報表提供當日旅客欲延後 C/O 的房間資料，旅館可適時處理旅客付費續住之作業。

Day Use 報表

Day Use 指住宿日等於退房日（住宿大於 8 小時但未過夜），但不等於休息。

適用132報表紙

德安大酒店

製表者ID：cio
製 表 者：德安資訊
查詢條件： 查詢日期：2018/10/14

Day Use報表

製表日：2019/12/25 12:19:38
Page 1 of 1

公帳號	房號	Full Name	住房房種	VIP	住房日期	時間	預計C/O日期	公司名稱	訂房卡號	序	歷史編號	客房備註
612	612	王大明	STD	0	2018/10/14	13:09	2018/10/15	伍豐科技股份有限公司	00845901	- 1	HFD000000003995901	

共 1 筆

- 統計某一天 Day Use（當天進當天出的住客）資料。

  此報表提供當日旅客欲停留大於 8 小時，但未準備過夜的房間資料，旅館可適時處理旅客付費停留旅館之作業。

Walk In 報表

Walk In 指未訂房直接入住的客人。

適用132報表紙

德安大酒店

製表者ID：cio
製 表 者：德安資訊
查詢條件： 查詢日期：2018/10/17

WalkIn報表

製表日：2019/12/25 11:53:01
Page 1 of 1

公帳號	房號	Full Name	VIP	C/I日	時間	公司名稱	房價代碼	房價	服務費	大人	小孩	嬰兒	歷史編號
		住房房種		C/O日		訂房卡號	C/I服務員	客房備註					
201	201-1	Angela	0	2018/10/17	10:44		PKG007	6,000	0	1	2	0	CRM000000000056601
		豪華客房		2018/10/20		00846701	cio						
共 1 人		房間：1間						6,000	0	1	2	0	

- 統計某一天 Walk In 資料。

  此報表提供當日旅客未預先訂房，而直接入住之房間資料，旅館可分析旅客直接入住而未預先訂房之原因。

H/U&ENT 報表

適用132報表紙

德安大酒店

H/U and ENT報表

製表者ID：cio
製 表 者：德安資訊
查詢條件：查詢日期：2018/08/01　至：2018/10/17

製表日：2019/12/25 13:05:20
Page 1 of 1

自用

公帳號	房號	Full Name	人數	住房房種	VIP	住房日期	時間	預計C/O日期	公司名稱	訂房卡號-序	歷史編號	客房備註
2018/08/25												
603	603	dd	1	DXT	0	2018/08/25	11:27	2018/08/26		00835701-1	COM0005701	
603	603	AAA		DXT	0	2018/08/25	17:29	2018/08/26		00835701-1	HFD000000004415201	
603	603	CC		DXT	0	2018/08/25	17:29	2018/08/26		00835701-1	HFD000000004415001	
	小計	1 間	1 人									
自用	小計	1 間	1 人									
	總計	1 間	1 人									

- H/U：員工因公務而須留宿在飯店的住房。
- ENT：公關或是某原因招待外來客人的住房。

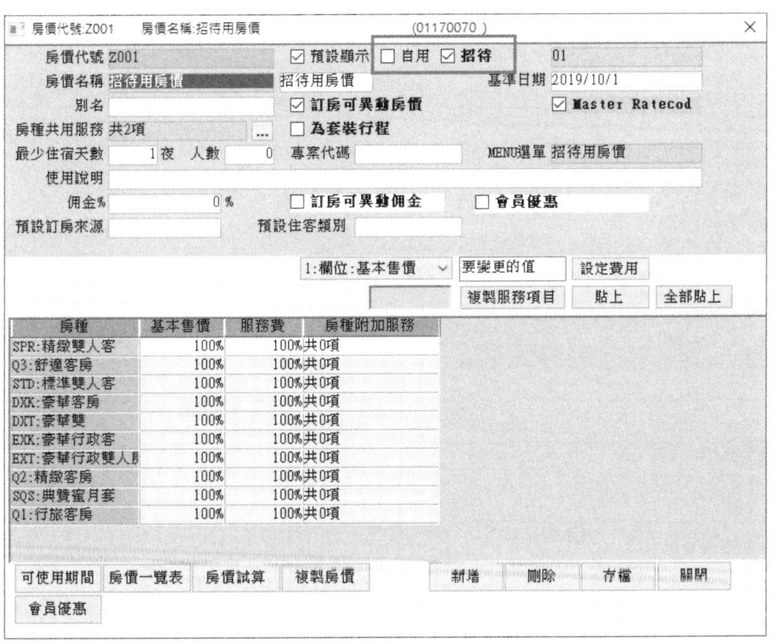

- 統計當日 H/U&ENT 資料（使用招待或自用房價的訂房資料）。

  此報表提供旅館員工因公務而須留宿在飯店的住房，以及因公關或其他原因招待旅客住房之資料，以利旅館排房作業或處理顧客關係管理之使用。

排房查詢報表

適用80報表紙　　　　德安大酒店

製表者ID：cio　　　　排房查詢報表　　　　製表日：2019/12/25 15:17:22

製 表 者：德安資訊　　　　Page 2 of 2

查詢條件：C/I日期：2018/10/17　　排房房號：2

訂房卡號	訂房客戶	客戶名稱
00846501	東南旅行社	test

序號	C/I日期	C/O日期	房型	數量	已排	未排	大人	小孩	嬰兒
1	2018/10/17	2018/10/18	DXT 豪華雙	5	3	2	2	0	0
	1109 STD		test						
	1110 STD		test_2						
	1209 DXK		test_3						

訂房卡號	訂房客戶	客戶名稱
00846701	一般散客	Angela

序號	C/I日期	C/O日期	房型	數量	已排	未排	大人	小孩	嬰兒
1	2018/10/17	2018/10/20	SPR 精緻雙人客	1	1	0	1	0	0
	201 DXK		Angela						

訂房卡號	訂房客戶	客戶名稱
00846801	上上旅行社	上上旅行社

序號	C/I日期	C/O日期	房型	數量	已排	未排	大人	小孩	嬰兒
1	2018/10/17	2018/10/18	SPR 精緻雙人客	2	2	0	2	0	0

排房備註：接駁部分為您安排如下：
10/10 - 16:00接至飯店(約16:30抵達飯店)
10/31 - 14:00接至車站(約14:30抵達車站，下一班接駁為15:00發車，怕會?
及搭15:25的火車)

序號	C/I日期	C/O日期	房型	數量	已排	未排	大人	小孩	嬰兒
2	2018/10/17	2018/10/18	STD 標準雙人客	2	2	0	2	0	0

排房備註：接駁部分為您安排如下：
10/10 - 16:00接至飯店(約16:30抵達飯店)
10/31 - 14:00接至車站(約14:30抵達車站，下一班接駁為15:00發車，怕會?
及搭15:25的火車)

序號	C/I日期	C/O日期	房型	數量	已排	未排	大人	小孩	嬰兒
3	2018/10/17	2018/10/18	DXT 豪華雙	1	1	0	2	0	0

排房備註：接駁部分為您安排如下：

- 統計某一個 C/I 日的排房資料。

  此報表提供當日旅客入住之排房資料，其中包含 C/O 日期、房型及數量等資料，旅館可適時查詢已入住旅客資料分析。

房間使用率報表

適用80報表紙　　　　德安大酒店

製表者ID：cio　　　　房間使用率報表　　　　製表日：2019/12/25 15:18:31

製 表 者：德安資訊　　　　頁　次：Page1 of 2

查詢條件：查詢日期：2018/10/01　至：2018/10/17

房號	房間特色	使用次數	DAYUSE + REST 次數	總使用次數	使用比例 (不含DAYUSE + REST)	使用比例 (含DAYUSE + REST)
房間種類：豪華客房						
501		1	0	1	5.9%	5.9%
602		2	0	2	11.8%	11.8%
201		16	0	16	94.1%	94.1%
	房種小計	19	0	19	37.3%	37.3%
房間種類：豪華雙						
603		1	0	1	5.9%	5.9%
607		1	0	1	5.9%	5.9%
705		1	0	1	5.9%	5.9%
706		1	0	1	5.9%	5.9%
707		1	0	1	5.9%	5.9%
605		2	0	2	11.8%	11.8%
606		2	0	2	11.8%	11.8%
803		3	0	3	17.6%	17.6%
	房種小計	12	0	12	8.8%	8.8%
房間種類：豪華行政雙人房						
1113	'N002','N004','N006'	1	0	1	5.9%	5.9%
	房種小計	1	0	1	5.9%	5.9%
房間種類：精緻客房						
2207		2	0	2	11.8%	11.8%
2309		12	0	12	70.6%	70.6%
	房種小計	14	0	14	41.2%	41.2%

- 統計某一區間的房間使用率。
- 使用比率＝房號使用次數/查詢日期天數。

  此報表提供某一期間的房間使用率，旅館可分析各房種房型出租之產值。

房間使用歷史報表

適用A4橫印報表紙

德安大酒店

房間使用歷史報表

製表者ID：cio
製 表 者：德安資訊
列印條件： 查詢日期：2018/10/01:2018/10/16

製表日：2019/12/25 15:19:14
頁 次：Page1 of 5

房號	住客姓名	用房期間	NGTS	VIP	住宿期間	房價代號	房種	房租	服務費	使用率(%)
201	陳麗花	2018/10/12-2018/10/16	5	0	2018/09/09-2018/10/17	單人計價	DXK:豪華客房	0	0	31.25
201	陳麗花	2018/10/01-2018/10/11	11	0	2018/09/09-2018/10/17	heiditest	DXK:豪華客房	0	0	68.75
						NGTS 小計:16	DayUse 小計:0		使用率小計:	100
207	休息	2018/10/14-2018/10/15	2	0	2018/10/14-2018/10/16	休息	STD:標準雙人客	2,581,842	0	12.5
						NGTS 小計:2	DayUse 小計:0		使用率小計:	12.5
208	張進新-4	2018/10/14-2018/10/14	1	0	2018/10/14-2018/10/15	一般住宿	SPR:精緻雙人客	6,000	0	6.25
						NGTS 小計:1	DayUse 小計:0		使用率小計:	6.25
209	李紹偉	2018/10/01-2018/10/05	5	0	2018/09/28-2018/10/06	一般住宿	SPR:精緻雙人客	27,500	0	31.25
209	張進新-5	2018/10/14-2018/10/14	1	0	2018/10/14-2018/10/15	一般住宿	SPR:精緻雙人客	6,700	0	6.25
						NGTS 小計:6	DayUse 小計:0		使用率小計:	37.5
210	PKG	2018/10/14-2018/10/15	2	0	2018/10/14-2018/10/16	六福村合作專案	SPR:精緻雙人客	19,460	18,000	12.5
						NGTS 小計:2	DayUse 小計:0		使用率小計:	12.5
2207	多筆明細	2018/10/14-2018/10/15	2	0	2018/10/14-2018/10/16	一般住宿	Q2:精緻客房	11,000	0	12.5
						NGTS 小計:2	DayUse 小計:0		使用率小計:	12.5
2309	王大明	2018/10/01-2018/10/12	12	0	2018/09/09-2018/10/13	港式美食旅	Q2:精緻客房	16,100	3,200	75
						NGTS 小計:12	DayUse 小計:0		使用率小計:	75

- 統計某一區間的房間使用情形。

  此報表提供某一期間的房間使用歷史狀態，旅館可查詢各房種房型出租之歷史狀態做產值分析。

在店房間數量表

適用A4橫印

德安大酒店

在店房間數量表

製表者ID：cio
製 表 者：德安資訊
查詢日期：2018/10/17

房間總數：174間 可用房數：41間 使用房數：133間

製表日：2019/12/25 15:20:08
Page 1 of 7

訂房卡號-序號	房號	訂房數	房間數	人數	房種	C/I日期	C/O日期	公司名稱	Full Name	狀態	釋放數	訂房備註
		1	1	0	BSPR	18/10/17	18/10/17			鎖控:WEB1	0	
						BSPR 共使用 1 間						
	201	0	1	0	DXK	18/06/22	19/01/03			參觀房	0	
	202	0	1	0	DXK	18/07/01	19/02/22			修理	0	
	212	0	1	0	DXK	18/07/01	19/02/22			修理	0	
	202	0	1	0	DXK	18/10/06	19/11/26			修理	0	
	211	0	1	0	DXK	18/10/06	19/11/26			修理	0	
	212	0	1	0	DXK	18/10/06	19/11/26			修理	0	
	301	0	1	0	DXK	18/10/06	19/11/26			修理	0	
	302	0	1	0	DXK	18/10/06	19/11/26			修理	0	
	311	0	1	0	DXK	18/10/06	19/11/26			修理	0	
	312	0	1	0	DXK	18/10/06	19/11/26			修理	0	
00607101-1	702	1	1	2	DXK	18/10/17	18/10/18	網路訂房專用	CALDARULO IRENE	已排房	0	支付網路VISA 16003601 歡慶耶誕(YA)r ,BookingId=1539581,BookingRef=028/101107 to register,queues_modifiedDate=2018-10-02 18:29:04
00846401-1	511	1	1	2	DXK	18/10/17	18/10/18	德安酒店台北館	aabbcc	已排房	0	
00846401-1	502	1	1	2	DXK	18/10/17	18/10/18	德安酒店台北館	aabbcc	已排房	0	
00846401-1	211	1	1	2	DXK	18/10/17	18/10/18	德安酒店台北館	aabbcc	已排房	0	
00846501-1	1209	1	1	2	DXK	18/10/17	18/10/18	東南旅行社	test	已排房	0	
00846701-1	201	0	1	3	DXK	18/10/17	18/10/20		Angela	今日C/I	0	
00846801-1	202	0	1	2	DXK	18/10/17	18/10/18	上上旅行社	上上旅行社_4	今日C/I	0	
00846901-1	802	0	1	1	DXK	18/10/17	18/10/17		傑瑞米	DayUse	0	
						DXK 共使用 18 間						

- 統計某一天的在店的所有房間使用，以房種統計排序。

  此報表提供某一期間的房間訂房、日期、房間數及使用歷史狀態，旅館可查詢各房種房型在店房間數之歷史狀態做產值分析。

IN HOUSE 報表

適用132報表紙

德安大酒店

IN HOUSE報表

製表者ID：cio
製 表 者：德安資訊

製表日：2019/12/25 15:20:58
Page 1 of 4

查詢條件：查詢日期：2018/10/1 至：2018/10/17 排序方式：1 公司名稱顯示方式：訂房公司 報表格式：IN HOUSE_RG

公帳號	房號	Full Name	性別	房種	VIP	來訪 大人/小孩/嬰兒	住客類別	C/I日期 時間	C/O日期	訂房公司	訂房卡號	客房備註
C/I日期：18/09/09												
2309	2309-1	王大明	男	Q2	0	2 / /	LOF：一般	18/09/09 15:28	18/10/13	一般散客	00838801	
G76	201-1	陳麗花	女	DXX	0	2 / /	LOF：一般	18/09/09 16:58	18/11/09	一般散客	00839301	
C/I日期：18/09/15												
2309	2309-2	Doris Hsu	女	Q2	0	1 / /	LOF：一般	18/09/15 15:44	18/10/13	一般散客	00838801	
C/I日期：18/09/16												
201	201-2	luke	男	DXX	0	25 / /	WEBO：網路	18/09/16 13:24	18/11/09	一般散客	00839301	
C/I日期：18/09/28												
209	209-1	李紹偉	男	SPR	0	3 / /	LOF：一般	18/09/28 16:56	18/10/06	一般散客	00842101	
608	608-1	孟	女	SPR	0	2 / /	LOF：一般	18/09/28 17:54	18/10/09	一般散客	00842201	多送點吃的
C/I日期：18/10/01												
1008	1008-2	複製預估款A-1	男	SPR	0	2 / /	LOF：一般	18/10/01 11:20	18/10/04	一般散客	00842401	
1008	1008-3	複製預估款A-2	男	SPR	0	2 / /	LOF：一般	18/10/01 11:40	18/10/04	一般散客	00842401	
1009	1009-1	複製預估款B	男	SPR	0	1 / /	LOF：一般	18/10/01 11:20	18/10/06	一般散客	00842401	
602	602-1	WI人數測試1	男	DXX	0	1 / /	LOF：一般	18/10/01 11:41	18/10/03	一般散客	00842501	
603	603-1	WI人數測試2	男	DXT	0	1 / /	LOF：一般	18/10/01 11:43	18/10/02	一般散客	00842601	
C/I日期：18/10/03												
1009	1009-2	複製預估款B-1	男	SPR	0	1 / /	LOF：一般	18/10/03 13:30	18/10/06	一般散客	00842401	
1009	1009-3	複製預估款B-2	男	SPR	0	1 / /	LOF：一般	18/10/03 09:25	18/10/06	一般散客	00842401	
1009	1009-4	複製預估款B-3	男	SPR	0	1 / /	LOF：一般	18/10/03 09:30	18/10/06	一般散客	00842401	
C/I日期：18/10/04												
510	510-2	複製預估款A-1	男	SPR	0	2 / /	LOF：一般	18/10/04 10:03	18/10/05	一般散客	00842701	
510	510-3	複製預估款A-2	男	SPR	0	2 / /	LOF：一般	18/10/04 10:03	18/10/05	一般散客	00842701	
510	510-4	複製預估款A	男	SPR	0	1 / /	LOF：一般	18/10/04 10:11	18/10/05	一般散客	00842701	

- 統計在店所有有住人的房間資料。

  此報表提供某一期間在店有住人房間使用歷史狀態，旅館可查詢各房種房型出租之歷史狀態做產值分析。

High Balance 報表

High Balance 可解釋成當房客消費金額大於預付金額（訂金、預收或是信用卡預先授權）時的查詢。

適用80報表紙

德安大酒店

High Balance 報表

製表者ID：cio
製 表 者：德安資訊

製表日：2019/12/25 15:21:57
Page 1 of 1

查詢條件：Balance >= 0 and Balance <= 9999999

房號	Full Name	公司名稱	實際C/I日	預計C/O日	夜數	Rate Code	Balance
506	luke		2018/10/16	2018/10/19	3	一般訂房	3,950
	共： 1 人						

- 查詢住客未結帳金額落於某一區間內的值，顯示房號、住宿日期及使用房價。

  此報表提供某一期間，住客未結帳金額在某一查詢區間值的狀態，旅館可做稽催及產值管理。

長期住客報表

適用A4橫印

德安大酒店

長期住客報表

製表者ID：cio
製 表 者：德安資訊
查詢條件：查詢天數：起：1　迄：1

製表日：2019/12/25 15:23:21
Page 1 of 1

Full Name	房號	實際C/I日	預計C/O日	天數	VIP	已入未收的房租	已入未收其他	預估款尚未入帳的房租	預估款尚未入帳其他	Rate Code	房價
Angela	1111	18/10/17	18/10/18	1	0	0	0	6,500	650	一日套裝	6,500
Angela	1112	18/10/17	18/10/18	1	0	0	0	4,800	480	一日套裝	4,800
Angela	1202	18/10/17	18/10/18	1	0	0	0	6,800	680	一日套裝	6,800
上上旅行社_5	1203	18/10/17	18/10/18	1	0	0	0	4,800	480	一日套裝	4,800
上上旅行社_4	202	18/10/17	18/10/18	1	0	0	0	6,500	650	一日套裝	6,500
Angela	208	18/10/17	18/10/18	1	0	0	0	6,000	0	一般住宿	6,000
	歡迎新的合作夥伴 皇家薇庭 台中萬楓酒店 佳適迎旅舍-中山館 都會商旅_台鋁餐廳(聯上餐飲博愛店) 中州科技大學										
共：6 人						0	0		2,940		

- 查詢住宿天數超過幾天以下的在店住客資料。

  此報表提供某一期間，長期住客的歷史資料之狀態，旅館可做行銷策略及顧客關係管理之分析。

Birthday 報表

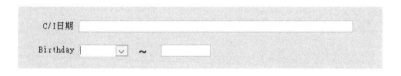

適用80報表紙

德安大酒店

Birthday報表

製表者ID：cio
製 表 者：德安資訊
查詢條件：

製表日：2019/12/25 15:25:10
Page 1 of 1

**Status:	房號(訂房卡號)	Full Name	性別	Birthday	C/I日期	C/O日期	國籍
Due In							
	00172901	費德勒	M	1981/08/08	2015/02/06	2015/02/09	瑞士
	00485701	陳小美	F	1986/10/05	2017/09/15	2017/09/16	中華民國
	00480401	陳小雨	F	1988/08/08	2017/11/09	2017/11/10	中華民國
	00512301	楊沐沐	F	1989/07/19	2017/06/17	2017/06/19	中華民國
	00523501	林家寧	F	1990/08/16	2018/05/15	2018/05/16	中華民國
	00623401	林家寧	F	1990/08/16	2018/12/14	2018/12/16	中華民國
	00471101	黃阿芷	F	1995/07/26	2017/07/26	2017/07/27	中華民國
	00471201	黃阿芷	F	1995/07/26	2017/07/27	2017/07/28	中華民國
	00471301	黃阿芷	F	1995/07/26	2017/08/28	2017/08/29	中華民國
	00471501	黃阿芷	F	1995/07/26	2017/08/28	2017/08/29	中華民國
	00493601	黃阿芷	F	1995/07/26	2017/09/02	2017/09/03	中華民國
	00493701	黃阿芷	F	1995/07/26	2017/09/02	2017/09/03	中華民國
	00493801	黃阿芷	F	1995/07/26	2017/09/03	2017/09/04	中華民國
	*513	aabbcc	M	1999/08/08	2018/10/17	2018/10/18	中華民國
	小計：	14人					
In House							
	506	luke	M	1987/09/02	2018/10/16	2018/10/19	日本
	小計：	1人					
	合計：	**15人**					

- 查詢某一區間 C/I 住客，生日介於某一區間的資料。

  此報表提供住客生日及住房歷史狀態，旅館可用於做行銷及顧客關係管理。

接機報表

適用A4橫印

德安大酒店
接機報表

製表者ID：cio
製 表 者：德安資訊
查詢條件：C/I 日期：2018/10/17

製表日：2019/12/25 15:30:29
Page 1 of 1

接機地點		接機班次	接機時間			出發地	出發時間	訂房公司		
連絡人		房號	大	小	嬰兒	FULL NAM/團號		連絡電話一	連絡電話二	訂房卡
備註									客戶類別	來源
日期 2018/10/17										
Terminer 1		**CX464**	**21:15**			**HTL**	**20:00**	**(網路訂房專用)**		
Caldarulo Irene	先生	702	2	0	0	CALDARULO IRENE 先生		09876543		00607101
									WEBO:網路訂房-官網	04:官網
小計			2	0	0					
合計			2	0	0					

- 查詢某一個 C/I 日期的接機資料。

  此報表提供住客需要接機的資料，便於旅館對顧客服務作業之管理。

送警名單

其用途是飯店住宿資料提供給管區或是當區派出所做為查詢用。

適用A4橫印

德安大酒店
送警名單

製表者ID：cio
製 表 者：德安資訊
列印條件：是否列印團體資料：Y　查詢日期：2018/10/17

製表日：2019/12/25 15:32:15
Page 1 of 1

房號	姓名	生日	性別	身份證	地址	國籍	C/I日期	C/O日期
1111	Angela	0000/00/00	男			中華民國·	2018/10/17	2018/10/18
1112	Angela	0000/00/00	男			中華民國·	2018/10/17	2018/10/18
208	Angela	0000/00/00	男			中華民國·	2018/10/17	2018/10/18
1202	Angela	0000/00/00	男			中華民國·	2018/10/17	2018/10/18
201	Angela	0000/00/00	男			中華民國·	2018/10/17	2018/10/20
506	luke	1987/09/02	男			日本	2018/10/16	2018/10/19
202	上上旅行社_4	0000/00/00	男			中華民國·	2018/10/17	2018/10/18
1203	上上旅行社_5	0000/00/00	男			中華民國·	2018/10/17	2018/10/18
1108	林小美	0000/00/00	男		joanna821020@athena.com.tw	中華民國·	2018/10/17	2018/10/17
802	傑瑞米	0000/00/00	男			中華民國·	2018/10/17	2018/10/17

- 查詢在店住客資料，提供出生日、姓別、身分證、住宿日及國籍。

  此報表可提供警政單位有關住客住房基本資料，旅館亦可留存歷史資料，以利日後訂房作業之參考。

送機報表

適用A4橫印

德安大酒店
送機報表

製表者ID：cio
製 表 者：德安資訊
查詢條件：C/O 日期：2018/10/17

製表日：2019/12/25 15:31:07
Page 1 of 1

送機地點	送機班次	送機時間	抵達地	抵達時間	訂房公司		
連絡人	訂房卡	FULL_NAM/團號	連絡電話一		連絡電話二	客戶類別	來源
大人 小孩 嬰兒	房號	備註					
日期 2018/10/17							
飯店	**HG520**	**13:00**	**T1**	:	**一般散客**		
林小美	00847101	林小美 先生	0616165165			LOF:一般散客 DU:DAY USI	
4 0 0							
	小計人數：	大人 4	小孩 0	嬰兒 0			
	合計人數：	大人 4	小孩 0	嬰兒 0			

- 查詢某一個 C/O 日期的接機資料。

  此報表提供住客需要送機的資料，便於旅館對顧客服務作業之管理。

換房報表

適用80報表紙

德安大酒店
換房報表

製表者ID：cio
製 表 者：德安資訊
查詢條件： 換房日期：2018/10/17

製表日：2019/12/25 15:33:09
Page 1 of 1

		房號			原		新			
換房日期	時間	原	新	Full Name	房價	服務費	房價	服務費	換房者	備註
18/10/17	11:16	208	506	luke	0	0	3,650	300	cio	
18/10/17	16:28	508	201	Angela	6,000	0	6,000	0	cio	

- 以換房日期查詢換房資料。

  此報表提供旅館了解住客換房需要的資料，旅館可依此改善服務及經營管理。

空房報表

適用80報表紙

德安大酒店

空房報表

製表者ID：cio

製 表 者：德安資訊

製表日：2019/12/25 15:34:55

Page 1 of 9

查詢條件：C/I日期：2018/10/17　C/O日期：2018/10/18

棟	樓	房號	房種	房間狀態	特色
1	02				
		203	STD:標準雙人客房	V/C	
		205	STD:標準雙人客房	V/D	
		207	STD:標準雙人客房	V/D	
		209	SPR:精緻雙人客房	V/D	
		210	SPR:精緻雙人客房	V/D	
		212	DXK:豪華客房	V/D	
		213	STD:標準雙人客房	V/D	
			間數	7	
1	03				
		301	DXK:豪華客房	V/D	
		302	DXK:豪華客房	V/D	
		303	DXT:豪華雙人	V/D	
		305	DXT:豪華雙人	V/D	
		306	DXT:豪華雙人	V/D	
		307	DXT:豪華雙人	V/D	
		308	SPR:精緻雙人客房	V/D	
		309	SPR:精緻雙人客房	V/D	
		310	SPR:精緻雙人客房	V/D	
		311	DXK:豪華客房	V/D	
		312	DXK:豪華客房	V/D	
		313	STD:標準雙人客房	V/D	
			間數	12	

- 查詢某一區間的空房資料，以棟別及樓層排序。

  此報表提供某一區間的空房資料，旅館可作為了解改善行銷策略或經營方式之依據。

晨呼報表

適用80報表紙

德安大酒店

晨呼報表

製表者ID：cio

製 表 者：德安資訊

製表日：2019/12/25 15:38:30

Page 1 of 1

查詢條件：晨呼日期：2019/12/26　設定：Y　只查現住人房：住人

時間	公帳號	房數	房號	房號	房號	房號	房號	房號	房號	房號	房號	房號
07:00	506	1										

- 以日期查詢某一天的晨呼資料。

  此報表提供住客需要晨呼的資料，便於旅館對顧客服務作業之管理。

房間現況查詢（彙總）

適用80報表紙

德安大酒店

製表者ID：cio
製 表 者：德安資訊

房間現況查詢(彙總)

製表日：2019/12/25 15:39:13
Page 1 of 1

狀態	住人	空房	小計
乾淨	10	55	65
髒	0	84	84
小計	10	139	149

類別	房間數	人數	平均房價	預計C/I (已確認)	預計C/I (未確認)
散客	18	39	3,947	15	2
商務	0	0	0	0	0
團體	5	10	5,880	5	0
小計	23	49	4,367	20	2

	房間數	人數
預計C/I	22	46
實際C/I	9	20
續住	1	1
預計C/O	4	8
實際C/O	1	3
延後C/O	1	1
昨日在店	2	

		房間數
	總房間數	174
-	修理	24
-	參觀房	1
-	在店數	10
-	即將C/I	13
+	即將C/O	3
	可售房數	129
	瑕疵房	4

	房間數	人數
Day Use	3	9
休息	0	0
Walk In	1	1
Same Day RV.	0	0
招待	0	0
自用	0	0
取消	1	
賣房數	23	
住房率	15.44%	

預計當天在店數	20	預計當天房租收入	100,438
實際當天在店數	10	實際當天房租收入	48,050

- 查詢當下的飯店的房間現況資料。
- 預計 C/I ＝ 今日預計 C/I – 實際 C/I。
- 預計 C/O ＝ 今日預計 C/O – 實際 C/O。
- 可售房間數 ＝ 總房間數 – 修理 – 參觀房 – 在店數。
- 預計當天在店數 ＝ 續住 + 預計 C/I – 預計 C/O。

此報表提供旅館查詢現有房間的資料，旅館可提供作業人員排房及訂房作業之管理。

當日退房報表

適用 A4報表紙

德安大酒店

製表者ID：cio
製 表 者：德安資訊
查詢條件：退房日期：2018/10/17

當日退房報表

製表日：2019/12/25 15:40:00
Page 1 of 1

退房日期	退房時間	房號	旅客姓名	訂房公司	訂房卡號	住房日期	退房者
2018/10/17	12:55:23	201	陳麗花	一般散客	00839301	2018/09/09	德安資訊

- 記錄當日退房的房號及退房時間。

此報表提供住客退房的資料，便於旅館對房務清潔作業之管理。

交辦事項報表

適用A4橫印報表紙

德安大酒店
交辦事項列表

製表者ID：cio
製 表 者：德安資訊
製表日：2019/12/25 15:41:55
Page 1 of 1
查詢條件： 交辦事項日期：2018/10/17 交辦事項狀態：N 排序方式：依訂房卡號

訂房卡號	序	房號	姓 名	公司名稱	C/I日期	C/O日期	交辦事項內容	狀態	輸入者	處理部門
2018/10/17										
00846701	-1	201	Angela		2018/10/17	2018/10/20	明日換價	未處理	cio	101:客房櫃檯

*表為排房房號

- 可於訂房或是接待管理時，針對住客交代事情交辦給各部門，以利追蹤。

  此報表提供旅館追蹤管制住客交代事項的辦理情形，便於旅館對顧客服務作業之管理。

加床庫存報表

德安大酒店
櫃檯備品使用明細表
製表者ID：cio
製 表 者：德安資訊
製表日：2019/12/25 15:43:50
Page 4 of 11
查詢條件查詢日期：2018/10/17 報表類別：依房號 排序方式：依訂房卡號排序

樓層	房號	10/17 加床	嬰兒澡盆
07	702	1	1
	703		
	705		
	706		
	707		
07	708		
	709		
	710		
	711		
	712		
	713		
樓層合計		1	1

- 顯示有用到加床的訂房卡號或是房號，以及使用庫存的期間資料。

  此報表提供住客需要加床的統計資料，便於旅館對住房服務作業之管理。

休息統計報表

適用80報表紙

德安大酒店

製表者ID：cio
製 表 者：德安資訊

休息統計報表

製表日：2019/12/25 15:46:08
Page 1 of 1

查詢條件： C/I日期：2018/09/01:2018/09/30　排序方式：1

房號	C/I日期	C/I時間	C/I 者	C/O 者	班別	費用	C/O日期	C/O時間
508	2018/09/15	161140	cio	cio	1	1,000	2018/09/15	170206
					總計	1,000	共 1 筆	

- 統計休息的房號並記錄入住時間及退房時間。

  此報表提供住客休息需要的來店資料，旅館可了解顧客服務需求之分析與管理。

客戶歷史備註報表

適用A4報表紙

德安大酒店
客戶歷史備註報表

製表者ID：cio
製 表 者：德安資訊
列印條件：住宿日期：2018/10/17

製表日：2019/12/30 14:49:15
頁　次：Page1 of 1

房號	住房日期	C/O 日期	姓名	備註
506	2018/10/16	2018/10/19	luke	每日兩瓶水
201	2018/10/17	2018/10/20	Angela	
202	2018/10/17	2018/10/18	Rick Chen	Nice Guy
208	2018/10/17	2018/10/18	吳奇隆	
1111	2018/10/17	2018/10/18	江川傑雄	禁菸　總經理代
1112	2018/10/17	2018/10/18	陳春嬌	
1202	2018/10/17	2018/10/18	SMITH JOHN	
1203	2018/10/17	2018/10/18	SHEN, RICHARD MR	TAX NO:23290451; TAX NO:23290451

- 顯示入住的住客歷史資料的備註（通常記錄客戶習性或是該注意事項）。

  此報表提供住客的歷史資料，便於旅館對顧客服務作業及行銷作業之管理。

13.3 住客歷史報表分析

德安旅館資訊系統之住客歷史報表分析，主要在對過去住客的住房習性及旨趣等資料做儲存分析。相關資料可以應用於旅館行銷，以及旅館對於顧客關係管理之運用，相關住客歷史報表說明如下。

重複名單查詢

適用80報表紙

德安大酒店

重複名單查詢

製表者ID：cio
製 表 者：德安資訊
製表日：2019/12/30 14:50:01
頁 次：Page1 of 2

列印條件：Full Name：Y　身份證字號：Y　出生日期：Y　是否收取DM：Y

Full Nam	歷史編號	姓別	出生日期	身份證字號
BLUMENFELD, PETER STEPHEN MR	0000523	男	1900/01/01	1948/10/25
BLUMENFELD, PETER STEPHEN MR	G0000091	男	1900/01/01	1948/10/25
CHANG, CHENG YU MR	G0000050	男	1900/01/01	1964/08/10
CHANG, CHENG YU MR	0000331	男	1900/01/01	1964/08/10
CHANG, HWA JEONG MS	0000469	男	1900/01/01	1957/10/25
CHANG, HWA JEONG MS	G0000077	男	1900/01/01	1957/10/25
FONDASI, ALESSANDRO MR	G0000029	男	1900/01/01	1957/09/13
FONDASI, ALESSANDRO MR	0000173	男	1900/01/01	1957/09/13
GINSBERG, DAVID MR	G0000053	男	1900/01/01	1942/05/21
GINSBERG, DAVID MR	0000349	男	1900/01/01	1942/05/21
HASE, YUKIHIRO MR	0000511	男	1900/01/01	1954/08/11
HASE, YUKIHIRO MR	G0000087	男	1900/01/01	1954/08/11
HATANO, FUMIO MR	G0000018	男	1900/01/01	1936/02/13
HATANO, FUMIO MR	0000118	男	1900/01/01	1936/02/13
ISHIBASHI MASAAKI	G0000034	男	1900/01/01	1941/03/16

- 查詢重複存在的住客資料。
- 查詢條件為住客 Full Name、身分證字號、出生日期及是否收取 DM 等。

  此報表提供住客住宿的資料，旅館可了解旅客住宿次數，進而提升旅館行銷及服務作業之管理。

住客歷史資料（標籤/電子郵件）

依照電子郵件顯示內容：

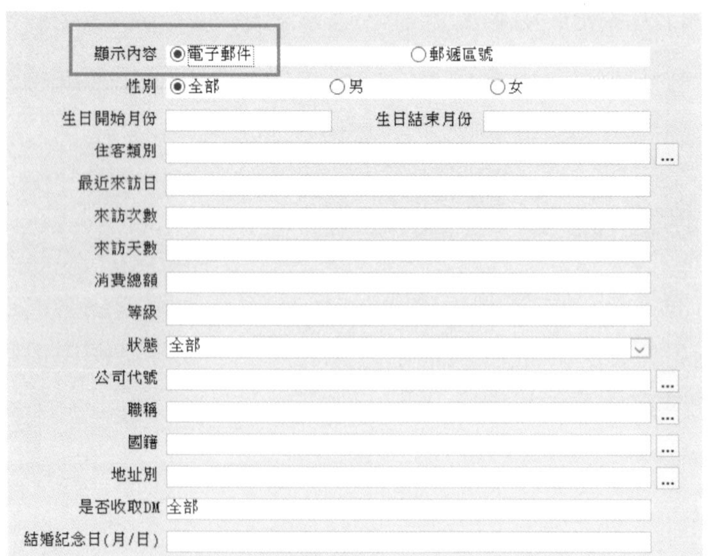

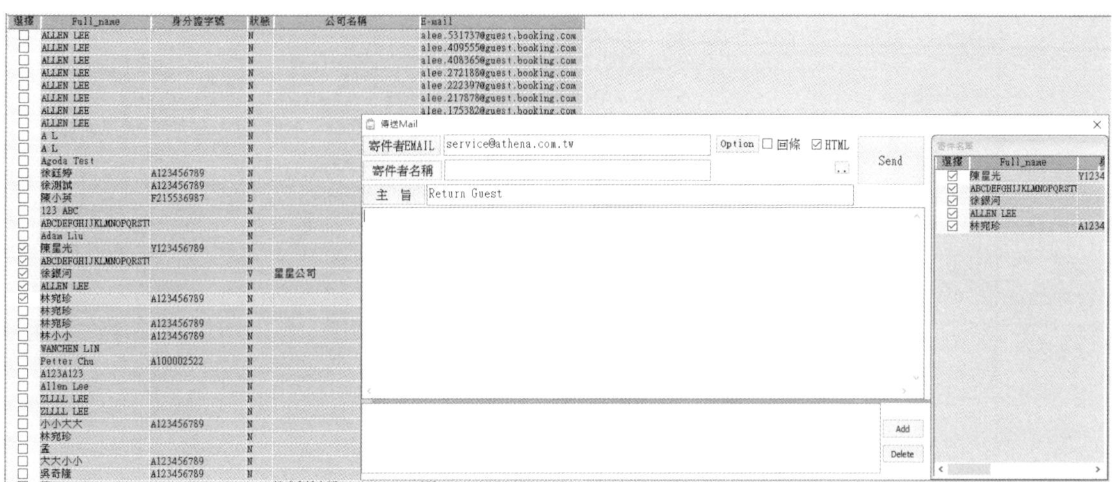

- 顯示查詢的住客資料，勾選要寄發 e-mail 的住客資料，並執行 e-mail 發送。

依照郵遞區號顯示內容：

顯示內容　○電子郵件　◉郵遞區號
性別　◉全部　○男　○女
生日開始月份　　生日結束月份
住客類別
最近來訪日
來訪次數
來訪天數
消費總額
等級
狀態　全部
公司代號
職稱
國籍
地址別
是否收取DM　全部
結婚紀念日(月/日)
標籤姓名　1. Full Name
標籤格式　Laser 2 x 7

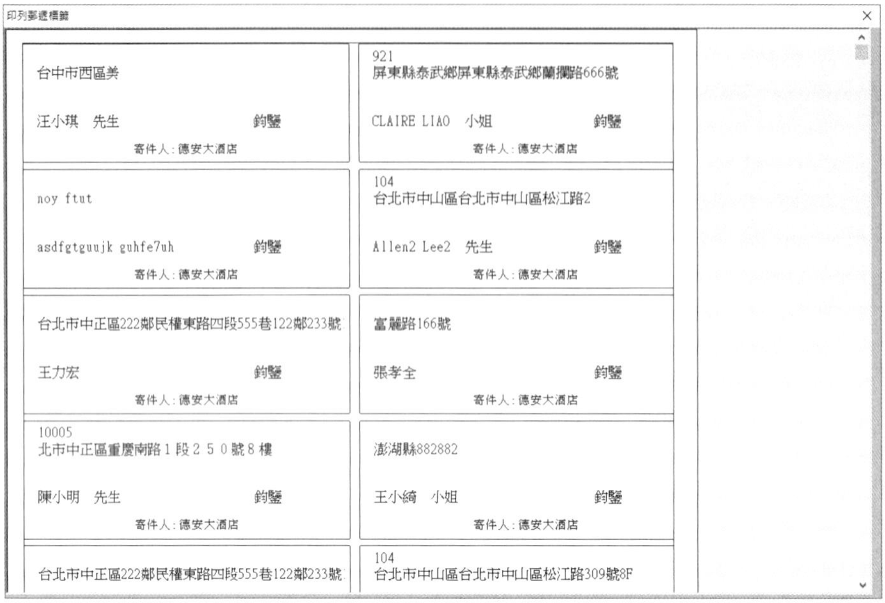

印列郵遞標籤

台中市西區美 汪小琪 先生 鈞鑒 寄件人：德安大酒店	921 屏東縣泰武鄉屏東縣泰武鄉蘭攔路666號 CLAIRE LIAO 小姐 鈞鑒 寄件人：德安大酒店
noy ftut asdfgtguujk guhfe7uh 鈞鑒 寄件人：德安大酒店	104 台北市中山區台北市中山區松江路2 Allen2 Lee2 先生 鈞鑒 寄件人：德安大酒店
台北市中正區222鄭民權東路四段555巷122鄭233號 王力宏 鈞鑒 寄件人：德安大酒店	富麗路166號 張孝全 鈞鑒 寄件人：德安大酒店
10005 北市中正區重慶南路１段２５０號８樓 陳小明 先生 鈞鑒 寄件人：德安大酒店	澎湖縣882882 王小綺 小姐 鈞鑒 寄件人：德安大酒店
台北市中正區222鄭民權東路四段555巷122鄭233號	104 台北市中山區台北市中山區松江路309號8F

- 顯示查詢的住客資料，查詢結果以標籤方式，列印出地址標籤來使用。

  此報表依旅客電郵信箱或郵遞區號提供住客歷史資料，旅館可適時提升顧客服務作業之管理。

住客基本資料報表

德安大酒店

住客基本資料報表

製表者ID：cio
製 表 者：德安資訊
查詢條件：地址別：04

製表日：2019/12/30 14:54:27
Page 1 of 6

Full_name	身分證字號	狀態	公司名稱	生日	性別	來訪次數	消費總額	郵遞區號	地址	連絡電話	結婚紀念日	來訪天數	最近來訪日
JANSSEN, BERT MR	1960/01/04	一般		1900/01/01	M	1	6,000		LANGSTRLL, 5851 BA AFFERDENNETHERLANDS			1	2018/07/06
YOUNG, KING ENG MR楊慶	1959/02/20	一般		1900/01/01	M	0	0		北投立農街１段２５７巷１２弄	4		0	1993/09/06
SHINAKAWA, AKIRA MR品	1942/08/13	一般		1900/01/01	M	0	0		福井縣鯖沛札西18			0	1993/08/18
LIM, CHAO CHUAN MR林超	1940/04/22	一般		1900/01/01	M	0	0		2636, LANDPHAO RD. BKK.THAILANDTHAILAND			0	1993/05/21
WONG, ALBERT MR王國樑	1954/10/15	一般		1900/01/01	M	0	0		65 GROOMSPORT, CRES SCARGOUGHONT, CANADA			0	1993/12/27
NAITO, MASAYUKI MR	1950/08/22	一般		1900/01/01	M	38	0		日本埼玉縣埼玉市西區內野本鄉	1 2595-3355#807		117	2010/04/21
KATANO, FUMIO MR	1936/02/13	一般		1900/01/01	M	1	0		14-18-611 FUTAMI-CHO NISHINOMIYA-CITY HYOG			2	2018/08/30
SHEN, RICHARD MR	1949/09/26	一般		1900/01/01	M	8	0		NORTHCREST #7GMONTREAL H3SCANADA			65	1996/11/05
BLOOMFIELD, DAVID MR	1950/05/30	一般		1900/01/01	M	0	0		2447 P.C.H.HERMOSA BEACH CA 90254U.S.A.	2531-2728		0	

- 查詢住客歷史資料，提供的查詢條件同「住客歷史基本資料」，查詢結果是以報表方式呈現。

  此報表亦可查詢住客歷史資料，旅館可適時改變行銷策略並提升顧客服務作業之管理。

13.4 模擬試題

選擇題

( ) 1. 一般旅館資訊系統已規劃旅館各服務部門或業務單位所需之統計報表，各主要模組概分為訂房模組及下列哪一項模組？

(A) 報到模組　(B) 清潔模組
(C) 結帳模組　(D) 帳務模組

( ) 2. 旅館訂房模組的使用，主要在使旅館即時了解客房訂房狀況，並且能達到以下哪些目的？1.快速提供旅客訂房需求 2.客房清潔打掃方便 3.產生即時且正確之客房收入 4.快速結帳作業

(A) 12　(B) 34
(C) 13　(D) 24

( ) 3. 旅館可以直接接受來自何系統之訂房資料？

(A) 委託訂房系統　(B) 全球訂房系統
(C) 臨時訂房系統　(D) 個人訂房系統

( ) 4. 旅館內的哪些資料可以在旅館接收到訂房資訊後自動更新？
1.訂房紀錄 2.用餐時間 3.用餐人數 4.檔案以及收入預測

(A) 12　(B) 23　(C) 14　(D) 34

( ) 5. 訂房模組功能主要為何？

(A) 顯示住客訂房時間
(B) 顯示旅館在不同期間，依客戶及簽約公司與團體之可售房間數
(C) 顯示住客訂房國家
(D) 顯示住客訂房需求

( ) 6. 當旅館接到訂房資料時，旅館資訊系統也具有將訂房資料自動轉成下列何種功能？

(A) 旅客辦理預付訂金　(B) 旅客訂房
(C) 以上皆是　(D) 以上皆非

( ) 7. 旅館接到訂房資料時，訂房模組也具備自動檢查旅客的何種紀錄，以確認旅客過去是否入住及了解當時入住資訊等功能？

(A) 旅客薪資紀錄　(B) 旅客歷史紀錄
(C) 旅客家庭紀錄　(D) 旅客教育紀錄

(　　) 8.　一般旅館資訊系統之接待模組，主要係提供何種人員每個房間狀態的資訊？

(A) 前檯人員　(B) 後檯人員
(C) 工程人員　(D) 會計人員

(　　) 9.　旅館資訊系統之接待模組，可根據房間狀況隨時提供最新資訊，便於在住宿登記時做何分配？

(A) 協助洗衣房　(B) 協助機房
(C) 協助廚房　(D) 協助客房

(　　) 10.　接待模組功能主要在讀取顧客訂房資料，必要時還能

(A) 手動更改房務部的清潔人力派工狀態
(B) 手動更改房務部的房間狀態
(C) 手動更改工程部的房間修繕與否的狀態
(D) 手動更改人資部的任用與否的狀態

報表分析與價值管理（二）

接續本書第 11 章所提訂房模組、接待模組及住客歷史之報表分析後，本章將再介紹旅館客房管理模組、帳務模組以及業務報表等之報表分析。

14.1 客房管理模組

旅館資訊系統中之房務管理模組功能主要在協助房務系統自動更新，將所有已入住旅館之房間狀態改為等待清理。同時也可以將等待清理房間做合併後劃分區塊，依劃分區域分配給旅館領班督導房務員清掃。同時系統也能追蹤前檯紀錄與房務報告中房間狀態之差異，當房間狀態為故障房時，模組能自動傳送請修單至工程部，相關分析報表說明如下。

房間修理/參觀紀錄報表

適用80報表紙

德安大酒店

製表者ID：cio
製 表 者：德安資訊
列印條件：狀態：N

房間修理/參觀記錄報表

製表日：2019/12/30 15:07:18
頁　次：Page1 of 1

房間號碼	起始日 修理原因	結束日	修理狀態	輸入者	輸入日	刪除者	刪除日
1001	2013/09/03 1235	2999/12/31	瑕玼	cio	2013/10/25 15:30:12		
1005	2016/03/15 沒有燈泡	2999/12/31	瑕玼	cio	2016/04/13 13:36:19		
1006	2016/03/10 廁所門關不緊	2999/12/31	瑕玼	cio	2016/03/28 16:37:37		
1007	2016/03/27 xx	2999/12/31	瑕玼	cio	2016/05/10 13:31:15		
1201	2014/01/05 書桌桌腳掉漆	2999/12/31	瑕玼	cio	2014/04/19 10:30:27		
206	2018/07/01 地毯有大便	2999/12/31	瑕玼	cio	2019/02/22 16:05:29		

- 查詢某一段日期區間內，某個房間的修理或參觀紀錄。

  此報表顯示某一期間房間修繕狀況或參觀使用，旅館可適時了解可租售房間數及房間修繕作業期程。

客房日記

適用 A4 橫印

德安大酒店

客房日記

製表者ID：cio
製 表 者：德安資訊
列印條件：　報表格式：客房日記

製表日：2019/12/30 15:12:06
頁　次：Page1 of 1

棟別：　1
樓別：　02　　*:勿擾

房號	房型	等級	Full Name	公司名稱	國籍	C/I日期	C/O日期	晨呼	類別	加大床	加小床	住客狀態	房間狀態	拆併床	清掃人員	房間備註
201	DXK	0	Angela		中華民	2018/10/17	2018/10/20		散客	0	0	Stay Over	0		1011539	
202	DXK	0	Rick Chen	上上旅行社	中華民	2018/10/17	2018/10/18		團體	0	0	In House	0	併床	1011539	
203	STD									0	0		S	併床	1011539	
205	STD									0	0		V	拆床	1011539	
207	STD									0	0		V		1011539	
208	SPR	0	吳奇隆		中華民	2018/10/17	2018/10/18		散客	0	0	In House	0		0005	
209	SPR									0	0		V		要打卡	
210	SPR									0	0		V	拆床	周小圓	
211	DXK									0	0		V		要打卡	
212	DXK									0	0		V		周小圓	
213	STD									0	0		V	拆床	周小圓	

小計：

團體：	2人	散客：	5人	商務：	0人	旅客人數：	7人	
今日C/O：	2間	明日C/O：	0間	住人間數：	3間	全部間數：	11間	0
瑕疵房：	0間	修理房：	0間	參觀房：	1間	續住間數：	1間	

- 此報表顯示全館所有房間狀況。
- 報表可以依照樓別排序，還可以依房間狀態查詢。

  此報表可以顯示旅館全館房間使用狀態，旅館可適時了解可租售房種及房間數，有利旅館管理者之經營分析。

房務狀況表

適用80報表紙

德安大酒店

房務狀況表

User ID
User Name
列印條件：

製表日：108/12/30 15:12:45
頁　次：Page1 of 1

棟別：1

樓別：02

房號	房種	狀態	狀況	Full Name	國籍	C/I日期	C/O日期	加大床	加小床
201	DXK	住人/乾淨	I/H	Angela	中華民台灣	2018/10/17	2018/10/20	0	0
202	DXK	住人/乾淨	D/O	Rick Chen	中華民台灣	2018/10/17	2018/10/18	0	0
203	STD	參觀						0	0
205	STD	空房/髒						0	0
207	STD	空房/髒						0	0
208	SPR	住人/乾淨	D/O	吳奇隆	中華民台灣	2018/10/17	2018/10/18	0	0
209	SPR	空房/乾淨						0	0
210	SPR	空房/髒						0	0
211	DXK	空房/乾淨	ASIG			2018/10/18		0	0
212	DXK	空房/髒						0	0
213	STD	空房/髒						0	0

小計：　住人間數：　3間　全部間數：　11間

- 此報表顯示全館所有房間狀況。
- 報表依照樓別→房號排序。

  此報表可以顯示旅館全館房間房務狀態，旅館可適時了解房間清潔情形，有利旅館房務作業管理。

Room Attendant 報表

適用A4報表紙

德安大酒店

Room Attendant報表

製表者ID：cio　　製表日：2019/12/30 15:13:42

製 表 者：德安資訊　　頁　次：Page1 of 7

列印條件： 報表格式：Room Attendant報表_排房住宿人數

房號	房種	狀態	排房	C/I日期	C/O日期	住客姓名	大人數	小孩數	嬰兒數
棟別：1									
樓層：Q									
3622	QQ	空房／乾淨	未排						
3661	QQ	空房／乾淨	未排						
3667	QQ	空房／乾淨	未排						
3668	QQ	空房／乾淨	未排						
3685	QQ	空房／乾淨	未排						
3689	QQ	空房／乾淨	未排						
6648	QQ	空房／乾淨	未排						
						樓層 Q 小計	0	0	0
樓層：02									
201	DXK	住人／乾淨	未排	2018/10/17	2018/10/20	Angela	1	2	0
202	DXK	住人／乾淨	未排	2018/10/17	2018/10/18	Rick Chen	2	0	0
203	STD	參觀／乾淨	未排						
205	STD	空房／ 髒	未排						
207	STD	空房／ 髒	未排						
208	SPR	住人／乾淨	未排	2018/10/17	2018/10/18	吳奇隆	2	0	0
209	SPR	空房／乾淨	未排						
210	SPR	空房／ 髒	未排						
211	DXK	空房／乾淨	已排						
212	DXK	空房／ 髒	未排						
213	STD	空房／ 髒	未排						
						樓層 02 小計	5	2	0

- 此報表顯示全館所有房間狀態並以樓層排序顯示。

  此報表可以顯示旅館全館房間房務狀態，旅館可適時了解房間住房與清潔情形，有利旅館房務作業管理。

房務入帳報表

適用80報表紙

德安大酒店
房務入帳報表

製表者ID：cio
製 表 者：德安資訊
列印條件：入帳日期：2017/10/01:2018/10/18

製表日：2019/12/30 15:14:33
頁 次：Page1 of 1

日期	房號	費用項目	消費金額	服務費	輸入者	調整	調整(服)	消費單號	消費單號(服)
18/05/28	213-1	冰箱飲料收入	25	0	cio	註銷		(2018052800080F0 01)	
18/05/28	302-1	洗衣收入	1,180	0	cio	註銷		(2018052800010F0 01)	
18/05/29	1008-1	洗衣收入	800	0	cio	正常		(2018052900060F0 01)	
18/06/06	810-1	洗衣收入	230	0	cio	註銷		(2018060600130F0 01)	
18/06/10	713-1	洗衣收入	890	0	cio	正常		(2018061000270F0 01)	
18/06/10	P014-0	冰箱飲料收入	25	0	cio	正常		(2018061000360F0 01)	
18/06/10	612-1	冰箱飲料收入	50	0	cio	正常		(2018061000440F0 01)	
18/06/10	701-1	冰箱飲料收入	25	0	cio	正常		(2018061000420F0 01)	
18/06/10	701-2	洗衣收入	230	0	cio	正常		(2018061000450F0 01)	
18/06/10	206-1	洗衣收入	830	0	cio	註銷		(2018061000830F0 01)	
18/06/10	206-1	洗衣收入	830	0	cio	註銷		(2018061000870F0 01)	
18/06/22	302-1	洗衣收入	600	0	cio	正常		(2018062200740ACC 01)	
18/06/29	509-1	備品收入	170	0	cio	正常		(2018062900010F0 01)	
18/07/01	1003-1	洗衣收入	310	0	cio	正常		(2018070100720ACC 01)	
18/07/01	1007-1	備品收入	172	0	cio	正常		(2018070100030ACC 01)	
18/07/01	1007-1	洗衣收入	1,750	0	cio	正常		(2018070100040ACC 01)	
18/07/01	208-1	洗衣收入	1,920	0	cio	正常		(2018070100050ACC 01)	
18/07/01	2201-1	洗衣收入	1,110	38	cio	正常	正常	(2018070101080ACC 01)	(2018070101090ACC 01)
18/07/01	2409-1	洗衣收入	1,180	0	cio	註銷		(2018070105220ACC 01)	
18/07/02	513-1	洗衣收入	2,130	0	cio	正常		(2018070200020ACC 01)	
18/07/02	513-1	冰箱飲料收入	25	0	cio	正常		(2018070200030ACC 01)	
18/08/06	1006-1	冰箱飲料收入	25	0	cio	正常		(2018080600970ACC 01)	
18/08/11	209-1	備品收入	160	0	cio	正常		(2018081100350ACC 01)	
18/08/25	1109-1	洗衣收入	880	0	cio	正常		(2018082500940ACC 01)	
18/08/26	305-1	洗衣收入	1,880	0	cio	正常		(2018082604210ACC 01)	
18/09/12	805-1	洗衣收入	1,140	0	cio	正常		(2018091200250ACC 01)	
		合計：	14,292	38					

- 統計某一天的房務入帳資料。
- 依照房號彙總顯示。

此報表可以顯示旅館某日期房務入帳狀態，旅館可適時了解房間內消費金額與入賬情形，有利旅館房務入帳作業之管理。

房務銷售彙總表

適用80報表紙

德安大酒店
房務銷售彙總表

製表者ID：cio
製 表 者：德安資訊
列印條件：入帳日期：2018/08/18:2018/10/01

製表日：2019/12/30 15:15:29
頁 次：Page1 of 1

日期	費用項目	小分類項目	產品名稱	數量	單價	小計	實收金額	成本價	成本小計
2018/08/25	洗衣收入	乾洗收入	西裝	1	600	600	600	0	0
2018/08/25	洗衣收入	燙衣收入	上衣 / 夾克	1	280	280	280	0	0
2018/08/26	洗衣收入	乾洗收入	西裝	1	600	600	600	0	0
2018/08/26	洗衣收入	乾洗收入	全摺裙	1	310	310	310	0	0
2018/08/26	洗衣收入	乾洗收入	上衣 / 夾克	1	350	350	350	0	0
2018/08/26	洗衣收入	乾洗收入	西褲/裙/牛仔褲	2	310	620	620	0	0
2018/09/12	洗衣收入	乾洗收入	襯衫	1	230	230	230	0	0
2018/09/12	洗衣收入	乾洗收入	風衣	1	600	600	600	0	0
2018/09/12	洗衣收入	乾洗收入	青年裝	1	310	310	310	0	0
			合計：	10		3,900	3,900		0

- 統計某一天的房務入帳資料。
- 依照房務入帳產品彙總合計顯示。

此報表可以顯示旅館某日期房務入帳時旅客所消費之明細狀態，旅館可適時了解房間內消費金額與消費明細情形，有利旅館房務入帳作業及提供旅客消費品項之管理。

房務帳作廢報表

適用80報表紙

德安大酒店

房務帳作廢報表

製表者ID：cio

製 表 者：德安資訊

製表日：2019/12/30 15:16:32

頁 次：Page1 of 1

列印條件：異動日期：2018/07/18:2018/10/17 報表種類：1

原入帳日期	房號	費用項目	消費金額	服務費	異動日期	異動者
2018/08/11	1212-1	洗衣收入	1,140	20	2018/08/11	cio
2018/08/23	302-1	洗衣收入	700	20	2018/08/23	cio
2018/09/09	201-1	洗衣收入	600	0	2018/09/09	cio
		合計：	2,440	40		

- 統計某一天的房務帳作癈資料。
- 依照房務帳作廢房號顯示。

此報表可以顯示旅館某日期房務入帳後作廢情形，旅館可適時了解作廢原因及異動情形，有利旅館房務入帳作業之管理。

房間使用歷史報表

適用A4橫印報表紙

德安大酒店

房間使用歷史報表

製表者ID：cio

製 表 者：德安資訊

製表日：2019/12/30 15:17:06

頁 次：Page1 of 3

列印條件：查詢日期：2018/10/01:2018/10/17

房號	住客姓名	用房期間	NGTS	VIP	住宿期間	房價代號	房種	房租	服務費	使用率(%)
201	陳麗花	2018/10/01-2018/10/11	11	0	2018/09/09-2018/10/17	heiditest	DXK:豪華客房	0	0	64.71
201	陳麗花	2018/10/12-2018/10/16	5	0	2018/09/09-2018/10/17	單人計價	DXK:豪華客房	0	0	29.41
						NGTS 小計:16	DayUse 小計:0	使用率小計:		94.12
207	休息	2018/10/14-2018/10/15	2	0	2018/10/14-2018/10/16	休息	STD:標準雙人客	2,581,842	0	11.76
						NGTS 小計:2	DayUse 小計:0	使用率小計:		11.76
208	張進新-4	2018/10/14-2018/10/14	1	0	2018/10/14-2018/10/15	一般住宿	SPR:精緻雙人客	6,000	0	5.88
						NGTS 小計:1	DayUse 小計:0	使用率小計:		5.88
209	李紹偉	2018/10/01-2018/10/05	5	0	2018/09/28-2018/10/06	一般住宿	SPR:精緻雙人客	27,500	0	29.41
209	張進新-5	2018/10/14-2018/10/14	1	0	2018/10/14-2018/10/15	一般住宿	SPR:精緻雙人客	6,700	0	5.88
						NGTS 小計:6	DayUse 小計:0	使用率小計:		35.29
210	PKG	2018/10/14-2018/10/15	2	0	2018/10/14-2018/10/16	六福村合作專案	SPR:精緻雙人客	19,460	18,000	11.76
						NGTS 小計:2	DayUse 小計:0	使用率小計:		11.76

- 統計某一天房間的使用情形報表。

此報表可以顯示旅館某日期某房間使用情形，旅館可適時了解該日房間使用之歷史資料，有利旅館綜合查詢作業之管理。

房務銷售明細表

適用80報表紙

德安大酒店

房務銷售明細表

製表者ID：cio

製 表 者：德安資訊

製表日：2019/12/30 15:18:07

頁 次：Page1 of 1

查詢條件：入帳日期：2018/07/18:2018/8/31

日期	房號	費用項目	小分類項目	產品名稱	數量	單價	銷售金額	服務費	成本價	成本小計
2018/08/06	1006-1	冰箱飲料收	冰箱飲料收入	百威啤酒	1	25	25	0	0	0
2018/08/11	209-1	備品收入	備品購買收入	sdf	1	150	150	0	0	0
2018/08/11	209-1	備品收入	備品購買收入	牛奶(單)123'"	1	10	10	0	45	45
2018/08/25	1109-1	洗衣收入	乾洗收入	西裝	1	600	600	0	0	0
2018/08/25	1109-1	洗衣收入	燙衣收入	上衣 / 夾克	1	280	280	0	0	0
2018/08/26	305-1	洗衣收入	乾洗收入	全摺裙	1	310	310	0	0	0
2018/08/26	305-1	洗衣收入	乾洗收入	西褲/裙/牛仔褲	1	310	310	0	0	0
2018/08/26	305-1	洗衣收入	乾洗收入	西裝	1	600	600	0	0	0
2018/08/26	305-1	洗衣收入	乾洗收入	西褲/裙/牛仔褲	1	310	310	0	0	0
2018/08/26	305-1	洗衣收入	乾洗收入	上衣 / 夾克	1	350	350	0	0	0
				合計：	10		2,945	0		45

- 統計某一天的房務入帳資料。
- 依照房務入帳資料明細顯示。

  此報表可以顯示旅館某日期入帳情形，旅館可適時了解該日房間入帳之明細資料，有利旅館查詢房務入帳作業之管理。

失物報表

適用132報表紙

德安大酒店

失物報表

製表者ID：cio

製 表 者：德安資訊

頁 次：Page1 of 1

列印條件： 報失/拾獲：2016/08/01:2018/10/18 狀態：'1','4' 排序7

編號	狀態	發生日期	物品名稱	拾獲/報失者	拾獲/報失地	備註	領回者簽名/身分證字號
1621	拾獲	2016/8/26	catier三環戒	mary	房間706	catier三環戒	/
1624	報失	2017/2/18	外套	黃小芷	大廳	09888777666	/
1625	報失	2017/2/18	外套	黃小芷	大廳	請記載連絡方式	/
1636	報失	2017/12/21	(可記載顏色.大小...等特徵)			請記載連絡方式	/

- 統計某一天失物資料。

  此報表可以顯示旅客遺失物品情形，旅館可適時查詢遺失物品之歷史資料，有利旅館遺失物品作業之管理。

14.2 帳務模組

帳務模組是旅館前檯系統最關鍵的部分，其主要功能為負責線上入帳、自動更新和維護檔案，並做稽核。因此當前檯金額輸入異常時，系統可追蹤每筆帳的登入時間以及何人登入。前檯稽核人員即可調整雙方的差額，並將其輸入調整分錄，使兩邊的數額一致。而系統更新則是按照系統設定的時程表自動完成。當系統更新時，電腦會執行系統檔案重整、系統維護、報表製作及當日營業結束關帳等工作。當前檯稽核人員進行結帳作業時，系統可以提供報表列印，以利前檯稽核人員進行結帳作業，以下將說明帳務模組相關報表分析。

交班日報表

適用80報表紙

德安大酒店

交班日報表

中分類--全部

製表者ID：cio
製 表 者：德安資訊

製表日：2019/12/30 15:20:07
Page 1 of 1

列印條件：查詢日期：2018/10/16

代號	中分類	金額	付款方式		付款金額
1	客房收入	2,660,256			
2	餐飲收入	250	07	沖網路訂金	12,666
PKG	Package	44,000	10	現金	2,645,056
TTTT	來閣館	-44,444	A0	沖客房預收	500
X	非收入項目	-1,840	L31	網路VISA	0
	合計	2,658,222			2,658,222
	收預收	0			
	訂金入帳	0			
	訂金合計	0			
	禮券銷售	0			
	儲值卡銷售	0			
	外加稅額	0			2,658,222
	今日總計	2,658,222			
	一今天的代支	0			
	手上總額	2,658,222			

- 顯示某一天的飯店前檯的交班資料，左邊為收入類，右邊為付款（每一種付款方式合計金額）。
- 查詢可區分班別代號及結帳者，分別查詢入帳及沖款資料。

  此報表可以顯示旅館某日期某班別，合計應收金額及旅客付款方式，旅館可呈現各班別應交班資料，有利工作人員交班作業之管理。

交班明細報表

適用80報表紙

德安大酒店

製表者ID：cio
製 表 者：德安資訊

交班明細表-付款方式細項

製表日：2019/12/30 15:20:48
Page 1 of 1

查詢條件： 結帳日期：2018/10/16 00:00:00

結帳資料

房號	訂房卡號	結帳單號		住客名稱	發票號碼	07:沖網路訂金	10:現金	A0:沖客房預收	合計
207	00845601	2018101600110FO	01	休息	BU00000306		2,580,250		**2,580,250**
210	00845701	2018101600170FO	01	PKG	BU00000311		38,000	500	**38,500**
2207	00845801	2018101600180FO	01	多筆明細	BU00000312		12,000		**12,000**
309	00592601	2018101600140FO	01	林宛珍	BU00000309	6,000			**6,000**
310	00846101	2018101600120FO	01	李紹緯	BU00000307		6,000		**6,000**
		2018101600130FO	01	李紹緯	BU00000308		250		**250**
808	00607701	2018101600150FO	01	李艾倫	BU00000310	6,666	8,556		**15,222**
合計						**12,666**	**2,645,056**	**500**	**2,658,222**

訂金

訂金編號	帳戶名稱	發票號碼	付款方式	付款金額	手工單號	訂金入帳備註
0001497AAA	Smith John		網路VISA	0	RMG02812345673-1	
0001533AAA	Smith John		網路VISA	0	R02812345673-1	
0001554AAA	Smith John		網路VISA	0	01G02811111111-1	
0001555AAA	Smith John		網路VISA	0	RMG02812345671-2	
0001555AAA	Smith John		網路VISA	0	RMG02812345671-1	
0001556AAA	Smith John		網路VISA	0	01G02812345671-1	
0001557AAA	Smith John		網路VISA	0	R02812345672-1	
0001557AAA	Smith John		網路VISA	0	R02812345672-2	
0001558AAA	Smith John		網路VISA	0	012812345672-1	
0001560AAA	Smith John		網路VISA	0	R02812345671-1	
合計				**0**		

開立發票 7張
作廢發票 0張

客戶簽名：　　　　　　　　承辦人員：

- 顯示某一天的飯店前檯的交班明細資料，每一筆結帳付款明細資料。
- 查詢可區分班別代號及結帳者。

此報表可以顯示旅館某日期某班別，合計應收金額、消費細項及旅客付款方式，旅館可呈現各班別應交班資料，有利工作人員交班作業之管理。

消費明細表

適用A4 印

德安大酒店

消費明細表

製表者ID：cio
製 表 者：德安資訊
查詢條件： 消費日期：2018/10/17 排序方式：3

製表日：2019/12/30 15:22:55
Page 1 of 3

小 分 類 101:客房房租收入

消費項目 1001:房租

班別	房號	消費序號	姓 名	輸入時間	消費數量	消費總額	輸入者	備註	奢侈稅
1	C06-0	2018/10/17 00010	孟	16:49	1	1,000	cio		0
1	C06-0	2018/10/17 00010	孟	16:49	1	1,000	cio		0
1	G78-0	2018/10/17 00030	上上旅行社	14:39	1	6,500	BATCH	From Room NO.1111 -1	0
1	G78-0	2018/10/17 00030	上上旅行社	14:39	1	6,500	BATCH	From Room NO.1111 -1	0
1	G78-0	2018/10/17 00100	上上旅行社	14:39	1	4,800	BATCH	From Room NO.1112 -1	0
1	G78-0	2018/10/17 00100	上上旅行社	14:39	1	4,800	BATCH	From Room NO.1112 -1	0
1	G78-0	2018/10/17 00170	上上旅行社	14:39	1	6,800	BATCH	From Room NO.1202 -1	0
1	G78-0	2018/10/17 00170	上上旅行社	14:39	1	6,800	BATCH	From Room NO.1202 -1	0
1	G78-0	2018/10/17 00240	上上旅行社	14:39	1	4,800	BATCH	From Room NO.1203 -1	0
1	G78-0	2018/10/17 00240	上上旅行社	14:39	1	4,800	BATCH	From Room NO.1203 -1	0
1	201-1	2018/10/17 00310	Angela	14:39	1	6,000	BATCH		0
1	201-1	2018/10/17 00310	Angela	14:39	1	6,000	BATCH		0
1	G78-0	2018/10/17 00340	上上旅行社	14:39	1	6,500	BATCH	From Room NO.202 -1	0
1	G78-0	2018/10/17 00340	上上旅行社	14:39	1	6,500	BATCH	From Room NO.202 -1	0
1	208-1	2018/10/17 00410	吳奇隆	14:39	1	6,000	BATCH		0
1	208-1	2018/10/17 00410	吳奇隆	14:39	1	6,000	BATCH		0
1	506-1	2018/10/17 00440	luke	14:39	1	3,650	BATCH		0
1	506-1	2018/10/17 00440	luke	14:39	1	3,650	BATCH		0
1	208-1	2018/10/17 00530	吳奇隆	14:39	1	-550	BATCH		0
1	208-1	2018/10/17 00530	吳奇隆	14:39	1	-550	BATCH		0
1	506-1	2018/10/17 00550	luke	14:39	1	800	BATCH	未使用餐券沖轉	0
1	506-1	2018/10/17 00550	luke	14:39	1	800	BATCH	未使用餐券沖轉	0
1	506-1	2018/10/17 00570	luke	14:39	1	600	BATCH	未使用餐券沖轉	0
1	506-1	2018/10/17 00570	luke	14:39	1	600	BATCH	未使用餐券沖轉	0
1	506-1	2018/10/17 00610	luke	14:39	1	300	BATCH	未使用餐券沖轉	0
1	506-1	2018/10/17 00610	luke	14:39	1	300	BATCH	未使用餐券沖轉	0
				消費項目小計：	**26**	**94,400**			**0**

消費項目 1004:餐飲未用轉房租

班別	房號	消費序號	姓 名	輸入時間	消費數量	消費總額	輸入者	備註	奢侈稅
1	G01-0	2018/10/17 00590	財團法人喬綜合	14:39	2	440	BATCH	未使用餐券沖轉	0
				消費項目小計：	**2**	**440**			**0**

消費項目 1033:未使用轉回

班別	房號	消費序號	姓 名	輸入時間	消費數量	消費總額	輸入者	備註	奢侈稅
1	201-1	2018/10/17 00630	Angela	14:39	2	440	BATCH	未使用餐券沖轉	0
				消費項目小計：	**2**	**440**			**0**

- 統計某一天或日期區間的消費資料。
- 可以依照收入小分類、服務項目或是收入小分類+服務項目做為查詢條件。
- 提供一般消費帳或拆帳項目查詢。
- 報表顯示每一筆消費的入帳者及入帳模式（正常、註銷、補入或帳）。

此報表可以顯示旅館某日期某班別，旅客消費金額採收入小分類方式呈現應收金額，系統可提供各班別應交班金額小分類資料，有利工作人員交班作業之管理。

拆帳日報表

德安大酒店

製表者ID：cio

製 表 者：德安資訊

拆帳日報表

查詢條件： 消費日期：2018/10/17

房號	姓名	消費序號	項目	數量	金額	子項目	金額	外加稅	廳別	客房房租收入	三溫暖服務收入	食品收入	預估早餐收入	預估午餐收入	預估晚餐收入	預收門票
201	Angela	00310	1001:房租	1	6,000	房租	5,560	0	客務櫃檯	5,560						
						客房早餐	440	0	錦繡西餐廳(雷'				440			
		00620	2011:客房早餐	-2	-440	客房早餐	-440	0	錦繡西餐廳(雷'				-440			
208	吳奇隆	00410	1001:房租	1	6,000	加購早餐	500	0	客務櫃檯			500				
							500	0	好滴咖啡			0				
						房租	5,500	0	客務櫃檯	5,500						
506	luke	00440	1001:房租	1	3,650	房租	1,300	0	客務櫃檯	1,300						
						加床費	650	0	客務櫃檯	650						
						預估早餐	300	0	喬拉咖啡廳				300			
						預估客房晚餐	800	0	喬拉咖啡廳					800		
						預估晚餐	600	0	喬拉咖啡廳						600	
		00540	3011:預估客房晚	-1	-800	預估客房晚餐	-800	0	喬拉咖啡廳					-800		
		00560	3013:預估晚餐	-1	-600	預估晚餐	-600	0	喬拉咖啡廳						-600	
		00600	3010:預估早餐	-1	-300	預估早餐	-300	0	喬拉咖啡廳				-300			
G01	財團法人喬綠會	00510	9023:預估樂園票	2	440	預估樂園票	440	0	售票口							440
		00580	9023:預估樂園票	-2	-440	預估樂園票	-440	0	售票口							-440

適用132

製表者ID：cio

製 表 者：德安資訊

查詢條件： 消費日期：2018/10/17

德安大酒店

拆帳日報表

（ 彙總 ）

廳別\小分類	客房房租收入	三溫暖服務收入	食品收入	預估早餐收入	預估午餐收入	預估晚餐收入	預收門票	Total
港式茶樓				2,500		2,100		**4,600**
錦繡西餐廳(雷蒙叔叔				0				**0**
喬拉咖啡廳				0	0	0		**0**
客務櫃檯	33,560		1,750					**35,310**
好滴咖啡			0					**0**
三溫暖湯屋		3,000						**3,000**
售票口							0	**0**
Total:	**33,560**	**3,000**	**1,750**	**2,500**	**0**	**2,100**	**0**	**42,910**

- 統計某一天拆帳（房價內含項目及組合服務項）資料。
- 提供房號、父帳及子帳的服務項目做為查詢條件。
- 報表顯示「結果」頁：有子帳細項明細顯示。
- 報表顯示「彙總」頁：顯示廳別對應各小分類的合計金額。

  此報表可以顯示旅館某日期、某房號旅客消費細項，系統可提供消費細項金額採拆帳方式呈現應付金額，有利旅館拆帳作業之管理。

催帳報表

適用A4橫印

德安大酒店
催帳報表

製表者ID：cio
製 表 者：德安資訊
製表日：2019/12/30 15:24:48
Page 1 of 1
查詢條件： 餘額查詢範圍: 0 至 99999

房號	姓名	公司名稱	團號	訂房公司	C/I	C/O	消費總額	預收額	預刷信用卡	餘額
1111	江川俊雄	上上旅行社	上上旅行社	上上旅行社	18/10/17	18/10/18	0	0	0	0
1112	陳春嬌	上上旅行社	上上旅行社	上上旅行社	18/10/17	18/10/18	0	0	0	0
1202	SMITH JOHN	上上旅行社	上上旅行社	上上旅行社	18/10/17	18/10/18	0	0	0	0
1203	SHEN, RICHARD MR	上上旅行社	上上旅行社	上上旅行社	18/10/17	18/10/18	0	0	0	0
201	Angela		Angela	一般散客	18/10/17	18/10/20	6,000	0	0	6,000
202	Rick Chen	上上旅行社	上上旅行社	上上旅行社	18/10/17	18/10/18	0	0	0	0
208	吳奇隆		Angela	一般散客	18/10/17	18/10/18	6,000	0	0	6,000
506	luke		luke	一般散客	18/10/16	18/10/19	7,900	0	0	7,900
G01	財團法人喬綜合醫院	財團法人喬綜合醫院附設	財團法人喬綜合醫院附設	財團法人喬綜合醫院附設	18/08/06	18/10/31	20,280	0	0	20,280
G76	陳麗花		陳麗花	一般散客	18/10/16	18/11/09	30,800	0	0	30,800
G78	上上旅行社	上上旅行社	上上旅行社	上上旅行社	18/10/17	18/10/18	32,340	0	0	32,340
合計							103,320	0	0	103,320

- 統計所有在店住客未結帳金額在某一期間的資料。

  此報表可以顯示旅館某期間，旅客住房尚未結帳之金額，系統可提供旅館催帳作業之管理。

InHouse 班報表（小分類）

適用A4橫表紙

德安大酒店
InHouse班報表(小分類)
製表者ID：cio
製 表 者：德安資訊
製表日：2019/12/30 15:25:27
Page 1 of 1
查詢條件：
查詢日期：2018/10/17 是否顯示付款方式：N

公帳號	房號	序號	住客姓名	C/I日	C/O日	客房房租收入	客房服務費收入	三溫暖服務收入	食品收入	預估早餐收入	預估午餐收入	預估晚餐收入	預收門票	代收	餐廳掛帳（不算收入的消費帳）	昨日餘額	今日結帳	今日餘額	昨日預收累計	今日預收款	沖預收款	沖訂金
1108	1108	1	林小美	2018/10/17	2018/10/17	0	0	0	0	0	0	0	0	0	0	0	0	0	0	0	0	0
G78	1111	1	江川俊雄	2018/10/17	2018/10/18	0	0	0	0	0	0	0	0	0	0	0	0	0	0	0	0	0
	1112	1	陳春嬌	2018/10/17	2018/10/18	0	0	0	0	0	0	0	0	0	0	0	0	0	0	0	0	0
	1202	1	SMITH JOHN	2018/10/17	2018/10/18	0	0	0	0	0	0	0	0	0	0	0	0	0	0	0	0	0
	1203	1	SHEN, RICHARD MR	2018/10/17	2018/10/18	0	0	0	0	0	0	0	0	0	0	0	0	0	0	0	0	0
201	201	1	Angela	2018/10/17	2018/10/20	6,000	0	0	0	0	0	0	0	0	0	0	0	6,000	0	0	0	0
G76	201	1	陳麗花	2018/09/09	2018/10/17	0	0	0	0	0	0	0	0	0	0	32	32	0	0	0	0	0
G78	202	1	Rick Chen	2018/10/17	2018/10/18	0	0	0	0	0	0	0	0	0	0	0	0	0	0	0	0	0
208	208	1	吳奇隆	2018/10/17	2018/10/18	5,500	0	0	500	0	0	0	0	0	0	0	0	6,000	0	0	0	0
506	506	1	luke	2018/10/16	2018/10/19	3,650	300	0	0	0	0	0	0	100	0	3,950	100	7,900	0	0	0	0
802	802	1	傑瑞米	2018/10/17	2018/10/17	0	0	0	0	0	0	0	0	0	0	0	0	0	0	0	0	0
C01	C01	0	ming	2018/10/14	2018/10/18	0	0	0	0	0	0	0	0	0	0	0	0	0	0	0	0	0
C06	C06	0	孟	2018/10/06	2018/10/18	1,000	0	0	0	0	0	0	0	0	0	9,000	7,000	3,000	0	0	0	0
G01	G01	0	財團法人喬綜合醫院	2018/08/06	2018/10/31	440	0	0	0	0	0	0	0	0	0	19,840	0	20,280	0	0	0	0
G76	G76	0	陳麗花	2018/09/09	2018/11/09	0	0	0	0	0	0	0	0	0	0	30,800	0	30,800	0	0	0	0
G78	G78	0	上上旅行社	2018/10/17	2018/10/18	20,550	2,940	3,000	1,250	2,500	0	2,100	0	0	0	0	0	32,340	0	0	0	0
Total						**37,140**	**3,240**	**3,000**	**1,750**	**2,500**	**0**	**2,100**	**0**	**100**	**0**	**63,622**	**7,132**	**106,320**	**0**	**0**	**0**	**0**

- 統計某一住客帳資料，含當日離店住客。
- 顯示每個房間的收入、昨日餘額、今日餘額、昨天預收累計、今日預收款及沖訂金金額。
- 報表上的今日餘額必須等於 EARNINGS JOURNAL 報表上的今日住客帳餘額。

  此報表可以顯示旅館於某期間住客帳的付款資料，系統可提供旅館有關旅客繳費紀錄之管理。

發票開立明細表

適用A4橫印報表紙

德安大酒店

發票開立明細表

製表者ID：cio　　製表日：2019/12/30 15:26:03

製 表 者：德安資訊　　頁　次：Page1 of 1

列印條件：發票日期：2018/10/17

結帳單號	房號/桌號	發票狀態	發票日期	發票號碼	開立班別	開立者	開立時間	發票金額	發票稅額	代支	作廢者	作廢時間
2018101700010ACC 01	201.1	D：機器作廢	2018/10/17	BU00000313	1	cio	12:53:16	32	2	0	cio	2019/12/24 16:33:57
2018101700010FO 01	C06.0	N：機器開立	2018/10/17	BU00000314	1	cio	16:51:01	1,000	48	0		
2018101700020FO 01	C06.0	N：機器開立	2018/10/17	BU00000315	1	cio	16:55:50	1,000	48	0		
2018101700030FO 01	C06.0	N：機器開立	2018/10/17	BU00000316	1	cio	16:56:38	1,000	48	0		
2018101700040FO 01	C06.0	N：機器開立	2018/10/17	BU00000317	1	cio	16:57:37	1,000	48	0		
2018101700050FO 01	C06.0	N：機器開立	2018/10/17	BU00000318	1	cio	16:58:23	1,000	48	0		
2018101700060FO 01	C06.0	N：機器開立	2018/10/17	BU00000319	1	cio	13:20:27	1,000	48	0		
2018101700100FO 01	C06.0	N：機器開立	2018/10/17	BU00000322	1	cio	11:14:41	1,000	48	0		
2018101700010ACC 01	201.1	D：機器作廢	2018/10/17	BU00000323	1	cio	16:33:57	32	2	0	cio	2019/12/24 16:55:38
2018101700010ACC 01	201.1	N：機器開立	2018/10/17	BU00000324	1	cio	16:55:38	32	2	0		
2018101700110FO 01	506.1	N：機器開立	2018/10/17	BU00000329	1	cio	14:37:29	100	5	0		
合計	11 筆							7,196	347	0		

- 統計某一天的發票開立明細資料。

  此報表可以顯示旅館於某期間對住客開立的發票資料，系統可提供旅館有關旅客繳費明細，及旅館開立發票紀錄之管理。

預收款明細表

適用80報表紙

德安大酒店

預收款明細表

製表者ID：cio　　製表日：2019/12/30 15:28:1

製 表 者：德安資訊　　Page 1 of 1

查詢條件： 入帳日期：2018/10/%

狀態	輸入日期	入帳廳別	班別	房號	客戶名稱	金額	付款方式	結帳日期	輸入者	結帳者	信用卡號	來源
已沖												
	2018/10/01	ACC:財務部	1	C01-0	luke	4,000	10:現金	2018/10/03	cio	cio		入帳
	2018/10/01	ACC:財務部	1	C01-0	luke	-2,000	10:現金	2018/10/03	cio	cio		入帳
	2018/10/06	FO:客務櫃檯	1	209-1	李紹偉	8,000	10:現金	2018/10/06	cio	cio		入帳
	2018/10/14	FO:客務櫃檯	1	210-1	PKG	500	10:現金	2018/10/16	cio	cio		入帳
			小計：			10,500						
			合計：			10,500						

- 統計客房預收款資料。
- 提供房號預收款項的付款方式及帳務來源資料。

  此報表可以顯示旅館於某期間對住客預收款資料，系統可提供旅館有關旅客付款明細及繳費方式，旅館可以清楚了解旅客付款紀錄。

C/O 班報表

適用A4橫印報表紙
德安大酒店
C/O班報表
製表者ID：cio
製 表 者：德安資訊
製表日：2019/12/30 15:29:10
Page 1 of 1
查詢條件：
查詢日期：2018/10/16

公帳號	房號	序號	住客姓名	C/I日	C/O日	test	aaa	其他消費	外加稅額	昨累未收 今日	預收款 今日	結帳收款 今日	預收款沖轉昨日	預收累計 昨日	結帳累計 今日	餘額	現金	信用卡	會員簽帳	其它
207	207	1	休息	2018/10/14	2018/10/16	0	0	0	0	2,000	0	2,580,250	0	0	2,000	-2,578,250	0	0	0	
		2	休息二	2018/10/14	2018/10/16	0	0	0	0	0	0	0	0	0	0	0	0	0	0	
210	210	1	PKG	2018/10/14	2018/10/16	0	0	0	0	38,500	0	38,500	500	500	0	0	0	0	0	
		2	PKG-1	2018/10/14	2018/10/16	0	0	0	0	0	0	0	0	0	0	0	0	0	0	
2207	2207	1	多筆明細	2018/10/14	2018/10/16	0	0	0	0	12,000	0	12,000	0	0	0	0	0	0	0	
309	309	1	林宛珍	2018/10/15	2018/10/16	0	0	0	0	6,000	0	6,000	0	0	0	0	0	0	0	
310	310	1	李紹緯	2018/10/15	2018/10/16	0	0	0	0	6,250	0	6,250	0	0	0	0	0	0	0	
808	808	1	李艾倫	2018/10/13	2018/10/16	0	0	0	0	15,222	0	15,222	0	0	0	0	0	0	0	
Total						**0**	**0**	**0**	**0**	**79,972**	**0**	**2,658,222**	**500**	**500**	**2,000**	**-2,578,250**	**0**	**0**	**0**	

- 統計某一天 C/O 資料。

此報表可以顯示旅館於某一天旅客 C/O 的資料，旅館可以查詢旅客 C/O 紀錄。

付款方式明細表

適用80報表紙
德安大酒店
付款方式明細表
製表者ID：cio
製 表 者：德安資訊
製表日：2019/12/30
Page 1 of 1
查詢條件： 付款日期：2018/10/16 報表格式：by_uninv_nos

發票號碼	房號	序號	住客姓名	付款單號		沖客房預收	沖網路訂金	現金	小計
BU00000306	207	1	休息	2018101600110FO	01	0	0	2,580,250	**2,580,250**
BU00000307	310	1	李紹緯	2018101600120FO	01	0	0	6,000	**6,000**
BU00000308	310	1	李紹緯	2018101600130FO	01	0	0	250	**250**
BU00000309	309	1	林宛珍	2018101600140FO	01	0	6,000	0	**6,000**
BU00000310	808	1	李艾倫	2018101600150FO	01	0	6,666	8,556	**15,222**
BU00000311	210	1	PKG	2018101600170FO	01	500	0	38,000	**38,500**
BU00000312	2207	1	多筆明細	2018101600180FO	01	0	0	12,000	**12,000**
總計						**500**	**12,666**	**2,645,056**	**2,658,222**

- 查詢某一付款日期的付款資料。
- 查詢條件有付款方式、房號（含公帳號）、發票號碼及住客姓名。

此報表可以顯示旅館於某日期，查詢旅客付款方式及付款明細資料，系統可提供旅館有關當日各房號旅客相關付款細項紀錄。

客戶簽帳（明細表）

適用80報表紙
製表者ID：cio
製 表 者：德安資訊

德安大酒店
客戶簽帳(明細表)

製表日：2019/12/30 15:32:54
Page 1 of 1

列印條件： 結帳日期：2015/02/01:2015/02/28

結帳日期	廳別	班別	結帳者	單號	客戶代號	客戶名稱		簽帳金額
2015/02/03	客務櫃檯	2	cio	0005	04655091	雄師旅行社股份有限公司		5,000
						客務櫃檯	小計	5,000
2015/02/04	客務櫃檯	1	cio	0001	04655091	雄師旅行社股份有限公司		-5,000
						客務櫃檯	小計	-5,000
2015/02/16	客務櫃檯	1	cio	0013	12027	財團法人喬綜合醫院		9,999
						客務櫃檯	小計	9,999
2015/02/20	客務櫃檯	1	cio	0001	12027	財團法人喬綜合醫院		7,235
2015/02/20	客務櫃檯	1	cio	0002	12027	財團法人喬綜合醫院		900
						客務櫃檯	小計	8,135
2015/02/21	客務櫃檯	1	cio	0002	12027	財團法人喬綜合醫院		21,450
2015/02/21	客務櫃檯	1	cio	0003	0000394101	大都會		3,300
2015/02/21	客務櫃檯	1	cio	0004	12027	財團法人喬綜合醫院		4,100
						客務櫃檯	小計	28,850
2015/02/26	客務櫃檯	1	11006	0004	0000391801	台灣中國股份有限公司		5,000
						客務櫃檯	小計	5,000
2015/02/28	客務櫃檯	1	cio	0002	12027	財團法人喬綜合醫院		650
						客務櫃檯	小計	650
							合計	52,634

- 統計某一段日期區間在前檯系統的客戶簽帳資料。
- 依客戶排序小計資料。

此報表可以顯示旅館於某日期查詢旅客簽帳明細資料，系統可提供旅館建立旅客相關簽帳歷史紀錄，作為日後訂房行銷之依據。

員工簽帳明細表

適用80報表紙
製表者ID：cio
製 表 者：德安資訊

德安大酒店
員工簽帳(明細表)

製表日：2019/12/30 15:34:16
Page 1 of 1

列印條件： 列印方式：1

結帳日期	廳別	班別	單號	結帳者	員工代號	員工姓名	部門別	簽帳金額
2013/10/08	客務櫃檯	1	0018	cio	0000001367	陳圓圓	財務部	27,300
						陳圓圓	小計	27,300
2014/02/02	客務櫃檯	1	0005	cio	A12027	安喬拉		32,530
						安喬拉	小計	32,530
							合計	59,830

- 統計某一段日期區間在前檯系統的員工簽帳資料。

  此報表可以顯示旅館於某日期查詢員工簽帳明細資料，系統可提供旅館建立員工相關簽帳歷史紀錄，作為日後員工薪資稽催及作業考核之依據。

部門簽帳（明細表）

適用80報表紙
德安大酒店
製表者ID：cio
部門簽帳(明細表)
製表日：2019/12/30 15:34:55
製 表 者：德安資訊
Page 1 of 1
列印條件： 列印方式：1

結帳日期	廳別	班別	單號	結帳者	部門代號	部門名稱	員工姓名	簽帳金額
2018/08/06	客務櫃檯	1	0005	cio	029	029:餐飲部	黃正雄	3,800
							小計	3,800
2017/06/09	客務櫃檯	1	0016	cio	102000	102000:102000	張嘉汝	12,956
							小計	12,956
2014/01/29	客務櫃檯	1	0002	cio	107	107:客房(辦公室)	安喬拉	5,000
							小計	5,000
							合計	21,756

- 統計某一段日期區間在前檯系統的部門簽帳資料。

  此報表可以顯示旅館於某日期查詢部門簽帳明細資料，系統可提供旅館建立部門相關簽帳歷史紀錄，作為日後各部門實際作業所需金額編列之依據。

出納信用卡預刷明細表

適用80報表紙
德安大酒店
製表者ID：cio
製 表 者：德安資訊
出納信用卡預刷明細表
製表日：2019/12/30 15:35:20
Page 1 of 1
查詢條件： 報表種類：1

房號	序	住客姓名	C/I日期	C/O日期	付款方式	信用卡卡號	授權碼	預刷金額	未結帳金額	差額	(代支)
506	1	luke	2018/10/16	2018/10/19		5*****5756		0	7,900	7,900	0
201	1	Angela	2018/10/17	2018/10/20				0	6,000	6,000	0
208	1	吳奇隆	2018/10/17	2018/10/18				0	6,000	6,000	0
1111	1	江川俊雄	2018/10/17	2018/10/18				0	0	0	0
1112	1	陳春嫣	2018/10/17	2018/10/18		3XXXXXXXXX8765		0	0	0	0
1202	1	SMITH JOHN	2018/10/17	2018/10/18				0	0	0	0
1203	1	SHEN, RICHARD MR	2018/10/17	2018/10/18				0	0	0	0
202	1	Rick Chen	2018/10/17	2018/10/18		5424620599999999		0	0	0	0

- 統計現在在店（IN HOUSE）房間的預刷金額、未結帳金額、已結帳金額及差額的計算。
- 預刷金額是由接待管理\房間管理\住客畫面，右下方“信用卡預刷額度”而來。

此報表可以顯示旅館在店（IN HOUSE）房間的預刷金額、未結帳金額、已結帳金額及差額的資料，系統可提供旅館即時查詢出納信用卡預刷明細紀錄，作為旅館稽催管理之依據。

客房未收帳款餘額明細表

德安大酒店
客房未收帳款餘額明細表
製表者ID：cio
製 表 者：德安資訊
製表日：2019/12/30 15:35:51
Page 1 of 1
查詢條件： 查詢日期：2018/10/18　報表類別：1

房號	住客姓名	帳狀態	C/I日期	預計C/O日期	101 客房房租收入	102 客房服務費收入	103 交通接送收入	COM 組合	PKG Package	X14 預收門票	外加稅	小計
201-1	Angela	O:開帳	2018/10/17	2018/10/20	6,000						0	**6,000**
208-1	吳奇隆	O:開帳	2018/10/17	2018/10/18	6,000						0	**6,000**
506-1	luke	O:開帳	2018/10/16	2018/10/19	7,300	600					0	**7,900**
801-1	簡良育	C:結帳	2018/07/01	2019/03/06					6,000		0	**6,000**
C06-0	孟	K:關帳	2018/10/06	2018/10/18	3,000						0	**3,000**
G01-0	財團法人喬綜合醫院附設醫學中心	O:開帳	2018/08/06	2018/10/31	800			1,000		18,480	0	**20,280**
G76-0	陳麗花	O:開帳	2018/10/16	2018/11/09	30,000		800				0	**30,800**
G78-0	上上旅行社	O:開帳	2018/10/17	2018/10/18	29,400	2,940					0	**32,340**
總計					**82,500**	**3,540**	**800**	**1,000**	**6,000**	**18,480**	**0**	**112,320**

- 統計某一天客房應收未收的帳額資料，以收入小分類統計。

此報表可以顯示旅館客房應收未收的帳額資料，以收入小分類做統計資料，系統可提供旅館即時查詢客房應收未收的帳額明細紀錄，可作為旅館稽催管理之依據。

轉帳明細表

適用80報表紙　　德安大酒店
製表者ID：cio　　**轉帳明細表**　　**製表日：2019/12/30 15:38:12**
製 表 者：德安資訊　　**Page 1 of 1**
查詢條件： 轉帳日期：2018/10/05

小分類 101:客房房租收入

消費項目 1001:房租

轉帳日期	時間	原房號	新房號	班別	消費日期	序號	金額	輸入者
2018/10/05	10:32	510-2	510-4	1	2018/10/04	00400	1,500	cio
2018/10/05	10:32	510-3	510-4	1	2018/10/04	00440	1,500	cio
					消費項目小計	:	**3,000**	
					小分類小計	:	**3,000**	

小分類 102:客房服務費收入

消費項目 1002:房租服務費

轉帳日期	時間	原房號	新房號	班別	消費日期	序號	金額	輸入者
2018/10/05	10:32	510-2	510-4	1	2018/10/04	00430	150	cio
2018/10/05	10:32	510-3	510-4	1	2018/10/04	00470	150	cio
					消費項目小計	:	**300**	
					小分類小計	:	**300**	
					總計	:	**3,300**	

- 統計某一天的客房帳互轉的資料。
- 提供消費項目、轉帳金額及異動房號。

此報表可以顯示旅館客房帳互轉的資料，以及提供消費項目、轉帳金額及異動房號等資料，可作為旅館帳務管理之依據。

調整明細表

適用80報表紙

德安大酒店

調整明細表

製表者ID：cio
製 表 者：德安資訊
查詢條件： 調整日期：2016/4/22

製表日：2019/12/30 15:39:22
Page 1 of 2

小分類 101:客房房租收入

消費項目 1001:房租

調整日期	房號	班別	時間	消費日期	序號	金額	原因	調整者	備註
2016/04/22	201-1	1	15:59	2016/04/21	00710	11,680,661	註銷	cio	
2016/04/22	201-1	1	15:59	2016/04/21	00840	0	註銷	cio	

消費項目小計 ： -11,680,661

消費項目 1003:加人費用

調整日期	房號	班別	時間	消費日期	序號	金額	原因	調整者	備註
2016/04/22	201-1	1	15:59	2016/04/21	00860	-5,555,500	註銷	cio	

消費項目小計 ： -5,555,500

消費項目 1005:加床費

調整日期	房號	班別	時間	消費日期	序號	金額	原因	調整者	備註
2016/04/22	201-1	1	15:59	2016/04/21	00870	-7,222,150	註銷	cio	

消費項目小計 ： -7,222,150

消費項目 1011:FOC

調整日期	房號	班別	時間	消費日期	序號	金額	原因	調整者	備註
2016/04/22	201-1	1	15:59	2016/04/21	00820	0	註銷	cio	

消費項目小計 ： 0

消費項目 1017:扣抵

調整日期	房號	班別	時間	消費日期	序號	金額	原因	調整者	備註
2016/04/22	201-1	1	15:59	2016/04/21	00800	-2,222,200	註銷	cio	

消費項目小計 ： -2,222,200

消費項目 1019:客房早餐扣抵

調整日期	房號	班別	時間	消費日期	序號	金額	原因	調整者	備註
2016/04/22	201-1	1	15:59	2016/04/21	00810	3,333,300	註銷	cio	

消費項目小計 ： 3,333,300

消費項目 1027:優惠折價

調整日期	房號	班別	時間	消費日期	序號	金額	原因	調整者	備註
2016/04/22	201-1	1	15:59	2016/04/21	00830	3,333,300	註銷	cio	

消費項目小計 ： 3,333,300

小分類小計 ： -20,013,911

- 統計客房帳的補入及註銷資料。
- 查詢條件有調整日期、消費日期（帳款產生日期）及消費項目。

此報表可以顯示旅館客房帳的補入及註銷資料，此調整明細表有助於旅館帳務管理。

已沖銷明細表

適用80報表紙

製表者ID：cio

製 表 者：德安資訊

查詢條件： 結帳日期：2018/10/17

德安大酒店

已沖銷明細表

製表日：2019/12/30 15:40:2

Page 1 of 7

小分類 101:客房房租收入

消費項目 1001:房租

結帳日期	班別	房號	消費日期	序號	金額	結帳者	住掛轉帳備註	調整備註	出納備註
2018/10/17	1	C06-0	2018/10/12	00030	1,000	cio			
2018/10/17	1	C06-0	2018/10/12	00040	1,000	cio			
2018/10/17	1	C06-0	2018/10/12	00050	1,000	cio			
2018/10/17	1	C06-0	2018/10/12	00060	1,000	cio			
2018/10/17	1	C06-0	2018/10/12	00070	1,000	cio			
2018/10/17	1	C06-0	2018/10/12	00080	1,000	cio			
2018/10/17	1	C06-0	2018/10/12	00090	1,000	cio			
2018/10/17	1	208-1	2018/10/17	00530	-550	cio			
2018/10/17	1	506-1	2018/10/17	00550	800	BATCH		2018101700480F(未使用餐券沖轉	
2018/10/17	1	506-1	2018/10/17	00570	600	BATCH		2018101700490F(未使用餐券沖轉	
2018/10/17	1	506-1	2018/10/17	00610	300	BATCH		2018101603030F(未使用餐券沖轉	
			消費項目小計 :		**8,150**				

消費項目 1004:餐飲未用轉房租

結帳日期	班別	房號	消費日期	序號	金額	結帳者	住掛轉帳備註	調整備註	出納備註
2018/10/17	1	G01-0	2018/10/17	00590	440	BATCH		2018101700510F(未使用餐券沖轉	
			消費項目小計 :		**440**				

消費項目 1033:未使用轉回

結帳日期	班別	房號	消費日期	序號	金額	結帳者	住掛轉帳備註	調整備註	出納備註
2018/10/17	1	201-1	2018/10/17	00630	440	BATCH		2018101700330F(未使用餐券沖轉	
			消費項目小計 :		**440**				

消費項目 1230:佣金

結帳日期	班別	房號	消費日期	序號	金額	結帳者	住掛轉帳備註	調整備註	出納備註
2018/10/17	1	208-1	2018/10/17	00520	550	cio			
			消費項目小計 :		**550**				
			小分類小計 :		**9,580**				

- 統計結帳日的已結帳的帳款資料，含調整入帳及轉帳造成的帳款減少。

  此報表可以顯示旅館已結帳的帳款資料，含調整入帳及轉帳造成的帳款減少，此已沖銷明細表有助於旅館帳務管理。

未沖銷明細表

適用80報表紙

德安大酒店

製表者ID：cio
製 表 者：德安資訊

未沖銷明細表

製表日：2019/12/30 15:41:18
Page 6 of 7

查詢條件：　查詢日期：2018/10/18　　顯示項目：<>I

小分類　COM:組合
消費項目　1022:加人加價(平日)

房號	消費日期	序號	時間	班別	輸入者	金額	住掛轉帳備註	調整備註	出納備註
G01-0	2018/09/09	00030	10:19	1	cio	1,000			
		消費項目小計	:			**1,000**			
		小分類小計	:			**1,000**			

小分類　PKG:Package
消費項目　p043:一般訂房

房號	消費日期	序號	時間	班別	輸入者	金額	住掛轉帳備註	調整備註	出納備註
801-1	2018/07/01	05720	17:54	1	cio	6,000			
		消費項目小計	:			**6,000**			
		小分類小計	:			**6,000**			

小分類　X14:預收門票
消費項目　9023:預估樂園票

房號	消費日期	序號	時間	班別	輸入者	金額	住掛轉帳備註	調整備註	出納備註
G01-0	2018/09/04	00010	13:43	1	BATCH	440			
G01-0	2018/09/05	00010	13:58	1	BATCH	440			
G01-0	2018/09/06	00010	14:15	1	BATCH	440			
G01-0	2018/09/07	00010	14:33	1	BATCH	440			
G01-0	2018/09/08	00190	14:19	Z	BATCH	440			
G01-0	2018/09/09	00010	10:19	1	cio	440			
G01-0	2018/09/10	00560	21:14	Z	BATCH	440			
G01-0	2018/09/11	00590	10:32	Z	BATCH	440			
G01-0	2018/09/12	01580	19:07	1	BATCH	440			
G01-0	2018/09/13	00470	14:15	1	BATCH	440			
G01-0	2018/09/14	00530	14:44	1	BATCH	440			
G01-0	2018/09/15	00490	17:04	1	BATCH	440			
G01-0	2018/09/16	00480	08:48	1	BATCH	440			
G01-0	2018/09/17	00180	09:06	1	BATCH	440			
G01-0	2018/09/18	00180	09:31	1	BATCH	440			
G01-0	2018/09/19	00180	09:58	1	BATCH	440			

- 統計結帳日的未結帳的帳款資料。

  此報表可以顯示旅館未結帳的帳款資料，此未沖銷消費明細表有助於旅館帳務稽催作業管理。

外幣匯兌報表

適用A4橫印

德安大酒店

製表者ID：cio
製 表 者：德安資訊
列印條件：水單產生日：2018/08/01:2018/08/31

外幣匯兌報表

製表日：2019/12/30 15:42:51
頁　次：Page1 of 1

水單號碼	水單產生日	旅客姓名	房號	狀態	幣別	匯率	外幣金額	手續費	台幣金額	支/鈔票號碼
20180806010001	2018/08/06	田中將大	309	N:正常	JPY:日幣J	0.3231	20,000	0	6,462	.
20180809010001	2018/08/09	DAVID	000001	N:正常	USD:美金U	30.29	1	20	10	ws
20180826010001	2018/08/26	王慶裕	0001	N:正常	USD:美金U	30.29	100	100	2,929	WE78543247
					正常合計:		20,101		9,401	
	總筆數:		3		作廢合計:		0		0	

- 統計某一時間的外幣兌換資料。

  此報表可以顯示旅客在旅館以外幣匯兌資料，有助於旅館查詢旅客匯兌作業之管理。

前檯與服務廳拆收入報表

適用80報表紙

德安大酒店

製表者ID：cio
製 表 者：德安資訊

前檯與服務廳拆收入報表

製表日：2019/12/30 15:43:29
Page 1 of 1

查詢條件： 查詢日期：2018/10/17 顯示消費項目資料：Y

消費項目	單價	拆服務廳金額	今日數量	總售價	各服務廳收入	前檯收入
121:三溫暖服務收入						
S1:三溫暖/湯屋			10	3,000	3,000	0
5001:SAUNA	300	300	10	3,000	3,000	0
121:三溫暖服務收入 合計：			10	3,000	3,000	0
201:食品收入						
S001:好滴咖啡			7	1,750	0	1,750
0322:加購早餐	250	0	7	1,750	0	1,750
201:食品收入 合計：			7	1,750	0	1,750
X06:預估早餐收入						
07:錦繡西餐廳(雷蒙r			0	0	0	0
2011:客房早餐	220	220	0	0	0	0
03:港式茶樓			10	2,500	2,500	0
2034:客房早餐（早茶）	250	250	10	2,500	2,500	0
ANG:香拉咖啡廳			0	0	0	0
3010:預估早餐	300	300	0	0	0	0
X06:預估早餐收入 合計：			10	2,500	2,500	0

- 查詢在店住客資料，提供出生日、姓別、身分證、住宿日及國籍。

  此報表可以顯示旅館前檯與服務廳所做拆收入之資料，此未沖銷消費明細表有助於旅館帳務稽催作業管理。

房價稽核表

適用80報表紙

德安大酒店

製表者ID：cio
製 表 者：德安資訊

房價稽核表

製表日：2019/12/30 15:44:10
頁 次：Page1 of 1

列印條件： 查詢日期： 2018/10/18

種類 訂房卡卡號 公帳號 | 公司名稱 訂房房價代號 | FOC代號 住房房價代號 | FOC總額

房號	住客姓名	人數	C/I ~C/O	房種 訂房	房種 住房	訂房 房租	訂房 服務費	訂房 其它	訂房 佣金	預估款 房租	預估款 服務費	預估款 其它	預估款 佣金	異動者 房租	異動者 服務費
散客	00846201														
	506		201904:一般訂房			201904:一般訂房									
506-1	luke	1	10/16~10/19	SPR	DXT	0	0	0	0	3,650*	300*	0	0	cio	cio
	00846201 小計：		1間		1人	0	0	0	0	3,650	300	0	0		
散客	00846701														
	201		PKG007:夏樂 暑期熟客專屬優惠			PKG007:夏樂 暑期熟客專屬優惠									
201-1	Angela	3	10/17~10/20	SPR	DXK	6,000	0	0	0	6,000	0	0	0		
	00846701 小計：		1間		3人	6,000	0	0	0	6,000	0	0	0		
	總計：		2間		4人	6,000	0	0	0	9,650	300	0	0		

- 查詢當日在店住客資料提供訂房房種及實際住房房種、訂房房租費用及預估款（夜核要滾的）房租費用，以及資料異動者。

  此報表可以顯示旅館各訂房房種及實際住房房種、訂房房租費用及預估款的房租費用，以及資料有異動情形者，此表有助於旅館正確帳務稽核作業之管理。

14.3 業務報表

旅館資訊系統中之業務報表，一般可區分為預估分析報表及實際業績報表等兩大類。

預估分析報表類

業務員未來訂房報表

適用132報表紙

德安大酒店

業務員未來訂房報表

製表者ID：cio
製 表 者：德安資訊

製表日：2019/12/30 15:44:58
Page 1 of 6

列印條件：C/I日期：>=2018/10/18 查詢方式：1 基數：1.000

公司名稱	連絡人/團名	C/I日期	C/O日期	房種	NGTS	間數	房租收入	餐飲收入	其他收入
業務員：Not assign									
中天國際法律事務所	david	2019/07/04	2019/07/05	STD	1	1	3,000	0	300
台灣積體電路製造(股)公司職工福利委員會	台灣積體電路製造(股)公司職工福	2019/12/30	2020/01/01	SPR	2	1	6,400	0	0
共2筆			**小計：**		**3**		**9,400**	**0**	**300**
業務員：060010:王一惠									
財團法人喬綜合醫院附設醫學中心	TEST	2019/09/01	2019/09/02	SPR	1	1	-550	550	200
財團法人喬綜合醫院附設醫學中心	TEST	2019/09/01	2019/09/02	SPR	1	1	-550	550	200
共2筆			**小計：**		**2**		**-1,100**	**1,100**	**400**
業務員：0000001:陳圓圓									
一般散客	Alice	2018/10/20	2018/10/21	SPR	1	1	49,750	250	0
一般散客	Hana	2018/10/20	2018/10/21	SPR	1	1	49,500	500	0
一般散客	CLAIRE LIAO	2018/10/31	2018/11/01	SPR	1	1	3,550	0	1,450
一般散客	test	2018/11/17	2018/11/20	QQ	3	1	0	0	16,733
一般散客	CLAIRE LIAO	2018/11/24	2018/11/25	SPR	1	1	49,750	250	0
一般散客	黃小芷	2018/11/30	2018/12/01	SPR	1	1	17,950	550	2,000
一般散客	claire liao	2018/12/01	2018/12/02	SPR	1	1	6,280	0	870
一般散客	黃小芷	2018/12/07	2018/12/08	SPR	1	1	17,950	550	2,000
一般散客	林小美	2019/01/31	2019/02/01	DXK	1	1	2,800	0	280
一般散客	CLAIRE LIAO	2019/03/05	2019/03/06	SPR	1	1	1,800	400	740
一般散客	STAR EXP	2019/06/06	2019/06/10	STD	4	1	61,000	0	1,920
一般散客	STAR EXP	2019/06/06	2019/06/10	STD	8	2	122,000	0	3,840
一般散客	CLAIRE LIAO	2019/08/31	2019/09/01	SPR	1	1	17,450	550	2,000
一般散客	CLAIRE LIAO	2019/09/01	2019/09/02	STD	1	1	4,800	0	480
一般散客	CLAIRE LIAO	2019/09/01	2019/09/02	DXK	1	1	7,000	0	700
一般散客	CLAIRE LIAO	2019/09/02	2019/09/03	SPR	1	1	3,850	0	750
一般散客	LINNING	2019/11/21	2019/11/22	DXK	1	1	3,000	0	3,000
共17筆			**小計：**		**29**		**418,430**	**3,050**	**36,763**

其統計規則：

訂房管理的有效訂房卡資料統計（該訂房卡上所屬業務人員的統計，其明細為單一訂房卡的房間數及預估產生的房租收入）。

情況一：

若是在訂房時選擇訂房公司，系統會自動帶入業務主檔內該客戶資料的所屬業務人員，所以結帳時就會一連串帶入 1. 該客戶業績統計 2. 該客戶所屬業務業績 3. 該住客的住房歷史資料，業務人員報表與業務報表的業績統計數字會一致。

情況二：

若是在訂房時沒有帶入簽約公司資料，系統在存檔時會在該訂房公司欄位填入"一般散客"、業務人員空白。此時若是在該業務人員欄位填入業務資料，該報表會有統計值，但業務業績報表會統計至一般客戶裡，業績並不會跑到該業務人員（因為一般散客不會有業務人員）。

此報表可以顯示旅館訂房管理的有效訂房卡資料統計，系統所顯示業務人員報表與業務報表的業績統計數字會一致。有助於旅客結帳時，會一連串帶入該客戶業績統計、該客戶所屬業務業績以及該住客的住房歷史資料。

業務員未來訂房產能報表

適用80報表紙

德安大酒店

業務員未來訂房產能比較表

製表者ID：cio
製 表 者：德安資訊
列印條件：C/I日期：>2018/10/18　基數：1.000

製表日：2019/12/30 15:45:47
Page 1 of 1

業務員	筆數	間數	NGTS	AVG.NGTS	房租收入	平均房價	排名
0000:王大明	140	192	250	1.3	14,516,388	58,066	1
0000001:陳圓圓	16	18	29	1.6	418,430	14,429	2
Not assign	2	2	3	1.5	9,400	3,133	3
060010:王一惠	1	2	2	1.0	-1,100	-550	4
總計	159	214	284	1.3	14,943,118		

其統計規則：

- 簽約公司筆數：該業務人員所屬簽約公司所訂房的筆數（累加）。
- 間數：所有訂房卡的訂房房間數加起來。
- NGTS：所有訂房的天數。
- 房租收入：每一筆訂房卡上房租收入的加總。
- 平均房價：房租收入/夜數（天數）。
- 排名：以夜數（天數）排名。

此報表可以顯示旅館業務員未來訂房產能報表之資料，有助於旅館對業務員業績考核作業之管理。

簽約公司未來訂房報表

適用132報表紙　　德安大酒店

製表者ID：cio
製 表 者：德安資訊
簽約公司未來訂房報表
製表日：2019/12/30 15:48:37
Page 1 of 41

列印條件：C/I日期：>=2018/10/18　查詢方式：1　基數：1.000

序號 C/I日期	C/O日期	房種	NGTS	間數	房價代號	連絡人/團名	VIP	訂房卡備註	房租收入	餐飲收入	其他收入
公司名稱：中天國際法律事務所						住客類別：簽約客戶	區域：	行業：			
2019/07/04	2019/07/05	STD	1	1	交辦事項	david	0		3,000	0	300
	小計		**1**		**0.35% 用房佔比**	**3,000 ADR(房租)**		**3,300 ADR(消費)**	**3,000**	**0**	**300**
公司名稱：如果兒童劇團						住客類別：網路訂房-官	區域：	行業：			
2019/10/12	2019/10/13	DXT	1	1	一般訂房	JAMES BOND	0		6,799	0	680
	小計		**1**		**0.35% 用房佔比**	**6,799 ADR(房租)**		**7,479 ADR(消費)**	**6,799**	**0**	**680**
公司名稱：台灣積體電路製造(股)公司職工福利委員會						住客類別：一般散客	區域：	行業：			
2019/12/30	2020/01/01	SPR	2	1	小資旅行	台灣積體電路製造(股)么	0		6,400	0	0
	小計		**2**		**0.70% 用房佔比**	**3,200 ADR(房租)**		**3,200 ADR(消費)**	**6,400**	**0**	**0**
公司名稱：一般散客						住客類別：一般散客	區域：北部	行業：			
2018/10/20	2018/10/21	SPR	1	1	七夕愉快	Alice	0		49,750	250	0
2018/10/20	2018/10/21	SPR	1	1	快樂星期	Hana	0		49,500	500	0
2018/10/31	2018/11/01	SPR	1	1	一卡通測	CLAIRE LIAO	0		3,550	0	1,450
2018/11/17	2018/11/20	QQ	3	1	六月優惠	test	0		0	0	16,733
2018/11/24	2018/11/25	SPR	1	1	七夕愉快	CLAIRE LIAO	0		49,750	250	0
2018/11/30	2018/12/01	SPR	1	1	一泊二食	黃小芷	0		17,950	550	2,000
2018/12/01	2018/12/02	SPR	1	1	某某專案(	claire liao	0		6,280	0	870
2018/12/07	2018/12/08	SPR	1	1	一泊二食	黃小芷	0		17,950	550	2,000
2019/01/31	2019/02/01	DXK	1	1	**環保房	林小美	0		2,800	0	280
2019/03/05	2019/03/06	SPR	1	1	**環保房	CLAIRE LIAO	0		1,800	400	740
2019/06/06	2019/06/10	STD	4	1	一泊二食	STAR EXP	0	,T/SB,	61,000	0	1,920
2019/06/06	2019/06/10	STD	8	2	一泊二食	STAR EXP	0	,T/SB,	122,000	0	3,840
2019/08/31	2019/09/01	SPR	1	1	一泊二食	CLAIRE LIAO	0		17,450	550	2,000
2019/09/01	2019/09/02	STD	1	1	春遊補助	CLAIRE LIAO	0		4,800	0	480
2019/09/01	2019/09/02	DXK	1	1	春遊補助	CLAIRE LIAO	0		7,000	0	700
2019/09/02	2019/09/03	SPR	1	1	六月優惠	CLAIRE LIAO	0		3,850	0	750
2019/11/21	2019/11/22	DXK	1	1	一般訂房	LINNING	0		3,000	0	3,000
	小計		**29**		**10.21% 用房佔比**	**14,429 ADR(房租)**		**15,801 ADR(消費)**	**418,430**	**3,050**	**36,763**

其統計規則：

- 訂房管理的有效訂房卡資料統計（該訂房卡上所屬簽約公司的間數統計）。

  此報表可以顯示旅館簽約公司未來訂房報表之資料，有助於旅館對簽約公司行銷策略及議價作業之管理。

簽約公司未來訂房彙總表

適用80報表紙　　德安大酒店

製表者ID：cio
製 表 者：德安資訊
簽約公司未來訂房彙總表
製表日：2019/12/30 15:49:25
Page 1 of 1

列印條件：C/I日期：>2018/10/18　查詢方式：1　報表類別：1　基數：1.000

公司名稱	業務員	間數	NGTS	AVG.NGTS	房租收入	平均房價	排名
網路訂房專用	王大明	173	228	1.3	14,435,687	63,314	1
一般散客	陳圓圓	18	29	1.6	418,430	14,429	2
BOOKING.COM	劉曉明	17	19	1.1	78,396	4,126	3
財團法人喬綜合醫院附設醫學中心	金城武	2	2	1.0	-1,100	-550	4
台灣積體電路製造(股)公司職工福利委		1	2	2.0	6,400	3,200	5
如果兒童劇團		1	1	1.0	6,799	6,799	6
中天國際法律事務所		1	1	1.0	3,000	3,000	7
EXPEDIA		1	1	1.0	2,306	2,306	8
總計		214	283	1.3	14,949,918		

其統計規則：

以簽約公司訂房數做統計，統計該日期的間數、夜數、房租收入、平均房價。

- 間數：該簽約公司的房間數統計值。
- 夜數：該簽約公司訂房天數統計值。
- 平均夜數：夜數/間數。
- 房租收入：該簽約公司每一筆訂房卡上房租收入的加總。
- 平均房價：房租收入/夜數。

  此報表可以顯示旅館簽約公司未來訂房彙總表之資料，有助於旅館對所有簽約公司行銷策略及議價作業之管理。

訂房預估月報表

適用A4橫印報表紙

德安大酒店

訂房預估月報表

製表者ID：cio

製 表 者：德安資訊

製表日：2019/12/30 15:50:36

Page 1 of 3

列印條件：起訖年月：2018/10 至 2018/12

2018/10

日期	星期	假別	總房間數	住房間數	+ 修理參觀	住房率	到達	離店	續住	Walk In	Dayuse + Rest	房租收入	餐飲收入	房租收入及餐飲收入合計	平均房價（不含餐）	平均房價（含餐）
01 *	一	平日	393	8	0	2.04%	2	0	4	2	0	15,768	740	16,508	1,971	2,064
02 *	二	平日	393	7	0	1.78%	0	1	7	0	0	12,210	740	12,950	1,744	1,850
03 *	三	平日	393	5	0	1.27%	0	2	5	0	0	19,730	1,570	21,300	3,946	4,260
04 *	四	平日	393	6	0	1.53%	1	0	5	0	0	21,150	1,650	22,800	3,525	3,800
05 *	五	假日	393	5	0	1.27%	0	1	5	0	0	16,890	1,410	18,300	3,378	3,660
06 *	六	假日	393	8	0	2.04%	5	2	3	0	0	27,820	1,480	29,300	3,478	3,663
07 *	日	假日	393	7	0	1.78%	3	4	4	0	0	22,070	2,230	24,300	3,153	3,471
08 *	一	平日	393	7	0	1.78%	1	1	6	0	0	21,600	2,800	24,400	3,086	3,486
09 *	二	平日	393	7	0	1.78%	3	5	2	0	0	6,730	1,570	8,300	961	1,186
10 *	三	假日	393	2	0	1.02%	0	3	2	0	2	-2,630	-1,070	-3,700	-658	-925
11 *	四	平日	393	2	0	0.51%	0	0	2	0	0	2,050	250	2,300	1,025	1,150
12 *	五	假日	393	9	0	2.29%	7	0	2	0	0	40,340	820	41,160	4,482	4,573
13 *	六	假日	393	2	0	0.51%	1	8	1	0	0	102,940	0	102,940	51,470	51,470
14 *	日	假日	393	8	1	2.30%	4	0	2	1	1	30,698	1,992	32,690	3,411	3,632
15 *	一	平日	393	7	0	1.78%	2	3	5	0	0	49,670	1,742	51,412	7,096	7,345
16 *	二	平日	393	2	0	0.51%	1	5	1	0	0	2,583,040	0	2,583,040	1,291,520	1,291,520
17 *	三	平日	393	20	0	5.60%	18	3	1	1	2	37,140	4,990	42,130	1,688	1,915
18	四	平日	393	3	1	0.77%	1	6	2	0	0	13,510	0	13,510	4,503	4,503
19	五	假日	393	4	0	1.02%	3	2	1	0	0	27,160	750	27,910	6,790	6,978
20	六	假日	393	2	0	0.51%	2	4	0	0	0	99,250	750	100,000	49,625	50,000
21	日	假日	393	1	0	0.25%	1	2	0	0	0	7,000	250	7,250	7,000	7,250
22	一	平日	393	0	0	0.00%	0	1	0	0	0	0	0	0	0	0
23	二	平日	393	2	0	0.51%	2	0	0	0	0	9,175	500	9,675	4,588	4,838
24	三	平日	393	2	0	0.51%	2	2	0	0	0	25,497	250	25,747	12,749	12,874
25	四	平日	393	0	0	0.00%	0	2	0	0	0	0	0	0	0	0
26	五	假日	393	2	0	0.51%	2	0	0	0	0	0	0	0	0	0
27	六	假日	393	0	0	0.00%	0	2	0	0	0	0	0	0	0	0
28	日	假日	393	0	0	0.00%	0	0	0	0	0	0	0	0	0	0
29	一	平日	393	0	0	0.00%	0	0	0	0	0	0	0	0	0	0
30	二	平日	393	3	0	0.76%	3	0	0	0	0	20,600	750	21,350	6,867	7,117
31	三	平日	393	1	0	0.25%	1	3	0	0	0	3,550	0	3,550	3,550	3,550
月統計			12,183	132	2	1.12%	65	62	60	4	5	3,212,958	26,164	3,239,122	23,452	23,643

其統計規則：

- Sold Room：為當日使用間數 不含 Day Use 跟 Rest。

  Sold Room = 到達 + 續住 + Walk In 間數。
- 平均房價 = 房租收入/賣房數（Sold Room + Day Use）。

- 房租收入 = 設為房租的消費項目不含後檯調整。
- 平均房價 = 房租收入/Sold Room。
- *星號為實際發生的數字，無星號則表示未來預估的數字。

  此報表可以呈現旅館當日使用房間數、平均房價、房租收入等資料，有助於旅館對某一期間訂房績效作業之分析管理。

房間銷售狀況預估報表

適用132報表紙

德安大酒店

房間銷售狀況預估報表

製表者ID：cio

製 表 者：德安資訊

製表日：2019/12/30 15:51:40

Page 1 of 8

查詢條件： 起訖日期：：2018/10/18 至：2018/12/17

																							合計				
用房日期	星期	日期別	房種	待訂	使用	鎖控	修理參觀	房種	待訂	使用	鎖控	修理參觀	房種	待訂	使用	鎖控	修理參觀	房種	待訂	使用	鎖控	修理參觀	待訂	使用	鎖控	修理參觀	住房率
2018/10/18	四	平日	123	0	0	0	0	BSPR	0	0	1	U	DXK	21	1	0	1	DXT	16	1	3	0	357	3	32	1	0.77%
			EXK	2	0	0	0	EXT	15	0	0	0	FDFD	50	0	0	0	Ming	10	0	0	U					
			Q1	15	0	0	0	Q2	10	0	0	0	Q3	15	0	0	0	QQ	30	0	0	0					
			SPR	34	1	15	0	SQS	5	0	0	0	STD	37	0	13	0	TEST	37	0	0	0					
			ZXC	50	0	0	0	ab	10	0	0	0															
2018/10/19	五	假日	123	0	0	0	0	BSPR	1	0	0	0	DXK	22	1	0	0	DXT	20	0	0	0	389	4	0	0	1.02%
			EXK	2	0	0	0	EXT	15	0	0	0	FDFD	50	0	0	0	Ming	10	0	0	0					
			Q1	15	0	0	0	Q2	10	0	0	0	Q3	15	0	0	0	QQ	30	0	0	0					
			SPR	47	3	0	0	SQS	5	0	0	0	STD	50	0	0	0	TEST	37	0	0	0					
			ZXC	50	0	0	0	ab	10	0	0	0															
2018/10/20	六	假日	123	0	0	0	0	BSPR	0	0	1	0	DXK	23	0	0	0	DXT	17	0	3	0	362	2	29	0	0.51%
			EXK	2	0	0	0	EXT	15	0	0	0	FDFD	50	0	0	0	Ming	10	0	0	0					
			Q1	15	0	0	0	Q2	10	0	0	0	Q3	15	0	0	0	QQ	30	0	0	0					
			SPR	33	2	15	0	SQS	5	0	0	0	STD	40	0	10	0	TEST	37	0	0	0					
			ZXC	50	0	0	0	ab	10	0	0	0															
2018/10/21	日	假日	123	0	0	0	0	BSPR	0	0	1	0	DXK	23	0	0	0	DXT	17	0	3	0	364	1	28	0	0.25%
			EXK	2	0	0	0	EXT	15	0	0	0	FDFD	50	0	0	0	Ming	10	0	0	0					
			Q1	15	0	0	0	Q2	10	0	0	0	Q3	15	0	0	0	QQ	30	0	0	0					
			SPR	35	1	14	0	SQS	5	0	0	0	STD	40	0	10	0	TEST	37	0	0	0					
			ZXC	50	0	0	0	ab	10	0	0	0															
2018/10/22	一	平日	123	0	0	0	0	BSPR	0	0	1	0	DXK	23	0	0	0	DXT	17	0	3	0	364	0	29	0	0.00%
			EXK	2	0	0	0	EXT	15	0	0	0	FDFD	50	0	0	0	Ming	10	0	0	0					
			Q1	15	0	0	0	Q2	10	0	0	0	Q3	15	0	0	0	QQ	30	0	0	0					
			SPR	35	0	15	0	SQS	5	0	0	0	STD	40	0	10	0	TEST	37	0	0	0					
			ZXC	50	0	0	0	ab	10	0	0	0															
2018/10/23	二	平日	123	0	0	0	0	BSPR	1	0	0	0	DXK	23	0	0	0	DXT	20	0	0	0	391	2	0	0	0.51%
			EXK	2	0	0	0	EXT	15	0	0	0	FDFD	50	0	0	0	Ming	10	0	0	0					
			Q1	15	0	0	0	Q2	10	0	0	0	Q3	15	0	0	0	QQ	30	0	0	0					
			SPR	48	2	0	0	SQS	5	0	0	0	STD	50	0	0	0	TEST	37	0	0	0					
			ZXC	50	0	0	0	ab	10	0	0	0															
2018/10/24	三	平日	123	0	0	0	0	BSPR	0	0	1	0	DXK	23	0	0	0	DXT	17	0	3	0	362	2	29	0	0.51%
			EXK	2	0	0	0	EXT	15	0	0	0	FDFD	50	0	0	0	Ming	10	0	0	0					
			Q1	15	0	0	0	Q2	10	0	0	0	Q3	15	0	0	0	QQ	30	0	0	0					
			SPR	33	2	15	0	SQS	5	0	0	0	STD	40	0	10	0	TEST	37	0	0	0					
			ZXC	50	0	0	0	ab	10	0	0	0															
2018/10/25	四	平日	123	0	0	0	0	BSPR	0	0	1	0	DXK	23	0	0	0	DXT	17	0	3	0	364	0	29	0	0.00%
			EXK	2	0	0	0	EXT	15	0	0	0	FDFD	50	0	0	0	Ming	10	0	0	0					
			Q1	15	0	0	0	Q2	10	0	0	0	Q3	15	0	0	0	QQ	30	0	0	0					
			SPR	35	0	15	0	SQS	5	0	0	0	STD	40	0	10	0	TEST	37	0	0	0					
			ZXC	50	0	0	0	ab	10	0	0	0															

其統計規則：

依日期排序做每日各房種的房間數狀態歸屬，進而統計全部狀態數字並做當日住房率的計算。

- 待訂：即該房種可用的庫存房間數（by 房種統計）。
- 使用：指已訂的間數（by 房種統計）。
- 鎖控：於鎖控管理所鎖控的數字（by 房種統計）。
- 修理參觀：於房務設定的參觀數（by 房種統計）。

此報表可以呈現旅館每日各房種的房間數及狀態歸屬，進而統計當日住房率等資料，有助於旅館對某一期間房間銷售狀況之分析管理。

房間銷售狀況預估年報表

適用132報表紙

德安大酒店

房間銷售狀況預估年報表

製表者ID：cio　　製表日：2019/12/30 15:52:3

製 表 者：德安資訊　　Page 1 of 3

日期	類別	01	02	03	04	05	06	07	08	09	10	11	12	13	14	15	16	17	18	19	20	21	22	23	24	25	26	27	28	29	30	31	合計
2018/10	星期	MON	TUE	WED	THU	FRI	SAT	SUN	MON	TUE	WED	THU	FRI	SAT	SUN	MON	TUE	WED	THU	FRI	SAT	SUN	MON	TUE	WED	THU	FRI	SAT	SUN	MON	TUE	WED	
	散客	8	7	5	6	5	8	7	7	5	2	2	4	2	7	7	2	3	3	4	2	1	0	2	2	0	2	0	0	0	3	1	107
	團體	0	0	0	0	0	0	0	0	0	0	0	5	0	1	0	0	5	0	0	0	0	0	0	0	0	0	0	0	0	0	0	11
	商務	0	0	0	0	0	0	0	0	0	0	0	0	0	0	0	0	0	0	0	0	0	0	0	0	0	0	0	0	0	0	0	0
	每日	8	7	5	6	5	8	7	7	5	2	2	9	2	8	7	2	8	3	4	2	1	0	2	2	0	2	0	0	0	3	1	118
	館內鎖控	0	0	0	0	0	1	2	2	2	3	3	3	3	4	3	3	3	3	0	0	0	0	0	0	0	0	0	0	0	0	0	35
	官網鎖控	0	0	0	1	0	29	28	28	29	29	29	0	26	29	0	0	29	29	0	29	28	29	0	29	29	27	29	29	29	29	29	602
2018/11	星期	THU	FRI	SAT	SUN	MON	TUE	WED	THU	FRI	SAT	SUN	MON	TUE	WED	THU	FRI	SAT	SUN	MON	TUE	WED	THU	FRI	SAT	SUN	MON	TUE	WED	THU	FRI		
	散客	3	0	0	0	3	0	0	0	0	1	0	0	7	2	2	0	1	1	5	0	4	5	5	3	0	0	1	3	0	4		50
	團體	0	0	0	0	0	0	0	0	0	0	0	0	0	0	0	0	0	0	0	0	0	0	0	0	0	0	0	0	0	0		0
	商務	0	0	0	0	0	0	0	0	0	0	0	0	0	0	0	0	0	0	0	0	0	0	0	0	0	0	0	0	0	0		0
	每日	3	0	0	0	3	0	0	0	0	1	0	0	7	2	2	0	1	1	5	0	4	5	5	3	0	0	1	3	0	4		50
	館內鎖控	0	0	0	0	0	0	0	0	0	0	0	0	0	0	0	0	0	0	0	0	0	0	0	0	0	0	0	0	0	0		0
	官網鎖控	28	29	29	29	26	3	29	28	28	27	28	28	27	26	26	28	28	28	27	0	27	26	26	26	28	28	28	28	28	28		775
2018/12	星期	SAT	SUN	MON	TUE	WED	THU	FRI	SAT	SUN	MON	TUE	WED	THU	FRI	SAT	SUN	MON	TUE	WED	THU	FRI	SAT	SUN	MON	TUE	WED	THU	FRI	SAT	SUN	MON	
	散客	1	0	7	3	4	0	1	0	0	0	4	0	0	1	1	2	0	0	8	1	1	1	1	1	4	0	1	1	0	2	0	45
	團體	0	0	0	0	0	0	0	0	0	0	0	0	0	0	0	0	0	0	0	0	0	0	0	0	0	0	0	0	0	0	0	0
	商務	0	0	0	0	0	0	0	0	0	0	0	0	0	0	0	0	0	0	0	0	0	0	0	0	0	0	0	0	0	0	0	0
	每日	1	0	7	3	4	0	1	0	0	0	4	0	0	1	1	2	0	0	8	1	1	1	1	1	4	0	1	1	0	2	0	45
	館內鎖控	0	0	0	0	0	0	0	0	0	0	0	0	0	0	0	0	0	0	0	0	0	0	0	0	0	0	0	0	0	0	0	0
	官網鎖控	18	18	14	0	0	14	21	25	25	25	21	25	25	21	25	23	25	25	21	25	25	25	25	39	21	39	39	39	24	20	24	716
2019/01	星期	TUE	WED	THU	FRI	SAT	SUN	MON	TUE	WED	THU	FRI	SAT	SUN	MON	TUE	WED	THU	FRI	SAT	SUN	MON	TUE	WED	THU	FRI	SAT	SUN	MON	TUE	WED	THU	
	散客	0	0	0	0	1	0	0	0	0	0	0	0	0	0	0	0	0	0	2	2	1	1	0	1	1	1	0	0	7	9	6	32
	團體	0	0	0	0	0	0	0	0	0	0	0	0	0	0	0	0	0	0	0	0	0	0	0	0	0	0	0	0	0	0	0	0
	商務	0	0	0	0	0	0	0	0	0	0	0	0	0	0	0	0	0	0	0	0	0	0	0	0	0	0	0	0	0	0	0	0
	每日	0	0	0	0	1	0	0	0	0	0	0	0	0	0	0	0	0	0	2	2	1	1	0	1	1	1	0	0	7	9	6	32
	館內鎖控	0	0	0	0	0	0	0	0	0	0	0	0	0	0	0	0	0	0	0	0	0	0	0	0	0	0	0	0	0	0	0	0
	官網鎖控	24	3	0	0	2	3	8	8	0	8	8	8	8	8	0	0	0	0	6	6	7	5	5	7	7	7	0	54	54	0	0	246

其統計規則：

以類別流程（散客、團體、商務）做統計的每日訂房數。

客戶類別	類別名稱	類別簡稱	類別別名	留歷史資料、可印登記卡	類別流程	是否使用	RCARD印房租
CMP	公關招待	公關招待	COMP&HU	Y:留資料,可印登記卡	F:散客	Y:是	Y:是
COG	合約公司團體	合約公司團		Y:留資料,可印登記卡	C:商務	Y:是	Y:是
COMP	持票卷	持票卷	Coupon	Y:留資料,可印登記卡	F:散客	Y:是	N:否
CORP	簽約客戶	簽約客戶		N:不留資料,不印登記卡	C:商務	Y:是	Y:是
CRM	會員	會員		Y:留資料,可印登記卡	F:散客	Y:是	Y:是
DIS	國內OTA-LINK TRAVEL	國內OTA-LI		Y:留資料,可印登記卡	F:散客	Y:是	Y:是
FRR	國內OTA-易遊網	國內OTA-易		Y:留資料,可印登記卡	F:散客	Y:是	N:否
GDS	國內OTA-易飛網	國內OTA-易		Y:留資料,可印登記卡	F:散客	Y:是	N:否
GIT	旅行社散客	旅行社散客		Y:留資料,可印登記卡	G:團體	Y:是	N:否
GOV	政府機關	政府機關		N:不留資料,不印登記卡	C:商務	Y:是	Y:是
GUP	一般團體	一般團體		Y:留資料,可印登記卡	G:團體	Y:是	N:否
LOF	一般散客	一般散客		Y:留資料,可印登記卡	F:散客	Y:是	Y:是
OTA1	BOOKING	BOOKING.CC		Y:留資料,可印登記卡	F:散客	Y:是	N:否
OTA2	EXPEDIA	EXPEDIA		Y:留資料,可印登記卡	F:散客	Y:是	N:否
OTA3	AGODA	AGODA		Y:留資料,可印登記卡	F:散客	Y:是	N:否
PAG	套裝行程	套裝行程		Y:留資料,可印登記卡	F:散客	Y:是	Y:是
TAG	旅行社團體	旅行社團體		N:不留資料,不印登記卡	G:團體	Y:是	N:否
TW	本地	本地		Y:留資料,可印登記卡	F:散客	Y:是	Y:是
WEB0	網路訂房-官網	網路訂房-		Y:留資料,可印登記卡	F:散客	Y:是	Y:是

（類別分類為住客類別對照檔裡所歸屬的類別流程。）

- 散客：當日訂房卡上住客類別為散客的間數統計。
- 團體：當日訂房卡上住客類別為團體的間數統計。
- 商務：當日訂房卡上住客類別為商務的間數統計。
- 每日：當日散客團體商務的間數加總。
- 鎖控：當日鎖控管理的間數統計。

此報表可以呈現旅館每月房間類別銷售狀態，進而統計當日住客類別等資料，有助於旅館對某一期間房間銷售狀況之分析管理。

Market Segment 分析報表

適用132報表紙

德安大酒店

Market Segment 分析報表

製表者ID：cio
製 表 者：德安資訊

製表日：2019/12/30 15:54:12
Page 1 of 1

2018/10/17	TODAY					MTD					YTD				
	NGTS	人數	房租收入	平均房價	百分比	NGTS	人數	房租收入	平均房價	百分比	NGTS	人數	房租收入	平均房價	百分比
商務															
COG:合約公司團體	0	0	0	0	0.00%	0	0	0	0	0.00%	53	106	210,000	3,962	3.62%
CORP:簽約客戶	0	0	0	0	0.00%	0	0	0	0	0.00%	11	22	53,750	4,886	0.75%
GOV:政府機關	0	0	0	0	0.00%	0	0	0	0	0.00%	10	19	39,250	3,925	0.68%
小計	0	0	0	0	0.00%	0	0	0	0	0.00%	74	147	303,000	4,095	5.05%
散客															
CMP:公關招待	0	0	0	0	0.00%	0	0	0	0	0.00%	2	4	13,210	6,605	0.14%
COMP:持票卷	0	0	0	0	0.00%	0	0	0	0	0.00%	16	23	98,090	6,131	1.09%
CRM:會員	0	0	0	0	0.00%	1	4	4,230	4,230	0.89%	14	21	85,330	6,095	0.95%
DIS:國內OTA-LINK TRAVE	0	0	0	0	0.00%	0	0	0	0	0.00%	0	0	0	0	0.00%
FRR:國內OTA-易遊網	0	0	0	0	0.00%	0	0	0	0	0.00%	1	1	9,080	9,080	0.07%
GDS:國內OTA-易飛網	0	0	0	0	0.00%	0	0	0	0	0.00%	0	0	0	0	0.00%
LOF:一般散客	12	25	54,220	4,518	60.00%	93	191	2,960,820	31,837	83.04%	892	1842	11,448,870	12,835	60.85%
OTA1:BOOKING	0	0	0	0	0.00%	0	0	0	0	0.00%	6	12	9,000	1,500	0.41%
OTA2:EXPEDIA	0	0	0	0	0.00%	0	0	0	0	0.00%	0	0	0	0	0.00%
OTA3:AGODA	0	0	0	0	0.00%	0	0	0	0	0.00%	0	0	0	0	0.00%
PAG:套裝行程	0	0	0	0	0.00%	0	0	0	0	0.00%	205	385	896,520	4,373	13.98%
TW:本地	0	0	0	0	0.00%	0	0	0	0	0.00%	5	8	51,200	10,240	0.34%
WEB0:網路訂房-官網	3	5	10,338	3,446	15.00%	9	17	42,074	4,675	8.04%	93	194	713,033	7,667	6.34%
小計	15	30	64,558	4,304	75.00%	103	212	3,007,124	29,195	91.96%	1234	2490	13,324,333	10,798	84.17%
團體															
GIT:旅行社散客	0	0	0	0	0.00%	4	7	15,010	3,753	3.57%	13	26	42,240	3,249	0.89%
GUP:一般團體	5	10	20,550	4,110	25.00%	5	10	20,550	4,110	4.46%	55	110	266,760	4,850	3.75%
TAG:旅行社團體	0	0	0	0	0.00%	0	0	0	0	0.00%	90	180	420,750	4,675	6.14%
小計	5	10	20,550	4,110	25.00%	9	17	35,560	3,951	8.04%	158	316	729,750	4,619	10.78%
總計	20	40	85,108	4,255		112	229	3,042,684	27,167		1466	2953	14,357,083	9,793	
總住房率					11.49%					3.79%					3.10%

其統計規則：

- 此報表為分析訂房住客的來源及類別。
- 系統內設有三種類別流程 a.商務 b.散客 c.團體。

- 此報表的分類細項設定需於飯店前檯對照檔中的“訂房房客類別對照檔”使用者依照各自的來源做定義。

客戶類別	類別名稱	類別簡稱	類別別名	留歷史資料、可印登記卡	類別流程	是否使用	RCARD印房租
CMP	公關招待	公關招待	COMP&HU	Y:留資料,可印登記卡	F:散客	Y:是	Y:是
COG	合約公司團體	合約公司團		Y:留資料,可印登記卡	C:商務	Y:是	Y:是
COMP	持票卷	持票卷	Coupon	Y:留資料,可印登記卡	F:散客	Y:是	N:否
CORP	簽約客戶	簽約客戶		N:不留資料,不印登記卡	C:商務	Y:是	Y:是
CRM	會員	會員		Y:留資料,可印登記卡	F:散客	Y:是	Y:是
DIS	國內OTA-LINK TRAVEL	國內OTA-LI		Y:留資料,可印登記卡	F:散客	Y:是	Y:是
FRR	國內OTA-易遊網	國內OTA-易		Y:留資料,可印登記卡	F:散客	Y:是	N:否
GDS	國內OTA-易飛網	國內OTA-易		Y:留資料,可印登記卡	F:散客	Y:是	N:否
GIT	旅行社散客	旅行社散客		Y:留資料,可印登記卡	G:團體	Y:是	N:否
GOV	政府機關	政府機關		N:不留資料,不印登記卡	C:商務	Y:是	Y:是
GUP	一般團體	一般團體		Y:留資料,可印登記卡	G:團體	Y:是	N:否
LOF	一般散客	一般散客		Y:留資料,可印登記卡	F:散客	Y:是	Y:是
OTA1	BOOKING	BOOKING.CC		Y:留資料,可印登記卡	F:散客	Y:是	N:否
OTA2	EXPEDIA	EXPEDIA		Y:留資料,可印登記卡	F:散客	Y:是	N:否
OTA3	AGODA	AGODA		Y:留資料,可印登記卡	F:散客	Y:是	N:否
PAG	套裝行程	套裝行程		Y:留資料,可印登記卡	F:散客	Y:是	Y:是
TAG	旅行社團體	旅行社團體		N:不留資料,不印登記卡	G:團體	Y:是	N:否
TW	本地	本地		Y:留資料,可印登記卡	F:散客	Y:是	Y:是
WEB0	網路訂房-官網	網路訂房-		Y:留資料,可印登記卡	F:散客	Y:是	Y:是

- TODAY

  NGTS：所屬住客類別的間數。

  人數：所屬住客類別的人數。

  房租收入：所屬住客類別的房租加總。

  平均房價：房租收入除以 NGTS（間數），例如：140154/38=3688.263（四捨五入）。

  百分比：所屬住客類別的間數除以總計間數，例如：38/80=0.475。

- MTD：每月月初加總至查詢日為止的數字。

- YTD：每年年初加總至查詢月份為止的數字。

  此報表可以呈現旅館分析訂房住客的來源及類別、所屬住客類別的房間數及住客人數，有助於旅館對某一期間房間銷售狀況，作市場區隔分析與管理。

實際業績報表類

業務業績比較報表（依客戶資料）

適用80報表紙

德安大酒店

業務業績比較報表

製表者ID：cio

製 表 者：德安資訊

製表日：2019/12/30 15:57:57

頁 次：Page1 of 1

列印條件：查詢期間：2016/8/1 至：2019/12/30 用房數是否計入DayUse：N 基數：1.000

業務人員	本年房租消費金額	本年餐廳消費金額	本年其他消費金額	本年累計房數 去年累計房數	本年累計消費 去年累計消費	排名
0000001:陳圓圓	20,970,227	8,928,633	14,109,038	1,859	44,007,898	1
				1,911	68,603,183	
	1,548,849	775,605	277,834	429	2,602,288	2
				439	2,618,558	
00000009:李生	490,783	9,485	50,838	154	551,106	3
				234	990,842	
0000:王大明	291,125	11,702	30,553	74	333,380	4
				84	415,088	
103:吳美嬌	272,000	260	26,600	78	298,860	5
				180	1,111,022	
10026:金城武	249,795	800	10,940	22	261,535	6
				23	384,175	
2013001:達文西	168,688	712	16,984	29	186,384	7
				70	302,884	
0505000010:陳瑞克	151,480	10,270	16,019	49	177,769	8
				574	386,501	
960166:黃愛玲	118,400	6,600	10,360	27	135,360	9
				31	155,608	
060010:王一惠	102,098	3,310	3,597	30	109,005	10
				30	109,005	

其統計規則：

- 此報表以業務資料維護，各個業務資料設定所屬業務員為統計依據。

  此報表以各個業務資料設定所屬業務員為統計依據，旅館可對業務人員作業績之比較與管理。

客戶業績比較報表（依客戶資料）

區間式：查詢自訂的日期區間

適用80報表紙

德安大酒店

客戶業績比較報表

製表者ID：cio　　製表日：2019/12/30 15:59:35

製 表 者：德安資訊　　頁　次：Page1 of 3

列印條件：查詢期間：2016/12/1　至：2019/12/30　報表總類：Y　用房數是否計入DayUse：N　顯示名次至：0

客戶編號		客戶名稱		業務代號	業務員	客戶類別	所屬館別		
	累計房數	用房佔比	累計消費	房租消費金額	餐廳消費金額	其他消費金額	ADR房租消費	ADR累計消費	排名
FIT		一般散客		0000001	陳圓圓	簽約公司	德安花園酒店館		
	1,859	66.68%	44,007,898	20,970,227	8,928,633	14,109,038	11,280	23,673	1
23598233C		德安酒店台北館		00000009	李生	簽約公司	德安花園酒店館		
	153	5.49%	548,253	488,403	9,300	50,550	3,192	3,583	2
13174159		家樂福旅行社					德安花園酒店館		
	47	1.69%	334,870	316,170	2,000	16,700	6,727	7,125	3
80444414		名威旅行社有限公司		103	吳美嬌		德安花園酒店館		
	78	2.80%	298,600	272,000	0	26,600	3,487	3,828	4
12027		財團法人喬綜合醫院附設醫學中心		10026	金城武	關係企業	德安花園酒店館		
	34	1.22%	287,700	277,430	3,455	6,815	8,160	8,462	5
0000385201		網路訂房專用		0000	王大明		德安花園酒店館		
	54	1.94%	242,013	227,245	2,576	12,192	4,208	4,482	6
23598233_2		上上旅行社		2013001	達文西	旅行社與航空	德安花園酒店館		
	29	1.04%	186,384	168,688	712	16,984	5,817	6,427	7
23598233		德安花園大酒店					德安花園酒店館		
	23	0.82%	160,350	146,570	6,750	7,030	6,373	6,972	8
0000410901		星星公司				簽約公司	德安花園酒店館		
	14	0.50%	149,019	122,830	0	26,189	8,774	10,644	9
81088130		一丞冷凍工業(股)公司					德安花園酒店館		
	30	1.08%	143,700	132,000	0	11,700	4,400	4,790	10
A234567		德安旅遊公司		960166	黃愛玲	簽約公司	德安花園酒店館		
	27	0.97%	135,360	118,400	6,600	10,360	4,385	5,013	11
0000408701		嘎嘎旅行社		0505000010	陳瑞克		德安花園酒店館		
	38	1.36%	119,333	109,829	1,320	8,184	2,890	3,140	12
R00001306		MAXIM INTEGRATED PRODUCTS INTERN/					德安花園酒店館		
	36	1.29%	109,893	104,470	2,754	2,669	2,902	3,053	13
12659253		日盛人身保代股份有限公司					德安花園酒店館		
	33	1.18%	98,040	89,400	0	8,640	2,709	2,971	14
0000409101		一級棒旅行社					德安花園酒店館		
	20	0.72%	88,928	82,080	0	6,848	4,104	4,446	15

其統計規則：

此報表以業務資料維護，各個業務資料設定所屬業務員為統計依據。

- 累計房數：透過夜核所產生的實際房數。
- 累計消費：房租 + 餐廳 + 其他消費。
- 房租消費金額：消費項目（營運分析參數設定值）。
- 餐廳消費金額：各餐廳的消費+前檯拆帳（餐廳收入參數設定）。
- 其他消費金額：除了房租與餐廳的消費之外的消費。

累計式：查詢開始日期由當年初起自訂結束日期

適用80報表紙

德安大酒店

客戶業績比較報表

製表者ID：cio

製表日：2019/12/30 16:31:39

製 表 者：德安資訊

頁 次：Page1 of 1

列印條件：查詢期間：2015/1/1 至：2015/12/31 報表總類：N 用房數是否計入DayUse：N 顯示名次至：0

客戶編號	客戶名稱		業務代號	業務員	客戶類別	所屬館別	
去年累計房數	去年累計消費	本年累計房數	本年累計消費	本年房租消費金額	本年餐廳消費金額	其他消費金額	排名
FIT	一般散客		0000001	陳圓圓	簽約公司	德安花園酒店館	
350	13,210,118	410	6,037,881	1,604,872	2,221,826	2,211,183	1
12027	財團法人喬綜合醫院附設醫學中心		10026	金城武	關係企業	德安花園酒店館	
75	108,607	19	2,481,472	35,462	2,334,700	111,310	2
80170076-1	燦星旅遊網旅行社股份有限公司		0505000010	陳瑞克	旅行社與航空	德安花園酒店館	
1	10,544	3	1,573,278	14,800	1,557,890	588	3
23598233C	德安酒店台北館		00000009	李生	簽約公司	德安花園酒店館	
35	199,309	44	435,251	393,727	29,284	12,240	4
0000393401	AGODA		102	張新局		德安花園酒店館	
0	0	4	394,124	9,960	379,050	5,114	5
A234567	德安旅遊公司		960166	黃愛玲	簽約公司	德安花園酒店館	
30	45,220	36	331,009	77,252	228,993	24,764	6
04655091	雄獅旅行社股份有限公司		060010	王一惠	旅行社與航空	德安花園酒店館	
0	3,080	22	220,606	24,206	18,900	177,500	7
22099131	台灣積體電路製造股份有限公司		060010	王一惠	簽約公司	德安花園酒店館	
9	55,890	4	189,300	13,300	0	176,000	8
80444414	名威旅行社有限公司		103	吳美嬌		德安花園酒店館	
0	0	40	141,430	117,050	2,600	21,780	9
80277339	雅砌音樂有限公司		11006	陳芮妮	簽約公司	德安花園酒店館	
0	0	79	68,140	58,880	2,870	6,390	10

此報表以各客戶所消費資料及各業務資料設定所屬業務員為統計依據，旅館可對客戶作行銷分析與訂房議價之管理。

業務績效比較表

查詢條件：

統計年度、業務員代號、當年度用房數（可以使用<、>、＝某個數值）、報表類別（依用房數或消費總額排名）、排序項目（業務員代號、績效排名）、排序方式（由大至小、由小至大）、統計明細是否顯示（依照業務員所屬客戶資料顯示每月消費金額）。

（彙總式）：依照業務人員各月份的用房數統計排名呈現

適用80報表紙

製表者ID：cio
製 表 者：德安資訊
列印條件：查詢年度：2015　基數：1.000

德安大酒店
業務績效報表

製表日：2019/12/30 16:33:13
頁　次：Page1 of 1

業務人員	一月	二月	三月	四月	五月	六月	七月	八月	九月	十月	十一月	十二月	總計	排名
林秀鳳	80	180	64	0	27	0	0	0	0	0	0	59	410	1
陳芮妮	0	0	1	6	70	0	0	0	0	0	0	0	77	2
王大明	22	15	0	7	10	0	0	0	0	0	0	0	54	3
李生	3	0	7	13	12	0	0	0	0	0	0	9	44	4
吳美嬌	0	0	16	20	1	0	0	0	0	0	0	3	40	5
黃愛玲	20	6	1	8	0	0	0	0	0	0	0	1	36	6
金城武	2	12	21	0	0	0	0	0	0	0	0	0	35	7
0002	3	5	11	0	0	0	0	0	0	0	0	0	19	8
朱小妹	1	0	4	0	0	0	0	0	0	0	0	0	5	9
王一惠	0	0	4	0	0	0	0	0	0	0	0	0	4	10

此報表依照業務人員各月份的用房數統計排名，旅館可對業務人員作業績之比較與管理。

（明細式）依照各業務人員所屬的客戶排名統計

適用A4橫印

製表者ID：cio
製 表 者：德安資訊
列印條件：查詢年度：2015　基數：1.000

德安大酒店
業務績效報表

製表日：2019/12/30 16:34:10
頁　次：Page1 of 2

業務人員	客戶名稱	一月	二月	三月	四月	五月	六月	七月	八月	九月	十月	十一月	十二月	總計	排名
林秀鳳		80	180	64	0	27	0	0	0	0	0	0	59	410	1
	一般散客	80	180	64	0	27	0	0	0	0	0	0	59	410	
陳芮妮		0	0	1	6	70	0	0	0	0	0	0	0	77	2
	雅砌音樂有限公司	0	0	1	6	70	0	0	0	0	0	0	0	77	
王大明		22	15	0	7	10	0	0	0	0	0	0	0	54	3
	網路訂房專用	0	15	0	7	10	0	0	0	0	0	0	0	32	
	雄獅旅行社股份有限公司	22	0	0	0	0	0	0	0	0	0	0	0	22	
	台灣積體電路製造股份有限公司	0	0	0	0	0	0	0	0	0	0	0	0	0	
李生		3	0	7	13	12	0	0	0	0	0	0	9	44	4
	德安酒店台北館	3	0	7	13	12	0	0	0	0	0	0	9	44	
	財團法人喬綜合醫院附設醫學中心	0	0	0	0	0	0	0	0	0	0	0	0	0	
吳美嬌		0	0	16	20	1	0	0	0	0	0	0	3	40	5
	名威旅行社有限公司	0	0	16	20	1	0	0	0	0	0	0	3	40	
	風采旅行社有限公司	0	0	0	0	0	0	0	0	0	0	0	0	0	
黃愛玲		20	6	1	8	0	0	0	0	0	0	0	1	36	6
	德安旅遊公司	20	6	1	8	0	0	0	0	0	0	0	1	36	
金城武		2	12	21	0	0	0	0	0	0	0	0	0	35	7
	小芷香港旅行社	0	12	19	0	0	0	0	0	0	0	0	0	31	
	雅砌音樂有限公司	2	0	0	0	0	0	0	0	0	0	0	0	2	
	美福餐飲股份有限公司	0	0	2	0	0	0	0	0	0	0	0	0	2	
0002		3	5	11	0	0	0	0	0	0	0	0	0	19	8
	財團法人喬綜合醫院附設醫學中心	3	5	11	0	0	0	0	0	0	0	0	0	19	
朱小妹		1	0	4	0	0	0	0	0	0	0	0	0	5	9
	上上國際旅行社股份有限公司	1	0	4	0	0	0	0	0	0	0	0	0	5	
	GIT	0	0	0	0	0	0	0	0	0	0	0	0	0	
王一惠		0	0	4	0	0	0	0	0	0	0	0	0	4	10

此報表依照各業務人員所屬的客戶排名統計，旅館可對客戶作行銷分析與訂房議價之管理。

用房同期比較表

適用132欄表紙

德安大酒店

用房、消費同期比較表

製表者ID：cio
製 表 者：德安資訊

製表日：2019/12/30 16:35:22
Page 1 of 2

查詢條件 排序項目依：sort 消費總額為0：N 客戶、業務角度：cust 用房數是否計入DayUse：N 未來訂房數：N

期間:2015 年1 月1 日 至2015 年12 月31 日 止

排名	客戶代號 業務人員	客戶名稱 客戶類別	本年 去年	01 月	02 月	03 月	04 月	05 月	06 月	07 月	08 月	09 月	10 月	11 月	12 月	用房	取消	未到	訂房	客房消費總額	餐廳消費總額	其他消費總額	消費總額
				各月用房數												累計房數							
1	FIT	一般散客	本年	80	180	64	0	27	0	0	0	0	0	0	59	410	165	3842	6101	1,604,873	2,221,826	2,211,182	6,037,881
	0000001:陳圓圓	01:簽約公司	去年	95	54	0	51	0	0	0	0	0	20	130	0	383	26	268	500	10,147,089	2,285,372	777,657	13,210,118
2	12027	財團法人壽綜合醫院附設	本年	3	5	11	0	0	0	0	0	0	0	0	0	19	0	477	532	35,462	2,334,700	111,310	2,481,472
	10026:金城武	06:關係企業	去年	16	7	0	7	0	0	0	0	0	0	45	0	81	1	27	63	81,080	16,172	11,355	108,607
3	80170076-1	燦星旅遊網旅行社股份有	本年	0	0	3	0	0	0	0	0	0	0	0	0	3	0	0	0	14,800	1,557,890	588	1,573,278
	0505000010:陳瑞	02:旅行社與航空	去年	1	0	0	0	0	0	0	0	0	0	0	0	1	0	3	3	8,338	1,083	1,123	10,544
4	23598233C	德安酒店台北館	本年	3	0	7	13	12	0	0	0	0	0	0	9	44	0	378	752	393,727	29,284	12,240	435,251
	00000009:李生	01:簽約公司	去年	28	7	0	0	0	0	0	0	0	0	0	0	36	219	16	267	182,199	3,768	13,342	199,309
5	0000393401	AGODA	本年	0	4	0	0	0	0	0	0	0	0	0	0	4	0	66	99	9,960	379,050	5,114	394,124
	102:張新局		去年	0	0	0	0	0	0	0	0	0	0	0	0	0	0	0	0	0	0	0	0
6	A234567	德安旅遊公司	本年	20	6	1	8	0	0	0	0	0	0	0	1	36	0	121	451	77,253	228,993	24,763	331,009
	960166:黃愛玲	01:簽約公司	去年	18	0	0	0	0	0	0	0	0	0	12	0	30	0	5	10	39,640	1,960	3,620	45,220
7	04655091	雄獅旅行社股份有限公司	本年	22	0	0	0	0	0	0	0	0	0	0	0	22	0	28	281	24,206	18,900	177,500	220,606
	060010:王一惠	02:旅行社與航空	去年	0	0	0	0	0	0	0	0	0	0	0	0	0	0	0	0	0	3,080	0	3,080
8	22099131	台灣積體電路製造股份有	本年	0	0	4	0	0	0	0	0	0	0	0	0	4	0	55	99	13,300	0	176,000	189,300
	060010:王一惠	01:簽約公司	去年	1	4	0	4	0	0	0	0	0	0	0	0	15	1	48	59	53,200	2,100	590	55,090
9	80444414	名威旅行社有限公司	本年	0	0	16	20	1	0	0	0	0	0	0	3	40	0	1166	1304	117,050	2,600	21,780	141,430
	103:吳美嬌		去年	0	0	0	0	0	0	0	0	0	0	0	0	0	0	0	0	0	0	0	0
10	84610890	昱欣旅行社股份有限公司	本年	0	0	0	0	0	0	0	0	0	0	0	0	0	0	0	0	0	0	80,000	80,000
	103:吳美嬌		去年	0	0	0	0	0	0	0	0	0	0	0	0	0	0	0	0	0	0	0	0

其統計規則：

- 此報表統計比較查詢日期與前一年每一個月份累積住房房間數及消費統計（以營業收入小分類為主）。

  此報表依照月份累積住房房間數及消費統計，旅館可對客戶作行銷分析與訂房議價之管理。

業務訂房績效報

適用A4橫印

德安大酒店

業務訂房績效報表(依訂房卡)

製表者ID：cio
製 表 者：德安資訊
列印條件：查詢年度：2019 排序方式：DESC 排序項目依：tot_amt 基數：1.000

製表日：2019/12/30 15:57:08
Page 1 of 1

業務人員	1月	2月	3月	4月	5月	6月	7月	8月	9月	10月	11月	12月	總計	排名
王大明														1
用房數	31	24	23	20	6	29	7	1	0	6	0	1	148	
房租消費	1,053,988	2,029,562	4,170,917	5,042,013	1,007,007	48,303	12,564	2,306	0	6,799	0	3,944	13,377,403	
未指定														2
用房數	1	0	1	0	6	12	1	1	3	0	1	2	28	
房租消費	2,800	0	1,800	0	90,000	183,000	3,000	17,450	15,650	0	3,000	6,400	323,100	
王一惠														3
用房數	0	0	0	0	0	0	0	0	2	0	0	0	2	
房租消費	0	0	0	0	0	0	0	0	-1,100	0	0	0	-1,100	

其統計規則：

此報表以業務資料維護中，各個業務資料設定所屬業務員為統計依據。

- 用房數：透過夜核所產生的實際房數。

- 房租消費：消費項目（營運分析參數設定值）。
- 以查詢條件結果進行排名。

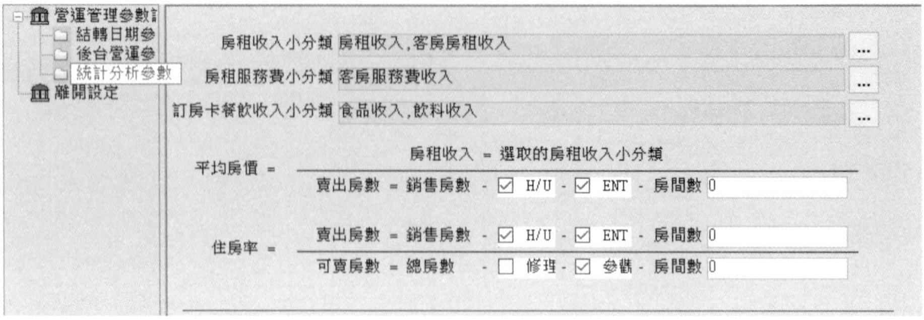

營運管理參數設
結轉日期參
後台營運參
統計分析參數
離開設定

房租收入小分類 房租收入,客房房租收入
房租服務費小分類 客房服務費收入
訂房卡餐飲收入小分類 食品收入,飲料收入

平均房價 = 房租收入 = 選取的房租收入小分類 / 賣出房數 = 銷售房數 - ☑ H/U - ☑ ENT - 房間數 0

住房率 = 賣出房數 = 銷售房數 - ☑ H/U - ☑ ENT - 房間數 0 / 可賣房數 = 總房數 - ☐ 修理 - ☑ 參觀 - 房間數 0

此報表依照各個業務資料設定所屬業務員為統計依據，旅館可對業務人員作訂房業績之比較與管理。

客戶房價使用報表

適用A4橫印

德安大酒店

客戶房價使用報表

製表者ID：cio
製 表 者：德安資訊

製表日：2019/12/30 16:37:55
Page 1 of 2

查詢條件 查詢期間：2019/1/1 至：2019/12/31

客戶代號	客戶名稱	業務人員	客戶類別	行業別	房租消費	實際餐飲消費	實際其他消費
	房價代號	合約代號		假日用房數	平日用房數	假日房租消費（含預估）	平日房租消費（含預估）
0000385201	網路訂房專用	0000:王大明	N:非會員		13,342,102	0	0
	0780-1	0780-1		2	0	1,512	0
	0780-1	0780-1_2019		1	2	0	0
	0780-3	0780-3		2	11	4,560	23,880
	20190107	20190107		2	2	6,800	6,800
	20190326	20190326		0	2	0	8,620
	20190618	20190618		0	4	0	27,200
	ANG001	test_2021		2	3	0	0
	HALF	HALF		0	4	0	8,000
	LT001	LT001		0	3	0	16,800
	MC0001	MC0001_2019		0	1	0	3,944
	REST	REST		6	56	2,003,660	11,059,126
	W001	W001_2018		2	19	10	790
	WEB0327	WEB0327		0	1	0	6,000
	WEB1221	WEB1221		0	1	0	52,200
	WEB8000	WEB8000		0	1	0	52,200
	WEB80001	WEB80001		0	10	0	60,000
			客戶小計	**17**	**120**	**2,016,542**	**11,325,560**
0000395701	BOOKING.COM	101:劉曉明	N:非會員		26,196	0	0
	ANG001	test_2019		0	1	0	0
	REST	20130124_2018		0	8	0	26,196
			客戶小計	**0**	**9**	**0**	**26,196**
0000400401	EXPEDIA		N:非會員		2,306	0	0
	REST	20130124_2018		0	1	0	2,306
			客戶小計	**0**	**1**	**0**	**2,306**
00978823	中天國際法律事務所		N:非會員		3,000	0	0
	A001	001FIT		0	1	0	3,000
			客戶小計	**0**	**1**	**0**	**3,000**

其統計規則：

- 此報表以業務員維護客戶資料設定，各個業務資料設定所屬合約資料，依據客戶訂房時所用房價進行統計。

  此報表依照客戶訂房時所用房價進行統計，旅館可對客戶作行銷分析與訂房議價之管理。

業績排名表（依訂房卡）

適用132報表紙

Company Name

業績排名表(依訂房卡)

製表者ID：cio　　製表日：2019/12/30 16:39:17

製 表 者：德安資訊　　頁　次：Page1 of 1

列印條件：查詢期間:2016/12/01 至 2016/12/30 總房租收入區間排名由大到小排序 總用房數區間 => 0 至 999999999 總房租收入區間 => 1 至 999999999

		2016/12/01				2016/12/02				2016/12/05	
業務員別名	業務員代號	用房數	房租收入(元)	餐飲收入	其他收入	用房數	房租收入(元)	餐飲收入	其他收入	用房數	房租收入(元)
李冰	A001	2	10,000	0	1,000	0	0	0	0	1	2,000
當日合計		**2**	**10,000**	**0**	**1,000**	**0**	**0**	**0**	**0**	**1**	**2,000**

其統計規則：

- 此報表以訂房管理每一筆有指定業務員的訂房卡進行統計。

  此報表依照每一筆有指定業務員的訂房卡進行統計，旅館可對業務人員作訂房業績之比較與管理。

業務訂房績效報表（依客戶資料）

適用A4橫印

德安大酒店

業務訂房績效報表(依訂房卡)

製表者ID：cio　　製表日：2019/12/30 15:57:08

製 表 者：德安資訊　　Page 1 of 1

列印條件：查詢年度：2019　排序方式：DESC　排序項目依：tot_amt　基數：1.000

業務人員	1月	2月	3月	4月	5月	6月	7月	8月	9月	10月	11月	12月	總計	排名
王大明														1
用房數	31	24	23	20	6	29	7	1	0	6	0	1	148	
房租消費	1,053,988	2,029,562	4,170,917	5,042,013	1,007,007	48,303	12,564	2,306	0	6,799	0	3,944	13,377,403	
未指定														2
用房數	1	0	1	0	6	12	1	1	3	0	1	2	28	
房租消費	2,800	0	1,800	0	90,000	183,000	3,000	17,450	15,650	0	3,000	6,400	323,100	
王一惠														3
用房數	0	0	0	0	0	0	0	0	2	0	0	0	2	
房租消費	0	0	0	0	0	0	0	0	-1,100	0	0	0	-1,100	

其統計規則：

- 此報表以業務資料維護中，各個業務資料設定所屬業務員每月統計累積用房數及房租消費金額。
- 夜核後的資料呈現。

此報表依照業務員維護客戶資料設定，每月統計累積用房數及房租消費金額，旅館可對業務人員作訂房業績之比較與管理。

商務簽約明細表

適用A4橫印

德安大酒店
商務簽約明細表

製表者ID：cio
製 表 者：德安資訊
列印條件：

製表日：2019/12/30 16:41:14
頁　次：Page9 of 1495

客戶編號 業務人員	客戶名稱 客戶地址	負責人 連絡人	退佣率 等級 連絡人電話		連絡方式一 連絡方式二 連絡方式三
合約編號	參考的房價代號 合約備註	參考的餐廳折扣	合約起始日	合約終止日	
111_2018	111		2018/10/01	2018/10/31	
0780-3_2018	0780-3		2018/08/13	2019/01/31	
16003PKG_2019	六福村合作專案		2018/06/01	2018/12/31	
16003PKG_2018	六福村合作專案		2018/05/07	2019/12/31	
16003PKG_2017	六福村合作專案		2017/05/07	2018/12/31	
16003PKG_2016	六福村合作專案		2016/05/07	2017/12/31	
00000079 王大明	FRG CORPORATION SDN. BHD. 46-1, Jalan 6/18 A, Taman Mastiara, Jal		0		公司電話 +60-362599011 公司傳真 +60-362599011 行動電話
111_2019	111		2019/10/01	2019/10/31	
0729_2019	暖冬補助		2019/03/06	2019/04/25	
111_2018	111		2018/10/01	2018/10/31	
0780-3_2018	0780-3		2018/08/13	2019/01/31	
00000081 王大明	ホクショー株式会社 東京都品川區大崎一丁目15番9	 東川正裕	0		公司電話 +81-357197011 公司傳真 +81-357197017 行動電話
111_2019	111		2019/10/01	2019/10/31	
00000081 王大明	ホクショー株式会社 東京都品川區大崎一丁目15番9	 東川正裕	0		公司電話 +81-357197011 公司傳真 +81-357197017 行動電話
0729_2019	暖冬補助		2019/03/06	2019/04/25	
111_2018	111		2018/10/01	2018/10/31	
0405_2018	兒童節		2018/08/26	2018/08/31	
0780-3_2018	0780-3		2018/08/13	2019/01/31	

- 此報表以業務資料維護中，各個業務資料設定合約房價資料及合約起日期。

  此報表以業務資料維護中，各業務資料設定合約房價資料及合約起日期進行統計，旅館可對客戶作商務簽約與訂房議價之管理。

簽約公司日產值統計表

依日期

適用A4橫印報表紙

德安大酒店

簽約公司日產值統計表

製表者ID：cio　　**製表日：2019/12/30 16:44:58**

製 表 者：德安資訊　　**頁 次：Page1 of 1**

列印條件： 查詢日期：2018/10/18 報表類別：1 基數：1.000

客戶編號	客戶名稱	區域別	客戶類別	行業別	用房數	房租消費金額	餐廳消費金額	其他消費金額	消費總額	ADR房租消費	ADR消費金額
2018/10/18											
0000385201	網路訂房專用				1	6,000	0	0	6,000	6,000	6,000
12027	財團法人喬綜合醫院附	北部	關係企業	醫療產業	0	0	0	440	440	0	440
FIT	一般散客	北部	簽約公司		2	7,510	0	2,440	9,950	3,755	4,975
		2018/10/18 合計			3	13,510	0	2,880	16,390	4,503	5,463
			總計		3		0		16,390		5,463
						13,510		2,880		4,503	

依簽約客戶

適用A4橫印報表紙

德安大酒店

簽約公司日產值統計表

製表者ID：cio　　**製表日：2019/12/30 16:45:35**

製 表 者：德安資訊　　**頁 次：Page1 of 1**

列印條件： 查詢日期：2018/10/18 報表類別：2 基數：1.000

日期	用房數	房租消費金額	餐廳消費金額	其他消費金額	消費總額	ADR房租消費	ADR消費金額
客戶編號：0000385201		**客戶名稱：網路訂房專用**		**區域別：**	**客戶類別：**	**行業別：**	
2018/10/18	1	6,000	0	0	6,000	6,000	6,000
客戶合計	1	6,000	0	0	6,000	6,000	6,000
客戶編號：12027		**客戶名稱：財團法人喬綜合醫院附設**		**區域別：北部**	**客戶類別：關係企業**	**行業別：醫療產業**	
2018/10/18	0	0	0	440	440	0	440
客戶合計	0	0	0	440	440	0	440
客戶編號：FIT		**客戶名稱：一般散客**		**區域別：北部**	**客戶類別：簽約公司**	**行業別：**	
2018/10/18	2	7,510	0	2,440	9,950	3,755	4,975
客戶合計	2	7,510	0	2,440	9,950	3,755	4,975
總計	3	13,510	0	2,880	16,390	4,503	5,463

- 針對簽約公司產值查詢可用日期來看已消費客戶的產值，以及用簽約客戶角度來看該客戶每日產值。

  此報表查詢可用日期看已消費客戶的產值及用簽約客戶角度看該客戶每日產值，旅館可用於對客戶作商務簽約與訂房議價之管理。

14.4 模擬試題

選擇題

(　) 1. 旅館資訊系統中之房務管理模組功能，主要在協助何種系統自動更新，將所有已入住旅館之房間狀態改為等待清理？
(A) 客務　(B) 房務　(C) 總務　(D) 事務

(　) 2. 房務管理模組可以將等待清理房間以何種功能來劃分區塊，分配給旅館領班督導房務員清掃？
(A) 合併後劃分區塊　(B) 自由劃分區塊
(C) 任意劃分區塊　(D) 隨機劃分區塊

(　) 3. 房務管理模組之系統能追蹤前檯紀錄與房務報告中房間狀態之差異，當房間狀態顯示為何種標示時，模組能自動傳送請修單至工程部？
(A) 待清潔房　(B) 故障房　(C) 待整理房　(D) 待打掃房

(　) 4. 欲查詢某一段日期區間內某個房間的修理或參觀紀錄，可由何報表得知？
(A) 客房日記　(B) 房間修理/參觀紀錄報表
(C) 房務狀況表　(D) 以上皆非

(　) 5. 何種報表可以統計某一天的房間使用情形報表？
(A) 客房日記　(B) 房間修理/參觀紀錄報表
(C) 房務入帳報表　(D) 交班明細報表

(　) 6. 何種報表可以統計某一天的房務入帳資料，並可依照房號彙總顯示出來？
(A) 客房日記　(B) 房務入帳報表　(C) 房務狀況表　(D) 交班明細報表

(　) 7. 何種報表可以統計某一天房間的使用情形報表？
(A) 房間使用歷史報表　(B) 房務帳作廢報表
(C) 房務銷售彙總表　(D) 房務銷售明細表

(　) 8. 何種報表可以統計某一天的房務入帳資料，並可依照房務入帳資料明細顯示出來？
(A) 房間使用歷史報表　(B) 房務帳作廢報表
(C) 房務銷售彙總表　(D) 房務銷售明細表

(　) 9. 帳務模組是旅館前檯系統最關鍵的部分，其主要功能為何？
(A) 負責線上入帳　(B) 自動更新　(C) 維護檔案並做稽核　(D) 以上皆是

(　) 10. 何種模組當前檯金額輸入異常時，系統可追蹤每筆帳的登入時間以及何人登入？
(A) 帳務模組　(B) 訂房模組　(C) 客房管理模組　(D) 接待模組

行銷策略與配銷通路管理

曾經有人戲稱與行銷有關的一句座右銘是：「世界上最遠的距離是從你的口袋到我的口袋。」這句話其實代表著消費者每一次花大錢的背後，有可能都是出自於行銷人員的精心安排，而這也意味著行銷策略運用的重要性。所以當旅館推出住宿方案後，就必須要盡可能利用行銷策略，以吸引旅客前來入住，讓旅客心甘情願掏出錢來，享用旅館的住房服務及周邊產品。因此，行銷就是使用適當的工具，深入潛在顧客的搜尋範圍裡，用深刻的方法打動他們的心，而使得顧客樂意前來消費。

當然，一般旅館業的營運方式，通常會先針對目標市場中旅客的需求做了解，當整合分析所有需求後，再規劃設計其商品。其次，旅館業會進一步了解旅客對良好住宿環境的期盼，將這個期盼設定為旅客來店消費的重要條件。所以旅館必須事先做好市場定位，用心提升旅館的經營管理及品牌形象，如此才能滿足市場多元化之需求，以對應二十一世紀旅館營運所面臨的挑戰。另外，基於消費者導向之市場，旅館業會了解一般消費者(旅客)選擇住宿旅館的要求，其選擇指標不外乎是安全、舒適、清靜、溫馨、品味及經濟等六大項，當然房價高低也是旅客選擇住宿旅館的指標之一。以下我們將接續探討行銷相關的旅館房租計價方式、旅館業經營方式、旅館行銷策略、旅館配銷通路及旅館業成功行銷未來的趨勢。

15.1 旅館房租計價方式

一般旅館房租的計價方式，各旅館業者或許有其經營上的特別考量，不過基本上都會考量到旅館的利潤收益與成本支出。而旅館依其經營方式、規模大小以及地點選擇區位，也會有不同的利潤收益與成本支出。但是通常我們可以劃分出利潤收益部分，主要為客房、餐飲、其他營業部門以及零售與其他作業收入。而成本與支出部分，不外乎營運與支出、薪資與分紅、銷售成本、管理費用及財產稅與保險。本節主要在探討房租價目及旅館房租的計價方式。

首先我們必須先來了解旅館的收支比率，下圖是旅館有關利潤收益與成本支出概況比率圖，此比率會隨著旅館規模、處地與經營模式會有不同。藉由圖 15-1，我們可以比較清楚的了解旅館業主要金流的來源與去處。

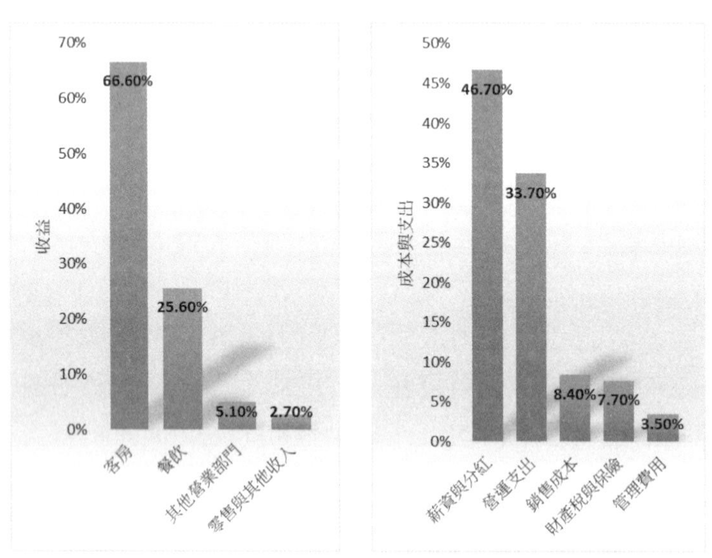

圖 15-1 旅館利潤收益與成本支出概況比率圖

有了這張大略的旅館收支概況比率圖，我們可以進一步探討旅館資金所產生的多層次效益。一般旅館房租的計價結構，必須考量到旅館所收到的房價，以及旅館要支出的基本開銷。因此旅館客房所收取的房價，基本上是使用在旅館支付薪資給員工、支付旅館水費、店租、瓦斯費、網路費等服務費用，以及旅館向當地商家採購食品與各種備品的費用。這些使用用途我們也可以再做細分，下圖 15-2 是針對旅館客房收取房價的支出項目進行約略區分。

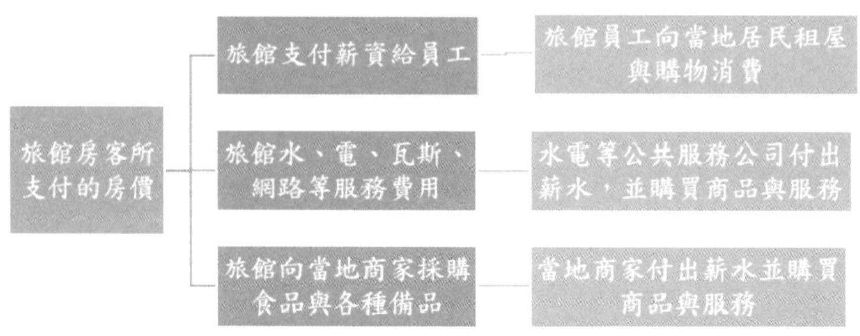

圖 15-2 旅館客房收取房價的支付項目區分圖

房租價目

所謂房租價目，是指旅館客房房租的公告價格，也就是客房的定價。此價目除了說明旅館各等級類別客房之價格外，還必須詳細明列遷入與遷出旅館的時間，以及收費方式。一般規定，房租價目表須連同旅客住宿須知及避難位置圖，置於客房入門明顯易見的地方。

旅館房租的計價方式

依住宿停留時間計價

大部分旅館會訂定中午十二點前為旅客遷出旅館時間，而觀光旅館房租，一般則會以住宿天數來計算。

依房租是否含餐食而分

旅館房租是否包含餐食在內，則其計價方式會有不同，房租含餐計價分類如表 15-1 所示。

表 15-1 旅館房租含餐計價分類說明

旅館房租含餐計價分類	說明
美式 （American Plan, AP）	1. 房租含三餐在內的計價方式。 2. 又稱為 Full Pension 或 Bed & Board。
修正美式 Modified American Plan, MAP）	1. 房租含兩餐在內的計價方式，例如早、午餐或早、晚餐。 2. 又稱為 Half Pension 或 Demi-Pension。
歐式 （European Plan, EP）	房租不含任何餐費的計價方式。
大陸式（歐陸式） （Continental Plan, CP）	1. 房租含歐式早餐的計價方式。 2. 歐式早餐約略僅供應牛奶、麵包、果汁或水果等較簡便的飲食。
百慕達式 （Bermuda Plan, BP）	1. 房租含美式早餐的計價方式。 2. 美式早餐除歐式的牛奶、麵包、果汁或水果外，尚提供蛋類、肉類及咖啡等食物。

依營運季節特性而分

旅館營運有淡季、旺季之分，所以其計價方式會依淡季、旺季有不同價格。

依契約合同而分

- 團體價（Group Rate）

  一般旅遊團體或參與會議團體達一定人數時，旅館通常會給予折扣優惠。

- 商務契約價（Commercial Rate）

  長期合作或有業務密切往來的公司、機關、團體等單位，旅館通常會簽訂契約給予商務契約價。

其他優惠折扣價

- 免費招待（Complimentary）

  旅館對有密切業務往來的單位主管或貴賓，會提供免費招待之禮遇房價。

- 特別優惠價（Special Rate）

  旅館對長期住客、貴賓以及旅館房間超訂時，最常見的是實施房間免費升等，即以更高等級房間取代原訂房間。

- 統一價格（Flat Rate／Run of the House Rate）

  統一價格又可以稱為一律價格或均一價格，是指旅行業者與旅館業者們事先談好的協定價格。

- 限時優惠

  此價格乃是行銷策略使用的方式之一，主要是帶動某一時期的訂房買氣。

- 員工價格

  旅館為加強員工向心力，會訂出一定比率的房間數，實施員工福利價格。

15.2 旅館業經營方式

旅館業的經營方式一般可區分為獨立經營及連鎖經營兩種，本節將另介紹連鎖旅館的連鎖方式。

獨立經營

獨立經營又可以稱之為自籌資金自己經營，其主要特性為業者自行投資、自行經營。

獨立經營的優點

- 由於獨立經營是自資自營，所以經營方式可以不受制於人，並可以發揮經營者自己的理想與創意。
- 獨立經營時旅館的所有權與經營權可以合而為一，旅館經營獲利可以不必與他人討論或分享。

獨立經營的缺點

- 獨立經營時旅館可用資金較為有限，市場資訊取得或許較為狹小，經營規模不易擴大，而且欠缺旅館品牌形象及知名度。
- 獨立經營時旅館知識經驗也會受限，不易創新自有品牌，並且缺乏連鎖經營旅館之行銷優勢。

連鎖經營

連鎖經營旅館是指兩家以上的旅館，其營運方式採用整體共同的店名、商標，或採用共同的進貨或物流作業模式，並遵守共同的規範或約定，此種連鎖經營的旅館稱之為連鎖旅館。

連鎖經營的優點

- 連鎖經營可以提高旅館整體品牌形象及知名度，可增加旅館營運上無形的收入。
- 連鎖經營運用共合推廣及行銷方式，其行銷通路較為廣泛且比較具有效率，可增加旅館有形的收入。
- 連鎖經營實施共同採購，可以大幅降低各旅館進貨的成本，減少旅館營運成本支出。

- 連鎖經營的標準化作業及專業化的技能訓練，可以快速提升旅館服務品質，增強人力資源上的彈性運用。
- 連鎖經營可將各旅館電腦資訊系統整合，運用在共同訂房及分享資源，可以快速開闢訂房來源。
- 連鎖經營可使旅館維持服務品質，並可增進旅客的信賴感與忠誠度，可以讓旅客達到美好的來店體驗。

連鎖經營的缺點

- 連鎖經營需多分擔一筆額外的作業基金相關費用，經營模式無法自由彈性的設定。
- 總公司或連鎖組織對於連鎖旅館的軟硬體產品，均有嚴格的要求與規定，業者無法突破進貨或採購規定。
- 總公司擁有經營督導之權，違反約定必須負擔違約罰則。
- 連鎖旅館標準化營運方式較難一體適用各國家或各地區，因此較難融入旅館當地社區需求，也難發揮所在地的文化特色。

連鎖旅館的連鎖方式

一般連鎖旅館的連鎖方式可分為直營連鎖、管理契約、租賃經營、特許加盟、會員連鎖及其他個別之連鎖方式。

直營連鎖（Company Owned）

直營連鎖是由旅館業者自行投資、自行興建或收購現有旅館，並且自行營運。

管理契約（Management Contract）

管理契約的經營方式又可以稱為委託管理經營，此類旅館之經營特性為旅館業者將旅館委由旅館經營公司來經營。

租賃經營（Leasing）

租賃經營方式的旅館特性為，經營者向旅館業者承租旅館來經營，雙方對經營方式訂定有經營租賃合約。

特許加盟（Franchise）

特許加盟是指連鎖總公司將自身的銷售權利給加盟旅館，同意加盟旅館使用連鎖總公司的品牌、名稱、產品、服務，以及各項行銷廣告與營運作業。

會員連鎖（Referral）

會員連鎖是一種旅館會員組織型態的連鎖方式，旅館會員之間並無總部與加盟店之分，相關國際行銷與訂房作業大部分經由旅館聯合組織來驅動。

其他

旅館業為求經營上的永續發展，其營運策略除了上述的連鎖經營方式外，尚有業者採取業務結盟、共同採購、廣告促銷及聯合發行住宿券等方式，採片面或全面性業務的策略結盟經營。

15.3 旅館行銷策略

台灣地區的產業隨著二十一世紀的行銷策略正面臨許多的變化，對旅館產業而言，業者除了面臨資訊科技進步的改變外，市場中近期佔大宗遊客的大陸旅客旅遊人數逐漸降低，而前期因新興旅館供給量卻大幅成長，這些都是目前檯灣觀光產業所需面臨的挑戰。而這些挑戰也為旅館行銷策略帶來許多的衝擊，這些衝擊如下：

旅客的需求變化越來越多樣化，意謂旅客本身將不斷追求變化

現代的旅客漸漸有追求自由及時尚風氣的趨勢，例如從前旅客住房大部分以方便、安全、價格及舒適為選擇重點。但是現在的旅客除了考慮過去住房的思維外，另外會講求住房旅館的品牌、知名度、設施流行，設備時髦以及設計新穎等因素。

電腦資訊以及網際網路快速變遷，新技術很快會被取代

由於電腦、移動通訊以及資訊科技進步快速，旅客應用行動電話功能已經非常普及。所以在現代通訊科技設備與網際網路應用下，旅客也可以快速找到所需要的任何資料，旅館如何在這股資訊科技演進潮流中取得行銷優勢，對現代旅館行銷策略的運用衝擊應該是必須的。

經濟不景氣的影響，企業組織將會進行組織再造

由於全球將階段性面臨經濟不景氣的影響，失業人口將節節上升，因此旅館獲利相對也會下降。面臨此一衝擊的對應措施，旅館除了節省開銷外，將會選擇降低成本一途。因此對企業進行瘦身或裁員，將是無可避免的選擇。然而，面對台灣觀光產業困境的挑戰，我們的對應措施可以先行探討傳統旅館行銷架構，以此架構為

前提，結合近代的整合行銷方式，再依旅館的行銷需求與效用，規劃出旅館的促銷組合策略，以因應目前旅館行銷策略的衝擊。

傳統的行銷架構

傳統產業的行銷架構是以 4P 包括產品（product）、價格（price）、通路（place）與促銷（promotion）等 4 種面向為組成核心。對應於旅館產業而言，旅館產品是指住宿的服務項目，以及旅館經營的周邊設施。而旅館價格是指住房價格的訂定，以及適應不同產業或產品的定價方式。通路一詞定義在旅館業則包括旅館商品實體配送、物流（聯）、經銷、零售等。至於旅館促銷則涵蓋對旅客的促銷，對企業商務人員促銷，以及對經銷商促銷或對機關團體及公司行號促銷等。

近代的行銷重視整合行銷

近代的旅館行銷觀念認為行銷是一個與旅客溝通的過程，因此我們可以解釋旅館產業各種行銷工具的使用，應該要能為旅館謀求最大效益為基本考量。所以旅館行銷方式除了講求片面銷售使用外，仍應該講求發揮整體行銷效益，尋求與旅客做全面性的互動。至於旅館廣告、促銷活動、產品設計與開發，都要從旅館整體的角度來評估，講求旅館整體經營績效。簡言之，要了解旅館的整合行銷概念，我們就必須要了解行銷需求與效用，運用整合行銷的策略，做好顧客關係管理。

行銷需求與效用

就旅館行銷需求立場而言，旅館行銷所發揮的效用大致上可以區分為以下 4 種：地點效用（place utility）、時間效用（time utility）、形式效用（form utility）以及所有權效用（ownership utility）等。

地點效用

旅館行銷所發揮的地點效用，是指旅館可以去改變或突破某些資源的空間層面或限制，以滿足旅客住店時的多樣化需求。譬如說，旅客若在台灣旅遊並住宿在我們的旅館，旅客其實就可以吃到他所喜愛的韓國食品。也就是說旅客只要付出一些成本，他就可以在我們的旅館享用或接觸世界各地的產品或服務。

時間效用

旅館行銷所發揮的時間效用，是指旅館可以改變其資源遞送有關時間的部分，以滿足旅客住店時大部分的期望與需求。例如，旅館可以連結航空公司把旅客送到他們所希望的目的地，或是利用快速方法傳送旅客需求的信件或資訊服務，以及例如協助旅客在夏天可以吃到冬天的水果等等，這些都是旅館利用或突破時間層面或限制所發揮的效用。

形式效用

旅館行銷所發揮的形式效用，則是指旅館透過資源組合的改變或改變旅館資源的內容，以創新的服務來滿足多樣化需求的消費者。例如旅館可以將住宿、會議中心、旅遊規劃、健身中心、游泳池及餐飲等，做單向或多項服務的不同組合，以滿足旅客、旅遊團體及來訪公司的期望與需求。

所有權效益

旅館行銷所發揮的所有權效益，是指改變旅館資源的所有權，以滿足消費者的需求。例如設置美食街或精品販售區，或提供館區面積給公車或捷運旅客通行使用，這些都是利用旅館所有權轉換來創新服務旅客的效用。

整合行銷策略

整合行銷策略是近年來，各產業界以擴大行銷方式的一種溝通組合做法。其主要的溝通內涵與做法分別是應用廣告、公共報導或公關、銷售促進、人員推銷、與直效行銷等五種策略，適時做為旅館整合應用的行銷手法。

廣告

是指旅館藉由公眾表達，將具有普及性或誇張表達的效果，以非人格化特性所做的傳達工具。它可以應用公眾表達（public presentation）、普及性（pervasiveness）、誇張效果（amplified expressiveness）及非人格化（impersonality）的特點做廣告。而旅館也可以應用廣告媒體的類型，例如報紙、電視、收音機、雜誌、直接郵寄信函、戶外廣告、電話薄、通訊函、小冊子、電話與網際網路等，協助旅館開拓客群與客源。

公共關係與公共報導

旅館公共關係與公共報導的訴求是以高可信度（high credibility）、解除防衛（ability to catch buyer off guard）、戲劇化（dramatization）的特性為行銷基礎。對旅客而言，新聞報導、網路評選或專欄評論或許會顯得比廣告更具真實性與可信度。而旅館公共關係運作時，如同廣告一樣，旅館也經常將公司或產品以戲劇化的效果表現。

過去旅館的行銷人員較少用公共關係或公共報導，但理論上公共報導是不需要行銷人員付費的，只要精心策畫的旅館公共關係方案，則可以與其他的行銷組合要素結合使用，將可發揮更大的效果。

人員推銷

旅館在使用人員推銷策略上，有時是最有效的銷售工具，特別是建立在旅館產品偏好及建立忠誠度上使用。我們可以想見，當旅館人員面對面服務旅客的機會就是一種服務的開始，此種服務藉由人員面對面（personal confrontation）、人際關係培養（cultivation）及反應（response）等三種獨特的特質，可以輕易的說服旅客再度來店住宿與體驗。所以旅館人員推銷是可以產生各種人際關係，從一面之緣的銷售關係到深厚的個人友誼都有可能。因此旅館銷售人員若想與旅客保持長期的關係，必須將旅客的興趣牢記在心。

銷售促進

我們一般所說的促銷（sales promotion）也可稱之為銷售促進，在旅館產業來看，它是旅館一種短期且具有住房誘因的訂房行動，也是旅館與銷售對象的一種溝通工具。旅館促銷使用時會因對象不同，而有使用工具上的差異。一般而言，旅館促銷的對象分成：對消費者促銷（Customer promotion）、對經銷商促銷（Trade promotion）、對零售店促銷（Channel-originated promotion）、對業務員促銷（Sales force promotion）等四種。因此旅館業者可以藉由溝通（communication）方式獲得旅客注意，並可常提供特定的資訊以吸引旅客消費。也可以藉由誘因（incentive）方法，提供旅客的來店住宿或消費。當然利用不同的邀請（invitation），也可以立即吸引旅客來店住宿。

旅館可以經常運用銷售促進的工具，來達成有力且快速的旅客反應。銷售促進有時可將旅館產品多樣化，以刺激住房銷售。而促銷的工具相當多，旅館會因時間地點的不同，設計有各種新的創意。旅館可使用的促銷工具有：折價券、優惠價、贈品、聯合促銷、交叉促銷等。另外也可以利用參加旅展、商展及舉辦商務會議等方式拓展業績。

直效行銷

直效行銷是指旅館利用各種非人員接觸的工具，直接和旅客互動，同時要求旅客能直接回應。直效行銷可以使用的工具，包括直接信函、電視行銷，電話行銷、網路行銷等方式。這些方式的特徵為行銷訊息通常只呈現給某特定的單位或人員。

而且訊息係採用顧客化的訴求，並個別地傳達給單位或個人。這些訊息也可以快速地個別化設計，並依據旅客的回應而加以變化。

直效行銷所利用的電話行銷，是旅館以電話直接向消費者進行銷售。這是最近幾年來台灣蓬勃發展的行業之一。愈來愈多的電話行銷業者，結合銀行資料庫銷售銀行信用卡及推銷各種金融服務。相對地，旅館業者也可以結合各行銷公司從事旅館行銷業務。而電視行銷是旅館利用電視頻道，直接銷售旅館產品服務給旅客。台灣近年來各種電視購物頻道興起，這些頻道產品包羅萬象，而且相當吸引人，旅館可以藉這個市場創造一定規模的營業額。

顧客關係管理

顧客關係行銷是旅館與旅客建立、維繫、持續、與商業化的關係，經由顧客關係行銷，以利旅館與旅客住宿交易的完成。顧客關係管理是旅館運用其完整資源，以旅客為導向，透過可能的管道與旅客互動，用全方位的角度分析旅客行為，瞭解每一個獨立的旅客所具有的特性，讓旅客認同我們的產品及服務，在來店住宿時能以我們旅館為首選，並且願意與旅館維持長久的訂房關係，藉由旅客所累積的終身價值，來幫助旅館達成長久獲利的目標。

顧客關係管理既然是一種長期性的策略，唯有透過任何與旅客互動的機會，瞭解旅客真正的需求，這樣才能刺激旅客不斷的來店住宿，幫助旅館達成長期利潤目標。而旅客滿意、旅客忠誠與關係行銷是屬於顧客行銷的核心概念。因此為了維繫旅客的滿意度，先要瞭解旅客滿意的現象。

其次，我們也可以探討採用顧客關係管理的優點，分析如下：

- 旅館不用浪費過多行銷成本在開發新客源上，旅館只要鼓勵忠誠旅客持續來店住宿，就能夠達成獲利增加的目標。因著降低開發新旅客的成本以及降低管銷成本，旅館即能節省行銷、郵寄、聯繫、追蹤、滿足和服務等費用。
- 維持穩定旅客的忠誠度，使得旅館競爭對手若要對我們現有旅客挖角，必須投入更多的資本，造成對方挖角的困難。不需去開發太多新旅客，以維持穩定的旅館住宿量。
- 旅館能瞭解哪些旅客確實能為旅館帶來利潤，意即旅館目標客群是屬於哪一型的顧客。這讓旅館行銷資源的運用能投注在此類旅客身上，不會造成資源浪費。

- 旅館一旦瞭解真正的目標客群，就能容易促銷旅館產品，提高旅客住宿率及忠誠度。因此旅館藉由旅客終身價值的累積，可以幫助旅館達成長期助力，並扼殺競爭對手成長空間。

旅館事業長期依附著不變的「旅客滿意度」，因為滿意度幾乎可以直接轉換成旅客的忠誠度及旅館的利潤。由於我們的服務通常是無形性的，也就是說旅客無法在住房前先來試住一晚，或來用餐前先試吃一口牛排的意思一樣。旅館服務產品只能讓旅客來店後體驗，較難先期嘗試也無法過時保存銷售。因此為了要即時提供我們的餐旅服務，就必須與客人做良好的互動，讓旅客留下美好的印象。其次旅館事業的不可分離性，也就是服務產品的產生與消費會同時發生，這也代表對每一位從業人員的莫大挑戰，因為每位旅客都可能有不同的需求與服務。所以成功的服務旅客必須做到用心對待旅客。

總結來說，行銷的工具除了傳統的行銷組合 4P 外，新興的虛擬通路商機更不容忽視。由於網際網路讓所有使用者，可以在多數的網站上評論旅館營運過程。換句話說，這種作法提供網站，可以影響一家旅館的評價和形象。縱使此種作法缺乏一致的評估準則，但是經營者卻能夠從旅客撰寫的內容上，去發現具名和不具名的貼文，這些貼文內容包括部落格、論壇和社群網站。由於這些貼文漸漸的被許多旅客參考，旅客也會用來決定他們的住宿消費的選擇與策略。所以旅館管理者仍應思索如何發揮虛擬行銷，所帶給旅館潛在的效果。

15.4 旅館配銷通路

旅館一般行銷運作制度上的通路管理，是把旅館行銷的事業，依照通路的特性，專門設立單位來管理。例如，所有的通路分成實體通路與虛擬通路，再依市場特性將旅館本身及附屬設施分成住宿、餐廳、酒吧、會議中心、商務展覽、運動設施等特性。其次針對不同設施特性，提供不同包裝的促銷活動。例如利用演唱會、看板、戶外招牌，贊助體育活動等從事來店促銷。舉例來說，旅館若希望快速藉由廣告的影片，打動每一個通路的旅客或團體，使得旅客到處都可以接受與期盼來店體驗的訊息，則旅館可以設計一部動人的廣告影片，應用實體通路與虛擬通路播放。

近幾年來，由於旅館通路議價能力愈來愈強，各旅館通路之間差異性也愈來愈大，旅館業者必須掌握愈來愈多的消費資訊。所以如何掌握與管理重要客源，或與零售通路談判議價，就變成旅館經營上很重要的課題。因此旅館業在制定各項行銷活動的時候，一定要先定位好它的市場及對象。藉由行銷及公關的方式將產品或服務告知社會大眾，刺激旅客來店體驗的需求，協助旅客前來消費，而旅館經營者也必須要了解訂房管道。

目前旅館產業的訂房管道中即屬電腦訂房系統較為普遍化。此系統可分為全球銷售系統（Global Distribution Systems，GDSs）、網際網路銷售系統（Internet Distribution Systems，IDSs）以及中央訂房系統（Central Reservation Systems）。上述系統皆屬旅館經營的必備運作方式及配銷通路。

全球銷售系統（Global Distribution Systems, GDSs）

全球銷售系統是由各種不同行業連結而成的聯合銷售系統，例如：旅館業、旅遊業、娛樂設施業、航空產業及交通租車業等。經由此系統，旅館可以取得全世界各地旅行業、娛樂設施業和觀光業的產品相關資料。著名的銷售系統如：Sabre.com、Galileo.com、Amadeus.com 及 WorldSpan.com 等系統，所以旅館業可以納入電子代理商，以提供旅客在航空業務上促銷旅館訂房產品。此外旅館業可以透過自身訂房系統與全球銷售系統的連結，使旅行社也能夠直接向旅館的訂房系統訂房，並向旅客確認旅館所釋放客房數量及房價等相關資料。

網際網路銷售系統（Internet Distribution Systems, IDSs）

網際網路銷售系統係屬電子銷售通路之一，同時也是顧客導向的訂房系統。旅客可以很方便透過此系統，自己安排行程後預訂機位、旅館及租車等事宜。由於旅客可以透過該系統進行比價策略，因而形成旅館業高度競爭的環境。網際網路銷售系統可以用下列三種方式與旅館連接：與旅館集團的中央訂房系統連接、與相連於旅館訂房系統的轉接公司連接或與相連於旅館訂房系統的全球銷售系統連接。著名的訂房網站如下：Hotwire、Priceline.com、Orbitz、Hotels.com、Expedia、Travelocity 和 Trivago 等。

中央訂房系統（Central Reservation Systems）

中央訂房系統亦即所謂的連鎖訂房系統，所有訂房系統中的成員旅館都與該訂房系統有合約關係。而中央訂房系統包含中央辦公室、自動更新客房庫存資訊以及集團性行銷等三大部分，其分別扮演的功能如下：

- 中央辦公室

  中央訂房辦公室可以即時從聯盟成員旅館接收房價和客房數量資訊，由於個別旅館和中央訂房系統使用一致的客房庫存與房價即時資訊，所以中央訂房辦公室就可以立即向客人確認房價與客房庫存。此系統設立目標為提升旅客服務的同時，也能增加旅館獲利與營運效率。此外，中央辦公室亦透過特惠房價促銷套裝產品、即時確認旅客訂房以及建立完整的訂房紀錄與主要的觀光業、航空公司、旅行社和租車公司連線以完成服務旅客之最高目標。

- 自動更新客房庫存資訊

  無論旅客利用何種訂房管道，在系統確認房間售出後，所有訂房來源的客房庫存就會自動更新。細部作業為當中央訂房系統接到旅客一筆預約訂房時，訂房資訊也會被傳送到旅館，以更新其客房庫存資料。

- 集團性行銷

  由於中央訂房系統也可以算是一個強而有力的行銷資源，主要是因為系統通常內含每位旅客的重要相關資料。此系統並可藉由旅客基本住房歷史資料，提供或配合各種行銷導向的活動。

此外，尚有一些未涵蓋在全球銷售系統、網際網路銷售系統以及中央訂房系統的銷售通路，例如跨產業代銷商及個別旅館系統，本文說明如下：

跨產業代銷商

跨產業代銷商所強調的是提供旅客多樣化的預訂網路，例如：機位、租車、旅遊、美食與旅館客房的預訂服務。此種跨業代理商能輕易處理旅客所有的旅行需求，因而能夠強化其產品的銷售。

個別旅館系統

個別旅館層級的訂房系統，是為滿足旅館業自身的特定需求而特別設計的。此系統亦即是旅館管理系統中所謂的訂房模組，可以使旅館訂房人員能夠快速又正確的處理旅客訂房。

15.5 旅館業未來成功的行銷趨勢

由於旅館業的業務範圍主要是以提供住宿（客房）服務為主，其他附屬服務設施為輔，這些服務包括：餐飲、會議室、休閒、健身房、商店等設施。因此旅館業的成功行銷當以促銷為主要手段，以產品的組合做推廣策略。推廣以顧客導向開發的新產品，既強調市場研究，致力企業長期發展策略，亦著重品牌與營收原理，加強建立品牌的形象與影響力。經由顧客滿意度、忠誠度，以及顧客關係管理（CRM）為行銷參考重點，並須了解網路之普及已改變了行銷的方式和媒介，積極運用社團網站之興起，使資訊發達的現代，讓旅館行銷更迅速的產生最大的效益。

因此，旅館業除了要行銷其住宿的舒適性、娛樂性、文化性與設計性外，基於資訊科技的進步，旅館管理者還應該具備下列幾個認知，那就是不僅要迎合顧客需求，而是要創造顧客需求，例如日本白色情人節之創造。其次要能提升旅館的創造價值，而非一味尋求低價促銷。要能應用科技提高服務品質，以資訊化的旅館服務節省旅客等候時間等，例如應用無線射頻辨識系統（RFID）服務以提高旅館競爭力。此外必須找尋新的通路商作為創新行銷的管道，例如大數據資料的可用性，希望能結合電商平台、社群媒體、遊戲娛樂及其他網路服務，將旅客資料整合出最佳的行銷策略。

基於旅館未來的成功行銷方式，本書另介紹社交網路（Social Networking）、社群行銷（Social marketing）及數位行銷（Digital marketing）等行銷趨勢。

社交網路

最近二十年來，網站的功能從早期的單向傳播管道，已逐漸轉換為能讓使用者彼此互動與參與的溝通平台。社交網站允許餐旅產業和其他產業內的所有人彼此聯絡、交換資訊、甚至建立數位互動管道。這樣的跨國界跨產業連接模式，確實已經改變潛在旅客和所有利害關係人之間的動態，這是當今旅館管理者必須思考的旅館行銷方式。

社群行銷

對旅館業而言，旅客評論是社群行銷策略中一個相當重要的部分。由於旅客上社群網站進行體驗後的填答，它也可能會主動地鼓勵其他旅客，到網路上發表自己的評語與心得。因此旅館就可以直接或間接，在社群客源區塊上獲得商機。因此旅館業基於國際性與全球化的本質，應該非常適合運用社群行銷來獲得新旅客，是否是成功模式值得旅館管理者參考。

數位行銷

由於資訊科技正改變著人們的生活與習性，作為服務業的旅館業，其行銷和服務也在隨著旅客消費習慣的改變而發生變化。多家知名國際品牌旅館集團都已將旅客的入住手續變得更便捷，住宿體驗更加個性化，行銷也更貼近旅客喜好與習慣。

總之，旅館在行動化預訂和數位化科技的引領下，旅館業需要符合潮流的改變行銷方式，以適應和滿足旅客的需求。因此如何提升旅客美好的住宿體驗，應用行動化預訂和數位化科技設備與技術，將是旅館業未來成功的行銷趨勢。

15.6 模擬試題

選擇題

(　) 1. 一般旅館房租的計價方式，各旅館業者或許有其特別的考量，不過基本上都會考量到旅館的何種計價組成？

(A) 來客人數　(B) 來客國別
(C) 成本支出　(D) 經濟規模

(　) 2. 旅館會因哪項因素不同，而有不同的利潤收益與成本支出？

(A) 來客人數　(B) 來客國別
(C) 成本支出　(D) 地點選擇區位

(　) 3. 所謂房租價目是指旅館客房房租的公告價格，也就是客房的

(A) 定價　(B) 市價
(C) 折價　(D) 銷價

(　) 4. 房租含歐式較簡便的早餐飲食之計價分類為何？

(A) 美式(American Plan, AP)
(B) 歐式(European Plan, EP)
(C) 大陸式(歐陸式)(Continental Plan, CP)
(D) 百慕達式(Bermuda Plan, BP)

(　) 5. 一般旅遊團體或參與會議團體達一定人數時，旅館通常會給予何種價型？

(A) 定價　(B) 商務契約價
(C) 團體價　(D) 營運價

(　) 6. 長期合作或有業務密切往來的公司、機關、團體等單位，旅館通常會簽訂契約給予何種價型？

(A) 定價　(B) 商務契約價
(C) 團體價　(D) 營運價

(　) 7. 旅館對長期住客、貴賓以及旅館房間超定時，最常見的是實施房間免費升等，即以更高等級房間取代原訂房間，旅館通常會給予何種價型？

(A) 特別優惠價　(B) 統一價格
(C) 限時優惠　(D) 員工價格

(　) 8. 旅行業者與旅館業者們事先談好的協定價格，旅館通常會給予何種價型？

(A) 特別優惠價　(B) 統一價格
(C) 限時優惠　(D) 員工價格

(　) 9. 旅館行銷策略使用的方式之一，主要是帶動某一時期的訂房買氣，旅館通常會給予何種價型？

(A) 特別優惠價　(B) 統一價格
(C) 限時優惠　(D) 員工價格

(　) 10. 旅館為加強員工向心力，會訂出一定比率的房間數，實施員工福利價格，旅館通常會給予何種價型？

(A) 特別優惠價　(B) 統一價格
(C) 限時優惠　(D) 員工價格

旅館資訊未來展望

展望全球各大產業對 2020 年以後的資訊科技趨勢，產業界普遍都存在共同的看法以及各自的預測。例如，最近興起的資訊產物中人工智慧、物聯網、雲端運用、資訊安全等應用趨勢議題。產業界認為這些議題，未來將在資訊科技應用上扮演重要的角色。其中，人工智慧（AI）科技議題，毫無疑問是全球各大市場想要探索及開發的新方向。基於旅客服務所需的功能越來越多樣化，現代旅館運用軟體中所所需建置的功能也會越來越多，現行的資訊系統必須要涵蓋旅館所需管理的全部範疇。

由於現行旅館業目前所需的資訊系統，不外乎適用在旅館管理運作上的旅館資訊系統（PMS），以及適用在旅館內有餐廳或酒吧等附屬設施的銷售點系統（POS）。但是對於旅館附設有大規模附屬設施，例如會議室（reference room）、游泳池（swimming poor）、水療設施（SPA）、商務中心（business center）、健身房（fitness）、酒吧（bar）及藝品店（souvenir shop）等服務設施之旅館，這些服務所產生複雜而多樣化的作業，對旅館營運而言將是管理上的一大挑戰。此外，假如旅館除了提供以上基本設施服務之外，還需承接大量團體會議之業務與餐飲服務，則旅館必須要有一套完善的資訊系統，經由旅館房間數量庫存控制與採購訂單軟體應用，來控制旅館各項營運成本，以提升旅館總體經營績效。

因此旅館業在實務運作上，除了必須了解自身經營所面臨的問題外，旅館業從前檯到後檯思考方向，以及旅館業未來的發展趨勢，都必將是旅館未來經營的重點。本書將依序說明如下。

16.1 我國旅館業所面臨的問題及未來努力的方向

我國旅館業營運所面臨的問題

旅館客源有階段性，客房住房率有待提升

綜觀影響旅館客房收入的三大因素，分別是客房數、房租單價及客房住房率，其中客房住房率為旅館營運績效的基本指標，業者必須思考如何提升旅館住房率。

各地旅館分布不均，市場競爭激烈

由於旅館客源有階段性限制，而且各地旅館數量分布不均，再加上政府也對外資開放觀光旅館市場，因此外來資金可來台投資觀光旅館，所以造成同業間彼此的競爭相當激烈。

旅館人事流動率高，影響服務品質

由於旅館基層服務人力資源較為匱乏，以致影響旅館所提供產品的服務品質。為有效解決此問題，旅館業宜善用人力資源並善待其員工，視員工為旅館寶貴的無形資產。

物價上漲，租金、薪資成本增加

基於旅館業係勞力密集產業，且旅館係以服務人為主的行業，因此人事成本的高低，儼然已成為旅館影響營運最相當重要的因素。

科技創新不斷進步，旅客喜好與時俱進

由於現代化科技可為旅館創新營運帶來契機，但也為旅館業帶來不少困擾。由於旅館軟硬體設施若想要更新使用現代化科技，務必不斷投入鉅額資金與人力。同時基於現代科技創新進步快速，新的設備不僅維護費用較高，折舊率及汰換率也高，隨著旅客喜好使用創新科技的服務產品，因而使得旅館業營運更加艱難。

我國旅館業未來可以努力的方向

旅館可以取得國際級管理系統的專業認證或證照

為提升旅館業的服務品質與企業形象，旅館業者應積極爭取國際標準化組織的品質認可，以提升旅館整體服務品質。

旅館可以提供便捷快速且有效率的個別性服務

由於現代社會普遍講究作業效率,所以讓旅客來旅館後最要避免的是讓旅客久候,因此旅館優質的服務乃在提供即時、正確且溫馨的便捷服務。

旅館可以重視自家產品特色的研發,滿足目標市場的需求

旅館可以將客源市場之需求列為首要工作事項,因此旅館產品規劃也必須朝向兩極化的經營方向去研發,既追求經濟型的平價旅館方向,也探索高端產品開發之可能。

旅館業可以朝向國際化、連鎖化、大型化及主題化方式去經營

目前國內大部分旅館均屬於中小型規模之旅館,較欠缺自有品牌與國際知名度,所以旅館應該加強與國際知名品牌連鎖旅館合作,採取同業結盟或異業結盟方式來提升市場的競爭力。

旅館業可以朝向環保綠建築及能源管理方面去規劃,務求善盡企業社會責任

旅館業可以朝向取得環保旅館認證標章去努力,既重視旅館使用能源之妥適管理,也可以減少旅館消耗性備品之使用。

旅館業可以重視人力資源管理,提升產品服務品質

旅館業營運最大的挑戰是人才培訓及人力短缺,由於旅館各部門人事流動率較為頻繁,因此旅館業須重視人力資源管理與人力進用問題,加強員工職前訓練與在職教育工作。

16.2 旅館業從前檯到後檯的資訊作業思考方向

旅館業的經營管理為一具有專業性的事業,由於其產品特性及營業時間與其他行業稍有不同,旅館除了能提供旅客住宿空間外,亦提供附屬設施及其他相關設施的服務項目,因此我們必須深入思考旅館前檯與後檯在作業上的相聯性。

旅館前檯模組資訊作業思考方向

前檯辦公室在旅館管理系統中一般有三大基本模組,分別為訂房模組、客房管理模組及顧客帳務模組,此三大模組在資訊作業上可以思考的方向如下。

訂房模組可思考方向

基於旅館訂房模組之基本功能，在於使旅館能快速處理旅客對客房的要求，並產出即時和準確的客房、營收及預測報表。所以中央訂房辦公室（CRO）或中央訂房系統（CRS）接收的訂單，也應能即時被處理及確認，並以電子化方式傳送給指定的旅館。因此如何讓旅館 PMS 的訂房模組，能直接接收以上訂房來源的資料，則應思考旅館管理系統的訂房紀錄及檔案，以及營收與預測，也應能即時做更新。

客房管理模組可思考方向

旅館客房管理模組的資料來源，是根據房間狀況變化而能隨時提供最新資訊。因此客房管理模組應思考的方向，是系統在旅客住宿登記時，協助服務人員做客房分配。讓前檯人員只需要在鍵盤上輸入房間號碼，系統就會將房間的即時狀態立即呈現在螢幕上。而房間清理完畢可供住宿時，系統即應讓房務人員在電腦系統上，方便的更改房間狀態。

旅客帳務模組可思考方向

由於旅館帳務模組的功能，是在加強旅館對旅客所有帳務的控制，且能明顯地改善傳統的夜間稽核流程，適時管控預設的旅客信用額度，以及提供彈性化的帳單格式。所以我們可以思考利用遠端銷售點終端機，適時連結前檯系統，讓旅客的各種費用，可自動登入所屬的帳單。旅客退房時，相關未結清的帳單餘額，系統也應自動轉到旅客應收帳款部分，以供旅館日後收款使用。

除了以上三種思考方向之外，對於旅館所附設周邊服務設施例如餐廳，由於其銷售預測會考量用餐週期、週末假日、平常日，以及其他始料未及的時段變化，因此餐飲銷售有需要考量一套資訊系統，以方便餐飲作業在旅館管理上的應用。所以有提供食物、飲料和零售商店的旅館業者，可以思考使用銷售點系統（point-of-sale system, POS）做管理。另外也可思考將 POS 終端機當作收銀機，讓這套系統與無線個人數位助理 PDA 相連，服務人員即可在餐桌邊快速接受旅客點餐服務。

旅館後檯模組資訊作業思考方向

當旅館有了完整的前檯系統之後，旅館附屬餐廳或許仍需有一套後檯作業管理系統或稱之為產品管理系統，它包含庫存管理、食材成本、人事管理、設施使用、人力資源以及財務報表等。目前業界所使用的後檯作業軟體相當多，由於它可以連結無線 POS 系統以及 PDA 個人數位助理。所以有了一套後檯作業管理系統，系統在處理無論是旅館人事管理或財務報表分析時，就可以即時性的呈現管理者所需的資料，也才能將前檯的資料快速的帶入後檯資訊的管理與運用。

因此，一家旅館經營良窳，除了善用旅館前檯與後檯資訊系統外，仍需注意其經營定位及業者的經營理念與策略。因為二者之間存在著極為密切的關係，善用資訊系統，毫無疑問是可以提升旅館之經營績效。以下僅就經營理念變革、經營型態創新、行銷策略多變、客源需求變化以及網路科技普遍化方面，簡述旅館後檯模組，在經營管理上可思考之方向。

思考旅館經營理念變革

旅館的經營理念變革可以在旅館設施產品研發上做創新，部門主管也應適時加強領導管理思維。旅館各級人員都應做好顧客關係管理的概念，以提昇旅館服務品質為旅館追求之目標。

思考旅館經營型態創新

旅館可朝向專業化經營管理方向思考，可以聘請旅館管理專業人才加入經營團隊。另外，可以強調旅館設備及設施之機能性，力求設備舒適性與便利性之空間設計。基於休閒旅遊已成為人們生活中的一部分，旅館業可以推出各種休閒旅遊行銷之配套措施。

思考旅館行銷策略多變

旅館可以思考採取異業或同業結盟等促銷方式，強調自身旅館服務產品之特色，例如住房、餐飲、休閒設施及國際會議室等之獨特性、新穎性、功能性及實用性。

思考旅館客源需求變化

旅館可以思考其主要的服務內容與服務項目，憑藉個別化客製化理念親切地對待旅客，以及提供更細心的照顧與溫馨的服務，讓旅客願意再度來店體驗。

思考現行網路科技普遍化

現今網際網路的運用已經非常普遍，旅館除了可以思考規劃網路訂房系統，以提供旅客訂房之便利性外，旅館亦可以思考如何利用網際網路的便利性，提供旅客結合移動式通訊裝備功能，更即時的在網路查詢有關旅館附近旅遊資訊，以及旅館所提供的各項服務資訊。

16.3 旅館業未來的發展趨勢與策略

由於資訊科技演進正改變著整個世界，資訊科技當然也改變著我們習以為常的傳統產業模式。旅館業也在此一新興科技及物聯網技術的催化下，產生了巨大的變化。目前國內外各大旅館集團，為求將來旅館業的發展趨勢，策略上正投入鉅額資金，努力打造植基於資訊科技的旅館管理體系。而台灣旅館資訊科技的運用，主要集中在網路預訂、網路宣傳和優化旅館管理層面。根據預測在 2020 年時，全球隨著旅遊電子商務的發展，以及行動商務市場的需求，資訊科技已普遍運用在旅館業，旅館業將出現以下 6 個特徵：

考慮旅客網路連接之即時性

旅客可以經由其較新的移動式無線通信工具，將旅館既有的資訊系統做資訊連結，實現旅館與旅客間 B2C 的即時連結。

考慮旅客旅遊住宿之體驗性

旅館藉由更高效的網路服務，可為旅客提供更加個性化的資訊和客製化的旅遊體驗。

考慮旅客社群網路之需求性

旅館可以應用全球通用的 FaceBook、Twitter、微博及網路論壇等社群軟體，將這些軟體應用成為行銷與取得旅客相關資訊的主要工具。

考慮旅客獲取資訊之豐富性

旅館可以應用類似 google 地圖的實用需求，提供顧客以科技化的設備更充分的分享旅館資訊。

考慮旅客延伸需求之實際性

旅館可以通過資料採礦和資料倉儲等大數據技術，提供旅客更豐富的旅遊資訊，使旅客能及時獲得更美好的旅遊體驗。

考慮旅客聯網環境之便利性

旅館可以把物聯網在產業成功應用的模式，將旅館的產品和服務，更豐富與便利的提供給旅客。

旅館業未來的發展趨勢

既然資訊科技正改變著整個世界，資訊科技也改變著我們的傳統產業。因此就資訊科技未來在旅館業的運用看來，旅館業未來的發展趨勢，必須朝向以下各面向去發展：

朝向專業精緻化的服務發展

旅館想要在競爭激烈的市場中，留給旅客美好的體驗與深刻印象，除了旅館必須具備華麗舒適的硬體外，最令旅客難以忘懷的應該是專業、精緻、細膩、人性化的專業服務。

朝向旅館品牌與特色發展

旅館品牌與特色的建立，必須針對旅客需求來規劃設計。這些品牌與特色可以規劃出的設計，例如城市旅遊、醫美旅遊、節慶旅遊、深度旅遊、創意旅遊、海上旅遊等產品。

朝向環保標章註記發展

由於注重環保、能源及綠標章註記之旅館，已逐漸成為全球各產業中，推動環保較為容易的區塊之一。藉由降低水、電及其他能源的消耗，未來旅館降低資源浪費的做法，對旅館國際行銷是有正面的影響。

朝向具個性化和體驗型產品發展

由於現代人們生活方式，已逐漸隨資訊科技在轉變中，人們對旅遊與休閒等體驗型需求也不斷在改變。因此旅遊有關的運輸交通、時間長短以及主題模式等選擇，都成為旅客想要的體驗式產品。

朝向安全、及時的服務發展

一般旅客選擇旅館住宿，最要考量的因素為旅館地點的遠近，其次是住宿是否安全，再來才是考慮服務的品質。如何讓旅客在來店住宿時，感受到安全、即時的服務，就是旅館一個重要的經營課題。

朝向旅遊生態差異化產品發展

基於新型態的旅遊生態不斷出現，旅遊與旅館等產業必須整合發展。除了必須提供差異化的產品外，也必須要能滿足旅客旅遊功能之產品訴求。

朝向提升旅館生產力發展

旅館管理者應該要設法提升每位員工之生產力，並運用成本效益管理，以提升旅館客房及周邊服務設施的收入。

朝向國際化連鎖化經營發展

由於國與國之間距離的縮短，全球已步入所謂的地球村之時代。旅館業未來應採取合併、加盟或委託經營之方式，建立一套完整的經營管理策略。

朝向智慧化服務發展

藉由全球資訊科技的資訊透明化、科技普遍化、競爭國際化、市場精緻化、旅客經驗化的衝擊，旅館必須藉由智慧旅館系統，將各種服務帶給旅客多元及精緻的享受。

旅館業未來的發展策略

過去幾年來，觀光旅館隨著外來旅客旅遊人數漸增而增加，但是隨著旅客人數的增減變化，以及共享經濟的衝擊，旅館市場將逐漸趨向飽和。此外新世代旅客對於旅遊與住宿的想法，呈現創新、挑戰與多元化思維。旅館應該持續展開創新思維的策略，接受旅館市場新一波的挑戰。因此旅館業必須思考未來的發展策略，本書以下將說明旅館業未來的發展策略。

旅館可採集團式經營朝向國際化發展

以經濟學中規模經濟的角度來看，未來觀光旅館以集團方式進行策略營運較為有利。台灣早期的品牌旅館如晶華大飯店及國賓大飯店等，都開始佈局都會區，成立自有的新品牌。此外，福容飯店與機場捷運共構、六福萬怡酒店與捷運共構的方式，二者透過結合交通運輸、商場、辦公、影城等設施，近年也發展出異業結盟的開發模式。此模式除了可以減輕旅館初期投入資本金額外，營運後旅館藉由複合設施互補策略，也可以提供旅客更多元化的服務。

旅館可採品牌經營朝向策略化發展

近年來因旅遊趨勢逐漸轉變，各旅館會依據轉變後不同目標客群，擬定不同產品開發策略。在定價上考量高端或平價，在主題上考量會展或藝文，在特色上考量在地或文化等特性。具體例子如台北萬豪酒店聚焦國際會展主題，北投老爺飯店則走國際醫旅的特色。其他如各地區旅館也紛紛創造在地化的旅遊體驗，透過在地生活與文化體驗，讓旅客更能產生美好回憶，進而提升旅客再度來店。

旅館可採精確行銷朝向智慧化發展

隨著資訊科技不斷演進，過去旅館業大多仰賴人力資源方面的協助。未來旅館隨著近代大數據、資料庫分析等運用，旅館應配合提供智慧化設備，以減輕人力上的負擔，並增進旅客服務品質。因此，未來旅館內部系統，必須整合成為一套完整的資訊化體系。將旅館內有關訂房、結帳、採購、倉儲等作業，藉由管理科技化系統做人力改善，將人力節省後的效益，提供給旅客更細緻化的服務。

旅館可採資訊管理朝向科技化發展

基於二十一世紀是資訊化、科技化的時代，旅館應思考如何提高服務品質。由於旅館的資訊管理系統，將會隨旅客的需求轉變而不斷改變。如何及時應用住客旅客的資訊，提供給旅客人性化的服務，將是旅館管理者的經營目標與方向。因此旅館應講求精簡人力，藉以降低旅館營運成本。總之，旅館應思考能否提供給旅客更即時及更專業的服務，並思考旅館可採資訊管理朝向科技化創新之發展。

16.4 旅館資訊系統未來可能擴充的方向

近幾年台灣因旅客數逐漸成長，以及國際連鎖品牌旅館來台積極佈局，加上現有集團式旅館也思考推出自有品牌等種種因素，全台旅館住宿總供給量已經快速成長。因此觀光旅館無可避免地，將進入競爭劇烈的環境。如何在這一場競爭的環境脫穎而出，將取決於經營者是否能將旅館資訊系統，善用於旅館未來可能擴充及創新的方向，先一步在旅館市場上搶得商機。根據旅遊統計資料指出，吸引旅客來台觀光因素，依序為風光景色、菜餚、購物、台灣在地風俗及民情。因此旅館面對觀光旅遊及住宿服務等未來可能擴充方向，各旅館集團該如何深化專長做長遠思考，提出符合旅客需求的創新服務，將是決定旅館競爭力優劣的核心關鍵所在。以下為旅館資訊系統未來可能擴充方向，本書將一一說明。

結合大數據分析與商業智慧的應用

大數據（big data）是近年來產官學界相當熱門的關鍵字，為什麼大家都希望了解大數據的重要性？究竟它和你我之間的生活以及企業間的關聯性是什麼？一般說來，大數據狹義的定義是指符合 3V 條件的數據資料，也就是符合大量（Volume）、多樣性（Variety）以及速度（Velocity）的意思。簡單來說，大量指的是以過去的技術較難處理的資料量。而多樣性是指企業內外部繁瑣及複雜的生產、銷售、人力資源、研發、財務及庫存等實際運用的資料。速度則是指資料變化更新速度非常快，對應的處理技術必須做到即時有效的儲存與管理。至於大數據廣義的定義，則還可以包括具備儲存、處理與分析資料的技術，以及具備從這些資料中轉換成有用資訊的人才和組織。

至於商業智慧一詞的概念，則是指公司能有系統地儲存企業的內外部資料，進一步將資料加以分析，產出有用資訊以輔助主管商務決策之用。企業經理人若能熟悉商業智慧資料的應用，應該可以快速下達正確決策與提高公司生產力。因此應用商業智慧可以藉由現有資料，分析過去發生的事件或活動，以及分析為什麼會發生這些事件的因素，使用統計學的相關分析方法，了解某產品過去某一期間的結構變化，找出結構變化的可能原因。總之，商業智慧與大數據的應用，可以預測未來可能會產生什麼結果；例如，旅館可以即時預測旅客回店住宿體驗的週期，企業將可從數據應用中獲得商業利益。

大數據既然能為企業獲得利益，那一般企業有哪些數據可以使用呢？首先是大眾公開的資料，這些公開資料通常可以免費取得，例如政府網站上的公開資訊。其次是公司內部資料，例如員工的專長分析紀錄或業績成長報表。再來就是顧客歷史資料，像是顧客交易內容及駐地分析。最後則是公司內部的事業資料，例如旅館的 POS 系統資料。企業應該了解這些數據資料所產生出來的價值，進而帶入企業實務上的應用。以下將說明旅館數據資料產值及旅館數據化實務應用。

旅館數據資料產值

- 資料識別與數據串聯

  旅館可以應用旅客資料識別與數據做串聯應用；例如：藉由旅客手機號碼、生日日期及 e-mail 等資料，旅館能夠即時辨識出旅客的相關資訊。

- 數據及資料描述

  旅館可以應用旅客數據及資料的描述加以應用，例如以關鍵字搜尋歷史旅客、其他旅館的營運資料，以及旅館在公開網站上相關活動的數據，旅館業都可以用來做為營運的參考。

- 數據及資料的活動時間

  旅館可以應用旅客數據及資料的活動時間軸，推測旅客的相關行為。例如使用者在搜尋旅館資訊時，從旅館網站瀏覽時間分析，也能即時了解旅館的相關廣告，被使用者瀏覽的時間長短。

- 數據及資料的預測

  旅館可以應用旅客數據及資料做銷售預測，可以幫旅館經理人較為準確的預測旅館訂房銷售狀況，以利決策者即時調整旅館經營策略。

- 產出數據

  旅館應用現有數據組合可以另外產生新的數據資訊，例如旅館將附屬商店設施的各項績效、商品銷售及旅客服務等作評比，旅館即能了解附屬設施對旅館的投資報酬率高低，以作為旅館增減附屬設施之重要考量。

旅館數據化實務應用

旅館數據化實務應用在管理層面上，無可諱言的可以更為快速擴展與提升旅館服務品質，運用旅館資訊系統結合大數據分析，除了可以做好顧客關係管理之外，更可以達到以下功能：

- 新的支付模式讓訂房預付之收益更為有效

  過去旅館因旅客經由官網、電話等形式預定的房間，大多是以來店入住後，再以現金給付為主。但是現金付款的旅客可能在未付訂金的情形下，會無所顧忌的隨意取消訂房，而造成旅客訂房後未入住的情形，如此旅館最多也只能在有預付的旅客帳戶上收取手續費。因此，旅館需要改善的支付模式是，運用旅館資訊系統結合大數據做法，將預定客房由現付轉化為預付，強化線上訂房為全額預付，提前退訂房也需明定收取一定比例金額，這樣才能讓訂房預付之收益更為有效。

- 建立旅客信用體系讓住宿體驗更為美好

  旅館業應與銀行金融業跨界合作，為旅客提供即時且便利的住店服務和支付服務。旅館依照旅客來店的歷史資料，可提供旅客無須預付即可入住，離店也不須把門卡（或無門卡）放到前檯即可自主離店。此種運用旅館資訊系統結合大數據分析方式，在旅客住宿過程中，不僅能讓旅客備享尊貴的體驗，同時也為旅館工作人員減少作業量。

- 滿足旅客資訊功能服務上之即時性

  旅館運用資訊系統結合大數據做法，可以在旅館內設立自助式服務資訊機台。此機台若置於旅館公共區域，則可以提供旅客查詢與旅館相關的住房資訊，以及旅館的附屬設施營業點和旅館周邊景點。此機台若置於客房內的資訊服務，則可以提供住房旅客，在房內方便取得有關旅遊的航空時刻表、餐飲娛樂指南及娛樂購物等相關活動及服務。

- 自助式住宿系統降低旅館住房交易成本

  藉著數據資訊化的應用，旅館可以處理旅客身分辨識，也可以讓旅客在來店前，依個人喜好選擇房型及房號。同時也可以提供旅客進入自己的帳戶中，更新個人資料和付款及查核帳務的功能。上述使用數據資訊連結的功能，明顯可以減少旅客住房交易時間，以及降低旅館住房交易成本。

- 強化房內娛樂及販售系統之休閒性

  旅館運用資訊系統結合大數據做法，可將房內娛樂系統功能與旅館管理系統連接，此介面內含計時裝置可自動計費，並記入至該旅客帳戶內。而房內販售系統，則可確定銷售物品及補貨數量，可將旅客消費的品項回傳至客房資訊，當然即可減少延遲收費的情況，以及減少盤點所需耗費的人力成本。

- 建立證件及車牌辨識系統有利住宿安全

  旅館運用資訊系統結合大數據做法，可在旅客住宿登記時，將各種證件攝影存檔，此舉可大量節省旅客在櫃台等候時間，並供旅館日後數據應用及調閱檢視等管理作業。旅館亦可設置車牌辨識系統，整合車號做旅客歷史紀錄比對，系統可即時判別旅客進住的房號外，當旅客再次消費時，系統也會顯示旅客的歷史住房紀錄。

- 提升連鎖店貴賓或會員系統連結性

  旅館運用資訊系統結合大數據做法，可在旅館設置多部刷卡機，快速讀取旅客條碼卡、磁條卡、晶片卡等感應證件。此數據連結運用可快速整合連鎖店管理系統，處理旅客身份比對及住房紀錄查詢，並可輔助旅館工作人員操作錯誤發生的可能，並同時減輕櫃台人員作業時間。

結合人工智慧 AI 與雲端網路應用

過去的一年可說是全球探討與應用人工智慧議題最為熱門的一年，愈來愈多有關人工智慧的開創與應用，開始在工商業與人們日常生活中逐步實現。過去一年，各種的 AI 資訊科技開發與應用，已經在不同領域中有所突破。例如 AI 發展出所謂智慧交通、智慧醫療到智慧服務等領域之應用，其實際已應用在人與 AI 的圍棋競賽、AI 無人車的上路測試以及 AI 機器人通過了臨床執業醫師綜合筆試評測等案例。甚至在阿拉伯聯合大公國，塑造了全球首位獲得該國公民權的 AI 機器人索菲亞（Sophia）。

Google 雲端資深副總裁格林（Diane Greene），在 Google 年度雲端大會 Google Cloud Next 的開場主題演講上，開宗明義說「雲端已經不只是拿來儲存，或是當作水電瓦斯般取用的運算能力，而是可以幫助企業獲利的工具」。而 Google 客戶名單裡的新成員 eBay，則是用實際行動來實踐這句話（何佩珊 2017）。因此過去幾年來，如雨後春筍般出現的雲端業者，他們推動雲端服務的最大看法是，企業如果把公司的基礎建設架接在雲端上，企業將可以省下諸多投資成本，並且可以更專注在該企業核心事業的發展上。因此，雲端是企業成長的驅動機器，它可以幫助企業快速創新。由 eBay 案例顯示當初它們將買賣資料搬上 Google 雲端時，大約花了五個月時間。但是資料一旦上了雲端之後，顧客向 Google Home 洽詢買賣資料的互動應用，卻只需要花五天的時間就能滿足顧客的需要，所以可見雲端結合人工智慧發展的應用是有無窮的潛力。

以下將介紹旅館資訊系統，未來可以結合人工智慧 AI 與雲端網路應用之方向。

語音自動辨識（Automated Speech Recognition, ASR）

人工智慧 AI 與雲端網路應用上，目前已有業者試驗性開發當旅客入住客房時，只要說中文就能查詢天氣或飯店內的健身房、泳池設施，旅客也可以聲控房間內窗簾、燈光、電視、空調等設備，還能呼叫客房服務送餐、叫車等等功能。這種互動式多媒體和虛擬實境的呈現也可以進行訂房，旅館業者也可以在網際網路網站上，發展全景及動態旅館導覽圖片。同時，語音輸入與輸出的 AI 自動對答開發，也很可能會是下一階段的發展。

臉部辨識系統（Face Recognition System）

人工智慧 AI 與雲端網路應用上，我們都有經驗在假期旅遊的時候，發現旅館前檯擠滿了人潮，此時如果利用臉部辨識登記，或許能夠免去入住時排長隊登記之苦。同時，當退房時也可以讓住客採取臉部辨識快速結帳，有效地提升前檯登記作業之效率，緩解旅館入住高峰時間排隊久候之問題。由於臉部辨識入住採用的是人臉識別技術，旅客在入住旅館時，在前檯通過所謂的前檯智能機器人之二維條碼掃描，即能完成臉部辨識認證作業。

聊天機器人（Chatbot）

人工智慧 AI 與雲端網路應用上，近期隨著 AI 的快速發展，業者開發聊天機器人（Chatbot），讓它更有能力扮演細緻的個人化服務。根據國際研究顧問機構 Gartner 預估，到了 2021 年將有超過 50%的企業，每年投入在聊天機器人的投資，將會超過傳統 App 的投入。這顯示了聊天機器人是未來改變生意模式，以及行銷客服的有效工具。根據《國際航空電訊協會》一項最新統計，目前已經有 14%的航空公司以及 9%的機場導入聊天機器人的應用，由此可見未來聊天機器人將更有能力扮演細緻的個人化服務。

16.5 本書結語

對於中小型旅館而言，業者面臨電腦資訊化迫切的程度，其需求似乎不如大型旅館來得緊迫，然而卻也無法避免這股潮流的衝擊。面對國內中小型旅館的經營環境，看的出來現在的處境會比過去更加競爭。以往旅館業者因為旅館規模不大，對旅館資訊化的需求也不高，所以只要秉持勤奮傳統的精神努力經營即可。加上業者認為以人腦來管理規模不大的旅館，會比用電腦作業來得信任及實用，造就業者不能好好思考這項現代科技產品的應用。但是今天我們面對二十一世紀資訊爆炸時代的來臨，又遇上旅館業市場競爭劇烈的時期，以及人力成本高漲的趨勢。此時旅館業利用電腦資訊系統來協助經營管理，以大幅提昇旅館的工作效率，將是旅館經營管理必經的途徑。因此善用電腦資訊系統是今日及未來的趨勢，每個中小型旅館都應該了解其必要性及效益性。

目前電腦資訊軟體公司所開發的資訊系統，大多是依照國際觀光旅館等大型旅館的需求而設計，其系統包羅萬象而且相當複雜。但對中小型旅館而言，則可以選擇其中較為適合旅館的系統加以應用。其考量原因之一是旅館規模較小，許多資訊功能根本不會使用到，其二考量是投入成本過高，對旅館經營將造成負擔。因此如果能開發一套低成本多功能的旅館電腦資訊系統，未來又能夠逐步擴充應該較為可行。此外，現行旅館資訊系統設計，通常只考慮到較大型旅館的需求。若能夠將此系統拆開成多個單元系統，中小型旅館只需要針對其本身營運上的需求，來安裝數個單元系統。對中小型旅館在投入經費上或許較能負擔，管理及運作上也能更加順暢。不論如何，未來的旅館將會是一個與科技結合的多功能行業，帶給旅客即時性及方便性的服務，將是未來旅館必須努力的方向。

最後，既然旅館事業是當今世上成長較為快速的行業之一，那我們到底要如何在旅館工作中獲得成就呢？首先我們必須具備個人特質、個性、技術和能力，這包括我們要能誠實、努力、合群且願意花時間學習與進修。並且要擁有承受壓力的準備、良好的決斷力、溝通能力及具有耐心，以願意多付出的精神，提供優於顧客預期的服務品質。總之，如果你還沒有任何生涯或職涯規劃，你可以試著探索旅館這個行業，以度假打工或校外實習的方式，經由自身的體驗，蒐集更深入的旅館資訊，以作為開展個人生涯願景的第一步 。期許不斷的自我學習新的知識或資訊，例如大數據、雲端運算、商業智慧、人工智慧等，運用卓越的領導力與強烈的企圖心，將能開啟個人另一個成功的生涯。

16.6 模擬試題

選擇題

( ) 1. 最近興起的資訊產物中有許多應用趨勢議題，產業界認為未來將在資訊科技應用上扮演重要的腳色，以下何者為非？
(A) 人工智慧 (B) 物聯網 (C) 雲端 (D) 交通運輸

( ) 2. 旅館業在實務運作上，除了必須了解自身經營所面臨的問題及從前檯到後檯思考方向外，旅館業要考量什麼是旅館未來經營的重點？
(A) 從客務到房務思考方向 (B) 董事會組成因素
(C) 旅館業未來的發展趨勢 (D) 旅館業的員工人數

( ) 3. 影響旅館客房收入的三大主要因素何者為非？
(A) 客房數 (B) 房租單價 (C) 客房住房率 (D) 客房清潔率

( ) 4. 旅館營運績效基本指標何者為非？
(A) 客房數 (B) 房租單價
(C) 客房住房率 (D) 住客基本收入

( ) 5. 我國旅館業營運所面臨的問題除了旅館分布不均，市場競爭激烈之外，還有哪些難題？1.旅館人事流動率高，影響服務品質 2.物價上漲，租金、薪資成本增加 3.科技文明日新月異，旅館業營運壓力倍增
(A) 12 (B) 23
(C) 13 (D) 123

( ) 6. 我國旅館業未來應努力的方向，除了旅館應該取得管理系統的國際認證或專業證照外，旅館應該
(A) 提供便捷快速且有效率的針對性服務
(B) 重視旅館產品特色研發，滿足目標市場需求
(C) 朝向國際化、連鎖化、大型化及主題化經營
(D) 以上皆是

(　　) 7. 前檯辦公室在旅館管理系統中有三大基本模組，下列何者為非？
(A) 訂房模組　(B) 客房管理模組
(C) 顧客帳務模組　(D) 顧客關係模組

(　　) 8. 當旅館有了完整的前檯系統之後，旅館附屬餐廳或許仍需有一套後檯作業管理系統，它包含庫存管理、食材成本以及下列何者？
(A) 對外招募作業　(B) 組織再造
(C) 人事管理　(D) 人員精簡

(　　) 9. 一家旅館經營良窳，除了善用旅館前檯與後檯資訊系統及經營定位外，仍需注意其
(A) 領導佈局　(B) 接班梯隊
(C) 業者的經營理念　(D) 業者的人際關係

(　　) 10. 旅館後檯模組，在經營管理上可思考之方向除了必須思考旅館經營理念變革及思考旅館經營型態創新外，還必須思考旅館行銷策略多變、旅館客源需求變化以及下列哪一項？
(A) 現行人事作業　(B) 現行薪資結構
(C) 現行獎勵制度　(D) 現行網路科技普遍化

附錄A：旅館術語

縮寫	英文	解釋
ADR	Average Daily Room Rate	日平均房價
AP	American Plan	美式房租，住宿含三餐（美式早餐、中餐、晚餐）
BP	Bermuda Plan	百慕達式房租，住宿含早餐（美式早餐）
C/O	Check Out	退房
CP	Continental Plan	大陸式、歐陸式房租，住宿含早餐（歐陸式早餐）
CRS	Central Reservation System	中央訂房系統
D/O	Due Out	預定退房，目前有旅客住宿，預定遷出而尚未遷出
DNS	Did Not Stay	遷入未住
DNA	Did Not Arrive	即 No Show，事先預定客房，卻未辦理遷入手續
DND	Do Not Disturb	請勿打擾
EA	Early Arrival	提早抵達
EP	European Plan	歐式房租，住宿未附餐
F&B Dept.	Food & Beverage Department	餐飲部
FIT	Foreign Independent Traveler Free Individual Tourist	散客、個別旅客
FO	Front Office	客務部
GIT	Group Inclusive Traveler	團體旅客
GTD	Guaranteed Reservation	保證訂房
HC	House Count	過夜住宿的旅客人數和住房數量
HK	House Keeping	房務整理

縮寫	英文	解釋
HU	House Use	公務用，主管或館內人員使用
L/B	Light Baggage	輕便行李
LC	late pay checque	延遲付帳
LC/O	Late Check Out	延遲退房
LSG	Long Stay Guest	常住房客
MAP	Modified American Plan	修正美式房租，住宿含美式早餐及晚餐
N/B	No Baggage	沒有行李
N/S	No Show	應到未到的旅客
O.O.I.	Out Of Inventory	故障房（短時間不可修復）
O.O.O.	Out Of Order	故障房（短時間可修復）
OC	On Change	變更中，房客已經離開，客房整理中
OCC	Occupied Room/Stay On Room	房間已出租
OD	Occupied & Dirty	有旅客住用，但尚未清潔的房間
OR	Occupied Ready	有旅客住用，並且已經清掃乾淨的房間
PAK	Package Tour	旅行社聯營模式
PMS	Property Management System	旅館資訊系統
PR	Public Relationship	公共關係
SO	Sleep Out	已辦理住宿登記但沒有使用房間,也未使用床鋪
SWB	single with bath	單人房附浴室
TPS	Transaction Processing System	交易處理系統
UG	Up Grade	客房升等
VC	Vacant & Clean Room	房間已完成清潔，可供銷售的房間
VD	Vacant & Dirty Room	已遷出的客房需要整理，還不能銷售的房間
VR	Vacant & Ready Room	房間已準備妥當，可供銷售的房間
W/I	Walk in	未訂房旅客臨時入住
W/O	Walk Out	未經結帳就離店的房客
YMS	Yield Management System	產值管理系統

附錄B：模擬試題解答

第一章

1.	2.	3.	4.	5.	6.	7.	8.	9.	10
D	D	D	C	C	C	B	A	A	C

第三章

1.	2.	3.	4.	5.	6.	7.	8.	9.	10	11.	12.	13.	14.	15.
A	C	D	B	C	A	C	D	A	B	A	B	D	B	C

第四章

1.	2.	3.	4.	5.	6.	7.	8.	9.	10	11.	12.	13.	14.	15.
D	C	B	C	B	D	B	C	B	A	D	C	B	A	B
16.	17.	18.	19.	20.	21.	22.	23.	24.	25.					
D	A	C	A	B	C	D	C	A	B					

第五章

1.	2.	3.	4.	5.	6.	7.	8.	9.	10	11.	12.	13.	14.	15.
D	C	B	A	A	C	B	D	C	A	A	C	D	B	A
16.	17.	18.	19.	20.										
B	C	B	A	D										

第六章

1.	2.	3.	4.	5.	6.	7.	8.	9.	10	11.	12.	13.	14.	15.
D	A	B	A	A	C	B	A	D	C	B	D	C	A	A
16.	17.	18.	19.	20.										
B	C	D	A	D										

第七章

1.	2.	3.	4.	5.	6.	7.	8.	9.	10	11.	12.	13.	14.	15.
A	C	B	D	B	A	D	C	C	B	A	D	C	B	D
16.	17.	18.	19.	20.	21.	22.	23.	24.	25.					
B	D	A	B	C	D	C	B	A	D					

第八章

1.	2.	3.	4.	5.	6.	7.	8.	9.	10	11.	12.	13.	14.	15.
C	A	B	A	B	C	D	C	B	A	D	D	B	C	D
16.	17.	18.	19.	20.										
A	A	C	B	C										

第九章

1.	2.	3.	4.	5.	6.	7.	8.	9.	10	11.	12.	13.	14.	15.
A	C	B	D	B	A	B	C	A	B	D	A	C	C	B

第十章

1.	2.	3.	4.	5.	6.	7.	8.	9.	10	11.	12.	13.	14.	15.
A	C	B	D	B	A	B	C	A	B	B	A	C	C	B
16.	17.	18.	19.	20.	21.	22.	23.	24.	25.					
C	A	C	B	C	D	A	C	A	B					

第十一章

1.	2.	3.	4.	5.	6.	7.	8.	9.	10
C	A	B	A	D	B	A	C	D	B

第十二章

1.	2.	3.	4.	5.
C	D	D	A	B

第十三章

1.	2.	3.	4.	5.	6.	7.	8.	9.	10
D	C	B	C	B	C	B	A	D	B

第十四章

1.	2.	3.	4.	5.	6.	7.	8.	9.	10
B	A	B	B	A	B	A	D	D	A

第十五章

1.	2.	3.	4.	5.	6.	7.	8.	9.	10
C	D	A	C	C	B	B	A	C	D

第十六章

1.	2.	3.	4.	5.	6.	7.	8.	9.	10
D	C	D	D	D	D	D	C	C	D

參考文獻

中文部分

- 蘇芳基（2014）。《餐旅概論》。新北市：揚智文化。
- 顧景昇（2014）。《旅館資訊系統：旅館資訊系統規劃師認證指定教材》。新北市：碁峰資訊。
- 吳勉勤（2014）。《觀光餐旅概論：餐旅達人必備的學習秘笈》。新北市：華立圖書。
- 李一民（2010）。《餐旅概論》。新北市：普林斯頓高立圖書。
- 郭珍貝（2012）。《餐飲管理》。台中市：華格那出版社。
- 高秋英、林玥秀（2014）。《餐飲管理：創新之路》。新北市：華立圖書。
- 鄭建瑋（2013）。《餐旅管理概論》。台北市：華泰圖書。
- 許興家等（2013）。《餐旅資訊管理系統》。台北市：鼎茂圖書。
- 蕭君安、陳堯帝（2000）。《旅館資訊系統-客房電腦》。台北：揚智文化。
- 謝清家、吳琮璠（2000）。《資訊管理理論與實務》。台北：智勝文化。
- 鄭華清（2005）。《企業管理：創造競爭優勢》。台北：新文京開發。
- 何佩珊（2017.03.14）。〈當雲端遇上人工智慧，看 eBay 改變了什麼〉。https://www.bnext.com.tw/article/43556/how-do-ebay-use-cloud-and-ai
- 陳榮華（2018）。《德安旅館資訊系統報表分析》。台北：德安公司。

英文部分

- Alvarez R, Ferguson DH, Dunn J (1983). "How Not to Automate Your Front Office." Cornell Hotel and Restaurant Administration Quarterly 24 (3):56-62. doi:10.1177/001088048302400311
- DeLone, W.H. & McLean, E.R.(1992). "Information systems success: The quest for the dependent variable." Information Systems Research, 3(1), 60-95.

旅館管理實務與應用--德安資訊PMS 系統｜ERP 學會旅館資訊系統應用師認證教材

作　　者：王文生 / 陳榮華
企劃編輯：江佳慧
文字編輯：江雅鈴
設計裝幀：張寶莉
發 行 人：廖文良

發 行 所：碁峰資訊股份有限公司
地　　址：台北市南港區三重路 66 號 7 樓之 6
電　　話：(02)2788-2408
傳　　真：(02)8192-4433
網　　站：www.gotop.com.tw
書　　號：AER053800
版　　次：2020 年 02 月初版
建議售價：NT$460

國家圖書館出版品預行編目資料

旅館管理實務與應用：德安資訊 PMS 系統(ERP 學會旅館資訊系統應用師認證教材) / 王文生, 陳榮華著. -- 初版. -- 臺北市：碁峰資訊, 2020.02
面； 公分
ISBN 978-986-502-315-7(平裝)
1.旅館業管理　2.管理資訊系統
489.2029　　108017256

讀者服務

- 感謝您購買碁峰圖書，如果您對本書的內容或表達上有不清楚的地方或其他建議，請至碁峰網站：「聯絡我們」\「圖書問題」留下您所購買之書籍及問題。（請註明購買書籍之書號及書名，以及問題頁數，以便能儘快為您處理）
http://www.gotop.com.tw

- 售後服務僅限書籍本身內容，若是軟、硬體問題，請您直接與軟、硬體廠商聯絡。

- 若於購買書籍後發現有破損、缺頁、裝訂錯誤之問題，請直接將書寄回更換，並註明您的姓名、連絡電話及地址，將有專人與您連絡補寄商品。